新型工业化·卓越人才培训系列

油井优化方法

Methods for Petroleum Well Optimization

［挪］ Rasool Khosravanian（拉苏尔·霍斯拉瓦尼安）
Bernt S. Aadnøy（伯恩特·西格夫·阿德诺伊）　著

杨向同　张　杨　王玉斌　乔　岩　等译

电子工业出版社
Publishing House of Electronics Industry
北京·BEIJING

内 容 简 介

　　本书针对油井优化领域的需求，系统地介绍了各种油井优化方法，不仅可以帮助工程师们更好地了解油井的生产状况，还可以为油井的改造和优化提供有力的理论支持。本书共分为 12 章，分别介绍了油井优化的数字孪生技术、基本概念、数学模型、优化方法、数据挖掘技术以及实际应用案例等。

　　本书可作为石油工程专业或相关专业研究生的教材和参考书，也可以作为石油工程师和相关领域的研究人员的参考书。

Methods for Petroleum Well Optimization

Rasool Khosravanian, Bernt S. Aadnøy

ISBN: 9780323902311

版权贸易合同登记号　图字：01-2024-6354

图书在版编目（CIP）数据

油井优化方法 / （挪）拉苏尔·霍斯拉瓦尼安，（挪）伯恩特·西格夫·阿德诺伊著；杨向同等译. -- 北京：电子工业出版社，2024. 12. -- ISBN 978-7-121-49842-8

Ⅰ．TE2

中国国家版本馆 CIP 数据核字第 2025D4S934 号

责任编辑：袁　月
印　　刷：北京市大天乐投资管理有限公司
装　　订：北京市大天乐投资管理有限公司
出版发行：电子工业出版社
　　　　　北京市海淀区万寿路 173 信箱　　　邮编：100036
开　　本：787×1092　1/16　印张：22.75　　字数：582 千字
版　　次：2024 年 12 月第 1 版
印　　次：2024 年 12 月第 1 次印刷
定　　价：139.00 元

　　凡所购买电子工业出版社图书有缺损问题，请向购买书店调换。若书店售缺，请与本社发行部联系，联系及邮购电话：(010)88254888，88258888。

　　质量投诉请发邮件至 zlts@phei.com.cn，盗版侵权举报请发邮件至 dbqq@phei.com.cn。

　　本书咨询联系方式：(010)88254553，yuany@phei.com.cn。

译 审 组

译 者 序

在这个能源需求日益增长的时代，石油作为全球最重要的能源之一，其开发和利用对于全球经济的繁荣和社会的进步具有重要意义。然而，随着石油资源的不断开采，如何提高油井产量和经济效益，成为了石油工程领域亟待解决的问题。*Methods for Petroleum Well Optimization* 一书正是为了解决这一问题而诞生的。本书针对油井优化领域的需求，系统地介绍了各种油井优化方法，旨在为广大石油工程师和相关领域的研究人员提供一本实用的参考书。

本书作者在石油工程领域有着丰富的实践经验和理论知识，他们通过对油井生产过程中的各种因素进行深入研究，提出了一套完整的油井优化方法。这套方法不仅可以帮助工程师们更好地了解油井的生产状况，还可以为油井的改造和优化提供有力的理论支持。

本书共分为 12 章，分别介绍了油井优化的数字孪生技术、基本概念、数学模型、优化方法、数据挖掘技术以及实际应用案例。在第 1 章中，重点介绍了数字孪生技术所需的五维数字孪生模型、钻井自动化技术和实时中心的应用。第 2 章则详细阐述了最优化的数学模型和油井最优化问题，其中数学模型包括最优化基本原理、几何规划法、多目标最优化、随机最优化和鲁棒最优化等，油井最优化问题包括钻井问题、生产问题和井控最优化。第 3 章详细介绍了井筒摩阻优化模型及应用，包括井筒摩阻的基本模型、井筒摩阻的高级模型、摩阻模型在油井中的应用以及使用解析摩阻模型设计油井。第 4 章详细介绍了井眼轨迹优化问题，包括可能影响最优井眼轨迹的约束、井眼轨迹优化和防止井筒失稳的井眼轨迹优化。第 5 章详细介绍了基于井筒水力学和井眼清洁的优化和数字化问题，包括水力优化、井眼清洁、井眼清洁效率实时评估和 Reelwell 钻井法。第 6 章介绍了机械比能和钻井效率，包括基本概念及原理、下一代数字化钻井优化、岩石可钻性评估和钻井系统机械比能外的能量。第 7 章详细介绍了基于数据驱动机器学习的 ROP 实时预测解决方案，包括机器学习基本原理和分类、实时数据管道、钻速优化工作流以及统计和数据驱动的机械钻速模型。第 8 章介绍了套管设置深度优化的高级方法和技术，包括问题陈述、如何用数学方法解决不确定情况下的套管串放置优化问题、基于多标准的套管座选择方法、利用远程实时监测井的套管座优化方法和如何使用非常规钻井方法减少套管数量。第 9 章重点介绍了数字井设计和建井中的数据挖掘。第 10 章介绍了基于决策的完井优化。第 11 章通过数值计算案例介绍了优化的蒙特卡罗井筒稳定性模拟，包括基本多元统计和井筒稳定性的不确定性评估。第 12 章介绍了基于案例推理方法（CBR）的数字油井规划与建设。每一章都提供了习题及开源代码，为石油工程领域的研究者和工程师提供了宝贵的参考。

在翻译本书的过程中，我们深感作者对石油工程领域的热爱和执着，以及对油井优化技术的深入探索和创新。我们希望通过这本书，帮助更多石油工程领域的研究者和工程师了解和掌握油井优化技术，为我国石油工程事业的发展做出贡献。

最后，我们要感谢出版社的领导和编辑们对本书翻译工作的大力支持，以及参与本书翻译的同事们的辛勤付出。由于时间紧迫和水平有限，书中难免会有疏漏之处，敬请广大读者批评指正。

译 者

前　　言

在当今世界，有两条路可走：要么通往全新的数字化未来，要么被飞速增长的竞争变化所吞噬。因此，许多领域在创新的同时也开始关注数字化、优化和核心业务的严格控制。

由于地下环境不确定，可用测量数据有限，以及不同学科之间的互动与协作需求，因此在钻井计划和执行过程中以及之后的油井作业过程中，优化和决策具有一定的挑战性。然而，数字化推动了油井作业远程管理和运行方式的根本转变。在近海油气行业，数字化的重要性也在不断显现。其优化作业的潜力，包括提高安全性和质量以及降低风险，对这个成本不断上升的行业来说是一个强大的驱动力。

全球疫情危机加快了数字化的步伐，这超出了人们的预期。许多公司已经利用云计算、大数据、人工智能（AI）和物联网（IoT）等推动了数字化转型。这为行业向全互联和自动化系统转型做出了重大贡献，将为包括石油和其他能源在内的不同行业带来高性能运营。

数据挖掘、元启发式优化算法、多标准决策（MCDM）、基于案例的推理（CBR）、蒙特卡罗模拟和机器学习（ML）是人工智能时代极具吸引力的工具。机器学习算法，如深度学习，可以成为整个石油行业油井作业预测和优化的基本支柱之一。本书是同类书籍中的第一本，通过大量实际案例，以独特、易懂的视角介绍了最优化、机器学习和其他可用工具。

如果没有直接生成代码的途径，模型就无法产生足够的价值。然而，到目前为止，还没有一种有力的资源能在理论和应用之间架起桥梁，展示如何从模型发展到代码。因此，在本书中，我们将重点放在为当今的工程师和研发团队提供针对钻井和生产资料的实时数据解决方案。

在本书中，可以学习如何将应用程序的可执行模型转化为运行代码。大多数章节都提供了相关开源代码的信息。开源代码的可用性有助于促进数字化发展。对特定代码或软件的具体优缺点进行讨论分析将有助于企业、开发人员和用户了解不同软件之间的利弊。

数字化是未来的发展方向，我们认为，现在是在石油和能源专业的硕士和博士课程中加入这些知识和技能，利用数字技术解决石油和天然气行业最具挑战性问题的时候了。这样的课程可以是一门跨学科的课程，包含一系列最新的石油工程基础知识，可以培养出技术上准备充分、对行业有充分了解的毕业生。本书为这样的课程提供了支持，填补了教材中的空白。

最后，我们认为，企业的未来之路，既不是采取观望策略，在更好地了解数字化的发展情况后再实施数字化，也不是采取保守的数字化策略。作为本书的作者，我们建议，研究人员、石油和天然气公司及其高层管理人员、经理和工程师都应了解数字化可能带来的重大影响，并尽快将其纳入企业的核心优先事项。

Stavanger，2021 年 7 月

Rasool Khosravanian

Bernt S. Aadnøy

致　　谢

我非常感谢 Bernt S. Aadnøy 教授在本书编写过程中给予的支持、指导和合作。没有他的经验、知识和支持，就不会有这本书。

我要感谢 Equinor（学术项目）和 Aker BP，它们赞助了我的博士后职位，并为我提供了进一步研究油井优化的机会。

我还要感谢能源与石油工程系主任 Øystein Arild，感谢他为我在斯塔万格大学攻读博士后期间给予的支持。

我还要感谢以英语为母语的专业编辑 Joanne Stone，感谢她在本书编辑过程中给予的帮助，以及在本书编写过程中付出的宝贵时间和提出的宝贵建议。非常感谢 Elsevier 在本书出版过程中提供的帮助。感谢出版团队的每一位成员。最重要的是，我要感谢我的妻子和女儿，Maryam 博士和 Sana 博士，谢谢你们！

Stavanger，2021 年 7 月

Rasool Khosravanian

12 年前，我开始与 Rasool Khosravanian 合作，当时他正在进行关于伊朗套管埋设深度多元分析的博士项目。两年前，他作为由 Equinor 赞助的特邀研究员来到挪威。我们当时就决定要写一本关于优化的书。事实上，现在已经有很多模型，但需要将它们放在正确的背景下进行优化分析。

Rasool 对这本书的项目非常投入，付出了相当大的努力。每当我去拜访他时，他都在写书。幸运的是，我们请来了语言专家 Joanne Stone 参与这个项目，她大大改善了本书的语言和结构。

目前，石油行业正在各个层面努力实现数字化。希望我们的书能够为这一发展做出贡献，最终实现以较低成本提高效率的目标。由于石油行业的工作方式正在发生变化，我们还计划在斯塔万格大学开设此课程，介绍油井工程中的多元计算机解决方案，让学生为数字化行业做好准备。

我们非常感谢斯塔万格大学能源与石油系、Equinor 公司和 Aker BP 公司以及与我们讨论工作的许多人对我们的积极支持。

Stavanger，2021 年 7 月

Bernt S. Aadnøy

目　　录

第1章

数字孪生、自动化和实时中心

本章要点

1. 本章介绍了一种五维模型,为理解和实施数字孪生提供了参考和指导。了解数字孪生的常用技术和工具,可以为未来如何使用数字孪生提供指南。

2. 石油和天然气运营商和服务提供商正在经历数字化转型,以期在数字环境中快速成长并获得竞争优势。钻井过程中产生的数据量庞大,使得钻井行业符合大数据时代的特点。随着技术的快速发展,业界开始关注钻井自动化、机器学习、人工智能和大数据分析等问题。为了能够使用这些技术,钻井人员需要具备适当的技术专长和以正确格式提供的数据。

1.1 数字孪生技术

》》 1.1.1 数字孪生

数字孪生是一种虚拟模型,或者说是实际事物的真实复制。它是实际设施的数字化伴侣,可实现图 1.1 中包含的多种用途。

图 1.1 中的模型有以下几个组成部分:来自物理世界的传感器和执行器、集成、数据、分析和不断更新的数字孪生应用程序。下面对这些组成部分进行进一步的解释(Parrott 和 Warshaw,2017):

- 传感器:分布在整个生产过程中的传感器用来创建信号,使数字孪生能够收集现实世界中的实际操作数据和环境数据。
- 数据:汇总来自传感器的实际操作数据、环境数据与来自企业的数据。
- 集成:传感器通过集成技术(包括边缘计算技术、通信接口技术和安全手段)将数据传输到数字世界,在物理世界和数字世界之间建立双向连接。
- 分析:通过数字孪生使用的算法模拟和可视化例程来分析数据。
- 数字孪生:图 1.1 的右侧"数字"就是数字孪生本身,这是一个将上述部分结合成物理世界和过程的近实时数字模型的应用程序。数字孪生的目标是在各个维度上识别与理论最佳状态之间存在的偏差。这种偏差可以用于业务优化。这种偏差的产生要么是因为数字孪生在逻辑上有错误,要么是因为它已经识别出节省成本、提高质量和效率的机会。这种识别到的偏差可能是在提示应该采取实际行动了。

- 执行器：如果在现实世界中需要采取行动，数字孪生通过执行器产生动作，并在人工干预下触发物理过程。

下面从数据相关技术、高保真建模技术和基于模型的仿真技术三个角度介绍数字孪生的关键技术。图 1.2 展示了数字孪生的技术架构。

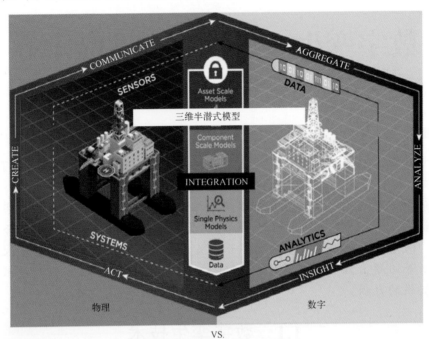

图 1.1　数字孪生创建过程

数据相关技术

数据是数字孪生的基础。理论上应汇总传感器、数字仪表、射频识别标签和识别器、摄像机、扫描仪和其他设备所收集的全部数据，然后以实时或接近实时的方式进行传输。然而，数字孪生所需要的数据通常具有数据量大、传输速度快、数据种类多的特点，将这些数据传输到云服务器中的数字孪生通常十分困难并且价格昂贵。因此，理想方法是通过边缘计算对收集到的数据进行预处理，这种方法可以减轻网络负担并减少数据泄露的可能，并且 5G 技术使数据实时传输成为了可能。为了理解收集到的数据，还需要数据映射和数据融合等技术。

高保真建模技术

模型是数字孪生的核心。数字孪生模型包括语义数据模型和物理模型。语义数据模型使用人工智能方法通过已知的输入和输出进行训练。使用物理模型需要全面了解物理特性及其相互作用。因此，多物理场建模对于数字孪生的高保真建模至关重要。

基于模型的仿真技术

仿真是数字孪生的一个重要部分。数字孪生仿真能够使虚拟模型与物理实体进行实时双向交互。

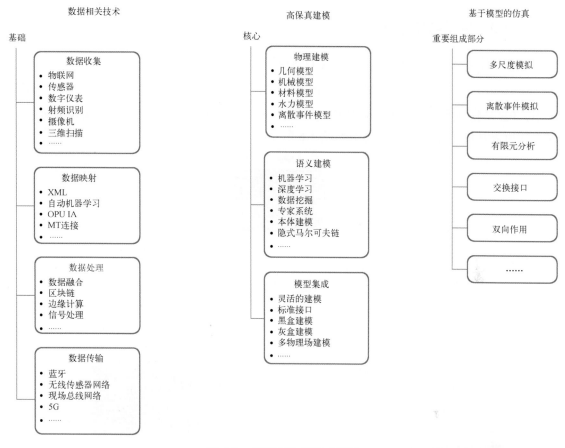

图 1.2　数字孪生的技术架构

Kritzinger 等(2018)根据所描述的数字孪生中物理实体和数字表征之间的数据集成水平，对术语"数字孪生"的三种用途进行了分类，包括数字模型(DM)、数字影子(DS)和数字孪生(DT)。当物理实体和数字表征之间没有自动实时数据交互时，如图 1.3 所示，所描述的数字孪生被归类为"数字模型"。当从物理实体到数字表征而不是从数字表征到物理实体之间存在自动实时数据交互时，如图 1.4 所示，所描述的数字孪生被归类为"数字影子"。只有当从物理实体到数字表征以及从数字表征到物理实体都存在自动实时数据交互时，如图 1.5 所示，是真正意义上的"数字孪生"。

图 1.3　数字模型中的数据流　　图 1.4　数字影子中的数据流　　图 1.5　数字孪生中的数据流

▶▶ 1.1.2 五维数字孪生模型

五维数字孪生模型可以表示为式(1.1)(Tao 等，2018)。

$$MDT=(PE, VM, Ss, DD, CN) \tag{1.1}$$

式中，PE 是物理实体，VM 是虚拟模型，Ss 是服务，DD 是数字孪生数据，CN 是连接。该公式所表达的五维数字孪生模型如图 1.6 所示。

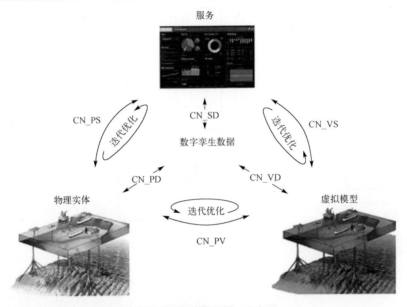

图 1.6 五维数字孪生模型

数字孪生中的物理实体

数字孪生用于创建物理实体的虚拟模型并以数字方式模拟其行为(Tao 等，2018)。物理世界是数字孪生的基础。就不同场景的数字孪生而言，物理实体可以是设备或产品、物理系统、活动过程，甚至是组织。这些实体根据物理定律运行，并在环境中受到不确定性因素影响。物理实体根据其功能和结构可以分为三个层次：单元层次、系统层次和系统体系(SoS)层次(Tao 等，2019)。

数字孪生中的虚拟模型

虚拟模型应该是物理实体的严格复制品，再现了原始实体的几何形状、属性、行为和规则。三维几何模型根据其形状、大小、公差和结构关系来描述物理实体。物理模型可以基于物理特性(例如速度、磨损和受力等)反映实体的物理现象，例如变形、分层、断裂和腐蚀。行为模型描述了实体对外部环境变化(例如状态转换、性能退化和协调等)的反应和响应机制。规则模型通过遵循从物理实体的历史数据中提取或由领域专家提供的规则，赋予数字孪生推理、判断、评估和自主决策等逻辑能力。

数字孪生数据

数字孪生数据是数字孪生的关键驱动力。数字孪生需要处理多时间尺度、多维度、多源和异构数据。数据可以通过以下方式获取：从物理实体中获取，包括静态属性数据和动态条件数据；由虚拟模型生成，可以反映仿真结果；从服务中获取，可以描述服务的调用和执行；由领域专家提供或从现有数据中获取。

数字孪生中的服务

随着产品与服务的融合出现在现代社会的方方面面，越来越多的企业开始意识到服务的重要性。根据一切即服务(XaaS)的范式，服务是数字孪生的重要组成部分。首先，数字孪生为用户提供与模拟、验证、监控、优化、诊断和预后、预后和健康管理(PHM)等相关的应用服务。其次，构建一个正常运行的数字孪生需要许多第三方服务，例如数据服务、知识服务、算法服务等。最后，数字孪生的运营需要各种平台服务的持续支持，这使数字孪生可以适应定制化的软件开发、模型构建和服务交付。

数字孪生中的连接

数字表征与其真实对应物动态连接，以实现高级模拟、操作和分析。数字孪生在物理实体、虚拟模型、服务和数字孪生数据之间有六对连接：物理实体和虚拟模型(CN_PV)；物理实体和数字孪生数据(CN_PD)；物理实体和服务(CN_PS)；虚拟模型和数字孪生数据(CN_VD)；虚拟模型和数字孪生服务(CN_VS)；以及服务和数字孪生数据(CN_SD)(Tao等，2018)。这些连接实现了四个部分之间的信息和数据交换。

数字孪生通过与移动互联网、云计算、大数据分析等技术的融合，可适用于许多需要物理和虚拟空间映射、融合和协同进化的领域。数字孪生的应用领域如图 1.7 所示。

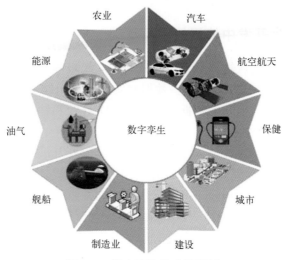

图 1.7 数字孪生的应用领域

≫ 1.1.3 数字孪生的价值

根据甲骨文的一份报告，数字孪生至少有以下几点优势(Rasheed等，2020)：

- 实时远程监控：一般来说，实时深入了解一个非常大的系统几乎是不可能的，而数字孪生可以在任何地方访问，不仅可以监控系统的性能，还可以使用反馈机制对其进行远程监控。

- 更高的效率和安全性：数字孪生能够实现更高水平的自动化，并在需要时进行人工干预。这样就可以将脏活累活甚至危险的工作安排给机器人做，而人类可以进行远程监控。通过这种方式，人类将能够更专注于创新性和创造性工作。
- 可预测的维护和调度：数字孪生可以通过监控物理实体的多个传感器实时生成大数据，对该数据的智能分析能够及早检测系统中的故障，或在故障发生之前对其进行预测，这有助于更好地安排维护保养工作。
- 情景和风险评估：数字孪生，或者更准确地说是系统的数字伙伴，能够支持假设分析，从而更好地进行风险评估。可以通过扰动系统来模拟意外场景并研究系统对意外情况的响应以及该对策的效果。使用数字孪生是在不危及真实资产的情况下执行此类分析的唯一方法。
- 更好的团队内和团队间的协同与协作：数字孪生使团队拥有了更大的自主权和触手可及的所有信息，团队可以更好地利用他们的时间来改善协同与协作，从而提高生产力。
- 更高效、更明智的决策：大量数据和高级分析的实时可用性将有助于快速做出更明智的决策。
- 产品和服务的个性化：在不断变化的市场趋势和竞争环境下，随着对客户历史需求和偏好的详细了解，定制产品和服务的需求必然会增加。对于未来的工厂而言，数字孪生能够实现更快、更顺畅的更替，以满足不断变化的需求。
- 更好的归档和沟通：实时可用的信息与自动报告相结合，有助于让各方充分了解钻井作业，提高透明度。

≫ 1.1.4   数字孪生开发中使用的建模基础

数字孪生系统的基础是从物理学第一性原理建立起来的。数字孪生可以使用所有实时可获得的地面和井下钻井数据，并将这些数据与实时建模相结合，以监督和优化钻井过程。实时数据、井基本参数和其他相关数据用于实时 3D 井筒和钻进状态可视化。数字孪生由以下部分组成（Mayani 等，2020）：

- 先进且可以快速集成的钻井模拟器（集成了瞬态水力、热力和机械模型）：可以动态模拟不同的钻井子过程。各个子过程之间的交互也是实时建模的。该模拟器可用于自动执行前瞻性模拟，也可用于动态规划修正。
- 钻井数据自动校正和质量检查：确保数据适合计算机模型处理。
- 实时监控钻井过程的算法：结合实时的钻井数据以及用这些数据实时建模的结果进行实时监控。
- 钻井状态诊断算法。
- 虚拟井筒 3D 可视化：使井下过程动态可视化。
- 数据流和计算机基础设施。

≫ 1.1.5   使用数字孪生监测钻井作业井

数字孪生首先用于钻井监测。自动监控可提供实时模拟，将模拟结果与实时测得的结果进行比较，自动和手动进行检测和诊断。钻井实时监测的下一个发展阶段是钻井实时优化，钻井实时优化可以进行预测模拟、"前瞻性"模拟、"假设"模拟和预测分析。

数字孪生虚拟井(或称数字井)由一个先进的数学模型构成，如图 1.8 所示，其中包括一个复杂的机械模型和一个水力模型。这些模型可以计算的参数示例包括：

- 压力
- SPP(立管压力)
- ECD(等效循环密度)
- 温度
- 节流压力
- 孔隙压力和破裂压力
- 泥浆池增量
- 岩屑浓度
- 渗透率
- 井筒稳定性
- 扭矩和摩阻
- 钻头扭矩
- 地表扭矩
- 大钩载荷
- 静态、轴向和旋转摩擦
- 钻柱伸长
- 游车速度

实时数学模型利用由钻机发送的实时钻井数据，如图 1.9 所示。这些模型将实时井下测量结果与建模结果参数进行比较，以监测钻进和下套管操作期间的井下状况。这有助于及早发现井下的意外情况，自动诊断消息中将会提示这些情况。因此，数字孪生的使用有助于根据井下条件提高钻进和下套管质量。

钻井过程中，井的数字孪生在 2D 视图和 3D 视图中都可实现实时可视化。2D 视图使用所有可用的实时钻井数据，包括地面和井下数据，并结合先进的监测模型来监测和提供优化钻井的建议。在多种钻井模型相互作用下，测量值和计算结果都能在图形用户界面中实时可视化。2D 虚拟井包含井筒几何形状、管柱参数、钻柱、温度剖面、压力剖面(包括孔隙和裂缝剖面)以及风险消息图标。ECD 变化以及与孔隙压力和裂缝压力的比较也可以在 2D 视图中看到。

诊断技术与 3D 可视化相结合，创建了一个"虚拟井筒"。利用随诊断更新和虚拟仪表变化的 3D 视图可以更好地了解整个钻井作业的井况。钻头深度、ECD 值和所有其他信息都可以使用传感器进行监控，并在视图中更新。

图 1.10 展示了典型的 2D 可视化，图 1.11 展示了典型的实时 3D 可视化。数字孪生的 2D 视图和 3D 视图可用于钻井作业的整个生命周期以及后期分析、培训和经验分享。利用经验分享和学习，可以使整个操作回放并展示。

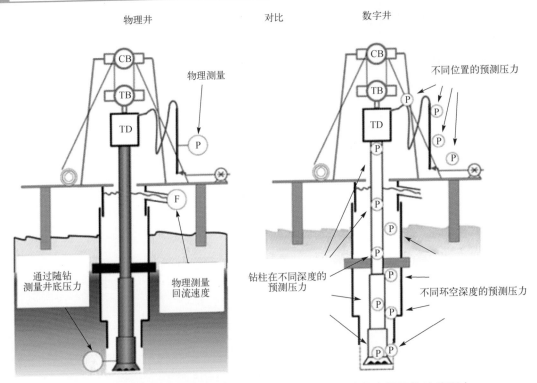

图 1.8　物理井和数字井示意图，说明了如何在流动路径中提取估计的压力
值。可以对所有建模变量（例如流速、密度和ECD）进行类似的提取

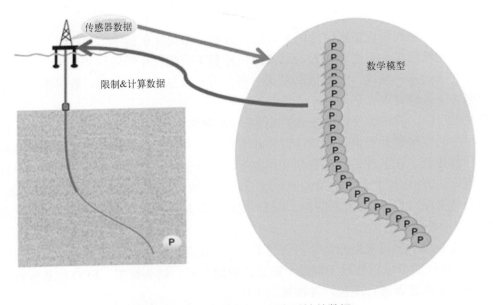

图 1.9　实时数学模型利用实时钻井数据

　　井筒、钻柱和储层的属性需在油田开发规划和建井软件中设置，这些数据为预期设计
和模拟物理约束奠定了基础。这个完整系统的高级视图如图1.12所示。通过集成所有建模
部分、油井的历史可用数据和实时数据，可以创建完善的油井施工准备或执行模型。统一

的模型集是计划和实际情况的结合，包括各自的解释和执行的不确定性，而根据最新信息有助于实现尽可能高的模型准确度。模型持续更新，计划具有实时性；由于它们的统一表示而实现了一致性（见图 1.12）。

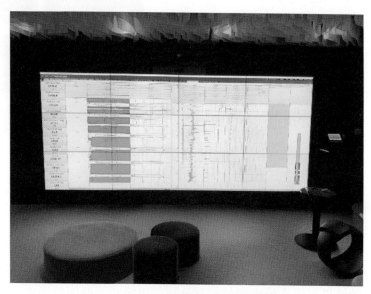

图 1.10　钻井期间数字孪生的 2D 可视化

图 1.11　装备室视频墙上的实时 3D 可视化

　　数字孪生提供了通过结合历史数据、实时数据和基于物理模型来研究未来的能力。在石油和天然气领域有许多应用程序将数据应用于基于物理模型，以预测各种钻井过程、系统和相关设备。

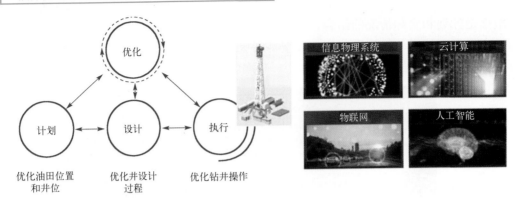

图 1.12   数字孪生的建井过程

》》 1.1.6   钻井数字孪生的概念

油井建设涉及大量物理过程、测量、控制应用、分析和决策循环，这些数据横跨一系列时间分辨率并具有不同的响应时间或延迟。简单起见，将时间尺度和延迟分为四组（见图 1.13）：亚秒、亚分钟、中等（分钟）和长时间（小时）。

这种对数据时间分辨率和系统响应延迟的范围要求表明，闭环、亚秒响应需求可能需要通过本地控制的钻机专用系统来满足。亚分钟、中等和长时间将涵盖更广泛的过程，目前常常自动或手动应用钻井数据以影响或做出有关正在进行的钻井过程的决策。建议引入一个控制时间的概念来描述这种现象。

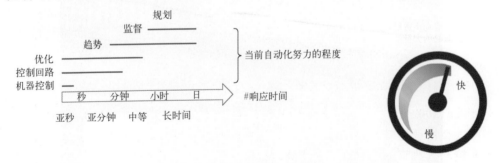

图 1.13   钻井过程管理的典型时间尺度

控制时间描述了系统表面数据和控制系统算法所需的时间分辨率，用于控制钻井机械参数，例如泵速、大钩载荷、管柱旋转、管柱速度和钻速（ROP）。正常操作期间，受到泥浆脉冲遥测带宽的限制，控制系统可用的井下数据的分辨率较低。然而，有线管道技术的引入将使这些测量也可用于具有亚秒级分辨率的控制系统。还有一个执行测量所需时间的问题。一些测量是瞬时的，例如电机扭矩或立管压力，而其他测量是长时间的并且可能涉及模型的应用，例如泄漏测试中的推导破裂压力或摩擦测试中的井筒摩擦力。然而，虽然这些需要较长控制时间的测量可以控制操作，但通常不用于闭环控制算法中的反馈变量。例如，利用泄漏测试的结果，可以在自动化系统中更新破裂压力约束。在另一种情况下，摩擦分析可用于检测潜在的井眼清洁问题，并可能触发缓解这个问题的操作（Thorogood 等，2010）。

1.2　钻井自动化

自动化被广泛定义为处理机电一体化和计算机在商品生产(制造自动化)和服务(服务自动化)生产中应用的技术。自动化也可以定义为用电子或机械设备代替人工。这个定义随着时间的推移而不断扩大。首先，它涵盖了许多过程：例如，在钻井的情况下，不仅仅是钻井的操作。其次，它所取代的人力既可以是体力，也可以是脑力(Iversen 等，2013)。

实施自动化的目的是：

1．提高劳动力；

2．降低劳动力成本；

3．提高生产力；

4．降低成本；

5．减少流程前置时间。

自动化的演进可以分为三个时代：机械化、半自动化和局部自动化。机械化是指用提供更大扭矩和力的机械动力代替人力。半自动化是指部分机械操作是自动化的，但需要熟练的人工操作员来为自动化机器提供所需的数据。局部自动化消除了半自动化操作对人工作为媒介的需求。

自动化分为三个基本类别：固定自动化、可编程自动化和灵活自动化(如图 1.14 所示)。

图 1.14　自动化的三个基本类别

Sheridan(2002)提到了人机自动化系统，并将其分为机械化和计算机化两大类。机械化是指用人类物理控制的机器代替人工。计算机化是指过程由计算机操作或控制，计算机本身由人控制，从而提供人与机器之间的接口。

Sheridan(2002)将自动化分为四种类型：

1．机械化与传感一体化；

2．数据处理和决策；

3．机械和信息行动；

4．闭环控制上的开环运行。

自动化的精确定义因所应用的行业和技术而异。

Sheridan 人机自动化系统的一个例子是钻井工程师使用钻井自动化。计算机用于控制和管理影响钻井作业的参数，如流速、井下压力(DHP)、泥浆重量(MW)、孔隙压力(PP)和破裂压力(FP)等。

在钻井领域，自动化的应用正在扩展到钻井机械、传感器技术、控制系统以及计算机和通信技术。这种技术的爆炸式发展正在引领钻井自动化从机器层面向完全集成操作转变(Iversen 等，2013)。

对自动化的定义和识别可以确定如何将其应用于石油和天然气行业不同运营部门(如承包商、服务和运营公司)。

》》 1.2.1 自动化级别

自动化级别的范围从全手动系统(即无自动化)到全自动系统,半自动化级别介于手动和自动化操作之间。半自动化系统包含分配给操作员或计算机的决策和行动选项。如果为计算机分配的决策和行动选项少于操作员,则该级别更接近于全手动级别;如果分配给操作员的决策和行动选项少于计算机,则该级别更接近于全自动级别。

》》 1.2.2 建模

模型建立是同时使用历史数据和实时数据的过程。因此,建模需要用到前期工作和已有的优化方法。有一些参数会影响实时数据,从而影响建模(Thorogood 等,2010),例如:

- 功能类型
- 频率
- 设定点
- 响应时间

钻井作业的功能可以归类为开环系统。也有可能会被许多需要闭环的实时问题影响。影响因素为:

- 能接受附加功能的灵活且可扩展的模型;
- 缺失数据;
- 有限的数据传输带宽;
- 诊断算法对带宽的影响;
- 数据缺失等异常情况下的模型精度估计;
- 参数突然变化下的快速设定点变化;
- 物理机器响应。

目前有许多钻井模型,包括地球地震模型、钻井优化模型和流体模型,这些模型用于控制如钻进速度、水泥循环、起下钻、井筒压力和钻柱振动等钻井作业参数。这些模型目前独立工作,但通过自动化,可以将它们集成到安全、经济和性能更高的通用钻井自动化系统中。

建井使用以往钻井作业或研究报告中的信息来对地层进行分析。这些信息用于构建自动化模型,可以手动更新信息,但建议使用电子资源以确保高质量的自动化。

远程支持和决策与用于帮助决策的钻井程序和数据分辨率具有直接和间接的关系。这需要更新参数,然后反馈到模型中以进行自动优化。时间尺度分析是更新参数的核心,有助于决策如何管理和更新整个自动化系统。

数据分辨率和响应时间是钻井指导过程的重要因素。分辨率和延迟分为四组:亚秒、亚分钟、中等(分钟)和长时间(小时)(见图 1.13)。

亚秒级响应适用于特定系统,而其他响应适用于更广泛的操作。

分辨率和延迟也称为控制时间,用于处理分辨率和控制算法以控制钻井作业的各种参数。控制时间分为瞬时和长时,其中长时不能作为控制算法中的反馈。

▶▶ 1.2.3　数据通信

以前操作员需要通过归一化、对数变换和各种过滤器来调整监控获得的数据。随着机械钻井的到来，一些公司开始使用数据来规划和监测钻井方案。数据恢复始于电子通信的出现，这使得通过网络连接访问数据成为可能，也被广泛应用于规划工具。对于自动化系统，使用的数据需要满足一些条件，例如可用性、完整性和准确性。

短期趋势操作可能接受了一些不正确的数据，但长期趋势操作不能这样，因为这样会影响操作的结果。

无条件数据交换会在系统中产生问题，因此遵循标准通信协议选择正确的数据交换方式非常重要。一般来说，协议和协议响应应该遵循系统的要求和数据要求，其中一些数据描述缓慢变化的情况，而另一些数据描述快速变化的情况。

由于许多因素的存在，系统集成是自动化钻井的复杂点之一，这些因素包括：

- 操作员可用的系统信息质量差；
- 需要避免系统和运营商之间的信息过载，尤其是在连接多个服务时；
- 需要启动标准的管理变更技术，这些技术对流程变更的幅度有影响；
- 系统安全性，这对行业来说是一个挑战，因为各方(运营商、承包商和第三方)之间可能存在沟通不畅。

机器和模型接口是自动化钻井中的一个重要问题，机器模拟人类动作来执行一个过程，借助来自模型传感器的实时数据来更新机器动作的数据。系统中这种类型的连续通信改善了钻井作业并提供了与时俱进的自动化标准(Thorogood 等，2010)。

▶▶ 1.2.4　自动化模式

自动化模式根据操作员的特征级别和该模式下的自动化系统进行分类。从广义上讲，存在三种自动化模式，全手动、半自动和全自动。在半自动化模式中有 5 种模式，它们通过操作员和自动化系统的职责/特征级别相互区分。因此，共有 7 种模式，下面简要介绍(Thorogood 等，2010；Ornaes，2010)。同时解释一些术语，例如边界保护自动化、闭环自动化、多级控制结构、反馈控制、监督控制、优化和自治。

模式 0："直接手动控制"模式。在这种模式下，司钻将完全得不到自动化系统的支持。司钻会收到与顶部硬件相关的原始信号和简单警报。

模式 1："辅助手动控制"模式。在这种模式下，自动化系统的显著贡献是引入了能分析井的现状并将信息呈现给司钻的软件。这将提高司钻的决策质量。

模式 2："共享控制"模式。这是自动化系统将开始直接干涉设备运行的第一种模式。这种模式的主要特点是边界保护。

模式 3：委托管理。一些操作员的任务被委托给自动化系统，并由闭环控制器实现完全自动化。

模式 4：同意管理。自动化系统提供调节的多个控制回路，其中描述井的模型到达正确的控制回路。操作员向自动化系统提供要执行的操作、操作目标、选择的变量及其所需值。

模式 5：例外管理。自动化系统通过附加逻辑决定下一个操作模式，操作员的角色是在系统未按预期运行时进行监控和干预。

模式 6：自主操作。一个完全自动化的系统，操作员的任务只是监控系统。

在所有 7 种模式中，操作员都保留操作的权力，并且仍然是整个操作的主要决策者，以应对可能出现的任何风险。

边界保护自动化

边界保护系统会在计算要在海上施工的边界时考虑井况(Iversen 等，2009)。因此，边界保护可能会考虑以下问题(见图 1.15)：

- 边界保护根据井况和可用信息设置边界和限制。
- 只有当司钻/操作员的操作超出这些界限时，保护系统才会进行干预。
- 必须根据新的井况动态计算和更新边界。
- 动态计算需要一个成本很高的计算模型。
- 边界保护可以降低危急情况出现的频率，但并不能完全消除。

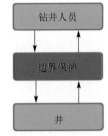

图 1.15　边界保护自动化

闭环自动化

闭环控制是比边界保护系统更高水平的自动化。在该控制系统中，设定点/控制值由操作员手动或自动定义和设置。如果是自动的，则操作员使用自动化系统来查找和更新设定点。闭环控制系统使用算法计算实时测量值与设定点的偏差，然后激活命令使操作返回到设定点。这类控制系统需要大量由数据采集系统提供的数据用于多级控制结构和整个操作的决策。图 1.16 和图 1.17 展示了闭环控制系统和多级控制结构。

多级控制结构

时间尺度是多级控制结构中的关键要素。时间尺度存在级别上的差异，变化可从高级别的零到最低级别的无穷大。

通过不同级别协调可达到控制系统的目标。优化和决策也取决于时间尺度或时间长度，因此定义控制级别类型的高低对于决定钻井等操作的适当系统控制层次结构是必要的，而目前没有正在使用的多级控制结构。钻井自动化系统有三个建议级别，它们是：

- 反馈控制级别
- 监督控制级别
- 优化级别

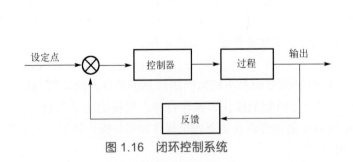

图 1.16　闭环控制系统

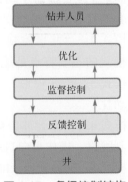

图 1.17　多级控制结构

石油行业的控制水平

反馈控制

反馈控制用于保持控制值等于设定点。目前有许多控制器可以用作反馈控制器，但并非所有控制器都适合石油工业。石油工业中最著名的控制器是比例积分微分(PID)控制器，也称信号输入/信号输出控制器，因为它使用一个输入来控制一个输出。PID控制器需要高调谐质量以确保系统性能，因为调谐不佳将意味着受控变量无法保持在设定值。以下情况建议使用其他的控制器：钻井动力学的非线性增加了系统的复杂性；PID系统的开发、维护和调整成本高(使用PID控制器性价比低)。

监督控制

监督控制可以通过确定控制值的设定点来调节所有低水平反馈控制器。监督控制可以修复故障控制器，前提是这不会导致控制器的改进、维护和调整成本超出预算。这种类型的控制采用了许多策略，但最有用的是模型预测控制(MPC)，因为它能够处理许多可变控制问题，例如执行器边界和操作员限制。使用有限视野开环解决控制问题的MPC取决于井或操作的实例状态。MPC模型可以通过数学或实验获得，既可以是线性的也可以是非线性的，但非线性模型更复杂。

优化

这种控制用于通过找到井的有效操作条件来提高整个钻井作业的性能。在高度自动化的模式中不是必需的，仅用于优化控制系统或模式。这种控制与监督控制之间存在直接关系。优化输出用作监管层的输入，其中包括需要定义和计算的与经济和运营条件相关的最佳值。其中一些变量是恒定的，例如随时间变化的干扰，而其他变量是可变的，例如优化的自由度。为了得到最优的优化模型，必须定义和求解相关变量，且求解结果必须正确。与设计范围相比，这将导致参数保持在设定点，以实现接近最佳的操作并减少损失。当操作保持在设计范围或窗口内时，成本将会降低，因为需要更少的模型来优化操作，这依赖于低级别反馈控制器及其测量和调节所有操作干扰的能力。

自治

自治是最高级别的控制，操作员的任务是决定用于钻井作业的控制级别，但不干预操作本身。系统将能够自行做出适当的决定，并根据当前的油井状态改变条件。

1.3　实　时　中　心

多年来，实时运营中心或陆上协作中心的作用已经超越了促进快速决策和节省成本的作用。随着钻井工程日益复杂，实时中心需要能够满足整个钻井周期的需求。为了提供完整的实时通信解决方案，创建了集成的实时运营中心服务，旨在为石油和天然气运营商提供端到端的解决方案，从油井规划阶段开始，涵盖油井执行并一直延伸到作业后分析。图1.18～图1.20为部署在运营商办公室的一体化实时运营中心服务。该解决方案涵盖协同井规划、井工程和规划、实时数据整合和可视化、实时监控和干预、预测建模、钻井优化、培训和指导以及数据管理和归档(Iskandar 等，2018)。

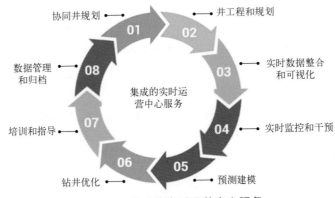

协同井规划
01
井工程和规划
02
实时数据整合
和可视化
03
实时监控和干预
04
预测建模
05
钻井优化
06
培训和指导
07
数据管理
和归档
08
集成的实时运
营中心服务

图 1.18　集成的实时运营中心服务

OCC#1
OCC#2
OCC#3
OCC
Support Area#1
协作会议室
休息室区
OCC#4
礼堂
模拟器室
OCC#5
OCC
操作钻机室(OCC#1～#5)：有5个协作操作钻机室，这些房间采用最新和最高标准的影音和IT技术。这些房间有充分的灵活性并且钻机操作团队人员24小时在这些房间工作
模拟器室：模拟器室是一个完全灵活的房间，可用于模拟、培训、测试和Aker BP正在进行的各种项目
协作会议室(CMR)：协作会议室不是标准的会议室，CMR接收来自其他OCC的所有实时数据，并且可以从这些房间直接连接到钻井操作

图 1.19　斯塔万格 Aker BP 的陆上协作中心

钻井现场的数据通过VSAT传输至城镇
钻井系统
DPS
天气情况
泥浆录井
随钻测量
固井
设备监控
1. 数据聚合器
2. 数据中心
3. 数据可视化和数据管理
移动和网络应用
实时监控
第三方应用程序
钻井现场
城镇

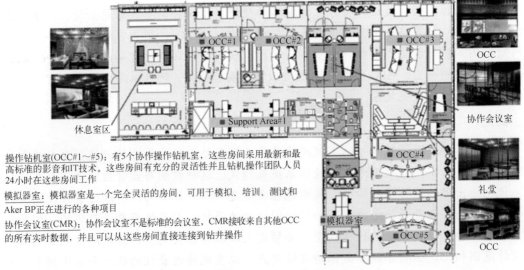

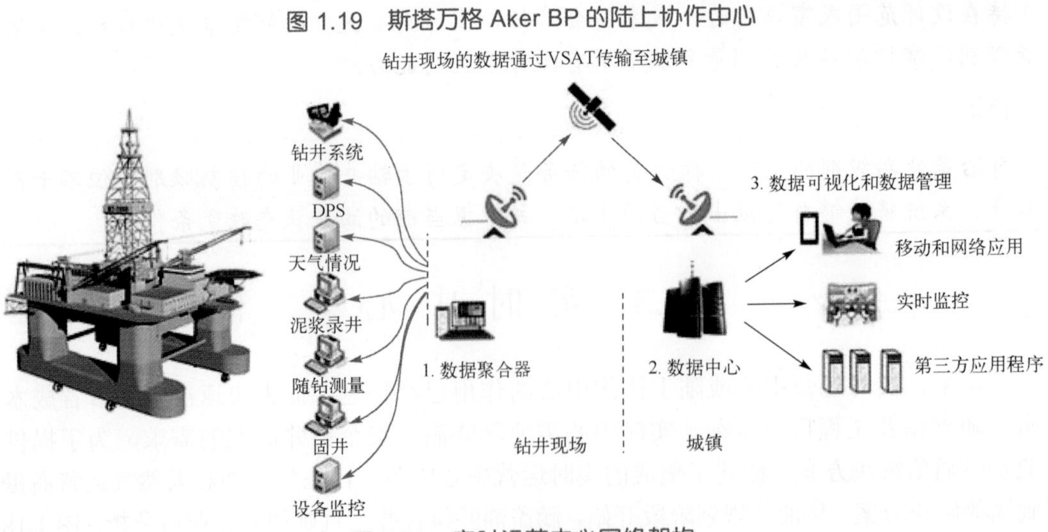

图 1.20　实时运营中心网络架构

本节将更详细地解释每项服务的功能以及每项服务如何为集成实时操作的成功做出贡献。

1.3.1　协同井规划

完整的实时运营周期始于协同井规划讨论，特别是对于具有挑战性环境的井况。讨论部分会涉及来自不同背景的各方利益相关者。在规划阶段使用三维(3D)集成平台技术可以无缝集成地球科学和工程数据并进行详细分析。

通常，钻井涉及两个专业领域：地球科学和钻井工程。从历史上看，两者之间的交流一直是一个问题，因为尽管有共同的目标，但这两个领域有不同的侧重点。

地质和地球物理(G&G)的主要关注点是达到希望探测的深度，但根据工程实际有时很难实现。钻井工程师最关心的是快速安全地钻井，这有时需要 G&G 团队调整其地质目标。

不同部门之间的沟通经常通过电子邮件或电话进行，可能需要几个月的时间才能就最终的钻井计划达成一致。地质学家、地球物理学家、油藏工程师和钻井工程师对井规划的交流经常不够充分，增加了这种不确定性。

协同井规划的最终目标是在各方之间达成正式协议，并在钻井开始前得到所有利益相关者的批准。有效的协同井规划会议可以推进钻井过程的顺利进行。

1.3.2　井工程和规划

一旦确定了储层和钻井目标，钻井应用工程师(DAE)将对轨迹设计、井下钻具组合设计、扭矩和阻力分析、套管应力检查等进行研究和咨询。在这个阶段，所有井规划的技术参数都将通过模拟进行验证。DAE 还将根据指定的摩擦系数为各种钻井参数提供预测扭矩和阻力路线图。最重要的是，DAE 负责提示与井相关的所有风险，并提供可行的解决方案。

1.3.3　实时数据整合和可视化

实时数据整合和可视化取决于运营商，网络架构通常利用运营商现有的基础设施来保护数据的机密性。数据整合服务器，通常也称为钻机服务器，在每个作业开始时部署在钻机站点上。该服务器连接到所有服务公司的数据采集系统，如录井仪、随钻测量(MWD)提供商、固井操作员和试井顾问，以集中所有钻井数据。这些数据先存储在钻井平台上，然后通过互联网传输到城镇。

钻井工程师和 G&G 团队等终端用户可以通过桌面或移动设备上的基于 Web 的应用程序将数据可视化。实时操作(RTO)工程师的工作是通过网络监控来自钻井现场的数据流，并在出现任何问题时立即采取行动防止数据丢失。同时，他们负责解决终端用户在数据可视化方面遇到的问题。

1.3.4　实时监控和干预

监控专家使运营中心成为实时的。实时监控(RTM)是一个过程，操作人员可以通过该过程查看、评估和调整数据库或系统(例如海上钻井、完井或生产)上的数据。RTM 允许操作人员实时查看对数据执行的整体流程和功能。通常，RTM 软件或 RTM 系统提供对数据的可视化观察，这些数据可以从移动海上钻井装置(MODU)上的多个来源收集。RTM 还可以提供有关特定数据驱动或管理员指定事件的即时通知或警报，例如当数据值超出指定范围时。

监控专家团队全天候查看数据日志，以确保钻井作业顺利进行。实时运营中心或其工作人员通常经验丰富，至少有 10 年的钻井现场工作经验。根据他们的经验，监控专家可以在钻井时识别所有潜在的危险，并使用交通灯系统提醒钻井现场和城镇中的人们，以突出事件的严重性。在许多情况下，城镇中的石油工人采取的积极措施即使不能完全防止但也有助于减少钻井平台事故造成的负面影响。

▶▶ 1.3.5　预测建模

实时运营中心的亮点之一是它旨在允许在多个软件系统之间进行通信，尤其是那些支持钻井现场信息传输标准标记语言(WITSML，石油行业共享数据标准)的软件系统。通常，在一个集成的实时运营中心中，有多个软件系统同时运行以加强监控。增强监测的最新技术是预测建模软件，它能够使用应用的钻井参数实时和提前预测井眼状况。

RTO 工程师负责确保将钻井现场的数据实时输入预测建模应用程序。用于预测建模的专用计算服务器从 WITSML 存储中获取实时数据。该软件通过应用钻井时使用的实际参数来校准模拟模型。通过结合水力学、热力学和机械输入，监测工程师能够根据所使用的参数预测岩屑高度的发展。钻井时应用的低效钻井参数，例如每分钟慢转(RPM)和流速，将导致额外的作业，例如刮壁器作业和反向扩孔以清洁井眼。预测建模中生成的岩屑比例和岩屑高度的发展是基于钻速、泥浆承载能力、轨迹、流速和转速得到的。如果应用的钻井参数(RPM 和流速)不足，在有无泵送的条件下这些都有助于确定岩屑在井的哪个部分积聚。

▶▶ 1.3.6　钻井优化和详细技术分析

专门的钻井优化专家(DOS)负责为所有技术问题寻找最佳解决方案，这些问题通常有几个可能的影响因素。DOS 负责解释来自各种井下和地面传感器的数据，并确定优化钻井作业的最佳解决方案。最重要的是，DOS 负责执行作业后分析，事件报告(例如遇卡)，确定从事件中获得的内容，并制定防止此类问题再次发生的最佳方案。

▶▶ 1.3.7　培训和指导

高度复杂的实时运营中心不一定会转化为协同工作环境。虽然进入这个中心的安全级别很高，但通常有各种各样的授权人员，尤其是参与钻井作业的人员可以进入。这包括 G&G 团队、钻井工程师和专家，以鼓励专家向初级工程师分享知识。DAE 和监控专家负责管理在整个钻井活动中获得的信息流，并记录所有经验教训和最佳方案以供将来参考。通常，在钻井作业期间，监控专家将促进初级工程师之间的讨论，这是为了弥合知识鸿沟并加快初级工程师的发展。

▶▶ 1.3.8　数据管理和归档

在完成从前期规划到后期分析的整个过程后，RTO 工程师负责确保所有数据以适当的方式保存以供将来参考。这包括来自钻井现场的原始数据、日志、干预措施、每日报告、故障报告、最佳方案和经验教训。数据保存在标准文件夹结构中，所有文件都按照标准格式命名，这对于保持数据清洁很重要。

1.4　小　　结

数字孪生代表了数字化的进步。它的应用范围越来越广，例如智能制造、楼宇管理、智慧城市、医疗保健、石油和天然气行业，等等。

集成实时运营中心已被证明是成功的，使钻井作业运行更加顺畅。集成实时运营不仅可以节省资金，还有助于提高钻井工作效率，利用历史数据确定故障事件的根本原因，并增加多个学科之间的参与和协作。实时运营中心还集中了来自各种高科技软件的数据和信息。在接下来的发展中，行业必须专注于如何使用已生成的所有数据，特别是来自集成实时运营中心的数据，以自动进行简单的决策，并帮助指导运营商通过人工智能和大数据分析等进行更复杂的决策。

1.5　习　　题

习题 1：钻井系统自动化

钻井系统自动化(DSA)路线图报告是石油和天然气钻井行业的第一份此类报告。该报告的目的是描述 DSA 的愿景以及为推动行业向前发展和以经济实惠的方式实现这一愿景可能采取的行动。最新版本–V19 05 31 可通过网络获得。使用这份报告：

- 在报告的控制系统部分解释 DSA 决策并控制制定框架。
- 分析钻井系统自动化的主要挑战。

习题 2：实时中心(钻井作业中心或陆上协作中心)

根据公布的信息已确定钻井作业中心发展的两个阶段，如图 1.21 所示。第一阶段中心的寿命很短，未能在 20 世纪 80 年代后期油价和钻井活动的暴跌中幸存下来(Booth，2011)。第二阶段受益于信息技术在随后几年的显著发展，是集成运营和协作工作流程的一部分。图 1.21 中所示的钻井作业中心是通过对几家运营商的战略和运营的调研确定的。

1. 哪些公司在钻井中使用数字孪生或提供功能独特的强大软件系统来控制和监控石油及天然气行业的实时动态与集成钻井过程自动化？

2. 更新适用于所有拥有钻井作业中心或陆上协作中心的公司。

习题 3：数字钻井生态系统

这个问题着眼于欧洲一家石油和天然气运营商为开放、标准化和结构化的数字钻井生态系统所采取的方法。该系统能够在系统之间交换计划，同时为钻井施工、时间估算和时间规划的人员提供标准计划结构，并确保其与钻机控制系统的连接(见图 1.22)。

1. 智能中心如何用于综合钻井数据？

2. 在高级计划中展示智能中心如何连接到其他系统。

3. 这种方法是否能够通过将自主钻井与高效的数字规划和执行流程相结合合来缩短钻井时间？

图 1.21   钻井作业中心-重大举措的时间表

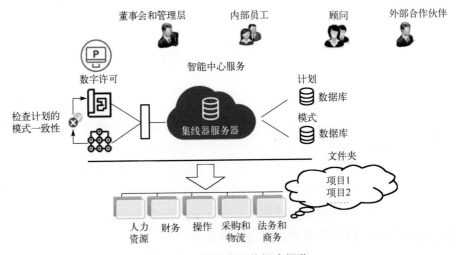

图 1.22   智能中心的概念概览

习题 4：Drillbotics 竞赛

石油工程师协会的 Drillbotics 竞赛向来自世界各地的学生团队发出挑战，要求他们设计、建造和操作一个小型钻机，该钻机可以在岩石样品上自动钻出垂直井眼。评判结果不仅取决于钻机的钻进速度和井眼的质量，还取决于他们在设计和建造钻机时学到了多少知识（见图 1.23）。

1. 对以下内容 Drillbotics 竞赛如何评判？
- 仿真、模型、算法。
- 施工成本限制、性能、井眼质量。
2. 描述为竞赛提供的用于评估钻机性能和控制器系统的 Drillbotics 岩石样本。

习题 5：微服务

建井优化平台的目标是实时提高钻井作业的可视性，并允许钻井人员使用此数据和其他来源的数据来优化性能。为此，该平台不仅仅用于交换钻机和办公室之间的信息，它还将来自不同供应商、不同学科和不同领域的微服务数据集成到一个协作的、多领域的解决方案（见图 1.24）。

About Drillbotics®

Drillbotics是一项设计和建造一个能使用传感器和控制算法实现自动钻井功能的国际大学生竞赛，这项竞赛由SPE钻井系统自动化技术部（DSATS）提供

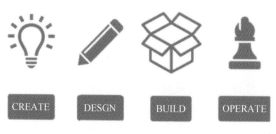

图 1.23　纳米钻机示意图

1. 命名此平台上提供的微服务并讨论它们各自的职责。
2. 考虑需要在这个平台上集成多少个微服务来支持安全的钻井作业。
3. 讨论专业平台所需的不同微服务之间的数据流连接。

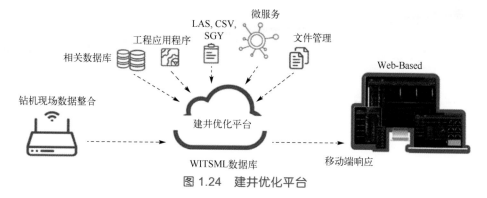

图 1.24　建井优化平台

第 2 章

油 井 优 化

本章要点

1. 本章介绍了最优化的基本原理和术语，并讨论了典型最优化程序中的目标函数和约束条件。文中提出了几种解决最优化问题的方法，一般分为直接或间接(基于二阶导数的)搜索方法。使用这些先进的最优化方法并引入元启发式算法来解决非常复杂的问题，从而获得全局最优解。

2. 本章提出了几何规划模型(GP)、多目标最优化模型(MO)、随机最优化模型(SO)和鲁棒最优化模型(RO)等几种重要的最优化模型，来改进钻井和生产问题。

3. 本章提出了主要的钻井工程最优化公式，包括钻速(ROP)最优化、最小机械比能(MSE)、井眼轨迹最优化、井眼清洗、井底钻具组合(BHA)配置和最小井筒剖面能量模型。此外还建立了适合钻井问题的最优化框架。

4. 本章提出了在地质不确定性条件下的井眼布局、质量图方法和最佳闭环油田开发的一般性公式。同时建立了一种方法，在生产最优化问题中通过减少不确定性和增加可能的净现值(NPV)来实现更好的决策，以提高依赖时间的信息的价值。

2.1　最优化的数学模型

▶▶ 2.1.1　最优化基本原理

最优化是用有效的定量方法从一组众多的解中选择最佳的解。它已经从学术上的方法论发展成一种技术，并将继续对工业产生重大影响。最优化可以在一个系统的多个层次上进行，从独立设备到一个设备中的子系统。最优化问题主要可以分为连续变量和离散变量，也可以分为单变量和多变量、线性和非线性、凸性和非凸性、可微分和不可微分、稳态和动态、启发式和鲁棒式、确定性和不确定条件下的最优化。一个典型的规划(最优化)问题可以表示为：

$$\min f(x) \rightarrow 目标函数$$

$$\text{s.t.} \quad h(x) = 0 \rightarrow 等式约束$$

$$g(x) \leqslant 0 \rightarrow 不等式约束$$

$$\text{Dimension}\{h\} = m$$

$$\text{Dimension}\{x\} = n$$

如果 $n > m$，则自由度大于零，必须选择它们来最优化目标函数。

先介绍下列最优化术语。

- 可行解：满足等式约束和不等式约束的一组变量。
- 可行域：可行解的区域。
- 最优解：提供目标函数最优值的可行解。
- 凸函数：函数 $f(x):R^n \rightarrow R$ 为凸函数，当且仅当任意两个值满足属于 R 域：

$$f(\alpha x_1 + (1-\alpha)x_2) \le \alpha f(x_1) + (1-\alpha)f(x_2), \quad \forall \alpha \in (0,1) \tag{2.1}$$

- 凸域：R 域为凸域，当且仅当对于域内的任意 x_1 和 x_2，将 X 用下式定义。

$$f(x)，线性函数$$

$$h(x), g(x)，线性函数$$

$$X = \alpha x_1 + (1-\alpha)x_2, \quad \forall \alpha \in (0,1) \tag{2.2}$$

由此可知，X 必须总是在这个域内。图 2.1 是凸域和非凸域概念的图示。

最优化过程中，可行域的性质对能否获得合适结果有着重要的影响。换句话说，通过它可以确定一个解是局部最优解还是全局最优解。图 2.2 描述了可行域的性质对解的最优性的影响。如式 (2.2) 所示的广义最优化问题可以根据方程的形式和变量的类型分类如下。

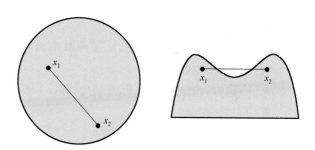

图 2.1　凸域 (左) 和非凸域 (右) 概念的图示

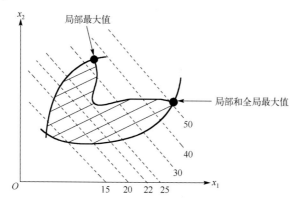

图 2.2　约束非凸域最大化问题的最优解显示可行域的性质如何影响解的质量

I. 线性规划：

$$(a) f(x)，线性函数$$

$$h(x), g(x)，线性函数$$

II．非线性规划：

$$(a)\text{Unconstrained min}f(x)$$

$$f(x)：非线性$$

$$(b)：\text{Constrained model}$$

$$h(x),g(x)：\quad 非线性$$

III．混合整数(线性或非线性)规划：

$$包含连续性(x)\quad 和\quad 离散(y)变量$$

$$y\in Y,\quad x\in X$$

有许多方法可以解决这些问题，这些方法通常可以分为直接和间接(基于二阶导数)搜索方法。在下文中列举了一些例子。

间接搜索方法：这些方法使用导数来确定搜索方向。

- 牛顿法
- 拟牛顿法
- 最速下降法
- 共轭梯度法

直接搜索方法：这些方法依靠函数求值来选择搜索方向。

- 单纯形法
- 随机性方法(例如随机游动/跳跃，模拟退火)
- Nelder-Mead 单纯形法
- 元启发式算法(如遗传算法、进化算法、蚁群优化算法和粒子群优化算法)，如图 2.3 所示

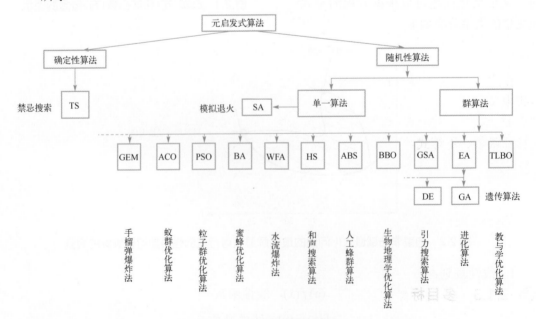

图 2.3　元启发式算法分类

元启发式算法是一种解决问题的方法,试图在合理的计算时间内为非常困难的最优化问题找到足够好的解决方案,而在这种情况下,经典分析法通常失败甚至不能应用。许多现有的元启发式算法都是自然启发算法,其工作原理是在计算机中仿真或模拟不同的自然过程。

▶▶ 2.1.2　几何规划法

GP 是一类最优化问题,其一般形式为:

$$\min f_0(x)$$
$$\text{s.t.}\quad f_i(x) \leqslant 1,\quad i=1,\cdots,n \tag{2.3}$$
$$h_i(x)=1,\quad i=1,\cdots,m$$

如果目标函数 $f_0(\cdot)$、不等式约束函数 $f_i(\cdot)$ 是多项式,那么等式约束函数 $h_i(\cdot)$ 是单项式(Boyd 等,2007)。单项式是以下形式的函数:

$$g(x)=cx_1^{\alpha_1}x_2^{\alpha_2}\cdots x_n^{\alpha_n} \tag{2.4}$$

式中,系数 c 是正实数,指数 $\alpha_1,\alpha_2,\cdots,\alpha_n$ 为实数,而 $x_1,x_2,\cdots,x_n$ 是非负变量,单项式的总和定义为一个多项式函数。GP 的优点是可以处理复杂工程问题中遇到的非线性函数。此外,虽然 GP 不是一类凸函数最优化问题,但可以转换为凸函数形式(Boyd 和 Vandenberghe,2004)。下面将解释这种转换。式(2.4)中的单项式函数可以改写为:

$$g(x)=\mathrm{e}^{\log c}\mathrm{e}^{\alpha_1\log x_1}\cdots\mathrm{e}^{\alpha_n\log x_n} \tag{2.5}$$

通过将一个新的变量 y_i 与每个变量 x_i 关联为 $y_i=\log(x_i)$,并引入一个新的常数 $c'=\log(c)$,单项式函数被重组为:

$$g(y)=\mathrm{e}^{c'}\mathrm{e}^{\alpha_1 y_1}\cdots\mathrm{e}^{\alpha_n y_n}=\mathrm{e}^{\boldsymbol{\alpha}^{\mathrm{T}}y+c'} \tag{2.6}$$

经过类似的转换,式(2.3)中的最优化问题可转换为:

$$\min\sum_{k=1}^{L_0}\mathrm{e}^{\boldsymbol{\alpha}_{0k}^{\mathrm{T}}y+c'_{0k}}$$
$$\text{s.t.}\sum_{k=1}^{L_0}\mathrm{e}^{\boldsymbol{\alpha}_{ik}^{\mathrm{T}}y+c'_{ik}}\leqslant 1,\quad i=1,\cdots,n \tag{2.7}$$
$$\mathrm{e}^{\boldsymbol{\beta}_i^{\mathrm{T}}y+c'_i}=1,\quad i=1,\cdots,m$$

在式(2.7)中,目标函数多项式中单项式的数量用 L_0 表示。此外,第 i 个不等式约束多项式中单项式的数量用 L_i 表示。目标函数的系数用矢量 $\boldsymbol{\alpha}_{0k}$ 表示。用 $\boldsymbol{\alpha}_{ik}$ 表示第 i 个不等式约束的系数,用 $\boldsymbol{\beta}_i$ 表示等式约束的系数。最后,为了将 GP 转换为凸函数形式,取式(2.7)的目标函数、不等式约束和等式约束的对数(Mireslami,2018):

$$\min\log\left(\sum_{k=1}^{L_0}\mathrm{e}^{\boldsymbol{\alpha}_{0k}^{\mathrm{T}}y+c'_{0k}}\right)$$
$$\text{s.t.}\log\left(\sum_{k=1}^{L_i}\mathrm{e}^{\boldsymbol{\alpha}_{ik}^{\mathrm{T}}y+c'_{ik}}\right)\leqslant 0,\quad i=1,\cdots,n \tag{2.8}$$
$$\boldsymbol{\beta}_i^{\mathrm{T}}y+c'_i=0,\quad i=1,\cdots,m$$

▶▶ 2.1.3　多目标最优化

在许多现实世界的问题中,需要同时最小化几个目标。这些目标通常是相互冲突的,其中一个目标的减小可能导致其他目标的增加(Miettinen，1999)。目标之间选择的平衡取决于应用程序和设计者的想法。然而在许多应用程序中，设计者需要能够在目标之间提供平衡的解。多目标最优化问题的一般形式为：

$$\min[f_1(x),\cdots,f_N(x)]$$
$$\text{s.t. } x \in X$$

(2.9)

其中，目标是在可行的集合 X 中找到一个解(见图 2.4)尽量最小化目标 $f_1(x),\cdots,f_N(x)$。由于这些目标经常发生冲突，不能同时最小化它们，因此多目标问题存在多个最优解。所有这些解都是最佳的，但在目标之间提供了不同的权衡。

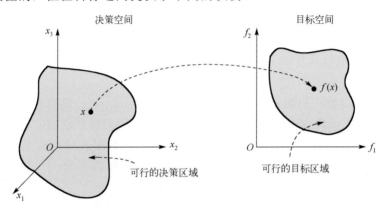

图 2.4   映射解空间和目标函数空间

这些解被称为帕累托最优解(见图 2.5)，不可能再有更多的帕累托最优解改进的余地。这意味着，对于所有目标，没有一种解比帕累托最优解获得更小的值。所有帕累托最优解的集合称为帕累托解集，也称为最优权衡曲线。根据领域专家的优先级和参数选择，可以选择一种帕累托最优解。然而，在大多数应用程序中，极大地最小化一个目标并且显著地降低其他目标的极端解是不可取的。通常，应在目标之间寻求平衡的折中解。

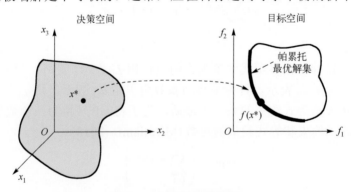

图 2.5   帕累托最优解集

➤➤ 2.1.4   随机最优化

虽然大多数最优化问题的变量和参数都存在不确定性，但在问题建模时通常将变量和参数假定为确定值。经典的最优化方法获得象征解而忽略不确定性。得到的象征解会因参数波动而导致不能运行和违反约束。随机最优化(SO)在大多数涉及参数不确定性和变量的应用中是一种常用的方法。其将不确定性参数和变量视为随机变量,给出了最优解。在 SO 中,变量和参数的不确定性由特定的概率分布来表征。单变量线性规划问题的一般形式可以表示为一个经典的确定性最优化方法的例子:

$$\min h(x)$$
$$\text{s.t. } k(x) \leqslant 0 \tag{2.10}$$

式中,问题目标是 $h(\cdot)$,约束为 $k(\cdot)$,问题变量为 x。考虑变量中的不确定性,SO 公式可以写成:

$$\min. E[h(\tilde{x})]$$
$$\text{s.t.} E[k(\tilde{x})] \leqslant 0 \tag{2.11}$$

其中 $E(\cdot)$ 是期望值算子。这种 SO 公式通过考虑随机变量 $\tilde{x}$ 的概率密度函数使目标函数的期望值最小。通常在 SO 中,不确定性被建模为随机变量,这些随机变量遵循一个分布。一个较为熟知的分布是高斯分布或正态分布(如图 2.6 所示),通常用均值和标准差来表示。高斯分布目前已被用来模拟各种不确定现象。关于高斯分布的一个有趣的点是,对更大范围的数据进行优化时,如何提高预测精度。如果包含不确定性的最优化约束采用高斯分布建模而不是对分布的均值进行最优化,约束围绕分布的均值在一个标准差 σ 的范围内进行最优化,那么 68.2% 的不确定性将得到实现。同样,如果约束围绕分布的均值在一个标准差 2σ 的范围内进行最优化,那么将覆盖 95.4% 的不确定性实现(Mireslami,2018)。

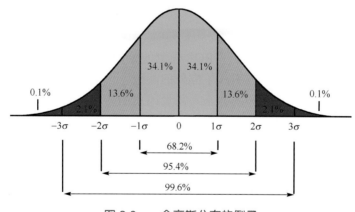

图 2.6　一个高斯分布的例子

≫ 2.1.5　鲁棒最优化

类似于 SO,RO 也被开发用来处理问题参数和变量的不确定性。在 RO 中,通过考虑问题变量和参数的不确定性集解决问题。假设线性规划问题包含不确定性,则此问题的 RO 公式为:

$$\min_{x} \max_{w \in W} h(x, w)$$
$$\text{s.t. } \max_{w \in W} k(x, w) \leqslant 0 \tag{2.12}$$

鲁棒公式考虑了不确定性 $w \in W$,使目标函数最小化。在许多文章中,例如 Bertsimas 等(2011),严格遵循鲁棒最优化在不确定性的最坏情况下,实现目标最小化,并且 RO 的解是悲观的，但在实践中是可行的。

RO 可以有效处理供应链管理（Bertsimas 等，2011）、电路设计和天线设计等几个商业和工程领域的不确定性。虽然除 SO 之外，RO 也可以用于包含不确定性的应用程序，但 RO 是一种更悲观的方法，只考虑不确定性实现的最坏情况。然而，SO 通过施加已知参数遵循的概率分布来找到一般解。因此，当不确定性是概率分布的，且已知其分布时，SO 更有效。

图 2.7 显示了各种优化方案之间的差异和联系，包括确定性最优化、RO 和 SO。由于 SO 寻求的是期望值的最优化，因此需要一个精确的不确定性分布，而这是不能用经验数据准确估计的。相比之下，RO 只要求不确定参数的支撑。

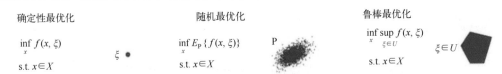

图 2.7　不同最优化方案之间的差异和联系

2.2　油井最优化

2.2.1　钻井问题

钻速最优化

本书在实验室实验的基础上开发了 ROP 预测的分析模型，并对其进行了改进，包括钻头技术和非常规油藏钻井技术，或引入了额外的参数。这些模型中的大多数都具有经验系数，这些系数包含了岩性、地质和其他不易测量因素的变化。对经验系数进行约束；上界和下界所使用的数值是基于物理和工程判断的。表 2.1 中介绍了四种 ROP 分析模型。

表 2.1　ROP 分析模型

Bingham	Hareland 和 Rampersad	Motahhari 等	Winters, Warren 和 Onyia
（所有钻头）	（翼状钻头）	（PDC 钻头）	（牙轮钻头）
$\mathrm{ROP}=a\mathrm{RPM}\left(\dfrac{\mathrm{WOB}}{D_b}\right)^b$	$\mathrm{ROP}=14.14N_c\mathrm{RPM}\dfrac{A_v}{D_b}$	$\mathrm{ROP}=W_f\left(G\dfrac{\mathrm{RPM}^\gamma\,\mathrm{WOB}^\alpha}{D_b\mathrm{UCS}}\right)$	$\dfrac{1}{R}=\dfrac{a\sigma^2 D^3\varepsilon}{NW^2}+\dfrac{\Phi\sigma D^2}{NW\varepsilon}+\dfrac{b}{ND}+\dfrac{c\rho\mu D}{I_m}$
式 (2.13)	式 (2.14)	式 (2.15)	式 (2.16)
式中，OP 为钻速 (ft/hr)；WOB 为钻压 (klb)；RPM 为钻头的转速 (r/min)；D_b 为钻头直径 (in)；a 和 b 为给定岩层的常数。	式中，N_c 为切削齿的数量；A_v 为刀头前方被压缩的岩石面积 (in^2)，A_v 根据翼状钻头的类型设置。而其他变量与 Bingham 模型相同	式中，UCS 为岩石无侧限强度 (psi)；W_f 为磨损函数；G 为模型系数，表示可钻性；α 和 γ 是通过将最小二乘损失函数最小化求出的与 ROP 相关的模型指数	式中，σ 为岩石抗压强度；D 为钻头直径；ε 为岩石的延性；N 为转速；W 为钻压；Φ 为牙轮轴移系数；a、b、c 为模型系数；ρ 为等效泥浆密度，定义为将环空摩擦加到井中实际流体密度的泥浆密度；μ 是泥浆黏度，I_m 为修正后的喷射冲击力

PDC, Polycrystalline Diamond Compact 聚晶金刚石复合片；　ROP, Rate of Penetration 钻速；　RPM, Rotations Per Minute 每分钟的转数；WOB, Weight on Bit 钻压。

由于 Bourgoyne 和 Young 的方法是基于以往钻井参数的综合统计，因此是最常用和最详细的 ROP 最优化方法。该模型也被认为是用于 ROP 最优化的最完整的数学钻井模型。通过详细的数据分析，可以使用现有数据修改 proposed 模式中使用的系数。式(2.17)给出了一般 ROP 方程，它是可控和不可控钻井参数的函数。

$$\text{ROP} = \exp\left(a_1 + \sum_{j=2}^{8} a_j x_j\right) \tag{2.17}$$

图 2.8 分别确定了影响 ROP 的可控和不可控钻井参数。

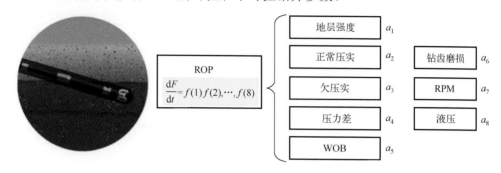

图 2.8 ROP 方程示意图

（1）钻速目标函数

钻井最优化模型本质上是对目标函数或指标进行优化。此目标或指标将作为钻井的关键性能指标(KPI)。20 世纪 70 年代，通过定义目标函数并在此后对其进行优化，引入了结构化的最优化步骤(Tansev，1975)。目标函数代表被优化的项或函数(本例中为 ROP)。目标是根据钻机表面可改变的可控参数进行建模。利用最优化算法可以通过调整最优控制参数来最优化目标。例如，当 ROP 为目标函数时，目标就是使 ROP 最大化。ROP 被建模为可控钻井参数(如 WOP、RPM 和流速等)的函数。优化算法用于确定最佳控制参数，如 WOP、RPM 和流速，在钻进前最大限度地提高 ROP。振动分级模型(扭转、轴向和横向)可用来定义优化算法的约束。可以设置最大 MSE 阈值，以确保钻井所需的能源供应充足。

（2）钻速约束

振动主要以扭转振动、轴向振动和横向振动的形式出现，并分别引起黏滑、钻头跳钻和钻头涡动。图 2.8 的 ROP 方程示意图显示的是钻井中常见的黏滑现象。钻井过程中的黏滑会导致钻井功能障碍和钻井效率低下(Fear 等，1997)。这些问题可以通过一种称为黏滑指数(SSI)的指标来解决，该指标可以衡量扭转振动的强度(Arevalo 等，2010；Ertas 等，2013)。

$$\text{SSI} = \frac{\text{Max(bit RPM)} - \text{Min(bit RPM)}}{\text{Average(bit RPM)}} \tag{2.18}$$

SSI 可以作为衡量扭转振动(或黏滑)强度的指标，当钻头处于完全黏滑状态时，其值为 1。SSI 应保持小于 1，以避免钻井功能障碍(Arevalo, Fernandes，2012)。在现场应用中也使用 SSI 作为指标来避免过度振动，从而改善钻井作业效果(Payette 等，2015；Sanderson 等，2017)。SSI 建模的主要目的是保证通过钻井最优化模型确定的最优控制参数不会引起振动过大。其他形式的钻井振动(轴向振动和横向振动)的影响可以通过井下加速度计的读数来测量。这很好地说明了这些振动所产生的钻井功能障碍的程度(Arevalo 和 Fernandes，2012)。SSI 建模降低轴向振动将减少跳钻，降低横向振动将有助于控制钻头涡动和黏滑。

为保证钻井作业的安全稳定，井底的边界压力应确定为：

$$P_{\text{pore}} \leqslant P_{\text{bhp}} \leqslant P_{\text{frac}} \tag{2.19}$$

WOB 和 RPM 的极限假设如下：

$$\text{WOB}_{\text{min}} \leqslant \text{WOB} \leqslant \text{WOB}_{\text{max}} \tag{2.20}$$

$$\text{ROP}_{\text{min}} \leqslant \text{ROP} \leqslant \text{ROP}_{\text{max}} \tag{2.21}$$

此外，应使用 MSE 阈值限制最优化空间。

最小机械比能

MSE 的概念是由 Teale 在 1965 年提出的。Teale 将 MSE 定义为钻头破碎单位体积岩石消耗的机械能和效率。在 Teale 中，MSE 模型是根据科学实验结果建立的，如下式所示：

$$\text{MSE} = \frac{4W}{\pi D^2} + \frac{480 N_r T}{D^2 R_r} \tag{2.22}$$

式中，T 是表面扭矩。

在式(2.22)中，MSE 是 WOB、RPM、ROP、扭矩和钻头直径的函数。这种关系为钻井作业参数(如 WOB、RPM)的调整提供了指导，用以优化钻井性能，实现最大效率。目标是最小化 MSE，换句话说，最优准则是通过调节 WOB 和 RPM 来最小化 MSE。

井底钻具组合配置

BHA 的性能可以通过振动指标来量化，如 BHA 应变能和稳定器侧向力。这些指标是根据 BHA 的稳态动力学计算的。统计研究发现，振动指标值越小的 BHA，MSE 越小，ROP 越高，振动越小(Bailey 和 Remmert，2010)。为了便于比较不同长度的 BHA，提出归一化的 BHA 应变能：

$$\text{SE} = \frac{1}{L} \sum_{i=1}^{N} \frac{M_i^2 l_i}{2(EI)_i} \tag{2.23}$$

式中，L 为 BHA 的长度，N 为用于划分 BHA 的有限元单元数，l_i 为第 i 个元素的长度，M_i 为第 i 个元素的弯矩。在式(2.23)中，L、E 和 I 由给定的 BHA 确定；l_i 在 BHA 配制后确定；而内部弯矩 M_i 需要根据 BHA 的变形来计算。对于给定的单元，其内力矢量为

$$f_{\text{int}} = ([k_{e,t}] + [k_{e,n}])u_e \tag{2.24}$$

式中，f_{int} 为内力矢量，u_e 为一个元素在其局部坐标下的位移矢量，在得到整体位移矢量 u 后，可以从全局坐标转换而来。轴向内力、剪切力、弯矩均为 f_{int} 的分量。稳定器侧向力可由稳定器内部剪切力的变化来确定：

$$\text{SF}^k = f_{\gamma,i+1}^k - f_{\gamma,i}^k \tag{2.25}$$

式中，k 为节点号，i、$i+1$ 为单元号。在这种情况下，节点 k 由第 i 个单元和第 $i+1$ 个单元

共享；SF^k 为节点 k 处稳定器的侧向力；$f_{\gamma,i}^k$ 为从第 i 个单元处得到的节点 k 的内部剪切力；$f_{\gamma,i+1}^k$ 为从第 $i+1$ 个单元处得到的节点 k 的内部剪切力。

　　BHA 指数是在不同转速条件下计算的，均匀分布在一个运行区间(通常为 50～200 RPM)。当预先知道运行的 RPM 范围可用时，用户也可以定义 RPM 值。为了在整个运行范围内获得良好的动态性能，每个 RPM 值的平方和按可用的代价函数计算：

$$J = \sum_{i=1}^{W} \mathrm{VI}_{\omega_i}^2 \tag{2.26}$$

式中，W 是不同 RPM 值的数量，VI_{ω_i} 是 ω_i 的指标值。通过最优化稳定器的位置，使式(2.26)中定义的代价函数最小化。这种最优化的机制是修改 BHA 的固有频率，将其远离运行的 RPM，以避免共振。稳定器可以通过改变接触边界来改变 BHA 的固有频率。另一种改变 BHA 固有频率的方法是增加 BHA 长度。然而，这可能会导致 BHA 过重。而最优化稳定器位置不存在这个问题，只需对现有的 BHA 结构进行最小程度的改变。BHA 应变能与钻井 MSE 的协方差最高(Bailey 和 Remmert，2010；Feng，2019)；因此，本章使用它作为最小化的指标值。此外，BHA 应变能、稳定器侧向力、传递应变能、端点曲率等指标之间存在正相关关系。基于式(2.26)，通过重新定位稳定器位置来最小化整个运行 RPM 范围内的振动指数，如式(2.27)所示：

$$\min J = \sum_{i=1}^{W} \mathrm{VI}_{\omega_i}(s)^2, \quad s = [s_1 \ s_2 \cdots s_l] \tag{2.27}$$
$$\text{s.t.} \quad 0 < s_1 < s_2 \cdots < s_{l-1} < s_l < L$$

式中，s_1 为第 1 个稳定器的位置，s_2 为第 2 个稳定器的位置，s_{l-1} 为第 $l-1$ 个稳定器的位置，s_l 为第 l 个稳定器的位置；L 是 BHA 的长度。

井眼轨迹最优化框架

　　为了在最优化框架中定量评估井眼轨迹，定义多个代价函数。这里考虑的代价函数反映了生产损耗、钻井时间、完井成本、井眼弯曲度(Zheng，2017)、控制权限和钻井功能障碍(如有害的钻柱振动)。此处并不一定要获得一个完整的或最优的代价函数描述；可能还有其他与井眼轨迹优化相关的代价函数没有包括在内，或者可能有比所选择的更好的代价函数。此处目标是演示如何使用代价函数实现更好的井眼轨迹设计和定向钻井控制的框架。

　　在钻井之前，首先要对井的垂直段和水平段进行初步规划，并对井的总产量进行估算。如果偏离了设计的轨迹，将会导致产层漏失，这是可以量化的。假设"层外"段不进行完井作业，可以节省完井成本，但开发商也会失去这些段的预计油气产量，并损失相关收入。相反，越接近设计的轨迹，油气产量就越高。因此，生产成本可以表示为：

$$J_1(r) = c_1 * P(r) * \mathrm{MD}$$
$$c_1 = \frac{\text{Predicted production}}{\text{feet}} * \text{oil Price} \tag{2.28}$$

式中，c_1 为井眼轨迹设计阶段预定义的常数，表示每英尺预计的总收入，MD 为剖面的测量深度，$P(r)$ 为轨迹遵循程度的函数。可以将其定义为从钻头到设计井眼轨迹的距离的正态分布函数：

$$P(r) = \frac{1}{\sqrt{2\pi\sigma^2}} e^{-\frac{[\delta(r)-\mu]^2}{2\sigma^2}} \tag{2.29}$$

式中，σ 为标准差，μ 为分布的均值，$\delta(r)$ 为偏离设计井眼轨迹的距离。如果用两点来定义横向截面，则计算出的偏移如下：

$$\delta_1(r) = \frac{|(p_1 - p_2) \times (r - p_2)|}{|p_1 - p_2|} \tag{2.30}$$

其中 p_1 和 p_2 是定义直线的点。设计的井眼轨迹通常是由多个点定义的，在这种情况下，可以通过比较钻头与设计井眼轨迹上每个点的距离来求出到该轨迹的距离：

$$\delta_2(r) = \min([\|r - p_1\|, \|r - p_2\|, \cdots, \|r - p_n\|]) \tag{2.31}$$

如果点的分辨率低于预期（意味着定义井眼轨迹的点之间的距离太大），式(2.30)可以用来计算离钻头最近的两个点到轨迹的距离。生产代价函数的可视化如图 2.9 所示。

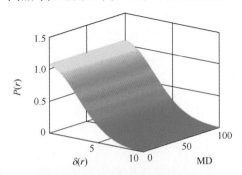

图 2.9   生产代价函数的可视化

钻井时间与钻井成本成正比，因为在整个钻井作业过程中，开发商将持续承担设备和人员的成本。假设钻井代价函数为线性函数，可表示为：

$$J_2(t) = c_2 * (t_f - t_i) \tag{2.32}$$

式中，c_2 是一个常数，等于每小时的钻井成本，t_i 和 t_f 分别是初始时间和最终时间。

在此框架下，考虑通常与页岩井压裂完井相关的注水泥完井。所需的套管和固井成本是井深的函数。假设完井成本是井深的线性函数，可以表示为：

$$J_3(r) = c_3 * L(r) \tag{2.33}$$

式中，c_3 是一个常数，等于每井筒距离的套管和固井成本，$L(r)$ 是总井深。然而弯曲度、控制权限（即控制钻头响应的能力）以及钻井功能障碍的成本（如有害的钻柱振动）难以量化。在第一种简化方法中，假设后面的因素均与井眼弯曲度相关。将井眼轨迹划分为 n 个区间（D'Angelo 等，2018），弯曲度成本可表示为：

$$J_4(r) = c_4 * (\mathrm{TI}(r_i) - \mathrm{TI}(r_f))$$

$$\mathrm{TI}(r) = \frac{n}{n+1} \frac{1}{L_c} \sum_{i=1}^{n} \frac{L_{csi}}{L_{rsi}} - 1 \tag{2.34}$$

人们认为井眼曲率和弯曲度的增加是不可取的，因为它可能会激发有害的振动，降低控制权限，并导致一系列"连锁"问题。这些问题包括但不限于套管下入和固井困难、水力压裂过程中裂缝的重新闭合、生产设备过早磨损（如在弯曲井段安装潜水泵）等（Shor 等，2015）。

对于井下动力钻具系统，每当工具面输入变化时，都需要停止钻井作业进行调整。这可以用下面的代价函数来弥补：

$$J_5(u) = \sum_{i=0}^{k_f} c_5 H[\| u(k+1) - u(k) \|] \tag{2.35}$$

其中 H 为 Heaviside 阶跃函数。通过这个函数，每次控制输入项 u 改变时，都会加入固定的时间损耗 c_5。总代价函数是上述定义成本的总和，并将在下面的最优化公式中详细描述。

井眼轨迹最优化公式

在本节中，将前面描述的井眼轨迹规划问题化为以下形式的最优化问题：

$$\min J(x)$$

$$\text{s.t. } f_i(x) \leqslant b_i, \quad i = 1, \cdots, m$$

式中，状态矢量 $x = (\vec{r}, \dot{\vec{r}}, \vec{q}, \vec{u}, \mathrm{d}t)$ 为最优化变量，函数 $J(x)$ 是目标函数或代价函数，函数 $f_i, \cdots, f_m$ 为常数 $b_i, \cdots, b_m$ 的约束函数。

用常微分方程描述的系统动力学可以用非线性状态空间形式表示（Chachuat，2007）：

$$\dot{x} = f[x(t), u(t)] \tag{2.36}$$

在数值计算中，动力学应该表示为离散时间下的，可以用步长为 $\mathrm{d}t$ 的欧拉方法来完成（Semmler, 1995）：

$$x(k+1) = x(k) + \mathrm{d}t * f[x(k), u(k)] \tag{2.37}$$

首先，将输入项定义为：

$$u(k) = [a(k), \mathrm{TF}(k)] \tag{2.38}$$

式中，$a(k)$ 为滑动和旋转的混合输入，$a(k) = 0$ 表示旋转动作；$a(k) = 1$ 表示滑动动作，$\mathrm{TF}(k)$ 是滑动动作所需的工具面角。钻具串平移的运动方程定义如下：

$$\begin{aligned} r(k+1) &= r(k) + \mathrm{d}t * \dot{r}(k) \\ \dot{r}(k+1) &= \mathrm{ROP} * q(k) \mathrm{e}_4 q^{-1}(k) \end{aligned} \tag{2.39}$$

为了将工具面调整到所需的方向，需要将 BHA 绕体 z 轴旋转。这可以通过获得工具面角所需的调整 $\Delta\mathrm{TF} = \mathrm{TF}_{\text{desired}} - \mathrm{TF}_{\text{current}}$，以及惯性系中 z 轴的方向 $b_z = q\mathrm{e}_4 q^{-1}$，并将四元数以所需的角度绕体 z 轴旋转来实现：

$$q_{tf}(k) = \left[\cos\left(\frac{\Delta\mathrm{TF}(k)}{2} \right), \sin\left(\frac{\Delta\mathrm{TF}(k)}{2} \right) q\mathrm{e}_4 q^{-1} \right] q(k) \tag{2.40}$$

将四元数动力学的表示改为离散时间下的，以适应工具面输入，如下所示：

$$\dot{q}(k) = \frac{1}{2} \boldsymbol{\Omega}(k) * q_{tf}(k)$$

$$q(k+1) = q_{tf}(k) + \mathrm{d}t * \dot{q}(k) \tag{2.41}$$

式中速率矩阵 $\boldsymbol{\Omega}$ 定义为：

$$\boldsymbol{\Omega}(k) = \begin{bmatrix} 0 & \omega_3(k) & -\omega_2(k) & \omega_1(k) \\ -\omega_3(k) & 0 & \omega_1(k) & \omega_2(k) \\ \omega_2(k) & -\omega_1(k) & 0 & \omega_3(k) \\ -\omega_1(k) & -\omega_2(k) & -\omega_3(k) & 0 \end{bmatrix} \tag{2.42}$$

这两种作业方式的 ROP 有明显不同，钻柱旋转比滑动 ROP 更快。角速度也不同，滑动有明显更大的造斜速率。旋转和滑动之间的这些区别可以用下列方程表示：

$$\mathrm{ROP}(k) = \mathrm{ROP}_{rot} + (\mathrm{ROP}_{slide} - \mathrm{ROP}_{rot})a(k)$$

$$\omega(k) = \omega_{rot} + (\omega_{slide} - \omega_{rot})a(k) \tag{2.43}$$

式中，ROP_{slide} 和 ω_{slide} 分别为滑动 ROP 和滑动角速度，ROP_{rot} 和 ω_{rot} 分别为旋转 ROP 和旋转角速度。最后，问题属于动态的状态约束，可由用户强加。规定的初始状态 ξ_0 包括钻头的位置和方向为：

$$x_0 = \xi_0 \tag{2.44}$$

下面给出了理想的最终状态变量范围 β_f 到 γ_f，该范围由目的产层所规定：

$$\beta_f \leqslant x_f \leqslant \gamma_f \tag{2.45}$$

总结最优化问题，有 5 个代价函数方程：式 (2.28) 为生产损耗；式 (2.32) 为钻井时间成本；式 (2.33) 为完井成本；式 (2.34) 为弯曲度成本；式 (2.35) 为输入变化成本。式 (2.38) 为表示混合钻进和工具面输入的整数约束（Pehlivanturk，2018）；式 (2.39) 为表示平移运动方程的等式约束；式 (2.41)、式 (2.42)、式 (2.43) 为表示方向运动方程的等式约束；式 (2.44) 和式 (2.45) 分别为初始状态和理想的最终状态。

滑动钻进轨迹最优化

$$\min_{x,u} J_1(r) + J_2(t) + J_3(r) + J_4(r) + J_5(u)$$

$$r(k+1) = r(k) + \mathrm{d}t * \dot{r}(k)$$

$$\dot{r}(k+1) = \mathrm{ROP} * q(k)\mathrm{e}_4 q^{-1}(k)$$

$$\mathrm{ROP}(k) = \mathrm{ROP}_{rot} + (\mathrm{ROP}_{slide} - \mathrm{ROP}_{rot})a(k)$$

$$\dot{q}(k+1) = \left[\cos\left(\frac{\Delta \mathrm{TF}(k)}{2}\right), \sin\left(\frac{\Delta \mathrm{TF}(k)}{2}\right) q(k)\mathrm{e}_4 q(k)^{-1} \right] q(k) + \mathrm{d}t * \dot{q}(k)$$

$$\dot{q}(k) = \frac{1}{2}\boldsymbol{\Omega}(k)\left[\cos\left(\frac{\Delta \mathrm{TF}(k)}{2}\right), \sin\left(\frac{\Delta \mathrm{TF}(k)}{2}\right) q(k)\mathrm{e}_4 q(k)^{-1} \right] q(k)$$

$$\boldsymbol{\Omega}(k) = \begin{bmatrix} 0 & \omega_3(k) & -\omega_2(k) & \omega_1(k) \\ -\omega_3(k) & 0 & \omega_1(k) & \omega_2(k) \\ \omega_2(k) & -\omega_1(k) & 0 & \omega_3(k) \\ -\omega_1(k) & -\omega_2(k) & -\omega_3(k) & 0 \end{bmatrix}$$

$$\omega(k) = \omega_{\text{rot}} + (\omega_{\text{slide}} - \omega_{\text{rot}})a(k)$$

$$x_0 = \xi_0$$

$$\beta_f \leqslant x_f \leqslant \gamma_f$$

$$u(k) = [a(k), \text{TF}(k)]; a(k) \in [0,1]$$

井筒剖面能量

井眼轨迹控制是钻井自动化重要的内容之一，特别是在大位移井和水平井钻井时代。按照定义，井眼轨迹控制就是限制钻进方向，使实际钻进路径与设计钻进路径的偏差最小化的过程。偏差矢量和趋势角可以描述井眼轨迹偏移，如图 2.10 所示。定义偏差矢量为从实际钻进路径位置 A 开始并指向位置 B 的矢量，位置 B 是设计路径与偏差平面的交点。偏差平面是通过点 A 且垂直于设计轨迹的平面。趋势角是指偏差矢量 AB 的两个端点 A 和 B 的切矢量 T_a 和 T_b 之间的夹角。

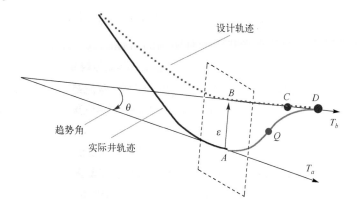

图 2.10　偏差矢量 AB、趋势角 θ、修正轨迹 A-Q-D

引入井筒剖面能量的概念是为了利用数学推理而不是几何推理从而更好地量化井眼轨迹的复杂性（Samuel 和 Liu，2009）。此处使用了曲率桥接。选择偏离点与目标点之间最佳曲线的准则是井筒剖面能量最小。

准则同时考虑了曲率和扭转，为井筒质量提供了更高的评判标准。为了减少井眼虚构度，在井眼轨迹设计中耦合了非常规曲线。在过渡区使用悬链线、样条曲线和 clothoid 曲线进行曲率桥接，使井径平滑。

井筒剖面能量在此不是岩石的钻井诱发应变能，而是将井眼轨迹比作细弹性线，表征钻井难度（复杂性）的指标。相应的实际应变能存在于井筒内的钻柱中。将钻柱看作弹性梁，其弯曲应变能是曲率的函数。

$$E_{\text{bend}} = \frac{1}{2EI} \int_0^L M^2 \mathrm{d}x \tag{2.46}$$

式中，弯曲动量为 $M = EIk(x)$。将弯曲动量代入式(2.46)，弯曲应变能可表示为：

$$E_{\text{bend}} = \frac{EI}{2} \int_0^L k(x)^2 \mathrm{d}x \tag{2.47}$$

式中，E 是杨氏模量，I 是面积转动惯量。对于直径为 D 的圆形截面的弹性梁为：

$$I = \int_0^A r^2 \mathrm{d}A = \frac{\pi D^4}{32} \tag{2.48}$$

同理，其扭转应变能为：

$$E_{\text{torsion}} = \frac{GI}{2} \int_0^L \tau(x)^2 \mathrm{d}x \tag{2.49}$$

式中，$G = \dfrac{E}{2(1+v)}$ 为剪切模量，v 为泊松比。井眼轨迹的应变能定义为：

$$E = \int_0^L [k(x)^2 + \tau(x)^2] \mathrm{d}x \tag{2.50}$$

这表明井筒剖面能量等于曲率 $k(x)$ 平方和扭转 $\tau(x)$ 平方之和的弧长积分(Samuel 和 Liu，2009)。

井眼轨迹

本节所要最优化的井眼轨迹模型最初由 Wang 等(1993)提出。该侧钻水平井轨迹由图 2.11 所示的两段组成。侧钻水平井轨迹有明确的目标区域，并给出了侧钻点的坐标。如 2.1.3 节所述，为了最优化钻井轨迹的长度和平滑度，将长度和井筒剖面能量作为目标函数，详细描述如下(Huang 等，2017)。

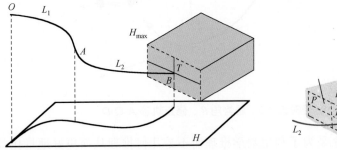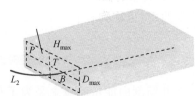

图 2.11　两段侧钻水平井轨迹

钻井轨迹长度：

$$L = L_1 + L_2 \tag{2.51}$$

式中，L_1 为第一个水平段的长度，L_2 为第二个水平段的长度。由式(2.51)可以推导出 L_1 和 L_2 的表达式为：

$$L_2 = \left(\Delta\alpha - \frac{k_{\alpha,1}}{k_{\phi,1}} \Delta\phi \right) \bigg/ \left(k_{\alpha,2} - \frac{k_{\phi,2}}{k_{\phi,1}} k_{\alpha,1} \right)$$

$$L_1 = (\Delta\alpha - k_{\alpha,2} L_2) / k_{\alpha,1} \tag{2.52}$$

井筒剖面能量可以表示为:

$$E_W = \int_0^L [k(x)^2 + \tau(x)^2]\mathrm{d}x \tag{2.53}$$

如果曲率和扭转不变,则井筒剖面能量可表示为:

$$E_W = (k_1^2 + \tau_1^2)L_1 + (k_2^2 + \tau_2^2)L_2 \tag{2.54}$$

其中,

$$\begin{cases} k_i = \sqrt{k_{\alpha,i}^2 + k_{\phi,i}^2 \sin^2\left(\dfrac{\alpha_{i-1} + \alpha_i}{2}\right)}, i = 1,2 \\[4mm] \tau_i = k_{\phi,i}\left(1 + \dfrac{k_{\alpha,i}^2}{k_i^2}\right)\cos\left(\dfrac{\alpha_{i-1} + \alpha_i}{2}\right), i = 1,2 \end{cases} \tag{2.55}$$

其中 α_i 表示第 i 段的平均倾角。

$$\min[f_1(x) = L, f_2(x) = E_w]$$

$$\text{s.t.} \begin{cases} k_{\alpha,i}^{lb} \leqslant k_{\alpha,i} \leqslant k_{\alpha,i}^{ub} \\ k_{\phi,i}^{lb} \leqslant k_{\phi,i} \leqslant k_{\phi,i}^{ub} \\ g_1(x) \leqslant \sqrt{(N_B - N_T)^2 + (E_B - N_T)^2} - H_{\max} \\ g_2(x) \leqslant |D_B - D_T| - D_{\max} \\ g_3(x) \leqslant -L_1 \\ g_4(x) \leqslant -L_2 \\ h_1(x) = (N_B - N_T)t_N + (E_B - E_T)t_E + (D_B - D_T)t_D \end{cases} \tag{2.56}$$

井眼轨迹约束

1. 控制变量的极限:在钻井问题中,控制变量为钻井轨迹两段的构建速率和转弯速率。由于井眼曲率(也称狗腿度)和偏转工具的限制,每个变量都有其极限。

2. 目标区域边界约束:为了确保终端点在目标窗口平面上,需要构建一个约束。作为平面上的一点,终点的坐标需满足目标窗口平面法矢量坐标的方程 (t_N, t_E, t_D)。在侧钻水平井中,假设曲线端点处的切线垂直于目标窗口平面,则法矢量可以通过下式计算:

$$\begin{cases} t_N = \sin\alpha_B \cos\phi_B \\ t_E = \sin\alpha_B \sin\phi_B \\ t_D = \cos\alpha_B \end{cases} \tag{2.57}$$

为了避免脱靶效应,终点还应满足以下约束函数:

$$\begin{cases} \sqrt{(N_B - N_T)^2 + (E_B - E_T)^2} \leqslant H_{\max} \\ |D_B - D_T| \leqslant D_{\max} \end{cases} \tag{2.58}$$

3. 非负性约束:钻井轨迹的每段长度应该为正。

井眼清洗最优化

井眼清洗目标函数

当钻水平井时，岩屑会在井筒低侧堆积。如果岩屑堆积高度很高，会造成高摩阻和扭矩升高、钻井液漏失、卡钻等问题，表明井眼清洗效果不佳。如果岩屑堆积高度低，则说明孔清洗有效。因此，岩屑堆积高度可作为评价井眼清洁度的一个标准。为了保证钻井作业的安全，应尽量降低岩屑堆积的高度，这是井眼清洗最优化的主要目标。无因次岩屑堆积高度的计算公式如下（Guan 等，2016）：

$$\min H = \frac{100T_{\text{cutting bed}}}{D_{\text{hole}}} \tag{2.59}$$

式中，H 为无因次岩屑堆积高度，$T_{\text{cutting bed}}$ 为岩屑堆积高度，D_{hole} 为裸眼直径。若无特别说明，所有变量都采用国际标准单位。

Zhou（Zhou 和 Pu，1998）和 Wang（Wang 等，1993）提出新的岩屑堆积高度计算公式并进行组合和重新排列，以考虑钻杆旋转效应：

$$T_{cb} = 0.015D_h(1000\mu_e + 194.48\mu_e^{0.5})(1 + 0.587\varepsilon)(V_{cr} - V_a)$$
$$+ D_h(0.0001N^2 - 0.35468N + 0.16236N \times V_a$$
$$- 0.09465N \times \varepsilon + 0.00034N \times V_a \times \varepsilon)/100$$

$$\mu_e = K[(2n+1)/(3n)]^n (D_h - d_{po})^{1-n}(12V_a)^{n-1}/1000^n$$

$$V_{cr} = 40.09\left[\frac{(\rho_s - \rho_f)}{\rho_f}d_s\right]^{0.667}\left[\frac{1 + 0.17\theta + 0.55\sin(2\theta)}{(\rho_f\mu_e)^{0.333}}\right] \tag{2.60}$$

井眼清洗变量及约束

在井眼清洗最优化中，必须考虑以下四个约束：循环系统的最大允许压力约束；最大供应流量约束；最小射流速度约束；地层条件约束。在实际应用中，循环系统的最大允许压力受限于泵的承压能力和钻井设备(特别是地面设备)的承压能力。循环系统的承压能力是地面设备(如钻井胶管、地面管线)所能承受的最大允许压力。由于这些地面管道和软管连接着钻井泵和钻杆，钻井液流经这些管道将能源从钻井泵输送到钻头，然后回流到地面。这意味着地面管道和软管承受着来自钻井泵的高压。如果在循环系统中的总压力损失超过承压能力，地面设备可能无法工作。因此，循环系统的最大允许压力是在循环系统的承压能力值和泵的承压能力值中较小的那个。

钻井系统中的总压力损失包括钻头压降以及钻杆、钻铤、环空、地面设备中的压力损失，可表示为：

$$\Delta p_{\text{loss}} = \Delta p_p + \Delta p_{\text{bit}} \tag{2.61}$$

式中，Δp_{loss} 为循环系统总压力损失，Δp_p 为系统中压力的损失，Δp_{bit} 为钻头压降。

系统的总压力损失应低于系统的最大允许压力 $p_{\max}$。循环系统约束的最大允许压力为：

$$\Delta p_{loss} < p_{max} \qquad (2.62)$$

最大供应流量是泵在额定压力模式下工作时所能提供的最大流量。工作流量不应超过最大供应流量，因此第二个约束可以写为：

$$Q < Q_r \qquad (2.63)$$

式中，Q 为工作流量，Q_r 为泵所能提供的最大供应流量。

当钻头破岩时，应尽快将岩屑从井底移出，这个过程需要液压动力。通过钻头喷嘴的流体速度应足够高才能将岩屑从井底冲洗出来。因此，射流速度应大于最小射流速度。最小射流速度约束可表示为：

$$V_j > V_{j\ min} \qquad (2.64)$$

式中，$V_j = \dfrac{Q}{A_n}$，A_n 为钻头喷嘴总流道面积，$V_{j\ min}$ 为最小射流速度。

在钻井作业过程中，井底压力过大会导致地层破裂，大量钻井液流入地层，造成漏失。反之，井下压力不足，即井底压力低于孔隙压力，会导致地层流体冲进井筒，造成井涌，甚至井喷。此外，如果井底压力低于地层坍塌压力，井筒岩石可能会脱落，堵塞井筒。这三种情况都可能导致钻井作业的失败。在钻井作业中，井底压力被转换为等效循环密度（ECD），以便于比较井底压力和地层坍塌压力。ECD 应始终控制在地层压力窗口内，即井底压力应小于地层破裂压力，大于孔隙压力和地层坍塌压力。

地层条件约束表示为：

$$\max(\rho_{pore}, \rho_{caving}) < ECD < \rho_{frac} \qquad (2.65)$$

式中，ρ_{pore}、ρ_{caving} 和 ρ_{frac} 分别为孔隙压力、地层坍塌压力和地层破裂压力的等效密度。

井底压力是钻井液循环时静水压力和环空压力损失之和。通过将环空压力损失的等效密度和静态钻井液密度相加，计算出 ECD：

$$ECD = \rho_f + \frac{\Delta P_{anu}}{gH_v} \qquad (2.66)$$

式中，ρ_f 为静态钻井液密度，ΔP_{anu} 为环空压力损失，g 为重力加速度，H_v 为井的垂向深度。

$$目标：\ \min H = \frac{100T_{cutting\ bed}}{D_{hole}} \qquad (2.67)$$

s.t. （1）$\Delta p_{loss} < p_{max}$

（2）$Q < Q_r$

（3）$Q / A_n > V_{j\min}$

（4）$\max(\rho_{pore}, \rho_{caving}) < ECD < \rho_{frac}$

变量：Q、A_n、K

≫ 2.2.2   生产问题

质量图法

质量图是油藏对生产或注入反应的二维表示。井位优化中的质量图法的概念是由 da Cruz 等(1999)提出的。该图的结构使其成为一种衡量储层每个部分的生产或注入情况"有多好"的指标。

多孔介质中流体流动的参数复杂,数值模型往往是分析地下各种现象的最佳工具。虽然这些模型相当可靠,但当它们与自动优化算法相结合时,可能需要较长的 CPU 时间。为了寻找油藏管理问题中最盈利的解决方案,每个方案可能要运行数千次数值模型,其中一个原因是随着井数的增加,储层的最佳性能才能被确定。

不同于数值模型,一旦绘制了质量图,无论优化多少口井,都不再需要进行进一步的流动模拟。该图是通过在油藏的单井(生产井或注入井)上运行流动模拟来建立的。在油藏中,每口井的位置是不同的,井位的质量可以通过累积油量或净现值(NPV)来评价。因此,I-J 平面内储层中的每个活动单元都具有与其相关联的性质。da Cruz 等(1999)指出,使用克里格储量计算法可以减少构建质量图时访问点的数量。由于构建质量图的过程中考虑了储层非均质性和流体流动之间的相互作用,因此质量图可以作为确定储层"最佳位置"的工具,在多井情况下代替数值模型。

质量的概念

确定任何给定井型的质量或目标函数都基于一个简单的反距离加权。该方法通过反距离加权,将假定属于该井的所有单元的质量 Q_C 相加,从而确定每个井的质量 Q_w,如式 (2.68) 和式(2.69)所示。

$$Q_w = \sum_{c=1}^{nc_w} Q_C w_c \tag{2.68}$$

$$w_c = \frac{1}{a * d_{w-c}^b} \tag{2.69}$$

式中,当井距 d_{w-c} 为 0 时,反距离加权插值 w_c 为 1。所有井的质量 Q_t 是井质量 Q_w 的总和,这就是最优化过程中追求最大化的参数,如式(2.70)所示:

$$Q_t = \sum_{w=1}^{nw} Q_w \tag{2.70}$$

式中,nc_w 为 w 井的单元数,nw 为需要最优化的总井数。灵敏度研究表明,系数 a 和指数 b 的最优值分别为 1 和 2,在所有研究的案例中都是最优的(Badru,2003)。

井位布局问题

在勘探和开发的早期阶段做出的井位决策对未来的采收率和盈利能力有重大影响。此外,早期决策通过为决策过程提供更多信息(更大的确定性)能够改进后期的决策部署。因此,信息的回收和有效利用所增加的价值可能超过某口井产油的价值。在这方面,决策的质量取决于决策时信息的数量、质量和有效利用程度。生产数据是可用信息的组成部分(如图 2.12 所示)。

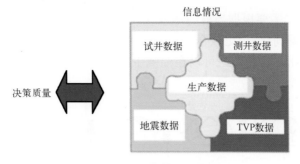

图 2.12 决策质量与信息情况

目标函数可以衡量最优化问题中解的质量。在井位最优化中，常以 NPV 作为目标函数。在这种情况下，目标是使油田开发项目的 NPV 最大化。NPV 定义为贴现到当前时间（一般是项目开始时）的净现金流量。在注水项目中，NPV 是由石油和天然气销售的预期收入以及与生产和注入相关的成本获得的。资本成本包括生产井和注水井的费用，而运营成本则包括注水井维护、采出水处理/处置、修井和人力资源等经常性费用。资本成本通常在项目开始时产生，因此通常不需要贴现以获得现值。但是在某些情况下，项目后期也有资本支出产生，例如钻加密井和安装额外储存和收集设施的费用。这些资本支出的预算需要按其现值贴现。运营成本通常是周期性的，并且通常在项目开始时进行贴现。由收入和支出产生的现金流的组合给出了 NPV 的定义（Onwunalu 和 Durlofsky，2010）：

$$\text{Net Cash Flow}(t) = \text{Oil Production}(t) * \text{Oil Price}(t) + \text{Gas Production}(t) *$$
$$\text{Gas Price}(t) - \text{Water Production}(t) * \qquad (2.71)$$
$$\text{Water Handling Cost}(t) - \text{OPEX} - \text{CAPEX}$$

$$\text{NPV}_i = \sum_t \frac{\text{Net Cash Flow}_i(t)}{(1 + \text{interest rate})^t} \qquad (2.72)$$

顺序布井方法

顺序布井方法中，每口井的位置是按顺序决定的。换句话说，#3 的位置是独立决策的，而不考虑之后还要钻的另外两口井。从最优化的角度来看，一次只进行一个最优化。因此，首先综合考虑所有地质模型对#3 进行最优化（如图 2.13 所示），然后利用相同的地质模型对#4 进行最优化，最后对#5 进行最优化。上述按顺序的三次最优化是使用同一套地质模型进行的。

多相布井方法

Guyaguler 和 Horne（2001）使用多相布井方法来寻找两个生产井的最佳位置。多相布井方法与顺序布井方法的不同之处在于，三口井的位置是同时决策的（如图 2.14 所示），而不是顺序进行的。在这种方法中，在决定#3 的位置时，同时要考虑到#4 和#5 的钻探情况。

闭环油藏管理

现有井的最优连续作业，通常称为闭环油藏管理（CLRM），是近年来重要的研究课题。

如图 2.15 所示，CLRM 需要根据当前的地质认识优化井网，管理油藏，收集一段时间内的储层数据，并进行数据同化(历史拟合)，以更新模型，使其与观测数据保持一致。与启发式的油藏管理方法相比，这种方法可以在油藏生命周期内重复使用，从而提高油藏管理的性能(Shirangi，2017)。

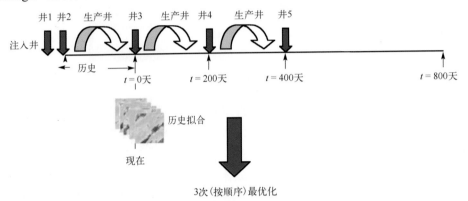

图 2.13　顺序布井方法

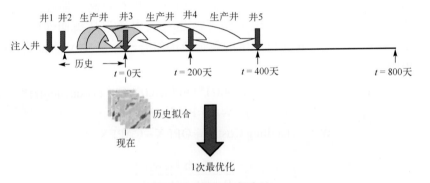

图 2.14　多相布井方法

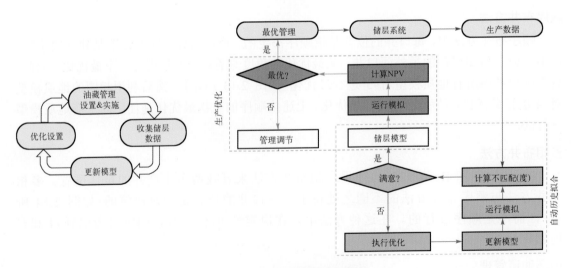

图 2.15　闭环油藏管理示意图

>> 2.2.3 井控最优化

一般的油田开发的最优化问题包括确定井型、位置和控制，目标是最小化代价函数。根据 Isbor 等（2014）和 de Brito（2019），最优化问题可以表述为：

$$\min_{x\in X,u\in U,z\in Z} J(\boldsymbol{p},x,u,z), \text{s.t.} \begin{cases} g(\boldsymbol{p},x,u,z)=0 \\ c(\boldsymbol{p},x,u,z)\leqslant 0 \end{cases} \tag{2.73}$$

矢量 x 和 u 分别表示整型（基于网格的）井位变量和连续井控变量，z 为分类变量，表示该井是注入井（$z_k=-1$）、生产井（$z_k=1$）还是未钻井（$z_k=0$）。井位变量也可以被视为实值，当井不在网格中心的情况下（例如斜井），这种方法更可取。其中，$g=0$ 为流量模拟方程，$\boldsymbol{p}$ 为未知解，在本系统中为每个网格内的压力和饱和度，c 定义为任何非线性约束。空间 X 和 U 被定义为有界约束，可表示为 $x_l\leqslant x\leqslant x_u$，$u_l\leqslant u\leqslant u_u$，其中下标 l 和 u 表示下界和上界。在这一部分中，目标是最大化 NPV，即设定 $J=-\text{NPV}$，NPV 为：

$$\text{NPV}(\boldsymbol{p},x,u,z)=\sum_{k=1}^{n_p}\sum_{s=1}^{n_s}\frac{\Delta t_s(p_o,q_{k,s}^o(\boldsymbol{p},x,u)-c_{\text{pw}}q_{k,s}^{\text{pw}}(\boldsymbol{p},x,u))}{(1+d)^{\frac{t_s}{365}}}$$
$$-\sum_{k=1}^{n_i}\sum_{s=1}^{n_s}\frac{\Delta t_s c_{\text{iw}}q_{k,s}^{\text{iw}}(\boldsymbol{p},x,u)}{(1+d)^{\frac{t_s}{365}}}-\sum_{k=1}^{n_w}\frac{|z_k|c_w}{(1+d)^{\frac{t_k}{365}}} \tag{2.74}$$

式中，n_i 为注水井数；n_p 为生产井数；$n_w=n_i+n_p$ 为总井数；n_s 为仿真时间步数；t_s 和 Δt_s 分别为时间步长 s 处的时间和时间步长；d 是年贴现率。石油的价格为 p_o，采出水的处理成本为 c_{pw}，注入水的成本为 c_{iw}。k 井在时间步长 s 处的油、水产量和注水量分别表示为 $q_{k,s}^o$、$q_{k,s}^{\text{pw}}$ 和 $q_{k,s}^{\text{iw}}$。变量 t_k 表示 k 井的钻井时间，每口井的钻井成本用 c_w 表示。式（2.73）可以表示为：

$$\max_{u\in U}\text{NPV}(\boldsymbol{p},u),\text{s.t.}\begin{cases} g(\boldsymbol{p},u)=0 \\ c(\boldsymbol{p},u)\leqslant 0 \end{cases} \tag{2.75}$$

空间 U 同样包含连续井控变量的约束，而 c 表示任何非线性约束。

2.3 小　结

1. 对于许多公司来说，钻井和生产的最优化目标是复杂且不断变化的。数据零散，人员和设备之间缺乏协调性，以及数据的人工分析困难等都阻碍了实时优化。在实时系统中，使用先进的最优化方法，可以集中钻井和生产数据，实现最佳实践，并执行标准化。同时，最优化实时进行，形成一个持续改进的循环，从而提高钻井性能，降低油田成本。

2. 在本章中，提出了钻井和生产中油井最优化的不同数学公式。

3. 井轨迹最优化模块是自动化定向钻井框架的一部分，旨在使定向钻井过程最优化和自动化。这种智能多目标最优化方法适用于复杂的钻井轨迹。可以实现成本最优化，并在考虑不同约束条件和趋势的情况下生成现实的定向钻井指令。

4. 闭环油藏管理是提高油藏开发技术经济效益的有效技术，包括自动历史拟合和生产优化。

2.4　习　　题

习题 1：确定性和随机性数学公式

钻速和钻头寿命的方程被纳入钻井成本方程中，在控制变量上最小化代价函数。然后，这些变量决定下一次钻的最佳钻进速度，其中钻速为 $P = f_1(W, N, H)$，钻头寿命为 $L = f_2(W, N, H)$，控制变量的边界为 W、N、H。

1. 提出一个考虑下列参数的确定性数学公式。
2. 提出一个考虑下列参数的随机性数学公式。

C_b 为钻头成本（\$）；CPF 为每英尺费用（\$/ft）；C_r 为钻机成本（\$/h）；D_0 为初始深度（ft）；H 为钻头液压（hp）；L 为钻头寿命（h）；M 为样本大小（钻头总运行次数）；N 为转速（RPM）；P 为钻速（ft/h）。

习题 2：基因编程（GP）的 ROP 模型

ROP 是几个钻井参数的函数，其中一些参数是钻井工程师可以控制的（可控），而另一些参数是必须接受和处理的（不可控）。本题中只处理可控参数来建立 ROP 相关性。ROP 是 WOB、RPM、扭矩和流量（Q）的函数。

1. 提出一个 GP 格式的 ROP 模型。

习题 3：多目标数学公式

以钻速、钻头寿命和 MSE 为最优化目标。预计将同时实现最快的钻速、最长的钻头寿命和最小的 MSE。然而，这三个目标往往相互冲突。一套较好的钻井参数能够在一定程度上满足上述要求，并提供相对较快的钻速、较长的钻头寿命和较小的 MSE。井眼钻井参数优化中应用了几个约束条件。这些参数包括钻头重量、钻头转速、钻齿价值和轴承磨损量。

1. 给出目标函数的一个有效数学公式。
2. 给出约束的一个有效数学公式。

习题 4：井位布局最优化

考虑三个限制井位布局的约束条件：

1. 最大井长
2. 最小井间距离
3. 最小井-界距离

在优化井位布局时，如何表述这三个重要的约束条件？

习题 5：井位布局的缺点

1. 顺序布井方法和多相布井方法的缺点是什么？制定并提出一种不存在这些缺点的布井方法。
2. 如何在优化方案中包含时间相关的不确定性？
3. 使用具有不确定性但可以建模和预测的时间相关信息会获得什么改进？

习题 6：非线性优化

对于：

$$f(x) = 5.357847x_3^2 + 0.8356891x_1x_5 + 37.293239x_1 - 40792141$$

$$\text{s.t.} \begin{cases} g_1(x) = 85.334407 + 0.0056858x_2x_5 + 0.0006262x_1x_4 - 0.002205x_3x_5 \geq 0 \\ g_2(x) = 85.334407 + 0.0056858x_2x_5 + 0.0006262x_1x_4 - 0.002205x_3x_5 \leq 92 \\ g_3(x) = 80.51249 + 0.0071317x_2x_5 + 0.0029955x_1x_2 + 0.0021813x_3^2 \geq 90 \\ g_4(x) = 80.51249 + 0.0071317x_2x_5 + 0.0029955x_1x_2 + 0.0021813x_3^2 \leq 110 \\ g_5(x) = 9.300961 + 0.0047026x_3x_5 + 0.0012547x_1x_3 + 0.0019085x_3x_4 \geq 20 \\ g_6(x) = 9.300961 + 0.0047026x_3x_5 + 0.0012547x_1x_3 + 0.0019085x_3x_4 \leq 25 \\ 78 \leq x_1 \leq 102, \quad 33 \leq x_2 \leq 45, \quad 27 \leq x_i \leq 45(i=3,4,5) \end{cases}$$

1．利用遗传算法、进化算法、粒子群优化算法、模拟退火、蚁群优化算法、蝙蝠算法、布谷鸟搜索算法等元启发式算法，在 MATLAB 软件中编写代码，确定问题的最优解。

2．绘制出这些元启发式算法的收敛得到最优解。

3．对算法的种群数、遗传代数、交叉率、变异率等参数进行敏感性分析。哪些参数算法对收敛的影响最大？收敛函数可以是种群对于函数调用数量的最小值，也可以是种群相对于代的最小值，哪种方法更好？

习题 7：非线性最优化

为了优化以下函数（如图 2.16 所示），比较以下算法。

1．Nelder-Mead 单纯形法

2．粒子群优化算法

3．蚁群优化算法

4．模拟退火

5．随机搜索

6．最速下降

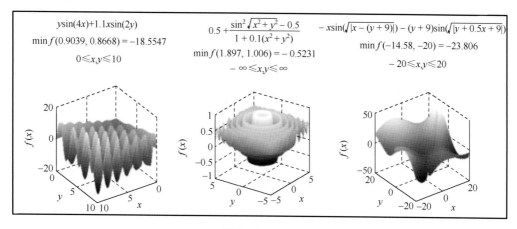

图 2.16　函数

习题 8：井位和井数最优化

在本习题中，目标是对 single-realization 区块的井数、位置和钻井时间进行优化，其中规划了 2 口预钻井，附习题摘要。

1．确定井数。

2．确定井位。

3．确定钻井的时间。

single-realization

目标函数：NPV

油田最优化时间：8 年

钻井成本：300 万美元/口

石油价格：50 美元/桶

产水成本：6 美元/桶

贴现率：8%

预钻井 1 位置：井 79

预钻井 2 位置：井 447

属性

油藏 2 期，重油

空间：20 × 40 × 1

网格大小：100m × 100m × 20 m

顶界深度：2700 m

原始压力：2000 psi

孔隙度：0.2

初始水饱和度：0.25

断层 1：行 13 和 14 之间，传导率：0.2

断层 2：行 27 和 28 之间，传导率：0.05

Fetkovich 含水层性质：Pl 为 5；体积为 1.0E9；油田东侧井：BHP 控制；设置为 500 psi（如图 2.17 所示）

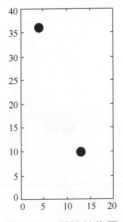

图 2.17　预钻井位置

习题 9：通过 SA 优化 ROP

采用模拟退火算法(SA)，使用冷却时间表在表 2.2 中找到求函数 ROP 的最小值。

1. 线性递减

2. 几何级数减少

表 2.2　最终输入样本

X_1	X_2	X_3	X_4	X_5	X_6	X_7	ROP
9125	1.59	60	0.35	0.01	9.5	4436	5.36
9181	1.59	60	0.55	0.02	9.5	4463	2.32
9223	1.59	60	0.68	0.02	9.5	4484	2.66
9332	1.59	60	0.88	0.02	9.5	4537	4.51
9469	1.59	60	1.1	0.02	9.49	4604	5.78
9600	1.59	60	1.3	0.01	9.63	744	5.46
9614	1.59	60	1.4	0.01	9.79	4807	1.31
9660	1.59	60	0.12	0.01	9.82	4830	3.28
9738	1.59	60	0.32	0.01	9.79	4870	3.28
9804	1.59	60	0.52	0.01	10.2	5107	2.73
9843	1.59	60	0.65	0.01	10.2	5127	2.46
9850	1.59	60	0.66	0.01	10.3	5131	3.28

参数	范围
X_1	9125～11 549
X_2	0.22～2.57
X_3	30～180
X_4	0～1.99
X_5	0.01～0.34
X_6	9.13～12.17
X_7	4436～6574

　　总钻时(TBH)按工作时间测量，e 为平均效率，即岩石钻头 120，PDC 钻头 550。采集的数据主要与牙轮钻头钻进相对应。该指标代替了钻齿磨损的数据，当钻头在井下工作时，钻齿磨损的数据无法获取，而且目前还没有统一的方法来测量钻齿磨损的数值。

　　估算的 ROP 表示了相对于当前地面和井下设备而言的最佳 ROP。该模型如下：

$$\text{ROP} = (f_1) \times (f_2) \times (f_3) \times \cdots \times (f_8)$$

$$f_1 = e^{2.303a_1} = K, \quad f_2 = e^{2.303a_2(10000-D)}, \quad f_3 = e^{2.303a_3 D^{0.69}(g_p - \rho_c)}, \quad f_4 = e^{2.303a_4 D(g_p - \rho_c)}$$

$$f_5 = \left[\frac{\left(\dfrac{W}{d_b}\right) - \left(\dfrac{W}{d_b}\right)_t}{4 - \left(\dfrac{W}{d_b}\right)_t} \right]^{a_5}, f_6 = \left(\frac{N}{60}\right)^{a_6}, f_7 = e^{-a_7 h}, f_8 = \left(\frac{F_j}{1000}\right)^{a_8}$$

$$X_1 = \text{Depth(ft)}$$

$$X_2 = \frac{\text{WOB}}{1000 \times d_n}(1000\text{lbf}/\text{in})$$

$$X_3 = \text{RPM(rev}/\text{min)}$$

$$X_4 = \frac{\rho \times q}{350 \times \theta \times d_n}$$

$$X_5 = I_w = \frac{\text{TBH}}{\bar{e}}$$

$$X_6 = \text{ECD} = \text{MW} + \frac{\Delta P_{\text{ann}}}{0.052L}(\text{ppg})$$

$$X_7 = \text{Hydrostatic Head} = 0.052 \times \text{MW} \times \text{TVD(psi)}$$

式中，D 为垂直钻深(ft)，g_p 为孔隙压力梯度(lbm/gal)，ρ_c 表示 ECD(lbm/gal)，$\left(\dfrac{W}{d_b}\right)_t$ 是钻头开始钻进时每英寸钻头直径的钻压阈值(1000lbf/in)，$\dfrac{W}{d_b}$ 是每英寸钻头直径的钻压阈值(1000lbf/in)，h 为钻齿钝度，F_j 是钻头下方的液压冲击力(lbf)，a_1 到 a_8 是必须根据当地的钻井条件来选择的常量。

习题 10：使用 GA 的扩孔钻 ROP 模型

扩孔钻是墨西哥湾深水钻井的重要组成部分，其性能显著影响着油井建设的经济效益。本习题为扩孔钻的钻速建模以及提高钻井效率提供了一种新的编程方法。如图 2.18 所示，为优化选择参数高效钻进墨西哥湾深水钻井(不使用容积式电动机 PDM)，提出了目标函数和约束。

1. 使用最佳钻井参数的模拟输入数据，利用遗传算法(GA)解决这个问题。
2. 将单目标优化问题转化为多目标优化问题。
3. 问题的框架是一个几何程序，将问题转化为 SO 问题。

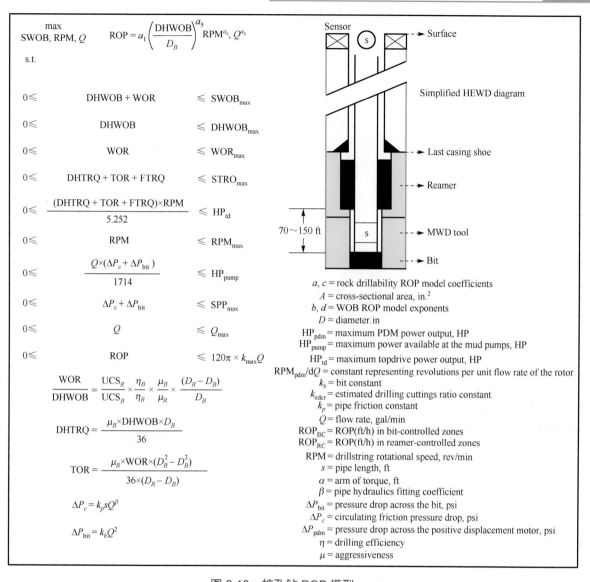

$$\underset{\text{SWOB, RPM, }Q}{\max} \quad \text{ROP} = a_1\left(\frac{\text{DHWOB}}{D_B}\right)^{a_5}\text{RPM}^{a_6},Q^{a_8}$$

s.t.

$$0 \leqslant \text{DHWOB} + \text{WOR} \leqslant \text{SWOB}_{\max}$$

$$0 \leqslant \text{DHWOB} \leqslant \text{DHWOB}_{\max}$$

$$0 \leqslant \text{WOR} \leqslant \text{WOR}_{\max}$$

$$0 \leqslant \text{DHTRQ} + \text{TOR} + \text{FTRQ} \leqslant \text{STRO}_{\max}$$

$$0 \leqslant \frac{(\text{DHTRQ} + \text{TOR} + \text{FTRQ}) \times \text{RPM}}{5.252} \leqslant \text{HP}_{\text{td}}$$

$$0 \leqslant \text{RPM} \leqslant \text{RPM}_{\max}$$

$$0 \leqslant \frac{Q \times (\Delta P_c + \Delta P_{\text{bit}})}{1714} \leqslant \text{HP}_{\text{pump}}$$

$$0 \leqslant \Delta P_c + \Delta P_{\text{bit}} \leqslant \text{SPP}_{\max}$$

$$0 \leqslant Q \leqslant Q_{\max}$$

$$0 \leqslant \text{ROP} \leqslant 120\pi \times k_{\max}Q$$

$$\frac{\text{WOR}}{\text{DHWOB}} = \frac{\text{UCS}_R}{\text{UCS}_B} \times \frac{\eta_B}{\eta_R} \times \frac{\mu_B}{\mu_R} \times \frac{(D_R - D_B)}{D_B}$$

$$\text{DHTRQ} = \frac{\mu_B \times \text{DHWOB} \times D_B}{36}$$

$$\text{TOR} = \frac{\mu_R \times \text{WOR} \times (D_R^2 - D_B^2)}{36 \times (D_R - D_B)}$$

$$\Delta P_c = k_p s Q^\beta$$

$$\Delta P_{\text{bit}} = k_b Q^2$$

Sensor — Surface

Simplified HEWD diagram

— Last casing shoe

— Reamer

70~150 ft

— MWD tool

— Bit

a, c = rock drillability ROP model coefficients
A = cross-sectional area, in.^{2}
b, d = WOB ROP model exponents
D = diameter.in
HP_{pdm} = maximum PDM power output, HP
HP_{pump} = maximum power available at the mud pumps, HP
HP_{td} = maximum topdrive power output, HP
$\text{RPM}_{\text{pdm}}/\text{d}Q$ = constant representing revolutions per unit flow rate of the rotor
k_b = bit constant
k_{edcr} = estimated drilling cuttings ratio constant
k_p = pipe friction constant
Q = flow rate, gal/min
ROP_{BC} = ROP(ft/h) in bit-controlled zones
ROP_{RC} = ROP(ft/h) in reamer-controlled zones
RPM = drillstring rotational speed, rev/min
s = pipe length, ft
α = arm of torque, ft
β = pipe hydraulics fitting coefficient
ΔP_{bit} = pressure drop across the bit, psi
ΔP_c = circulating friction pressure drop, psi
ΔP_{pdm} = pressure drop across the positive displacement motor, psi
η = drilling efficiency
μ = aggressiveness

图 2.18　扩孔钻 ROP 模型

第 3 章

井筒摩阻优化

本章要点

1. 钻井作业正在向更深的水域拓展，在极端高压、高温(HPHT)条件下，在更复杂的井道和更恶劣的环境中，向更大的目标扩展研究。最近的钻井距离平台已超过 10 km，公司正计划将其延长至 12 km 以上。井筒摩阻是钻井达到这一水平的重要限制因素之一。因此，本章介绍了井筒摩阻的基本和高级模型。

2. 通过不同的例子来研究油井的最小摩阻。

3.1 井筒摩阻的基本模型

如今，大位移定向井的普及率越来越高，这意味着管柱将承受更大的扭矩和阻力(T&D)，如果不评估该扭矩和阻力，可能会导致卡钻、钻杆失效，并且增加打捞作业成本。通常，扭矩和阻力预测是在内部模拟器上创建的。然而，尽管内部模拟器是一个很好的模拟设计工具，但其可用性有限。

为了更深入地了解摩阻的作用，可以学习 Aadnøy 和 Andersen(1998) 进行的一项研究。这项研究推导出显式解析方程来模拟提升或下降钻柱的钻柱张力。这些是为直线段、造斜段、降斜段和弯段而开发的。从这些方程中，又推导出了恒定曲率模型和修正后的新的悬链线模型。这里，可以看一下 Aadnøy 和 Andersen 提出的任意进入和结束倾角的新悬链线模型，该模型提供了由每个井段贡献之和计算井内总摩阻的方程，以及确定三维井中的摩阻的方程，还给出了基于张力方程的扭矩和阻力表达式，以及电机组合运动和钻孔的方程。下面举例说明该模型在普通生产井、悬链线井、大位移井和水平井中的应用，并研究 Aadnøy 和 Andersen 的优化标准，以设计摩阻最小的油井。

图 3.1 展示了包含顶部和底部倾斜情况不同的几何构型的井筒。表 3.1 给出了构建这些几何构型的方程，表 3.2 给出了 3D 解析模型方程。

在本节中，将推导直管和弯管的井筒摩阻的基本公式，并展示一些应用实例。在本章的其余部分，将提出更复杂的模型及其应用。

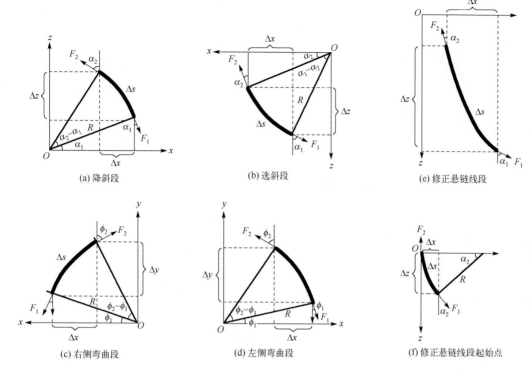

图 3.1　各种弯曲孔轮廓的力和几何形状

表 3.1　各种截面轮廓的几何投影

剖面轮廓	截面长度Δs	垂直投影Δz	水平投影Δx	水平投影Δy
直斜段	Δs	$\Delta s \cdot \cos\alpha$	$\Delta s \cdot \sin\alpha$	
降斜段	$R(\alpha_2-\alpha_1)$	$R(\sin\alpha_2-\sin\alpha_1)$	$-R(\cos\alpha_2-\cos\alpha_1)$	
造斜段	$R(\alpha_2-\alpha_1)$	$-R(\sin\alpha_2-\sin\alpha_1)$	$R(\cos\alpha_2-\cos\alpha_1)$	
右侧弯曲段	$R(\varphi_2-\varphi_1)$	0	$-R(\cos\varphi_2-\cos\varphi_1)$	$R(\sin\varphi_2-\sin\varphi_1)$
左侧弯曲段	$R(\varphi_2-\varphi_1)$	0	$-R(\cos\varphi_2-\cos\varphi_1)$	$R(\sin\varphi_2-\sin\varphi_1)$
修正悬链线段	$\dfrac{F_1}{w}[\sin\alpha_1\sinh(A)-\cos\alpha_1]$	$\dfrac{F_1\sin\alpha_1}{w}[\cosh(A)-B]$	Δx	
修正悬链线段起始点	$R^*\alpha_2^*$	$R^*\sin\alpha_2^*$	$R^*(1-\cos\alpha_2^*)$	
$A=\left[\dfrac{wx}{F_1\sin\alpha_1}+\sinh^{-1}(\cot\alpha_1)\right]$，　$B=\cosh[\sinh^{-1}(\cot\alpha_1)]$， $R^*=\dfrac{F_0+(w\Delta s)^2+2w\Delta sF_0\cos\alpha_1}{wF_0\sin\alpha_1}$，　$\tan\alpha_2^*=\dfrac{w\Delta s+F_1\cos\alpha_1}{F_1\sin\alpha_1}$ 下标 1 为最深位置，下标 2 为最高位置				

表 3.2　3D 解析模型方程

截面轮廓	扭　矩	拉　力
直斜无旋转（图 3.2）	$T=\mu r\beta w\Delta L\sin\alpha$ 无轴向运动	$F_2=F_1+\beta\Delta Lw(\cos\alpha\pm\mu\sin\alpha)$

截面轮廓	扭　矩	拉　力
弯曲段无旋转	$T=\mu rN=\mu rF_1\lvert\theta_2-\theta_1\rvert$ 无轴向运动	$F_2=F_1\mathrm{e}^{\pm\mu\lvert\theta_2-\theta_1\rvert}+$ $\beta w\Delta L\left[\dfrac{\sin\alpha_2-\sin\alpha_1}{\alpha_2-\alpha_1}\right]$
直井段轴向和旋转组合运动	$T=r\mu\beta\Delta L\sin\alpha\cos\psi$	$F_2=F_1+\beta w\Delta L\cos\alpha$ $\pm\mu\beta w\Delta L\sin\alpha\sin\psi$
弯曲段轴向和旋转组合运动	$T=\mu rN=\mu rF_1\lvert\theta_2-\theta_1\rvert\cos\psi$	$F_2=F_1+F_1\left(\mathrm{e}^{\pm\mu\lvert\theta_2-\theta_1\rvert}-1\right)\sin\psi$ $+\beta w\Delta L\left[\dfrac{\sin\alpha_2-\sin\alpha_1}{\alpha_2-\alpha_1}\right]$
BHA 三维井段无旋转	$T=\mu r\,\lvert\pm F_1\left(\theta_2-\theta_1\right)-\beta wR_\alpha\sin\alpha_1$ $\left(\alpha_2-\alpha_1\right)-2\beta wR_\alpha\left(\cos\alpha_2-\cos\alpha_1\right)\rvert$	$F_2=F_1\mathrm{e}^{\pm\mu\lvert\theta_2-\theta_1\rvert}+$ $K\beta wR_\alpha\left(\sin\alpha_2-\sin\alpha_1\right)$
BHA 三维井段轴向和旋转组合运动	$T=\mu r\,\lvert\pm F_1\left(\theta_2-\theta_1\right)-\beta wR_\alpha\sin\alpha_1$ $\left(\alpha_2-\alpha_1\right)-2\beta wR_\alpha\left(\cos\alpha_2-\cos\alpha_1\right)\rvert\cos\psi$ 无轴向运动	$F_2=F_1+\beta wR_\alpha\left(\sin\alpha_2-\sin\alpha_1\right)$ $+\left(F_1\left(\mathrm{e}^{\pm\mu\lvert\theta_2-\theta_1\rvert}-1\right)+(K-1)\beta wR_\alpha\left(\sin\alpha_2-\sin\alpha_1\right)\right)$ $\sin\psi$

重量条件：

$$K=\frac{A\left(1-\mu\right)^2\left(\sin\alpha_2-\mathrm{e}^{-AB\mu\left(\alpha_2-\alpha_1\right)}\sin\alpha_1\right)-2B\mu\left(\cos\alpha_2-\mathrm{e}^{-AB\mu\left(\alpha_2-\alpha_1\right)}\cos\alpha_1\right)}{\left(1+\mu^2\right)\left(\sin\alpha_2-\sin\alpha_1\right)}$$

》》 3.1.1　直井段摩阻

在直井段中，理论上井筒与钻杆没有接触，因此理论上没有摩阻存在。当然，井筒与钻井液有接触，但这种黏性摩阻可以忽略不计。下面将通过一个参数，即摩擦系数，导出倾斜直井段（以下简称直斜段）中的摩阻方程，这里包括机械摩阻和黏性摩阻。

下面观察图 3.2 中直斜段的力的平衡情况。

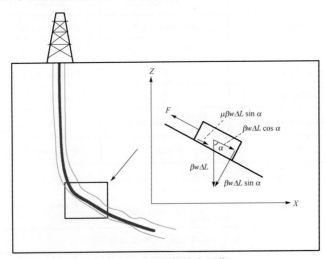

图 3.2　直斜段的力平衡

钻杆总重量乘以浮力系数（BF）得出钻杆浸没在钻井液中时的实际重量：

$$\mathrm{BF}wL\,\&\,\mathrm{BF}=\beta=1-\frac{\rho_{\mathrm{mud}}}{\rho_{\mathrm{pipe}}}$$

这里，w 是单位质量(lb/ft)，L 是管道长度。

这个合力被分解成两个分量：一个平行于平面，另一个垂直于平面：

$$\mathrm{BF}wL\cos\alpha \quad 和 \quad \mathrm{BF}wL\sin\alpha$$

显然，平行于平面的分量是在无摩擦环境中拉动钻杆所需的力。库仑摩擦定律中指出，对于运动中的物体，摩阻与速度无关，等于法向力乘以摩擦系数 μ，或者：

$$\pm\mu\mathrm{BF}wL\sin\alpha$$

摩阻总是与运动方向相反；因此，必须使用减号或加号。

同样，参考图 3.2，沿倾角为 α 的平面向上拉动或向下释放钻杆的力为：

$$F_2 = F_1 + \mathrm{BF}wL(\cos\alpha \pm \mu\sin\alpha) \tag{3.1}$$

在这里，向上拉动的力定义为正，向下释放的力定义为负。拉动或释放钻杆时的轴向摩擦力称为阻力。F_2 为钻杆顶部的力，F_1 为钻杆底部的力。

例 3.1：最大井筒角度

假设有一个直斜的井筒，在里面放入一根钻杆。在重力作用下钻杆向下运动，井筒摩阻与其运动方向相反，阻碍运动。假设摩擦系数 $\mu = 0.2$，钻杆能够向下运动的井筒最大倾角是多少？

解答：

显然，有两个相反的力：重力是向下的拉力，摩阻阻碍钻杆向下运动。钻杆停止滑动时，重力等于摩阻，或者式(3.1)中括号内的参数等于零：

$$(\cos\alpha - \mu\sin\alpha) = 0, \quad \alpha = \tan^{-1}\left(\frac{1}{\mu}\right) = \tan^{-1}\left(\frac{1}{0.2}\right) = 78.7° \tag{3.2}$$

这种简单的计算具有重要的作用。特别是在完井作业中，需要重力超过摩阻才能使完井管柱下到底部。在本例中，使完井作业能够完成的井筒倾角应小于 78.7°。

扭矩

旋转绳索时也会产生摩擦力，这个力称为扭矩。顶驱必须提供足够的动力来旋转绳索。事实上，旋转阻力是由与轴向阻力相同的机械装置给出的。图 3.3 表明，当拉动钻杆时，轴向摩擦力等于法向力乘以摩擦系数。旋转钻杆时，会产生相同的摩擦力，只是现在作用在切线方向上。产生的扭矩是摩擦力乘以旋转半径，即：

$$T = r(\mu\mathrm{BF}wL\sin\alpha) \tag{3.3}$$

例 3.2：管道尺寸和扭矩

原本使用接头直径为 127 mm，长度为 3.5″15.5 lbs/ft 的钻杆钻孔，如果想用一个接头直径为 168 mm，长度为 5″25.6 lbs/ft 的钻杆替换这个钻杆，扭矩需要增加多少？

解答：

当钻柱旋转时，假设接头是钻杆和井筒之间的接触点。式(3.3)中的半径是接头半径，而不是钻杆半径。代入式(3.3)中给出的信息，得到：

$$T(3.5″) = \frac{127\ \mathrm{mm}}{2}(\mu\mathrm{BF}(15.5\ \mathrm{lbs/ft})L\sin\alpha)$$

$$T(5'') = \frac{168 \ \text{mm}}{2}(\mu BF(25.6 \ \text{lbs/ft})L\sin\alpha) \tag{3.4}$$

结合这两个方程，可以得到以下扭矩增加量：

$$\frac{T(5'')}{T(3.5'')} = \frac{168 \ \text{mm}}{127 \ \text{mm}}\frac{25.6 \ \text{lbs/ft}}{15.5 \ \text{lbs/ft}} = 1.32 \times 1.65 = 2.18 \tag{3.5}$$

该示例表明，使用较大的管道会导致接头直径增加，扭矩增加 32%，而法向力增加，扭矩增加 65%，总扭矩增加 118%。

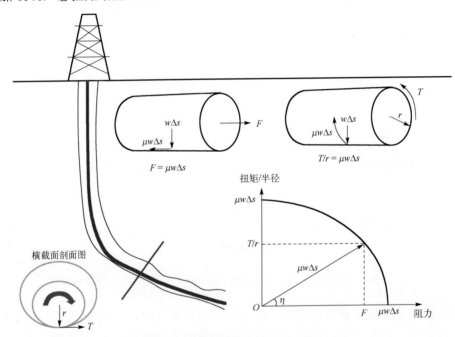

图 3.3 管内的轴向力和旋转摩擦力

▶▶ 3.1.2 弯曲井筒段的摩阻

前面对直井段的推导很简单，弯曲井段比较复杂。下面以最简单的方式展示这些解决方案是如何得到的。

弯曲井段的力平衡如图 3.4 所示。法向力不再仅取决于钻杆质量，还取决于钻杆张力。钻杆张力大导致摩擦力大。这种效应称为绞盘效应。下面通过假设一个失重钻杆的方式来演示此解决方案。

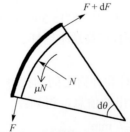

图 3.4 弯曲井段的力平衡

在径向和切向使用力平衡方法可以得到：

$$dF = \mu F d\theta \tag{3.6}$$

$$dN = \mu F d\theta \tag{3.7}$$

结合这些方程并在 θ 上积分得到：

$$F_2 = F_1 e^{\pm\mu\theta} \tag{3.8}$$

适用于此情况符号的定义：

+　表示钻杆被向上提

−　表示钻杆被向下放

对于旋转的钻杆，施加相同的接触力，只有摩擦方向是切向的。刚刚旋转的钻杆的扭矩为

$$T = \mu r N = \mu r F_1 |\theta| \tag{3.9}$$

例 3.3：绞盘效应的严重性

比较两种情况：直井段和弯曲井段，底部的初始张力为 10 klbs，阻力为 2.3 klbs。将底部张力增加到 100 klbs。每根钻杆的张力变化是多少？假设两个钻杆都没有重量。

解答：

假设摩擦系数为 0.2，弯曲井段的角度为 60°。对于直井段，使用式(3.10)。

$$F_2 = F_1 + \beta w L(\cos\alpha \pm \mu\sin\alpha) \tag{3.10}$$

可以看到，在拉动该钻杆时，增加钻杆张力不会产生影响。无论张力如何改变，摩阻保持不变，拉力为 100+2.3 = 102.3 klbs。

对于弯曲井段，使用式(3.11)，即

$$F_2 = F_1 e^{\pm\mu\theta} = F_1 e^{0.2\times60\frac{\pi}{180}} = 1.23 F_1 \tag{3.11}$$

对于这两种情况，钻杆顶部张力变为：

$$F_2 = 1.23 \text{ klbs} \times 10 \text{ klbs} = 12.3 \text{ klbs}$$

$$F_2 = 1.23 \text{ klbs} \times 100 \text{ klbs} = 123 \text{ klbs}$$

张力变化变为

$$123 - 12.3 = 110.7 \text{ klbs}$$

总而言之，直井段的摩阻恒定，为 2.3 klbs。对于弯曲井段，由于绞盘效应，摩阻从 2.3 klbs 增加到 10.7 klbs，增加了 8.4 klbs。

对于弯曲井段，必须考虑钻杆重力的影响。初始模型在重力作用下，仅在垂直平面上有效。然而，Aadnøy 等(2010)认为，在大部分井段中，钻杆张力远远超过剖面承受的质量，因此可以简化解决方案：

$$F_2 = F_1 e^{\pm\mu|\theta_2-\theta_1|} + BFwL\left\{\frac{\sin\alpha_2 - \sin\alpha_1}{\alpha_2 - \alpha_1}\right\} \tag{3.12}$$

这里+是表示上提，−是表示下放。参数 θ 是井筒中的狗腿(DL)(见图 3.5)。

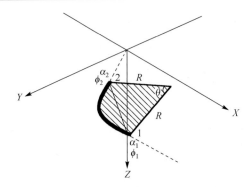

图 3.5　三维空间中的狗腿严重性

》》 3.1.3　二维摩阻建模

下面将展示如何进行简单的二维摩阻分析。二维意味着井轨迹位于一个有恒定方位角的垂直平面中。以下规则适用于分析此类情况：

- 始终从井底开始。底部的力通常为：

$F = 0$（钻杆悬于底部）；

$F = F_{bit}$（施加钻头力）。

- 将油井分割成几何形状，即垂直段、降斜段、稳斜段、造斜段和垂直于顶部段。
- 计算力，其中一个井段的顶部力是前一个井段的底部力。

要使用的方程如下：

对于直井段，
$$F_2 = F_1 + BFwL(\cos\alpha \pm \mu\sin\alpha) \tag{3.13}$$

$$T = r(\mu BFwL\sin\alpha) \tag{3.14}$$

二维弯曲井段，
$$F_2 = F_1 e^{\pm\mu|\alpha_2 - \alpha_1|} + BFwL\left\{\frac{\sin\alpha_2 - \sin\alpha_1}{\alpha_2 - \alpha_1}\right\} \tag{3.15}$$

$$T = \mu rN = \mu rF_1|\alpha_2 - \alpha_1| \tag{3.16}$$

三维弯曲井段，
$$F_2 = F_1 e^{\pm\mu|\theta_2 - \theta_1|} + BFwL\left\{\frac{\sin\alpha_2 - \sin\alpha_1}{\alpha_2 - \alpha_1}\right\} \tag{3.17}$$

$$T = \mu rN = \mu rF_1|\theta_2 - \theta_1| \tag{3.18}$$

这里的+表示上提，−表示下放。每个部分的下标 2 代表顶部，下标 1 代表底部。

上述规则和方程将应用于以下示例井筒。

图 3.6 显示了在垂直平面上的 S 形井筒。总长度为 2111 m，钻柱由 161 m 的 8″×3″钻铤（2.13 kN/m）和 1950 m 的 5″–19.5 lbs/ft 钻杆（0.285 kN/m）组成。钻铤半径为 0.1 m，钻柱接头半径为 0.09 m。井内由 1.3 s.g.钻井液填满，摩擦系数估计为 0.2。井底组件（BHA）由降斜段的正下方开始，并且是垂直的。在这种情况下，方位角没有变化，式（3.38）中的 DL 等于倾角的变化量。

浮力系数为 (钻杆密度为 7.8 s.g.)：BF = 1–1.3/7.8 = 0.833。

假设钻头离开底部，将计算从井底开始的力。为简单起见，弯曲井段的摩擦系数为：

$$e^{\pm\mu\theta} = e^{\pm0.2\left(45\frac{\pi}{180}\right)} = e^{\pm0.157} = \begin{cases} 1.17 \\ 0.855 \end{cases}$$

表 3.3 显示了不同条件下钻柱中的力。BHA 净重：0.833×2.13 kN/m×161 m = 286 kN。
浮管重量：0.833×0.285 kN/m = 0.237 kN/m。

表 3.3　上提和下放期间钻柱中的力

位　置	静重 (kN)	上提 (kN)	下放 (kN)
井底	0	0	0
降斜底部	286	286	286
稳斜底部	286+0.237×120 = 286+28.4 = 314.4	286×1.17+28.4 = 363	286×0.855+28.4 = 272.9
稳斜顶部	314.4+0.237×925 = 314.4+219.2 = 533.6	363+0.237×1308 (cos45°+0.20sin45°) = 626	272.9+0.237×1308 (cos 45°−0.20sin45°) = 448.3
造斜顶部	533.6+0.237×120 = 533.6+28.4 = 562	626×1.172+8.4 = 760.9	448.3×0.855+28.4 = 411.7
顶部	562+0.237×335 = 562+79.4 = 641.4	760.9+79.4 = 840.3	411.7+79.4 = 491.1

图 3.6 可以看出井筒的几何形状。

在计算扭矩时，考虑以下两种情况：(1) 钻头离开井底，(2) 钻头力为 90 kN。第二种情况的静重是通过减去整个钻柱中的钻压来获得的。

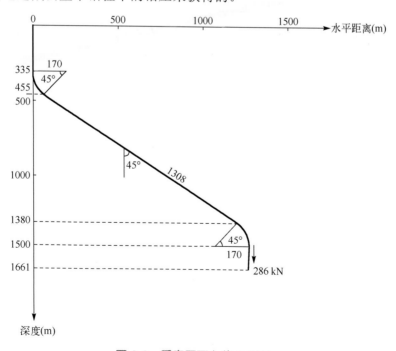

图 3.6　垂直平面上的 S 形井

从图 3.7 可以看出，弯曲井段处的钻杆造斜段和降斜段对井筒摩阻具有主导作用。这在图 3.8 中进一步可见，该图显示了扭矩。当钻头产生压力时，钻柱的拉力减小，导致扭矩减小。

从图 3.8 可以看出，钻柱拉力减小，使其扭矩减小。数值见表 3.4。当钻头压力增加时，钻机扭矩增加 6.46 kNm，总值达到 22 kNm。然而，由于扭矩中的井筒摩阻，钻头扭矩实际上为 9 kNm。显然，当施加钻头压力时，对于斜井，钻头扭矩增加总是高于实际扭矩增加。

表 3.4　钻井期间和钻头离开井底时钻柱的扭矩

位　　置	静重，从底部下放（kN）	扭转底部（kNm）	静重，90 kN 钻头力	管柱扭矩（kNm）	井内扭矩（kNm）
井底	0	0	−90	0	22−13.0 = 9
降斜底部	286	0	286−90 = 196	0	9
稳斜底部	314.4	0.2×0.09×286×π/4 = 4.04	314.4−90 = 224.4	0.2×0.09×196×π/4 = 2.77	9+0.2×0.09×196×π/4 = 9+2.77 = 11.77
稳斜顶部	533.6	4.04+ 0.2×0.09×0.237×1308×sin45° = 4.04+ 3.95 = 8.0	533.6−90 = 443.6	2.77+3.95 = 6.72	11.77+3.95 = 15.72
造斜顶部	562	8.0+0.2×0.09×533.6×π/4 = 8.0 +7.54 = 15.54	562−90 = 472	6.72+0.2×0.09×443.6 ×π/4 = 6.72+6.27 = 13.0	22
顶部	641.4	15.54	641.4−90 = 551.4	13.0	22

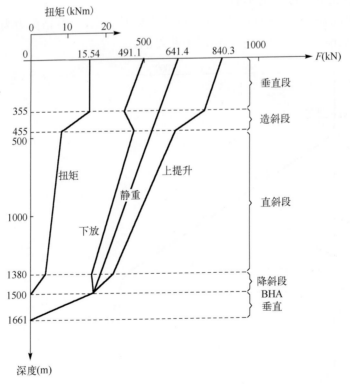

图 3.7　S 形井的扭矩和阻力

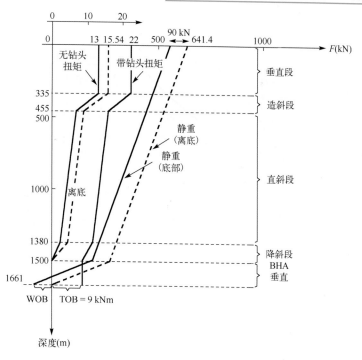

图 3.8　钻进时的扭矩

3.1.4　三维摩阻建模

图 3.9 显示了三维井。该井的受力方向在三维空间中发生变化，较为复杂。该分析类似于二维示例的分析，不同之处在于井筒弯曲不限于垂直平面，而是在三维平面中。采用的弯曲井段三维方程中使用的是狗腿度而不是井筒倾角。

钻杆数据与二维示例相同，分析结果如图 3.10 所示。显然，在这口井中可以看到不同的摩擦情况，它有三个造斜点。增加井倾斜的总角度，摩阻会显著增加。

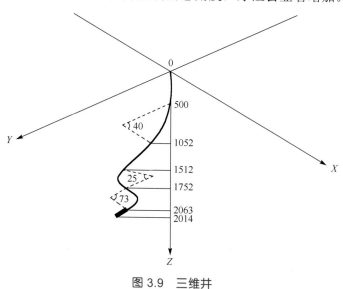

图 3.9　三维井

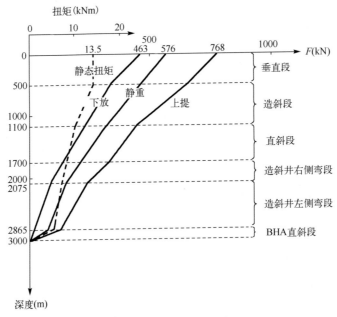

图 3.10   三维井的摩擦力

>>> 3.1.5   组合轴向运动和旋转

在一些钻井作业中，钻柱旋转和上提同时进行。典型的操作包括：

- 脱扣期间的反向扩孔。有时大钩载荷在脱扣过程中会变得过大。一种减少大钩载荷的方法是在起下钻过程中铰孔或旋转钻柱。
- 旋转尾管。在高度倾斜的井筒中，有时司钻在安装过程中会旋转尾管以使钻杆到达底部。
- 套管下钻。一种新型的钻井方法是将套管用作钻柱。套管不被取回，而是留在钻杆的底部。

上述示例通过减少轴向摩擦改进了钻井作业。下面讨论这些原理。图 3.3 显示，对于被拉动或旋转的管道，摩擦力是相同的。因为摩擦力方向始终与运动方向相反，且在钻杆上从轴向摩擦变为切向摩擦。

对于直井段，阻力和切向摩擦力可以从式 (3.1) 和式 (3.3) 中得出：

$$\Delta F = \mu \mathrm{BF} wL \sin \alpha \tag{3.19}$$

$$\frac{T}{r} = \mu \mathrm{BF} wL \sin \alpha \tag{3.20}$$

摩擦力由法向力和摩擦系数的乘积给出。显然，对于组合运动，不会超过此限制。图 3.11 可以看出所有运动方向的摩擦力。如果已知一个特定方向的摩擦力，则另一方向的摩擦力可通过以下公式计算：

$$F_2 = F_1 + \mathrm{BF} wL \cos \alpha \pm \mu \mathrm{BF} wL \sin \alpha \sin \psi \tag{3.21}$$

$$T = r\mu \mathrm{BF} wL \sin \alpha \cos \psi \tag{3.22}$$

图 3.11 意味着，如果快速旋转钻杆，大部分轴向阻力被抵消，并且摩擦力几乎全来自扭矩。这就是直线旋转时发生的情况。旋转减少了轴向摩擦。

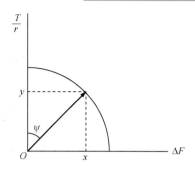

图 3.11 直线段的扭矩和阻力之间的关系

例 3.4：在尾管中旋转

井筒倾角为 80°，摩擦系数为 0.3。

(a) 观察是否可以将尾管放入井中。

(b) 如果不可以，建议通过旋转进入。

解答：

(a) 根据例 3.1，可以确定允许钻杆滑入井中的最大井筒倾角：

$$(\cos\alpha - \mu\sin\alpha = 0) \rightarrow \alpha = \tan^{-1}\left(\frac{1}{\mu}\right) = \tan^{-1}\left(\frac{1}{0.3}\right) = 73.3°$$

如果井筒倾角为 80°，尾管将不会滑入井中。有两种方法可以改善这种情况。其中一种方法是通过在管柱中的较高位置安装钻铤来将尾管推入，以将尾管推入到位或通过旋转减少轴向阻力。

(b) 参考图 3.11，假设旋转速度很快，使得 x 接近零。假设有效轴向摩擦系数为 0.05。那么提供的最大滑动坡度是：

$$(\cos\alpha - \mu\sin\alpha = 0) \rightarrow \alpha = \tan^{-1}\left(\frac{1}{\mu}\right) = \tan^{-1}\left(\frac{1}{0.05}\right) = 87.1°$$

由于滑动坡度可以达到 87°，并且井筒倾角是 80°，因此可以安装尾管。这表明旋转减少了轴向阻力并能够将尾管安装在大倾角的井筒中。

3.2 井筒摩阻的高级模型

Johancsik 模型

Johancsik 等（1984）是对斜井中井筒摩阻研究最早作出重要贡献之一。 Johancsik、Friesen 和 Dawson 提出了一个基于力平衡的模型，该模型目前用于大多数数值模拟器。该等式可用于计算整个钻柱的载荷增量。该公式可写为：

$$F_n = \sqrt{(F_1\Delta\alpha\sin\alpha)^2 + (F_1\Delta\phi + w\mathrm{BF}\sin\alpha)^2} \tag{3.23}$$

张力增量： $\Delta F_1 = \mathrm{BF}w\cos\varphi \pm \mu F_n$ (3.24)

扳矩增量： $\Delta M = \mu F_n r$ （3.25）

Johancsik、Friesen 和 Dawson 的这一开创性工作与当前对井筒摩阻分析的理解是一致的。该模型主要适用于离散化分析，此处不再赘述。

3.3　摩阻模型在油井中的应用

≫ 3.3.1　曲率半径井道模型

一旦知道了两个井筒位置的方位角和倾角，就可以通过假设两个位置之间的弯曲形状来定义不同方向的位移。图 3.12 展示了井筒在垂直平面上的投影。

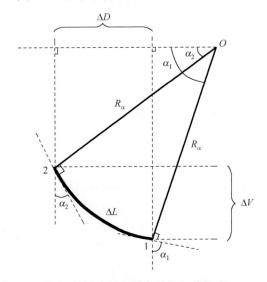

图 3.12　井筒在垂直平面上的投影

井筒、弯管段半径和倾角之间的关系是（倾角通过弧度表示）：

$$\Delta L = R_\alpha (\alpha_1 - \alpha_2)$$ （3.26）

垂直投影高度为：

$$\Delta V = R_\alpha \sin \alpha_1 - R_\alpha \sin \alpha_2 = \frac{\Delta L (\sin \alpha_1 - \sin \alpha_2)}{\alpha_1 - \alpha_2}$$ （3.27）

垂直投影高度用于计算轴向钻杆质量。为了找到北坐标和东坐标的变化，将井筒投影到水平面，如图 3.13 所示。

在该投影中，假设井筒为圆形。根据图 3.13 中的水平投影，圆形井段可以表示为：

$$\Delta D = R_\phi \cos \alpha_2 - R_\phi \cos \alpha_1$$ （3.28）

这是水平面上井筒圆形投影的距离，通过以下关系与半径 R_ϕ 和方位角相关联：

$$\Delta D = R_\phi (\phi_1 - \phi_2)$$ （3.29）

ΔN 和 ΔE 如图 3.13 所示：

$$\Delta N = R_\phi(\sin\phi_1 - \sin\phi_2) \tag{3.30}$$

$$\Delta E = R_\phi(\cos\phi_2 - \cos\phi_1) \tag{3.31}$$

代入 R_ϕ 和 ΔD 时获得完整的表达式：

$$\Delta N = \Delta L \frac{(\cos\alpha_2 - \cos\alpha_1)(\sin\phi_1 - \sin\phi_2)}{(\alpha_1 - \alpha_2)(\phi_1 - \phi_2)} \tag{3.32}$$

$$\Delta E = \Delta L \frac{(\cos\alpha_2 - \cos\alpha_1)(\cos\phi_2 - \cos\phi_1)}{(\alpha_1 - \alpha_2)(\phi_1 - \phi_2)} \tag{3.33}$$

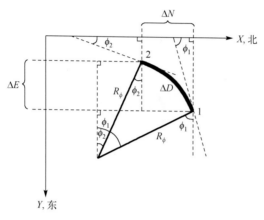

图 3.13　井筒在水平面上的投影

直井段位置

参考图 3.13，假设 x 轴指向北方，y 轴指向东方。定义单位矢量的长度为 ΔL，直井段的位移定义如下：

- 垂直投影（计算轴向钻杆重力），

$$\Delta V = \Delta L \cos\alpha \tag{3.34}$$

- 北方向和东方向的水平投影，

$$\Delta N = \Delta L \sin\alpha \cos\phi \tag{3.35}$$

$$\Delta E = \Delta L \sin\alpha \sin\phi \tag{3.36}$$

然而，水平投影未在示例中使用，而是用于定义完整的方程组，以定义井的地理位置。

▶▶ 3.3.2　DLS

用标准测量技术测量倾角和方位角，这些参数用于确定垂直深度和地理范围。此外，计算得到的两个斜率定义为 DL 和 DLS。DL 是方向的绝对变化，DLS 是 DL 的导数。DL 可以通过下式确定，其中下标 1 和 2 指的是两个连续的测量值，或指较长井筒的起始端和末端：

$$\cos\theta = \sin\alpha_1 \sin\alpha_2 \cos(\phi_1 - \phi_2) + \cos\alpha_1 \cos\alpha_2 \tag{3.37}$$

$$DL(degrees) = \frac{180}{\pi}\left|\theta(rad)\right| \tag{3.38}$$

将这些测量值之间的距离定义为 ΔL，导数为：

$$DLS = \frac{DL}{\Delta L(m)}(degrees/m) \tag{3.39}$$

在石油工业中，通常将 DLS 表示为每 30 m 或每 100 ft 的度数。

如图 3.14 所示，虽然倾角 α 是在垂直投影中测量的，方位角 φ 是在水平投影中测量的，但 DL 可以在任意平面上测量。图 3.14 中表明，DL 取决于倾角和方位角。当提出不局限于平面的通用摩阻模型时可以利用这些性质。

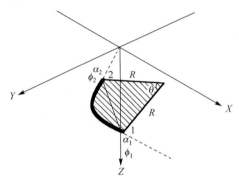

图 3.14　三维空间中的 DL

3.3.3　悬链线模型

定向钻井的挑战之一是设计一条摩阻最小的井眼轨迹。在大位移钻井的早期阶段，从摩擦力最小化的角度研究了各种井的几何形状。早期的方法之一是 McClendon 和 Anders（1985）提出的。这一方法使用悬链线井剖面来最大幅度的降低井筒摩擦。悬链线曲线为"缆线、链条或其他等重线悬挂在两点之间时所呈现的自然曲线。类似的钻柱悬挂也会形成悬链线曲线。一个常见的例子是由悬挂在两个实用工具之间的线形成的曲线。"

换句话说，建议建造井道，使钻柱在井内呈悬链线状自由悬挂。由于井筒和钻柱之间的接触较少，因此摩擦力最小。

悬链线概念常用于上立管分析，在钻井中应用不多。该模型较为复杂，其优势尚未得到证实。下面介绍一种简单的悬链线模型，并研究其在井筒中减少摩擦的能力。

悬链线解决方案的早期模型过于简单。然而，Aadnøy 等（2006）提出了一个完整的分析方案，其中悬链线井径可以在底部呈现任何角度，包括从垂直点到悬链线起点的组合段，如图 3.15 所示。

在图中，底部可以假设为任意角度 α_1，而顶部角度取决于力 F 和水平偏移量；相关方程式的推导参阅 Aadnøy 等（2006）。悬链线井径的几何形状由以下方程式给出：

$$Z = \frac{F_1\sin\alpha_1}{BFw}\left\{\cos h\left(\frac{wx}{F_1\sin\alpha_1} + \sin h^{-1}(\cot\alpha_1)\right) + \cos h(\sin h(\cot\alpha_1))\right\} \tag{3.40}$$

总长度为：

$$s = \frac{F_1 \sin \alpha_1}{\mathrm{BF}w} \left\{ \sin \alpha_1 \sin h\left(\frac{wx}{F_1 \sin \alpha_1} + \sin h^{-1}(\cot \alpha_1) \right) - \cot \alpha_1 \right\} \tag{3.41}$$

从垂直点到悬链线起始点由下式给出：

$$R = \frac{(w\Delta s)^2 + 2w\Delta s F_1 \cos \alpha_1 + F_1^2}{w F_1 \sin \alpha_1} \tag{3.42}$$

这里，仅展示 Aadnøy 等（2006）对悬链线井径与常规井径的比较结果。如果读者特别感兴趣，可以自己构建完整的悬链线剖面并使用方程进行分析。

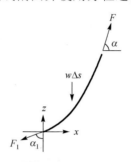

图 3.15　悬链线形状的自由悬挂钻柱

例 3.5：常规井径与悬链线井径的比较

图 3.16 展示了将要比较的两条井径。井的数据来自 Aadnøy 等（2006）。两条井径之间的一个区别是，常规井径的构建是从 900 m 深度开始，而悬链线井径的构建是从 200 m 深度开始。两个井筒以相同的角度和深度进入稳斜段。

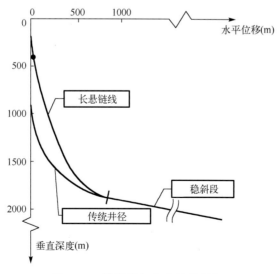

图 3.16　常规井径和悬链线井径

两种情况的摩擦阻力分析结果如图 3.17 所示。

从图 3.17 中，可以看出悬链线段的摩擦力小于常规井径的摩擦力。然而，悬链线段在起始段的摩擦力较大。在这两种情况下，在表面产生的载荷变得相同。

上述例子表明，虽然悬链线可以降低局部摩擦力，但井筒中的总摩擦力是相同的。优点是减少局部摩擦可能具有操作优势。悬链线井道设计难度较大，因为它们需要精确控制钻杆张力，而且造斜速度不断变化。

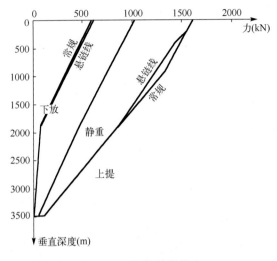

图 3.17   两条井道的力

3.4   使用解析摩阻模型设计油井

井壁摩阻是斜井的一个关键参数。下文将从最简单的油井开始，介绍一些石油工业中使用的油井设计示例。

≫ 3.4.1   造-稳斜井论述

本节中考虑的油井如图 3.18 所示。它垂直于造斜点，以恒定的半径钻进，形成一个与井底保持恒定的井斜角。

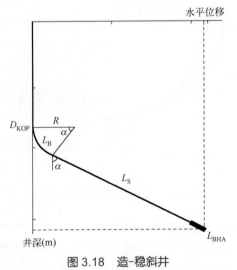

图 3.18   造-稳斜井

表 3.5 和表 3.6 列出了在这种情况下模拟阻力、扭矩和静重所需的方程式。

静重只是单位质量乘以预计高度，与井的倾角无关。对于示例井，假设 BHA 的单位质量为 3 kN/m（长 200 m），钻杆为 0.3 kN/m（从 BHA 到造斜末端部分为 2000 m），倾角为 60°，造斜半径为 500 m，造斜深度为 1500 m，泥浆重量为 1.56 s.g.，由此产生的浮力系数 $BF = 1 - \dfrac{\rho_{mud}}{\rho_{drill\ pipe}}$ 为 0.8。

表 3.5 以造-稳斜井为例，设计了钻柱上提、下放阻力模型

力	上提阻力	下放阻力
钻头	$F_1 = 0$	$F_1 = 0$
井底钻具组合上部	$F_2 = F_1 + w_{BHA}L_{BHA}(\cos\alpha + \mu\sin\alpha)$	$F_2 = F_1 + w_{BHA}L_{BHA}(\cos\alpha - \mu\sin\alpha)$
稳斜段顶部	$F_3 = F_2 + w_{DP}L_{DP}(\cos\alpha + \mu\sin\alpha)$	$F_3 = F_2 + w_{DP}L_{DP}(\cos\alpha - \mu\sin\alpha)$
造斜点	$F_4 = (F_3 + w_{DP}R\sin\alpha)e^{\mu\alpha}$	$F_4 = \left(F_3 + \dfrac{w_{DP}R}{1+\mu^2}[(1-\mu^2)\sin\alpha - 2\mu\cos\alpha]\right)e^{-\mu\alpha} + \dfrac{2\mu w_{DP}R}{1+\mu^2}$
井顶	$F_5 = F_4 + w_{DP}L_{KOP}$	$F_5 = F_4 + w_{DP}L_{KOP}$

表 3.6 以钻井为例，设计了钻井过程中的静重和扭矩模型

力/扭矩	静 重	扭 矩
钻头	$F_1 = 0$	$T_1 = 0$
井底钻具组合上部	$F_2 = F_1 + w_{BHA}L_{BHA}\cos\alpha$	$T_2 = T_1 + \mu w_{BHA}L_{BHA}r\sin\alpha$
稳斜段顶部	$F_3 = F_2 + w_{DP}L_{DP}\cos\alpha$	$T_3 = T_2 + \mu w_{DP}L_{DP}r\sin\alpha$
造斜点	$F_4 = (F_3 + w_{DP}R\sin\alpha)$	$T_4 = T_3 + \mu r[(F_3 + w_{DP}R\sin\alpha)\alpha + 2w_{DP}R(1-\cos\alpha)]$
井顶	$F_5 = F_4 + w_{DP}L_{KOP}$	$T_5 = T_4$

摩擦系数为 0.15，钻头扭矩为 6 kNm，这是在钻头离开底部和钻头阻力为 150 kN 时计算得到的。根据这些参数，目标垂直深度为 3033 m，水平偏差为 2155 m。

将这些数值代入表 3.5 和表 3.6 中适用的方程，得到结果如下：

上提阻力	$F_5 = 0+302+302+224+360 = 1188\ kN$
下放力	$F_5 = 0+178+178+18+360 = 734\ kN$
静重	$F_5 = 0+240+240+104+360 = 944\ kN$
扭矩，钻头底部	$T_5 = 0+6.24+6.24+10.94+0 = 23.45\ kNm$
扭矩，钻头 150 kN	$T_5 = 6+6.24+6.24+8.87+0 = 27.35\ kNm$

这种井设计如图 3.19 所示。如前所述，图 3.19（a）中的静态钻杆重量曲线具有恒定的斜率，与倾斜度无关。显然，造斜会显著增加井摩擦。如前所述，在井的方向发生变化时，摩擦力不仅是重量本身的函数，还是钻柱张力的函数。如图所示，这种情况下会产生乘法效应。如图 3.19（b）所示的扭矩曲线中也可以看到这种影响。当钻头位于底部时，有效钻柱张力会降低，从而减少通过弯曲段时的扭矩。从这个简单的例子中，可以得出结论，为了最大限度地减少摩擦，井眼轨迹方向变化次数应保持在最小值。

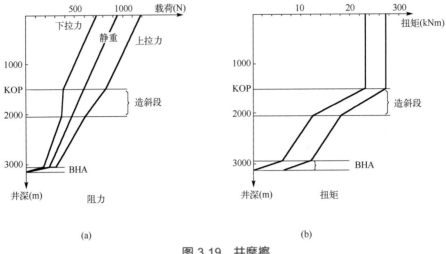

图 3.19　井摩擦

3.4.2　构建修正悬链线井剖面

如果设计得当，悬链线井径可以提供绝对最小的井筒摩阻。"修正悬链线"一词指的是模型，它不需要底部沿水平方向，但可以设计成任何稳斜角。

图 3.20 显示了一口大位移井。该井水平位移可达 6000 m，由于摩擦，最大稳斜角为 80°。在示例中，计划使用井下电机钻探该井，并且不旋转钻柱。因此，钻柱必须能够滑入井筒中。为了最大限度减少摩擦，决定在垂直深度为 2000 m 至 3000 m 的范围内构建悬链线结构。在这个关键阶段，悬链线底部张力为 300 kN，浮管重量为 0.25 kN/m，摩擦系数为 0.15。通过表 3.1，得到以下几何方程：

在这里，下面的等式中有 $\sin h(A)$ 和 $\cos h(A)$ 。

$$\Delta s = 1182 \sin h(A) - 208 \tag{3.43}$$

$$\Delta z = 1182 \cos h(A) - 1200 \tag{3.44}$$

式中，$A = \left\{ \dfrac{x}{1182} + 0.1754 \right\}$，$B = 1.0154$。

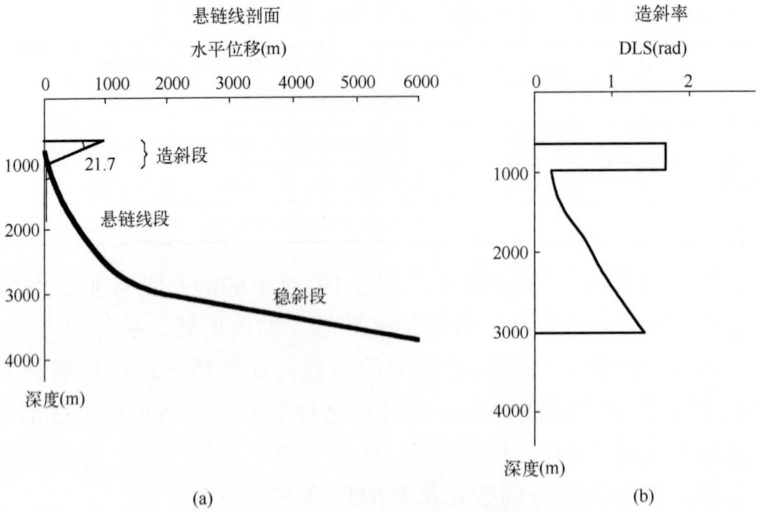

图 3.20　悬链线井剖面图示例

通过计算每个 x 值的垂直高度来构造井眼轨迹。一个从悬链线部分的底部开始向上工作。并且计算了沿孔长度 Δs 的测量值。图 3.20 显示悬链线在 80°处结束，起始倾角为 21.7°。从垂直段到悬链线段的起始点需要一个短的组合段。假设两个剖面之间匹配点的角度和斜率(导数)连续，这将需要 8665 m 的造斜半径。为了缩短过渡时间，选择 1000 m 的造斜半径。

悬链线的造斜速度按 1.72°/30 m 计算，各个部分的造斜速度如图 3.20(b)所示。

在钻井过程中，悬链线段的理论摩擦力为零，而全井摩擦力是由于悬链线上方和下方稳斜段的短累积段造成的。此时清楚地代表了最低限度；然而，当拉动钻柱时，会产生更大的摩擦力。使用悬链线井剖面有两个明显的缺点：(1)必须精确控制轴向载荷以最大限度地减少摩擦；(2)需要不断变化造斜率。因此，除非准备好应对钻取悬链线所需增加的复杂性和后续工作，否则不值得进行施工。因此，悬链线型模型没有被大规模使用。

3.4.3　大位移井轨迹比较

在下文中，将使用表 3.5 和表 3.6 中的公式对大位移井进行摩擦分析。目标位于 2950 mTVD(真实垂直深度)的深度。总井深为 3100 mTVD，水平延伸长度为 7528 m。钻机的起重能力为 4454 kN(1 000 000 lbs)，顶部驱动扭矩为 35 kNm(25 800 ft-lbs)。假设起重能力足够，但顶驱是一个限制因素。本示例将确定哪口井的剖面会使摩擦力最小。图 3.21 显示了井眼轨迹的对比。所有井道都设计成从垂直到最大倾角，并保持在油藏中。

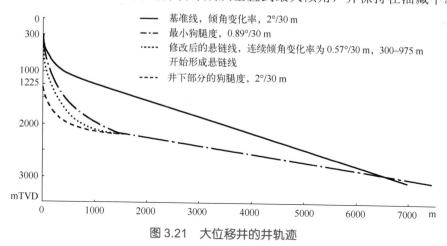

图 3.21　大位移井的井轨迹

最大倾角取自前一口井使用的摩擦系数，裸眼井和套管井的平均值约为 0.15。为确保钻柱在定向钻进时能够滑动，倾角不应超过 $\tan^{-1}(1/0.15) = 81.47°$。图 3.22 显示了作为井摩擦函数的最大倾角。

表 3.7 显示了 4 个井剖面的摩擦力。修正悬链线井剖面给出了最低的扭矩。底部的扭矩稍大，但优于标准井剖面和最小 DL 剖面。大部分扭矩是在稳斜段产生的。

4 个井剖面的大钩载荷也在表 3.7 中显示。钩子载荷相似，但标准配置文件比其他配置文件提供更高的拾取载荷。底部剖面具有最低的扭矩。最大载荷仍然不到钻杆承载能力的一半。因此，张力不是限制因素。这表明，4 个井剖面都产生了相似的摩擦力。井剖面的选择影响不大。当然，这个结论只适用所考虑的情况。与最小 DL 剖面相比，修正悬链线剖面的一个优点是，在较短的长度(975 m 至 2758 m)上产生累积摩擦力。因此，可以在更短的长度上使用减摩接头，从而降低成本。修正悬链线的摩擦很大程度是悬链线启动前积累的。如果可以使用倾斜钻机，则摩擦力可以减小到最小。

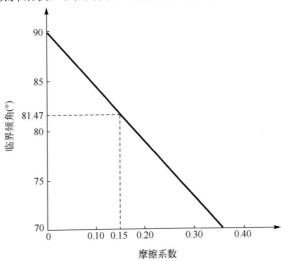

图 3.22   临界倾角与摩擦系数

表 3.7   大位移井的阻力和扭矩

井 剖 面	拉力 (kN)	降架力 (kN)	扭矩 (kNm)
修正悬链线	1360	593	28.6
最小 DL	1332	609	30.9
底部	1321	568	29.5
标准	1350	543	30.4

▶▶ 3.4.4   超大位移井设计

目前最高纪录的大位移井的水平位移超过 10 km。若通过进一步规划和开展后续钻进工作，完全可以将其延伸至 12 km 甚至更远。井剖面应尽可能简单，包括垂直段、造斜段和目标倾角。如有可能，应避免掉入储层，尽量减少摩擦。

通常，最大倾角应尽可能高，以减少轴向张力，从而减少弯曲段中的摩擦。通常，油井深度只有在采用非常大的角度钻进时，目标才能到达。最大倾角由摩擦系数决定。因此，另一个要求是低摩擦。这可以通过使用油基钻井液或减阻剂来实现。

这类井通常设计成与储层成恒定的倾角。从垂直方向到该倾角的过渡可能遵循修正悬链线井剖面或最小 DL 剖面，因为这将提供最小的摩擦力。为了限制钻杆上的载荷，高浮力是有利的。高密度流体的缺点是同时有浮力和摩擦力。通常，钻井液中较多的颗粒会增加摩擦力（Aadnøy，1996）。

在长井筒中，水力摩擦可能会限制流速，从而导致井眼清洁效果不佳。增加管道尺寸将减轻这个问题。由于管道尺寸增加会导致管道重量增加，因此可能需要使用其他替代材料制造钻杆。目前，钻杆的材料有铝、钛和复合材料等。

下面，将示例中的井从 7528 m 延伸到 12 km。图 3.23 显示了井径。保持相同的倾角，这口井将在 3767 mTVD（来自 RKB）达到目标深度。选择的造斜段是最小 DL 结构。

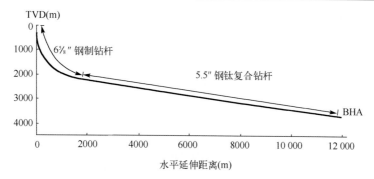

图 3.23 将示例超大位移井扩展到 12 km 的水平距离

对这样一口长井筒的水力摩擦和井眼清洁问题分析得出结论，钻柱的外径至少应为 5.5″。因此，本段分析中，假设上部 2755 m 处有一根 6⅝″ 的钻杆，向下至 BHA 处有一根 5.5″ 的钻杆。

由于井的垂直深度不深，大钩载荷较低。表 3.8 显示了结果。使用钢制钻杆，大钩载荷约为钻机起重能力的三分之一，小于钻杆的强度。因此，在钻井期间，大钩载荷不是限制因素。

表 3.8 还显示了使用 5.5″钻杆的情况下的扭矩。预测总扭矩为 53.9 kNm。尽管少数钻机可以处理这种量级的扭矩，但对于多数钻机而言，这种情况下的扭矩过大。若使用全钢钻柱，该井不能达到设计深度。

表 3.8 在稳斜段使用 5.5″不同材料的钻杆，比较 12 km 水平井段的扭矩和阻力。假设 6⅝″ 钢管是从表面到稳斜段起始点

钻 杆	大钩载荷 (kN)			扭矩 (kNm)		
	向上拉力	静 态	向下拉力	累 积	稳 斜 段	合 计
铁	1790	1750	600	10.2	43.7	53.9
钛	1330	1300	600	6.2	26.9	33.1
合金	1020	1010	600	3.7	16.0	19.7

在本例中，决定尝试使用轻型钻杆。大部分扭矩是由稳斜段的张力产生，在造斜时张力转换为扭矩。因此，稳斜段首先用钛制成的钻杆建模。如表 3.8 所示，扭矩降至 33.1 kNm。由于复合钻杆(8.72 lb/ft)现在可用(Hareland 等，1997)，稳斜段也以此为模型。累积扭矩目前可以降至 19.7 kNm。以上所有的数值，必须加上钻头扭矩。

从这项研究中得出的结论是，完全有可能在 12 km 甚至更长的距离内钻一口大位移井。实际上，通过使用如图所示的较轻的钻杆，可以再钻进几公里。最重要的控制是液压系统；司钻可能需要一台高压泥浆泵。

>> 3.4.5 二维井径优化

在此，将使用 3.4.1 节中的示例来研究井的最佳路径。具体而言，就是确定井筒摩阻最小的启动点(KOP)的深度。在表 3.5 和表 3.6 中能够得到最小阻力和扭矩。

最小上拉力：

$$\frac{dF_5}{d\alpha} = 0 \rightarrow \tan\alpha = \frac{2(w_{BHA}L_{BHA} + w_{DP}L_{DP}) + w_{DP}R}{(1-\mu^2)(w_{BHA}L_{BHA} + w_{DP}L_{DP}) - \mu w_{DP}R} \tag{3.45}$$

最小下放力：

$$\frac{dF_5}{d\alpha} = 0 \rightarrow \tan\alpha = \frac{2\mu(w_{BHA}L_{BHA} + w_{DP}L_{DP}) - w_{DP}R}{\mu w_{DP}R - (1-\mu^2)(w_{BHA}L_{BHA} + w_{DP}L_{DP})} \tag{3.46}$$

最小扭矩：

$$\frac{dT}{d\alpha} = 0 \rightarrow \tan\alpha = \frac{2(w_{BHA}L_{BHA} + w_{DP}L_{DP}) + \alpha w_{DP}R}{\alpha(w_{BHA}L_{BHA} + w_{DP}L_{DP}) - 3w_{DP}R} \tag{3.47}$$

例如，确定最佳造斜深度和倾角。

运用 3.4.1 节知识，并将该井的数据插入上述方程，得到以下最佳倾角：

上拉力　式 (3.45)	$\alpha=68°$
下放力　式 (3.46)	$\alpha=0°$
扭矩　式 (3.47)	$\alpha=90°$
最大倾角 $\alpha_{max} = \tan^{-1}\frac{1}{\mu}$	$\alpha=81.5°$

从扭矩和拉力考虑，深 KOP 是首选；然而，为了减少下放钻柱过程中的摩擦，最好使用浅 KOP。这表明不存在精确的最优值，但必须选择一个优化标准。钻柱在旋转和拉动过程中载荷很大；因此，选择优化这两个过程。减少摩擦通常影响不大，会被忽略；然而，对于长水平井，减少摩擦是至关重要的。不同的优化标准适用于不同的井型。

从这里研究的简单几何形状，可以得出以下结果：造斜段对井筒摩擦的影响最大，通过增大 KOP 深度，可以获得最小的摩阻。假设摩擦可以忽略。倾角应在 68° 至 81.5°。KOP 深度应在 1740 m 至 2173 m。

拉和最小扭矩之间的最优方案是 KOP 深度为 2100 m，倾角为 76°。如果实际摩擦系数略微增加（如由于井眼填充），钻柱仍会滑动。

这种方法可以为更复杂的井的几何构型推导出方程式，并获得如前所示的解决方案。对于一般的三维几何构型，Rudolf 等（1998）以及 Suryanarayana 和 McCann（1998）推导出了非线性优化程序。

3.5 小   结

● 介绍了许多不同几何形状的井的摩阻模型。给出了明确的方程来模拟与钻柱的上提或下放相关的旋转扭矩和阻力。还给出了计算全三维井径的井摩擦的方程。
● 井筒摩擦力的 3D 分析模型可用于实时软件模拟，以检测钻井启动问题。

下面给出了主要方程的总结。

井筒摩阻优化的主要方程

直井段中的阻力和扭矩	
直井段阻力	$F_2 = F_1 + w\Delta s(\cos\alpha \pm \mu\sin\alpha)$
直井段扭矩	$T = \mu w\Delta sr\sin\alpha$

续表

	进入弯曲下降部分
上提	$F_2 = F_1 e^{\mu(\alpha_2-\alpha_1)} + \dfrac{wR}{1+\mu^2}\{(1-\mu^2)(\sin\alpha_2 - e^{\mu(\alpha_2-\alpha_1)}\sin\alpha_1) - 2\mu(\cos\alpha_2 - e^{\mu(\alpha_2-\alpha_1)}\cos\alpha_1)\}$
下放	$F_2 = F_1 e^{-\mu(\alpha_2-\alpha_1)} + wR\{\sin\alpha_2 - e^{-\mu(\alpha_2-\alpha_1)}\sin\alpha_1\}$
	在堆积弯曲处拖动
上提	$F_2 = F_1 e^{-\mu(\alpha_2-\alpha_1)} - wR\{\sin\alpha_2 - e^{-\mu(\alpha_2-\alpha_1)}\sin\alpha_1\}$
下放	$F_2 = F_1 e^{\mu(\alpha_2-\alpha_1)} - \dfrac{wR}{1+\mu^2}\{(1-\mu^2)(\sin\alpha_2 - e^{\mu(\alpha_2-\alpha_1)}\sin\alpha_1) - 2\mu(\cos\alpha_2 - e^{\mu(\alpha_2-\alpha_1)}\cos\alpha_1)\}$
钻杆重量	$F_2 = F_1 \pm wr(\sin\alpha_2 - \sin\alpha_1)$
弯曲段拉力	$F_2 = F_1 e^{\pm\mu(\alpha_2-\alpha_1)}$
降斜弯管中的扭矩	$T = \mu r\{F_1 + wR\sin\alpha_1(\alpha_2-\alpha_1) - 2\mu rwR(\cos\alpha_2 - \cos\alpha_1)\}$
造斜弯管中的扭矩	$T = \mu r\{(F_1 + wR\sin\alpha_1)\lvert\alpha_2-\alpha_1\rvert + 2\mu rwR(\cos\alpha_2 - \cos\alpha_1)\}$
弯曲时的扭矩	$T = \mu r\sqrt{F_1^2 + (wR)^2}(\phi_2 - \phi_1)$
	总结的 Djurhuus's 方程式如下 (Aadnøy, 2006)
弯曲段的阻力	$F_2 = F_1 e^{\pm\mu(\alpha_2-\alpha_1)} + \dfrac{wR}{1+\mu^2}\{(1-\mu^2)(\sin\alpha_2 - e^{\pm\mu(\alpha_2-\alpha_1)}\sin\alpha_1) - 2(\pm\mu)(\cos\alpha_2 - e^{\pm\mu(\alpha_2-\alpha_1)}\cos\alpha_1)\}$
弯曲段的扭矩	$T = \left\lvert r\cdot\mu\left[\pm\dfrac{1}{u}F_1(e^{\pm\mu(\alpha_2-\alpha_1)}-1) + \dfrac{wR}{1+\mu^2}2(\cos\alpha_1 - \cos\alpha_2)\right.\right.$ $-(1-\mu^2)\left(\pm\dfrac{1}{\mu}\right)(e^{\pm\mu(\alpha_2-\alpha_1)}-1)\sin\alpha_1 + 2(\pm\mu)(\sin\alpha_1 - \sin\alpha_2)$ $\left.\left. + 2(e^{\pm\mu(\alpha_2-\alpha_1)}-1)\cos\alpha_1\right]\right\rvert$
静态钻柱中的扭矩	$T = \lvert r\cdot u[F_1(\alpha_2-\alpha_1) + wR[2(\cos\alpha_1 - \cos\alpha_2) - (\alpha_2-\alpha_1)\sin\alpha_1]]\rvert$

3.6　习　　题

习题 1：钻柱在大气中的重量、悬挂时的重量和大钩载荷计算

钻一口 2000 m 深的井。钻井液密度为 1.5 s.g.，钢管密度为 7.85 s.g.，在该深度，钻柱由以下部分组成：

1800 m 5″钻杆，19.5 lbs/ft 或 29 kg/m

200 m8″×3″钻铤，218.8 kg/m

进行以下的操作［相关方程参见 Aadnøy 等，2006］：

1．绘图时，标出空气中的重量和悬挂的重量。

2．计算并绘制活塞力和偏向力。通过阿基米德原理得到偏向力等于浮力。

在组接钻具期间，钻柱意外落入井中。钻头被卡在底部的填充物中，以至于底部表面不再暴露于泥浆压力下。即底部没有活塞力。

3．必须施加多大的大钩载荷才能吊起绳子？

4．为了有利于绳索上提，需要考虑施加液压，这个对钻柱内和/或环空内的压力有何影响？

习题 2：计算沿管柱的扭矩和张力

将研究斜井中的扭矩和摩阻，斜井由一个垂直井段、一个造斜段和一个恒定的进入储层的倾角组成。数据如下［相关方程参见 Aadnøy 等，（2006）］：

　　垂直深度：2000 m

　　水平位移：2000 m

　　倾角：60°

　　钻井液密度：1.7 s.g.

　　BHA：钻铤 200 m   8″×3″，218.8 kg/m

　　钻杆：5″，29 kg /m

　　摩擦系数：0.2

　　1. 假设组合半径为 250 m，计算沿绳索的张力。

　　2. 计算堆积半径为 500 m 时的张力。

　　3. 计算上述两种情况下起吊时的大钩载荷。

　　4. 计算上述两种情况的扭矩。

　　5. 制表并讨论分析该结果。哪个参数决定了扭矩和阻力？

　　习题 3：计算张力、大钩载荷和扭矩

　　习题 2 的油井将被修改为在油井底部包括加入一个降斜段。所有其他数据相同。降斜是从 60°的倾角到井底的垂直方向。

　　1. 如果造斜半径和降斜半径为 250 m，计算张力。

　　2. 计算造斜半径和降斜半径为 500 m 时的张力。

　　3. 计算上述两种情况下起吊时的大钩载荷。

　　4. 计算上述两种情况的扭矩。

　　5. 制表并讨论分析该结果。哪个参数决定了扭矩和阻力？造斜和降斜哪个部分最重要？

第 4 章

井眼轨迹优化

本章要点

1. 由于可能的井型多种多样，以及众多而且复杂的钻井变量和约束条件，因此确定复杂井眼轨迹非常具有挑战性。对可能影响最佳井眼轨迹的约束条件进行了全面的回顾。

2. 针对复杂井眼轨迹的优化问题，采用 5 种进化算法进行三维井眼轨迹单目标和双目标优化设计：遗传算法（GA）、粒子群优化算法（PSO）、蚁群优化算法（ACO）、人工蜂群算法（ABC）以及和声搜索（HS）。

3. 提出了一种新的算法，用于井筒稳定性分析中寻找最佳井眼轨迹。

4.1 介 绍

如今的钻井行业依赖于多变量的方法来优化油井。这些工具用于分析油井建设和作业的各个阶段的性能，包括规划、钻井和完井，以确保成功。因为可能的井型多种多样，钻井变量和约束条件众多而且复杂，复杂井眼轨迹的确定非常具有挑战性。井的类型包括定向井、丛式井、水平井、大位移井、重钻井和复杂结构井。钻井变量和约束条件包括井筒长度、倾斜保持角、方位角、狗腿度（DLS）、水平段长度、套管下入深度和垂深。

本章提供了各种预测模型的路线图，可供定向司钻在现场实时使用。这些模型可以帮助司钻预测和解决作业遇到的问题，从而提高钻井效率。本章旨在填补目前的知识空白，对井眼轨迹优化进行全面论述，并提供普遍适用的井眼轨迹预测和基础模型参数。在下文中，将描述结合各种模型的新方法。

4.2 可能影响最优井眼轨迹的约束

岩石性质、扭矩和阻力、成本和现有井的相对位置会影响最优井眼轨迹，可能引发一系列问题。为了使工程师能够将钻头导向有利产油区，需要为石油公司和定向钻井承包商设计一个平台，用于定向井轨迹规划、测井数据管理和防碰分析。井眼轨迹设计应结合井筒稳定性评价、偏移井分析和减压井规划，以便提供可钻轨迹（如图 4.1 所示）。

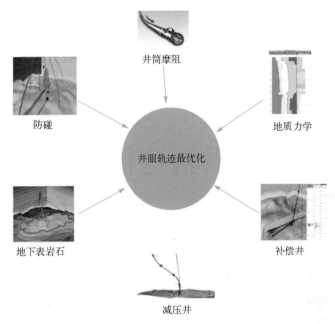

井筒摩阻

防碰

地质力学

井眼轨迹最优化

地下表岩石

补偿井

减压井

图 4.1   影响最优井眼轨迹的约束条件

》》 4.2.1   地质力学约束

井眼轨迹规划的关键是预测和降低与地质力学条件和工艺参数相关的所有潜在风险。通过详细的地质力学分析可以得到最优解。近井带的数值模型比解析解更具有信息性。优化轨迹所需的地质力学工具有：图像分析；地质力学建模；场地地震分析；近井数值模拟；全三维地质力学建模。显微图像有助于确定孔洞、天然裂缝和诱发裂缝、地质边界和层理面的存在。尤其可以用于确定造斜区域是否存在坍塌。地质力学建模有助于确定有利的剪切层段和最佳泥浆密度。为了评估侧钻作业过程中的风险，需要对实际数据进行统计分析，同时考虑侧钻的空间方向以及相对于当前作用应力状态的方向。油田或气田的三维地质力学模型可以预测岩石的弹性性质、强度和近井筒应力状态。这能够预测可能出现钻井复杂的区域，并使其最小化。

三维地质力学模型的建立包括以下步骤(Ovcharenko 等，2016)。

1．数据审计：收集和分析现有数据；选择探井；分析地质力学建模的数据质量。

2．一维地质力学模型：建立探井模型；将储层条件定义为一级近似值；利用井筒稳定性分析(WBS)对一维模型进行质量控制(QC)。

3．三维建模准备：地震数据立方体分析；地质模型分析；构造应力分析。

4．三维建模：弹性和岩石强度特征的计算；应力立方体计算。

5．三维模型质量控制：用一维 MEM 标定三维 MEM；通过直接测量、微地震数据和小型压裂试验进行校准。

井眼轨迹优化的一个重要步骤是分析每个井段的泥浆重量窗口与井斜角和井方位角之间的关系。最优轨迹的预估基于技术的限制：最大钻压和扭矩；长度；曲率；泥浆重量和井筒稳定性。轨迹的优化还必须基于地质目标、钻头参数、井眼结构限制、泥浆重量、最大 DLS、钻压和扭矩等约束条件。由于这些制约因素，从井筒稳定性的角度，钻取最佳井并不现实。然而，全覆盖分析在现有限制条件下提供了一种在提高井筒稳定性的同时降低钻井风险的方法。图 4.2 和图 4.3 显示了随井斜变化逐层优化提高井筒稳定性的效果。

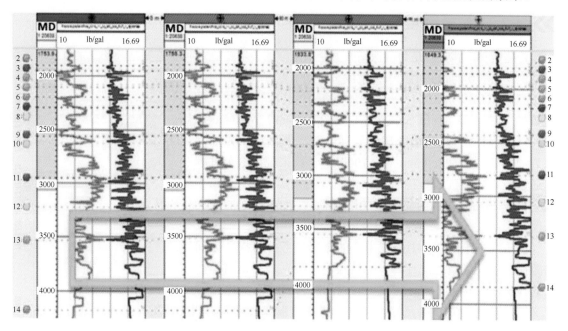

图 4.2　通过轨迹优化，使用泥浆重量窗口提高井筒稳定性

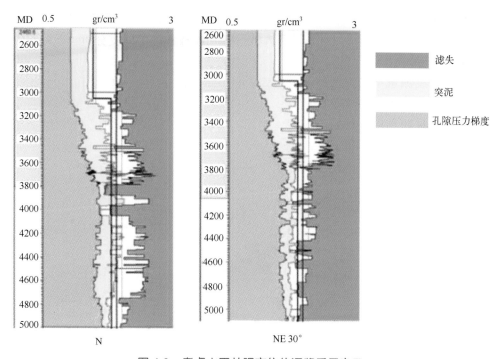

图 4.3　考虑水平井眼方位的泥浆重量窗口

　　井眼轨迹设计用于确定最佳安全泥浆重量窗口。此外，解决井筒失稳问题和降低钻井风险也是井眼轨迹设计的重要考虑因素。井筒稳定边界的计算包括每个深度的地应力、孔

隙压力、岩石力学性质和井眼方向。泥浆密度的选择还可以将井筒稳定性风险降至最低，避免井筒失稳；当井筒失稳不可避免时，使井筒变形更"可控"。

▶▶ 4.2.2　防碰约束

防碰(也称为防撞)是为确保钻井安全所采取的一项措施。防碰监测是一个复杂且要求苛刻的过程，在早期的钻井项目中常常没有得到高度重视。然而，以美国为例，井密度上限逐渐从每 25 英亩(101 171 m²)一口井增加到每 10 英亩一口井，并在 2007 年提议增加到每 5 英亩一口井(20 234 m²)(Mahajan，2018)。随着这一趋势的全球性发展，防碰监测已成为油井规划的首要目标(Poedjono 等，2007)。一般来说，这个过程是通过应用一组称为碰撞避免策略的规则来实现的。分离系数(SF)是石油行业应用的主要的防碰指标之一；SF 的定义见图 4.4。

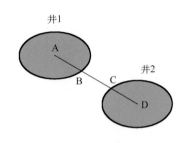

分离系数= AD/(AB+CD)

图 4.4　分离系数

在 SF 的计算中，中心到中心的距离参考井与探井之间的距离，用三维逼近法计算，以英尺为单位；最小距离是两井的 EoU(不定椭圆)半径的总和，以英尺为单位。SF 指标定义了风险的极限，以及应该采取哪些行动来降低风险。然而，所有其他防碰策略都需要准确了解计划井(或参考井)和探井位置相关的不确定性。这种不确定性受井斜、方位角和井深的测量工具组合控制，并应用适当的误差模型对不确定性进行量化。在可视化表示方面，从井眼位置的角度来看，不确定性用 EoU 表示。每个测站都有这种不定椭圆，通常在测量深度每 100 ft 处有一个点。如图 4.5 所示，这个椭圆有 5 个分量(Bang 等，2009)。这些内容如下：

1. 垂直-深度测量不确定度；
2. 水平-EoU 规模的不确定度；
3. 延伸-EoU 延展的不确定度；
4. 高边-井眼高边的不确定度；
5. 横向-EoU 方向的不确定度。

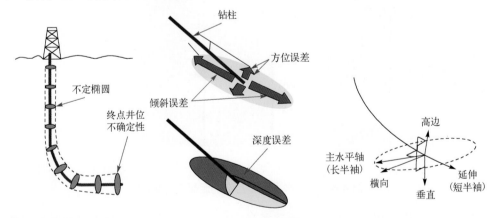

图 4.5　EoU 的分量

两口井之间的意外碰撞可能会造成严重的经济后果,也可能对健康、安全与环境(HSE)造成严重影响。因此,非常有必要在钻井计划阶段评估此类事件发生的可能性,并在钻井的关键阶段进行重新评估。为了满足油田开发的需要,近年来,在已开发油田中,采用加密钻井技术进行小井距钻井或在高密度丛式井中采用集束钻井技术的频率越来越高。然而,由于发生碰撞可能性的增加,钻井的风险也随之增加,大大限制了这些技术的应用。如果能够准确预测此类事故,并采取积极措施降低甚至消除风险,那么这两种钻井技术将会获得更广泛的应用。

➤➤ 4.2.3　探井约束

井规划的一个重要部分是探井检查。该系统可以分析探井性能,在给定的地层或段中,通过预测轨迹上的钻速,确定计划井的最佳钻井参数。探井钻井数据可以提供一些最佳井的钻探历史。这些参数可以显示套管深度、钻头、泥浆性质以及地质难题区域(如漏失或超压区域)。探井的钻井数据可以帮助司钻计划钻井时间表,并为支出准备适当的授权。

➤➤ 4.2.4　井控约束

通过减压井的工程规划和作业,通常应当防止在钻井项目执行过程中发生任何碳氢化合物的失控释放,但是如果发生井喷,它也将确保充分有力应对。需要采用随钻测井技术来测量钻头下方垂向的电阻率,从而设计减压井的轨迹。在恶劣和脆弱的环境中,油气开采需要安全高效的钻井作业。在 2010 年墨西哥湾(Deepwater Horizon)石油泄漏事件发生后,有关减压井规划的行业规则被修订。截至 2012 年,挪威石油安全局(PTIL)将不再批准任何在发生井喷时需要两口减压井的油井(如图 4.6 所示)。一些运营公司为了适应 PTIL 的新要求,不得不改变原有的套管设计。由于这项新规定,石油和天然气运营公司已经开始内部研究双重减压井钻井。其中一些公司已经分别对不同的双重减压井方法进行了研究,但这些研究都没有在公司之外发表或分享。

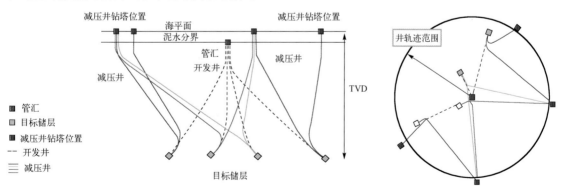

图 4.6　S 曲线减压井示意图(左),开发井和减压井轨迹的平面图(右)

美国政府现在要求运营商提交两个完整的减压井计划,以获得深水钻井许可。轨迹规划软件允许钻井工程师在轨迹设计早期阶段验证减压井计划。因此,一旦确定了关键的不确定性参数,就可以在油井规划的早期阶段快速评估这些参数,或者在获得新数据后快速更新模拟结果。

S 曲线的详细设计通常取决于地层状况和测量工具的局限性。如果地层是松散的岩石或脆弱的页岩，钻取理想的狗腿度是一个相当大的挑战。允许的最大 DLS 为每 30 米 4°～5°，但为了保证井眼稳定，该梯度应尽可能低(Oskarsen 等，2016)。如果规定的套管设计不能防止井壁失稳，则地层薄弱将导致自喷井的拦截孔减小(如图 4.7 所示)。

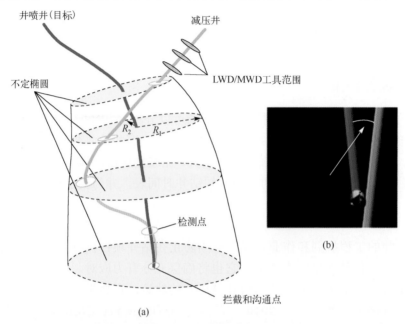

图 4.7   (a)减压井轨迹(S 曲线)；(b)减压井以 3°～4°的角度朝向自喷井

在钻减压井时，使用磁性测量来定位自喷井，因为这是近距离工具能够精确检测自喷井的唯一方法。通过这种方法，拦截点被限制在自喷井最深点以下 10 m 以内，那里有足够的钢铁或工具来产生磁场。如果在自喷井的裸眼段没有磁性物质，则最后一段套管鞋可能是最深的交点；套管通常是唯一能够产生足够磁场以便测量工具进行记录的磁性源。最常见的截油点在最后一段套管鞋的正下方。

在最后一段套管鞋周围有两个不同的截点，一个在最后一段套管鞋上方约 10 m 处，另一个在下方 10～20 m 处(Kallhovd，2013)。较深的交点会增加静水压头和摩阻压降，并允许使用低密度压井液。精准确定井眼轨迹对于促进井眼与减压井相交至关重要。如图 4.8 所示，减压井轨迹设计分为简单拦截、平行轨迹和导向拦截三种。

随钻地面地震(SSWD)技术(如图 4.9 所示)可以使自喷井在套管鞋下方相交。这种方法不依赖于井中是否有套管或钢管来确定相对井眼位置。SSWD 技术基于一个地面震源发生器和一个位于海底的接收器阵列。初步模拟表明，根据地震数据可以确定两口井的井眼轨迹。这种方法可以在不干扰钻井作业的情况下对井眼轨迹进行实时地震监测，可以实现更精确的相对井眼定位。地震方法也可以用于常规压井作业，用以提供两口井位置的额外信息，并可能减少钻减压井所需的时间。如果最后一段套管鞋下方存在一个延伸的裸眼段，则可以使用 SSWD 在更深的点与自喷井相交，这为带压作业提供了一些优势。由于 SSWD 不需要在自喷井中加入钢材，使得其与减压井直接相交，因此可以在裸眼段底部与自喷井相交(Evensen 等，2014)。

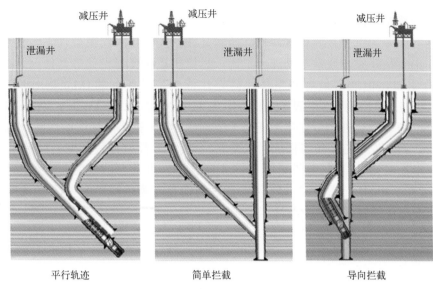

平行轨迹　　　　　　　简单拦截　　　　　　　导向拦截

图 4.8　减压井轨迹设计类型

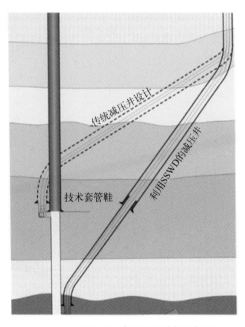

图 4.9　SSWD 减压井模拟示意图

4.3　井眼轨迹优化

》》 4.3.1　单目标优化三维井眼轨迹设计

　　本节的对比研究通过应用五种进化算法来解决复杂井眼轨迹的优化问题：遗传算法（GA）、粒子群优化算法（PSO）、蚁群优化算法（ACO）、人工蜂群算法（ABC）和和声搜索算法（HSO）。

使用这些算法来优化气井或油井的轨迹设计，确定包含不同倾角和方向的多个直井段和曲线段的复杂井的组合井筒长度。目标函数是在一些特定的约束条件下，使组合井筒长度最小化。由于钻井成本通常与测深成正比，尽管扭矩和套管设计等其他因素在多目标优化中也十分重要，但通常最短的整体井筒设计依然是最便宜的（Mansouri 等，2015）。Shokir 等（2004）提出特定井眼轨迹优化的目标和约束，Atashnezhad 等（2014）和 Khosravanian 等（2018）进一步优化，证明了调整后 PSO 和其他算法的性能。Mansouri 等（2015）也用它们来说明 GA 的多目标优化性能。示例中井筒弯曲段长度是曲率恒定的曲线，其通过曲率半径法计算得到（如图 4.10 和图 4.11 所示）。井筒弯曲段的曲率可使用以下公式获得（Shokir 等，2004）。式（4.1）～式（4.4）中使用的符号和缩写在图 4.10 和图 4.11 以及专业术语章节中进行了解释。

$$a = \frac{1}{\Delta MD} \sqrt{(\theta_2 - \theta_1)^2 \sin^2\left(\frac{\phi_2 + \phi_1}{2}\right) + (\phi_2 - \phi_1)^2} \tag{4.1}$$

$$r = \frac{1}{a} = \frac{180*100}{\pi*T} \tag{4.2}$$

$$\Delta MD = r * \sqrt{(\theta_2 - \theta_1)^2 \sin^2\left(\frac{\phi_2 + \phi_1}{2}\right) + (\phi_2 - \phi_1)^2} \tag{4.3}$$

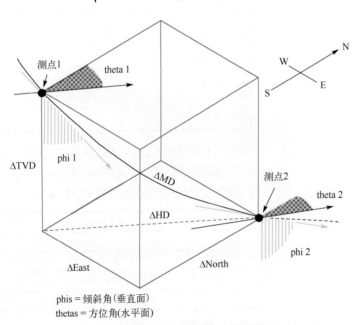

phis = 倾斜角(垂直面)
thetas = 方位角(水平面)

图 4.10　计算井眼轨迹斜度段的长度，用于定义井眼轨迹的不同角度和分量。
MD，测量深度；TVD，真实垂直深度。

本研究评估的井筒方案由 7 个部分组成，构成完整的井筒，如图 4.11 所示。通过将 7 段井眼轨迹设计分别计算的分段长度相加，就可以得出井筒的总长度。

$$TMD = D_{KOP} + D_1 + D_2 + D_3 + D_4 + D_5 + HD \tag{4.4}$$

以上提到的每一种元启发式算法都针对井眼轨迹优化示例进行了调整（见图 4.10、

图 4.11 和表 4.1)，然后对性能进行了评估和比较(即目标函数值和计算时间)，执行了 4 个不同数量的迭代(200、2000、5000 和 10 000 次迭代)。表 4.2 为 200 次迭代后的结果比较，目标函数的性能趋势如图 4.12 所示。表 4.2～表 4.4 为 Khosravanian 等(2018)不同算法的结果，并且，该研究中使用的算法代码已在用于本次研究中用于评估其他算法的同一台计算机(Intel Core i5 2430 M 2.4 GHz，4 Gb DDR3 内存)上重新运行。这确保了此处所展示的 PSO 的计算时间与其他算法的计算时间一致。虽然目标函数的搜索趋势和解决方案与此处所展示的相同，但在处理器速度不同的计算机系统上运行这些算法，计算时间可能不同。

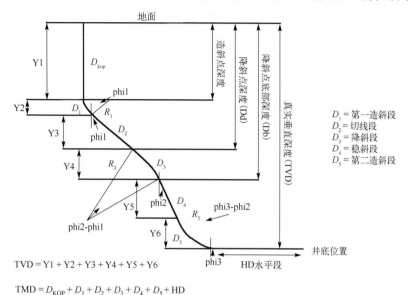

$$TVD = Y1 + Y2 + Y3 + Y4 + Y5 + Y6$$

$$TMD = D_{KOP} + D_1 + D_2 + D_3 + D_4 + D_5 + HD$$

图 4.11　带有操作参数的水平井垂直剖面(Khosravanian 等，2018)，这些参数最初来自 Atashnezhad 等(2014)和 Shokir 等(2004)

表 4.1　井眼轨迹约束条件

TVD	min = 10 850 ft；max = 10 900 ft
HD	2500 ft
狗腿度	$T_1, T_2, T_3, T_4, T_5 \leqslant 5/100$ ft
最小倾角	$\varphi_1 = 10°$，$\varphi_2 = 40°$，$\varphi_3 = 90°$
最大倾角	$\varphi_1 = 20°$，$\varphi_2 = 70°$，$\varphi_3 = 95°$
最小方位角	$\theta_1 = 270°$，$\theta_2 = 270°$，$\theta_3 = 270°$，$\theta_4 = 330°$，$\theta_5 = 330°$，$\theta_6 = 355°$
最大方位角	$\theta_1 = 280°$，$\theta_2 = 280°$，$\theta_3 = 280°$，$\theta_4 = 340°$，$\theta_5 = 340°$，$\theta_6 = 360°$
造斜点深度	min = 600 ft；max = 1000 ft
降斜点深度	min = 6000 ft；max = 7000 ft
第三造斜点	min = 10 000 ft；max = 10 200 ft
第一段套管下入深度	min = 1800 ft；max = 2200 ft
第二段套管下入深度	min = 7200 ft；max = 8700 ft
第三段套管下入深度	min = 10 300 ft；max = 11 000 ft

HD，水平位移；TVD，真实垂直深度。

表 4.2　调整后的元启发式算法应用于井筒优化示例的对比结果，每个算法经过 200 次迭代进行评估

	GA	ACO	ABC	HSO	PSO
TMD 最优解(ft)	15 040	15 284	15 024	15 066	15 023
运算时间(s)	18	357	13	0.62	3.84

GA，遗传算法；ACO，蚁群优化算法；ABC，人工蜂群算法；HSO，和声搜索算法；PSO，粒子群优化算法；TMD，总测量深度。

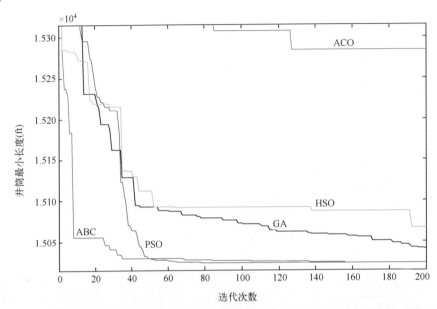

图 4.12　应用于示例井筒优化的 GA、ABC、HSO、PSO 和 ACO 算法 200 次迭代的性能趋势，ACO 表现出性能最差。200 次迭代后，ABC 表现出最好的性能，因为它能更快地收敛到可接受的最优解。GA，遗传算法；ACO，蚁群优化算法；ABC，人工蜂群算法；HSO，和声搜索算法；PSO，粒子群优化算法

　　从表 4.2 和图 4.12 可以看出，ABC 经过 200 次迭代后，可以更好地收敛到可接受的最小目标函数值，并且只需要 13 s 的计算时间。HSO 在 0.62 s 内完成 200 次迭代，但未能收敛到目标函数可接受的最小值。ABC 经过 200 次迭代后达到最终收敛，无须再进行迭代改进。GA 和 HSO 还需要进一步迭代才能找到更好的目标函数的最小解。另一方面，ACO 的性能比其他算法差得多，花费最多的计算时间的同时甚至不能接近可接受的目标函数的最小值。结果表明，所配置的 ACO 具有广阔、连续的可行解空间和多个局部最优解，不适用于井眼轨迹优化问题。由于 GA、HSO 和 ACO 需要更多的迭代才能达到最终的收敛，这三种算法都需要进行进一步的迭代。表 4.3 和图 4.13 展示了这些算法在经过 2000 次迭代后的性能对比。

表 4.3　调整后的元启发式算法应用于井筒优化示例的比较结果，每个算法经过 2000 次迭代进行评估

	GA	HSO	PSO	ACO	ABC
TMD 最优解(ft)	15 024	15 024	15 023	15 239	15 023
运算时间(s)	24	2.01	210	1350	2200

GA，遗传算法；ACO，蚁群优化算法；ABC，人工蜂群算法；HSO，和声搜索算法；PSO，粒子群优化算法；TMD，总测量深度。

表 4.4　井眼优化示例中各优化元启发式算法的最佳结果比较

	GA	HSO	ABC	ACO
TMD 最优解(ft)	15 023	15 024	15 023	15 239
完全收敛需要的迭代次数	2000	2000	200	2000
运算时间(s)	27	2.01	13	1257
KOP(ft)	877	1000	996.338	827
第一 BU 深度(ft)	7000	7000	6999.9864	7000
第二 BU 深度(ft)	10 200	10 200	10 200	10 200
第一倾角(°)	10	10	10	13
第二倾角(°)	40	40	40	40
第三倾角(°)	90	90	90	92
第一方位角(°)	270	270	270	276
第二方位角(°)	280	280	276	272
第三方位角(°)	270	272	273	279
第四方位角(°)	340	337	338	339
第五方位角(°)	337	339	340	333
第六方位角(°)	356	359	357	359
第一 DLS(°/100 ft)	0.75	0.82	0.84	0.96
第二 DLS(°/100 ft)	1.71	1.69	1.69	1.75
第三 DLS(°/100 ft)	3.31	3.31	3.27	3.38

GA，遗传算法；ACO，蚁群优化算法；ABC，人工蜂群算法；HSO，和声搜索算法；TMD，总测量深度。

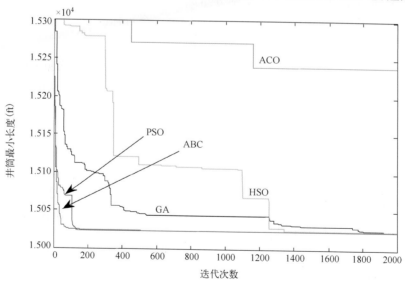

图 4.13　应用于示例井眼优化的 GA、ABC、HSO、PSO 和 ACO 2000 次迭代的性能趋势，趋势表明，PSO 和 ABC 在 200 次以上迭代时没有任何改进，而 GA 和 HSO 在 2000 次迭代时达到最终收敛。GA，遗传算法；ACO，蚁群优化算法；ABC，人工蜂群算法；HSO，和声搜索算法；PSO，粒子群优化算法

针对复杂井眼轨迹优化问题，本节应用了 5 种进化算法(GA、PSO、ACO、ABC 和 HSO)进行了对比研究，得出以下结论：

1．作为评估复杂井眼问题的算法配置，HSO、PSO 和 ABC 可以非常迅速地收敛到全局最优轨迹 TMD = 15 023 ft。这表明它们适合于优化具有多个局部最优的连续解问题，但这些局部最优可能会掩盖全局最优。

2．HSO 算法尽管简单，但与其他算法相比，在计算速度方面表现最好。虽然 HSO 需要大量的迭代才能收敛到全局最优，但它可以在最短的算法执行时间内实现。

3．GA 收敛到全局最优，但耗时比 HSO、PSO 和 ABC 长。另一方面，ACO 无法收敛到井眼轨迹问题的可接受的最优解。此外，如果不进行大规模修改或混编，ACO 也不适合解决这类问题，这会增加过多的计算时间。

▶▶ 4.3.2　双目标优化三维井眼轨迹设计

优化井眼轨迹到直井、斜井和水平井段的复杂组合，需要最小化井筒长度和钻柱上的摩擦扭矩。这与浅层水平井尤其相关，因为浅层水平井通常受到扭矩的限制。与其他备选轨迹相比，针对特定目标通过最小化井筒长度和扭矩设计的井轨迹可能钻得更快、成本更低。然而，这两个目标往往是相互冲突的，并以一种高度非线性的方式相关。针对井筒长度和扭矩两个目标函数开发了一种多目标遗传算法(MOGA)，用以提供一组帕累托最优解，帮助选择风险更低/成本更低的井眼轨迹设计。将 MOGA 的性能与特定井筒情况下的单目标函数进行了比较，结果表明，MOGA 方法优于单目标函数方法，能快速收敛于帕累托最优解集。

考虑到分析场景中的井眼轨迹由 7 部分组成，必须分别计算每部分的扭矩，并相加得到总扭矩。上述关系中 T 的值是由式(4.5)表示的第二个目标函数：

$$T = T_{\text{vertical}} + T_1 + T_2 + T_3 + T_4 + T_5 + T_{\text{horizontal}} \tag{4.5}$$

计算钻柱的扭矩从底部开始(即当钻柱位于井筒的总深度 TD 时，那么 T 计算从 $T_{\text{horizontal}}$ 开始)，并继续逐步向上到井口(这意味着计算公式中最后添加 $T_{\text{horizontal}}$)。为了评估井筒情况，扭矩计算时做出以下假设：

1．钻柱没有轴向位移(只是旋转)。

2．钻柱半径为 0.1 ft，重量为 0.3 kN/ft。

3．摩擦系数为 0.2，浮力系数为 0.7。

图 4.14 展示了在不同的遗传算法行为参数设置下，对两个目标函数进行 4 次运行的遗传算法进化趋势。从图 4.14 所示的趋势可以明显看出，参数自适应方法在搜索可行空间、增强收敛趋势和收敛时间方面的优势。表 4.5 指定了每次运行的 P_C、P_M 和 R_M 的值。图 4.14 中表现最好的(较低的)曲线为 Run1(见表 4.5)，该案例使用自适应 GA 行为参数。其他三条曲线(Run 2、Run 3 和 Run 4)在所有迭代中使用常量值 GA 行为参数。使用自适应行为参数可以明显地获得更快的收敛速度和更优的结果。

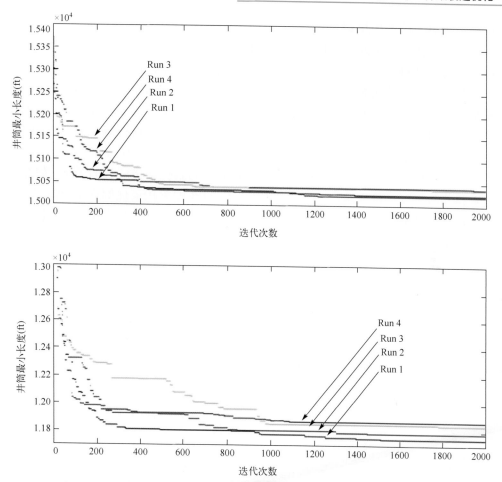

图 4.14　自适应 GA 行为参数与常量值 GA 行为参数的目标函数趋势比较

　　所示的 4 次运行均使用相同的初始种群进行；也就是说，它们都从两个图表左侧的相同点开始。Run 1（自适应参数）的收敛性最好，因为在初始迭代中应用了高突变概率，而在后期迭代中应用了高交叉概率，所以找到了目标函数较低的最优值。Run 4 应用了最低的突变概率（0.2），显示出更平滑的趋势线和 4 次运行中的最差收敛。扭矩的单位是 N.ft$\times 10^{-4}$，长度的单位是 ft$\times 10^{-4}$。

表 4.5　4 次运行所应用的关键 GA 行为参数，两个目标函数趋势如图 4.14 所示

	Run 1	Run 2	Run 3	Run 4
P_C	数值随迭代调整	0.2	0.5	0.8
P_M		0.8	0.5	0.2
R_M		0.5	0.5	0.5
获得的最小扭矩(N.ft)	11 745	11 784	11 847	11 877
获得的最小井筒长度(ft)	15 023	15 022	15 035	15 033

GA，遗传算法。

　　井眼轨迹的复杂性使得观察和描述钻柱扭矩与井眼轨迹参数之间的明确关系成为不可能。然而在可行解中，如果造斜点（增斜）更深，则需要更高的 DLS 才能到达目标区域。这

将给钻柱带来更大的摩擦扭矩。

在这里所描述的典型的双目标优化问题中，帕累托解集显示出一个目标函数的值呈上升趋势，而另一个目标函数的值呈下降趋势。在案例研究中，所建立的帕累托解集并不意味着沿最长井眼轨迹的扭矩最低，或者最短井眼轨迹的钻柱扭矩最高。这些目标函数之间的关系是非线性的，并且 GA 已经确定了一些定义帕累托解集的高性能样本；可能会存在其他的解，但由于所施加的行为约束，算法无法找到这些解，这些解将沿着该边界扩展，或提供更详细的细节。

产生每个目标函数的绝对最小值的解应该是真实帕累托最优解集的子集。如图 4.15 所示，扭矩和井筒长度单目标函数 GA 优化点(三角形)在帕累托最优解样本(球形)轨迹两个方向上延伸。如图 4.15 所示，单目标函数 GA 优化相关的点确实代表了真实(完全)帕累托最优解集的子集。

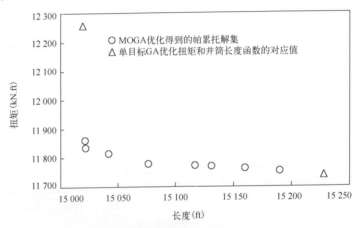

图 4.15   MOGA 过程中井筒长度和扭矩两个目标函数的帕累托边界，以及井筒长度和扭矩函数单目标 GA 优化的结果。GA，遗传算法；MOGA，多目标遗传算法

根据定义，沿着帕累托边界的所有解都具有一定的最优特征(即帕累托最优解)。一旦确定了帕累托边界，接下来的问题就在于应该选择哪一个帕累托最优解来进行油井设计。其中的一种方法是分析实现每个帕累托最优解的成本和时间，但这超出了本章的范围。

表 4.6 给出了 MOGA 选取的帕累托最优解，以及所研究井筒条件下井筒长度和扭矩函数的单目标函数 GA 优化的结果。而在单目标函数 GA 下的最优解中，扭矩最小的井眼轨迹具有最小的 DLS，最小井眼长度的 DLS 最大，沿着帕累托边界的解就不那么明确了。除了 DLS 之外，可能还有其他几何因素也会影响井眼长度与扭矩的关系。

表 4.6   MOGA 结果与以往同一井眼轨迹研究结果

	MOGA 设计(帕累托最优解)								扭矩的单目标 GA	长度的单目标 GA
TMD(ft.)	15 131	15 190	15 117	15 022	15 042	15 021	15 160	15 077	(15 228)	15 019
扭矩(N.ft.)	11 769	11 752	11 772	11 834	11 812	11 860	11 761	11 779	11 738	(12 257)
TVD(ft)	10 853	11 850	10 854	10 850	10 855	10 850	10 850	10 856	10 850	10 850
D_{KOP}(ft)	1000	1000	1000	1000	1000	1000	1000	1000	994	1000
D_D(ft)	6998	6998	6998	6998	6998	6998	6998	6998	6968	70 000

续表

MOGA 设计（帕累托最优解）								扭矩的单目标 GA	长度的单目标 GA
D_B(ft)	10 166	10 166	10 166	10 197	10 197	10 197	10 197	10 166	10 097	10 200
φ_1(°)	10	10	10	10	10	10	10	10	10	10
φ_2(°)	40	40	40	40	40	40	40	40	40	40
φ_3(°)	92	94	91	90	90	90	90	90	92	90
θ_1(°)	270	270	270	270	270	270	270	270	270	270
θ_2(°)	280	280	280	280	280	280	280	280	280	280
θ_3(°)	280	280	280	280	280	278	278	280	280	276
θ_4(°)	331	331	331	333	331	333	333	331	330	340
θ_5(°)	331	331	331	333	331	333	333	331	330	340
θ_6(°)	357	357	357	357	357	357	357	357	359	356
T_1(/100 ft)	0.83	0.83	0.83	0.83	0.83	0.83	0.83	0.83	0.82	0.83
T_3(/100 ft)	1.65	1.65	1.65	1.66	1.66	1.66	1.66	1.65	1.62	1.68
T_5(/100 ft)	3.23	3.23	3.23	3.38	3.38	3.38	3.38	3.23	3.00	3.31

GA，遗传算法；MOGA，多目标遗传算法；TMD，总测量深度；TVD，真实垂直深度。

4.4 防止井筒失稳的井眼轨迹优化

典型的轨迹监测模型只考虑几何方法，没有在单一算法中考虑岩石力学和工程约束，从而修正轨迹可能会影响井筒稳定性和钻井效率。因此，在轨迹修正中需要建立一个将轨迹控制模型与岩石力学、力学和水力效应耦合的模型。这种方法可以让司钻在评估设计井眼轨迹时掌握全局情况。

4.4.1 倾角和方位角的约束范围

为了识别井筒周围的有效应力，了解井筒的潜在故障，模拟井筒应力是最常用的方法之一。Aadnøy 和 Looyeh（2011）采用原地主应力分析方法获得了定向井的应力状态。当钻孔在岩体中形成空隙时，应力会传递到井壁，导致应力集中。这个集中程度可以用一个普通的程序来计算。在下文中，将介绍弹性解的程序。三种坐标系的转换如图 4.16 所示。

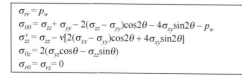

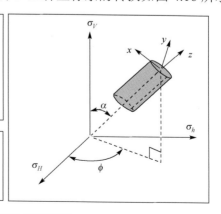

图 4.16 斜井的广义应力转换系统

Mohr-Coulomb 准则

根据图 4.16 中的应力分布，利用破坏准则可以推导出破坏压力模型。Mohr-Coulomb (M-C) 准则是井眼稳定性分析中常用的准则，可表示为：

$$\tau = \sigma \tan \varphi + c_0 \tag{4.6}$$

M-C 准则也可用最大、最小主应力表示。应用式(4.6)可得：其中 σ_1 和 σ_3 分别为最大主应力和最小主应力，单位为 Mpa。c_0 为岩石的内聚力角，ϕ 为岩石的内摩擦角。摩尔-库仑准则采用无侧限抗压强度(UCS)和内摩擦角(f)评估破坏，然后可以用最大和最小主应力 σ_1 和 σ_3 来表示，可以定义一个函数式(4.7)来确定 σ_1：

$$\sigma_1 = \sigma_c + q\sigma_3 \tag{4.7}$$

$$q = \tan^2\left(45 + \frac{\phi}{2}\right) = \frac{1 + \sin\phi}{1 - \sin\phi}$$

$$\sigma_c = 2c\tan\left(45 + \frac{\phi}{2}\right) = \frac{2c\cos\phi}{1 - \sin\phi} \tag{4.8}$$

因此，可以定义一个函数 F 来确定剪切破坏：

$$F = (\sigma_c + q\sigma_3) - \sigma_1 \tag{4.9}$$

一旦函数 F 小于 0，则发生剪切破坏。因此，可以通过式(4.9)来预测安全 MW。基于上述模型，通过反演可以得到轨迹优化模型的倾角和方位角的约束范围。结合 M-C 准则，最终井筒稳定性约束可表示为公式(Xu 和 Chen，2018)：

$$\begin{cases} \alpha_{lb} \leqslant \alpha \leqslant \alpha_{ub} \\ \phi_{lb} \leqslant \phi \leqslant \phi_{ub} \end{cases} \tag{4.10}$$

Mogi-Coulomb 破坏准则

为了克服在井筒稳定性分析中遇到的困难，许多研究者提出了大量的真三轴破坏准则。虽然这些真三轴破坏准则可以更准确地预测中间应力 σ_2 的影响，但大多数破坏准则需要更多的特殊强度参数。Mogi-Coulomb(MG-C)准则可表示为：

$$\tau_{ox} = a + b\sigma_{m,2} \ \& \ \tau_{\text{oct}} = \frac{1}{3}[(\sigma_1 - \sigma_2)^2 + (\sigma_2 - \sigma_3)^2 + (\sigma_3 - \sigma_1)^2]^{\frac{1}{2}} \tag{4.11}$$

$$\sigma_{m,2} = \frac{1}{2}(\sigma_1 + \sigma_3)$$

这里 a 是直线与 $\tau_{\text{oct-axis}}$ 的交点，b 是直线的斜率。强度参数 a 和 b 与岩石的摩擦角和黏结强度有关，可通过以下公式计算：

$$a = \frac{2\sqrt{2}}{3}c_0\cos\varphi \tag{4.12}$$

$$b = \frac{2\sqrt{2}}{3}\sin\varphi \tag{4.13}$$

该判据可表示为以下数学公式：

$$F_{\text{MG-C}} = a + \frac{1}{2}(\sigma_1 + \sigma_3)b - \frac{1}{3}[(\sigma_1-\sigma_2)^2 + (\sigma_2-\sigma_3)^2 + (\sigma_3-\sigma_1)^2]^{\frac{1}{2}} \qquad (4.14)$$

当公式小于 0 时，岩石发生剪切破坏。基于上述模型，通过反演可以得到轨迹优化模型的倾角和方位角的约束范围。结合 Mogi-Coulomb（MG-C）准则，最终井筒稳定性约束可以表示为：

$$\begin{cases} \alpha_{lb} \leqslant \alpha \leqslant \alpha_{ub} \\ \phi_{lb} \leqslant \phi \leqslant \phi_{ub} \end{cases} \qquad (4.15)$$

4.4.2　获得最优井眼轨迹的算法

防止井筒失稳是油田井眼轨迹设计的主要问题之一。在本节中，将研究一种新算法，该算法用于在井筒稳定性分析中寻找最优井眼轨迹（Kasravi 等，2017）。利用 FLAC3D 软件进行稳定性分析。为了验证该方法的有效性，采用基于弹性解的分析方法对结果进行对比。由于优化过程耗时，该团队试图开发一个代理模型来描述实际井筒模拟器的行为。如果可以在模拟器（FLAC3D 数值代码）上执行有限数量的模拟，并为代理提供高的决定系数，则可以用该代理模型替代模拟器。优化过程中的另一个问题是非线性状态和复杂过程，有时分析方法不能找到最优解。在这种情况下，需要运用反馈控制的智能方法。在这里介绍的算法涵盖了上述问题。确定全局最低泥浆压力要求（GMMPR）的代理 GA 反馈控制系统流程图如图 4.17 所示。

在图 4.17(a) 中，选择了一组方位角和倾斜角，并使用反馈控制系统计算了所需的最小泥浆压力（MMPR）。为了建立代理模型，提出了由方位角、倾斜角和泥浆重量组成的输入变量，并将标准化屈服正面积（NYZA）作为输出变量，直到代理模型的决定系数不满足为止。然后选择一个新示例并将其添加到其他示例中，以构建一个方便的代理模型。在图 4.17(a) 中，利用 GA 结合反馈控制系统寻找最优井眼轨迹。

如图 4.17(b) 所示，应用代理模型代替 FLAC3D 数值程序进行井筒稳定性分析。下面将解释所提出的方法的主要步骤。

破坏发生在 F 小于等于 0 时，根据这个方程，可以计算出每种破坏模式下防止破坏的泥浆重量。诱导应力的计算使用生成的 MATLAB 文件进行，在不同轨迹估算泥浆压力，以防止井筒失稳。

在深井钻井的许多情况下，岩石表现出与塑性屈服行为相一致的形变，而不是单纯的线性弹性行为。为了解决真实的井眼钻井问题，需要一个更复杂的弹塑性模型（Chen 等，2012）。弹塑性计算包括增量应力-应变关系和屈服面（Han 等，2005）。在该方法中，为了分析井筒稳定性风险，采用了基于塑性屈服区大小（即 NYZA）的判据。由于屈服区容易在起下钻过程中膨胀导致钻柱机械侵蚀，这个区域的大小可以表明出现不稳定问题的可能性（Hawkes 等，2002）。由于将泥浆压力和 NYZA 分别作为有限差分程序的输入和输出，因此采用试错法将 NYZA 调整为常数（NYZA = 1）。基于盲试错求解的过程耗时较长，因此提出了一种比例调节器来解决这一问题。它的特点是具有智能的可重复性以及可以持续不断的进行各种尝试直到成功。为了进行优化，将 GA、代理模型、比例调节器和有限差程序作为算法的 4 个组成部分进行研究如图 4.18 所示。

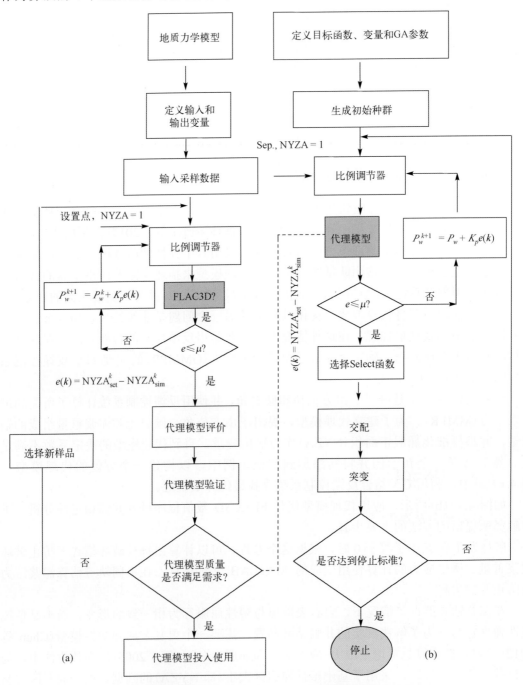

图 4.17 实现最优井眼轨迹的算法。(a)代理建模；(b)采用基于弹塑性假设的解析方法的井筒稳定性分析优化算法

该代理模型近似于现有的井筒模型，能够描述真实模型的极端非线性响应，易于构建，应用简单(Zubarev，2009)。使用初始模型的目的是在最少的模拟次数中获得关于模型的最多信息，以减少优化时间。正确选择输入数据可以建立高保真度的代理模型。如前所述，要获得高保真的代理模型，必须在所有的搜索空间中以较低的间隔选择抽样数据。随机抽样、拉丁超立方体抽样和正交抽样是代理建模领域中众所周知的抽样算法。选择随机抽样作为抽样方法，因为其易于计算，且井筒稳定性模型不是很复杂。利用人工神经网络(ANN)建立了代理模型(proxies)，以更高的效率逼近设计空间。人工神经网络被广泛应用于模仿复杂系统，而传统的建模技术如数学建模难以实现。众所周知，人工神经网络是类似于生物神经元的具有节点或神经元的网络，节点相互连接到加权链路，并分层组织。人工神经网络的性能主要取决于其连接的权值。如果能训练出正确的权值，那么人工神经网络就能完成出色的工作(Liu 等，2009)。研究中使用的神经模型由三个节点的输入层(泥浆压力、方位角和倾斜角)、一个节点的输出层(NYZA)和一个包含 7 个节点的隐藏层组成。带有隐藏层的人工神经网络原理图如图 4.18 所示。

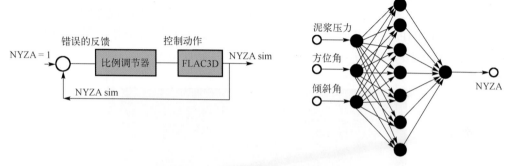

图 4.18　人工神经网络结构及代理模型

>> 4.4.3　井眼轨迹优化

利用有限差分法对泥浆循环过程中井筒周围的稳定性进行了评估。使用 FLAC3D 数值代码生成的井模型尺寸为 12 m×12 m×2 m，井筒直径为 0.077 m。倾斜角和方位角的范围如图 4.19 所示。剪切载荷作用下材料的屈服采用 M-C 塑性模型。M-C 塑性模型是最适用于一般工程研究的模型。此外，黏聚力和摩擦角的 M-C 参数比岩土工程材料的其他性能参数更容易得到(Itasca，2012)。

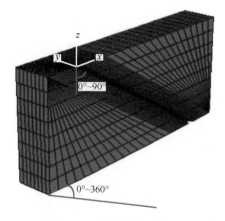

图 4.19　井筒的空间模型

为了更好地描述井筒周围的应力状态，采用塑性本构模型和 M-C 破坏准则相结合的方法，分析了倾斜角、方位角以及原位应力场对井筒稳定性的影响。该井力学稳定性分析输入数据如表 4.7 所示。

表 4.7   衰竭井地质力学参数

抗拉强度 T(MPa)	内聚力 c(MPa)	摩擦角 φ(°)	泊松比 ν	孔隙压力 P_P(MPa)	垂直应力 S_V(MPa)	最大水平主应力 S_H(MPa)	最小水平主应力 S_h(MPa)	安全泥浆压力 P_W(MPa)	方位角 AZ(°)	倾斜角 INC(°)	深度 H(m)
0	7.6	43	0.29	35.4	79.2	92.3	84.6	40.5	90	30	3399

这些参数的选择基于该领域以前的研究。垂向应力根据密度测井确定，通过漏失测试和地层微成像(FMI)测井，预测和评价了水平应力，岩石性质由横波和纵波估计。最后，根据实验数据进行了岩石性质评价。本区地应力场为逆断层：$S_H > S_h > S_V$。

使用径向圆柱网格进行稳定性分析：在径向圆柱模型中，采用 12 个参考点建立模型。

利用弹性方法对某油田衰竭井进行了力学稳定性分析。图 4.20 给出了使用 M-C 准则计算井筒稳定性所需的静水泥浆压力与方位角和倾斜角的关系。结果表明，垂直井眼的坍塌压力($i = 0$)比衰竭井眼的坍塌压力大(方位角接近最小水平方向除外)，因此，衰竭井眼比垂直井眼更稳定。同样明显的是，无论斜度如何，沿最大水平应力方向($\alpha = 0$)钻井都能更好地避免井眼坍塌。所以在这种情况下，平行于最大水平应力方向的钻孔是最稳定的状态。因此，在最大水平应力方向钻取倾斜角为 51° 的衰竭井眼为最优井眼，该轨迹对应的泥浆压力为 45.43 MPa。最差的情况是沿最小水平应力方向钻水平井。图 4.20 还显示了预测的防止当前轨迹($\alpha = 90$；$i = 30$)失稳的 MMPR 为 49.3 MPa。

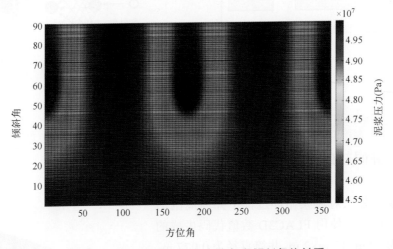

图 4.20   静水泥浆压力与方位角和倾斜角的关系

如图 4.21 所示，优化代码经过 100 次迭代得到最优井眼轨迹的 GMMPR，其值为 37.75 MPa(低于当前井眼轨迹计算压力约 1.1 MPa)。因此，方位角为 350.4°，倾斜角为 66.9°时，井眼轨迹最优。在该方法中，最优井眼轨迹的反馈控制系统性能如图 4.22 所示，泥浆压力的增加导致 NYZA 降低，当 P_w 为 37.75 MPa、NYZA 等于 1 时，井眼将更加稳定。

表 4.8 比较了这两种方法，发现最优方位角略有不同。然而，这两种方法的最优倾斜角值是不同的。结果表明，弹性方法预测的泥浆压力高于弹塑性。主要原因是，在弹塑性方法中，即使井眼周围的应力超过地层强度后，也没有完全破坏或发生井壁垮塌。值得注意的是，弹塑性分析的 GMMPR 接近实际安全泥浆压力。

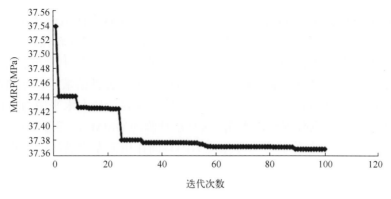

图 4.21　MMPR 和迭代次数的关系

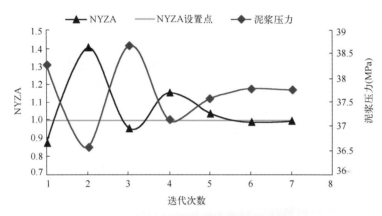

图 4.22　最优井眼轨迹的反馈控制系统性能

表 4.8　两种方法的比较

方　　法	最优方位角 (°)	最优倾斜角 (°)	GMPR (MPa)	当前轨迹泥浆压 力(MPa)	当前轨迹泥浆压 力误差(%)
弹性	0	51	45.43	49.3	22
弹塑性	350.4	66.9	37.75	38.86	4

GMMPR，全局最低泥浆压力要求。

4.5　小　　结

对于配置的每个进化算法，存在一组关键的控制参数，需要通过对算法进行一定程度的调整，以有效地优化特定问题(即尽可能快速地收敛到全局最优，同时避免陷入局部最优)。关于井眼轨迹问题的研究结果表明，对这些控制参数施加恒定值通常不会得到它们的最佳性能。相反，这些控制参数应用动态变化的值能得到相对更好的结果，这意味着控制参数随算法的每次迭代而变化，这取决于优化趋势的演变。例如，如果一个算法被困在一个局部最优点或附近进行多次迭代，就会触发控制参数值的变化，迫使算法扩大其探索活动，并减少其在局部最优附近的局部搜索。该方法可以应用于其他涉及多个局部最优，并可能会阻碍算法全局最优的复杂优化问题。

本章介绍了一种利用 GA 代理反馈控制分析井筒稳定性的新算法，该算法可以减少优化过程的时间。试验数据和训练数据的高相关系数验证了人工神经网络通过井筒模型模拟预测 NYZA 的能力。因此，在优化过程中可以使用该网络代替 FLAC3D 软件。结合 MATLAB 和 FLAC3D 代码，自动获取数据构建高保真代理模型。在弹塑性溶液中，井眼的最佳方位在最大水平应力方向附近(350.4°)，最佳倾斜角为 66.9°。而在弹性溶液中，井筒倾斜角为 51° 时，180° 和 360° 方位的 MMPR 有利于井筒稳定性，这表示最大水平应力方向是最安全的钻井方向。模拟结果与现场数据比较表明，该算法预测的 GMMPR 接近实际安全泥浆压力。在最大水平应力方向，由于剪切应力和张应力的共同作用而发生破坏，而在最小水平应力方向，则没有发生破坏。

4.6 习　　题

习题 1：新的数学模型

考虑三维复杂的多变量井眼轨迹和复杂的约束条件(见 4.3.1 节)：

1. 针对 4.3.1 节讨论的问题开发一个新的快速算法，以提高实时处理能力和更高的优化精度和速度，并与本文算法进行比较。

2. 提出并讨论新的优化能量路径的数学模型。

3. 提出并讨论新的优化总钻井成本的数学模型。

4. 提出并讨论一种新的数学模型，用于沿定向井轨迹优化井眼轨迹，以最大限度地降低碰撞风险。

5. 提出并讨论新的蚁群算法，对 4.3.1 节中的问题进行修改或杂交。

MATLAB 代码和这个问题的更多信息详见 Atashnezhad 等人 2014 年的开源代码。可以假设其他任何所需信息。

习题 2：概率约束

在第 2 章给出的概率约束条件下，推导并求解 4.3.1 节的井眼轨迹优化问题。

习题 3：圆柱状井防碰的不确定性分析(体积安全系数)

1. 建立圆柱井体积防碰分析的数学方程，用于三维钻井安全系数的计算(见图 4.23)。

2. 提出一种利用线性几何和对偶数代数的方法，通过计算两条直线之间的距离 d 和夹角 θ，对三维钻井中井的几何结构进行防碰分析(见图 4.24)。

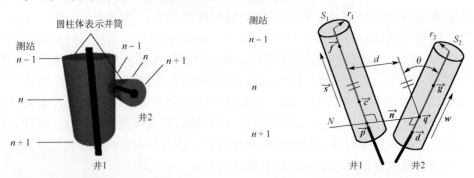

图 4.23　两口井的井筒碰撞接触点　　　　图 4.24　防碰分析中的不同矢量

例如，S_1 可以由点 $\vec{c}$ 和 $\vec{f}$ 或点 $\vec{c}$ 和方向矢量 $\vec{s}$ 定义［见图 4.24 和式（4.16）、式（4.17）］。

$$S_1 = \left(\frac{\vec{f} - \vec{c}}{\left\| \vec{f} - \vec{c} \right\|}, \vec{c} \times \frac{\vec{f} - \vec{c}}{\left\| \vec{f} - \vec{c} \right\|} \right) = (\vec{s}, \vec{c} \times \vec{s}) \tag{4.16}$$

$$S_2 = \left(\frac{\vec{g} - \vec{d}}{\left\| \vec{g} - \vec{d} \right\|}, \vec{d} \times \frac{\vec{g} - \vec{d}}{\left\| \vec{g} - \vec{d} \right\|} \right) = (\vec{w}, \vec{d} \times \vec{w}) \tag{4.17}$$

第 5 章

井筒水力学和井眼清洁：优化和数字化

本章要点

1. 本章的第一部分描述了优化的总体目标并列出了优化的功能，同时介绍了水力学和钻井液系统的基础知识。了解优化的复杂原理对于通过井监测提高钻井效率至关重要。这些原理对从开始到完井的钻井过程均有重大影响。

2. 给出了岩屑床和钻杆的分段方程以计算最佳的岩屑床高度。

3. 多个指标可以评估钻井时的井眼清洁效率，其中开发模型的核心指标是携屑能力指数（CCI），其被定义为衡量泥浆系统将岩屑循环到地表的能力。该指标主要受钻井液性质和水力学两种可控因素的影响，钻机工作人员可以进行调整以确保有效清除岩屑。

4. Reelwell 钻井方法（RDM）的井眼清洁能力较强，可防止岩屑在井眼中聚集，即使在低流量下也是如此。通过将岩屑快速输送到地表，改善了地层评价，避免了泥浆的污染，同时防止了岩屑的混合和研磨。

5. 通过准确测量和分析从井中回收的岩屑的数字化手段可以提高井眼清洁效率并监测井筒稳定性。

5.1 水 力 优 化

5.1.1 介绍

钻井系统水力参数的传统选择通常涉及优化步骤，比如选择钻头正下方的流量进行优化。常见的优化标准是最大化钻头喷嘴水力和射流冲击力。尽管这些标准乍一看似乎是合理的，但仔细观察整个水力系统就会发现它们可能存在局限性。

在本节中，将以非传统的方式处理水力优化问题。对压降模型使用半经验方法，并推导出了新的标准，不仅包括经典优化方法中的最大水马力和最大射流冲击力，还将流量和岩屑输送考虑在内，提高了优化方法对深井和定向井的适应性。

5.1.2 水力系统

压力损失

在本章中，将定义一些简单的方程来计算水力系统中的压降。首先，研究一些流态的特性。Bourgoyne 等(1986)很好地概述了计算非牛顿流体在管线和环空中的摩擦损失所需的方程。

一般计算两种流动状态下的压力损失。在层流状态下，流体沿定义的路径移动，流动方程是通过解析计算确定的。相反，在湍流状态下，流体以混沌方式运动，由于这种情况没有可用的解析模型，因此此必须使用摩擦系数建立方程。牛顿流体的压降和流量之间一般存在以下关系：

对于层流，

$$P \sim \mu q \tag{5.1}$$

对于湍流，

$$P \sim \rho f q^2 \tag{5.2}$$

式中，P 是压降，q 是流量，μ 是黏度、ρ 是流体密度，f 是摩擦系数。

管线中的流动压降取决于流态。在层流中，压降与黏度和流量成正比，在湍流中，压降与密度和流量的平方成正比。式(5.1)和式(5.2)适用于牛顿流体。如 Bourgoyne 等(1986)所述，对于非牛顿流体，存在更复杂的关系，但趋势是相似的。

图 5.1 展示了浮式钻井装置的水力系统。钻杆内部截面积小，所以流速高。流速在钻头喷嘴处显著增加。钻柱内部通常处于湍流状态。在环空中，沿井底钻具组合(BHA)的部分可能处于湍流或层流状态，但环空的其余部分包括立管，通常处于层流中。

在层流和湍流同时存在的时候，总压力损失由式(5.1)和式(5.2)混合计算。

从功能的角度来看，钻头喷嘴的喷射可以清除钻头上的钻屑。流体将岩屑沿环空输送到地面进行处理。压降可以分为两部分：

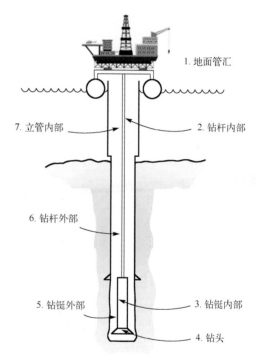

1. 地面管汇
7. 立管内部
2. 钻杆内部
6. 钻杆外部
5. 钻铤外部
3. 钻铤内部
4. 钻头

图 5.1 水力系统

1．喷嘴上的压降，提供水动力和清洁功能。

2．钻井系统其余部分的压降(系统压降)。因其对钻井过程没有作出贡献也被称为附加压降。

如果将水力系统图 5.1 作为一个整体，可以将总压降分成有用部分和附加部分，如下所示：

$$P_1 = P_2 + P_3 \tag{5.3}$$

式中，P_1是泵压力，P_2是钻头喷嘴压降，P_3是附加压力损失或系统损失。

简要考虑附加压力损失。而不是使用式(5.1)和式(5.2)以及图 5.1 对系统的每个元素进行计算并累加。使用一个简单的公式来描述整个系统。

$$P_3 = Cq^m \tag{5.4}$$

式中，C 是比例系数，m 是流量指数。

通常环空或系统层流部分的压力损失约为总压降的 10%~20%。钻柱内部的损失主要是附加压力损失。钻柱内部流动主要是湍流，由式(5.2)支配计算过程。所以式(5.4)主要描述湍流状态下的压力损失，导致流量指数略小于 2。

为评估钻头喷嘴处的压降需先计算出喷嘴处流量。喷嘴处流量由连续性方程给出，其中 v 是速度，A 是面积。

$$q = v_a A_a = v_b A_b = \text{constant} \tag{5.5}$$

或

$$v_a = \frac{q}{A_a}, v_b = \frac{q}{A_b} \tag{5.6}$$

使用能量守恒原理，并假设系统不可压缩且无摩擦，钻头喷嘴处的压降为

$$\frac{v_a^2}{2} + \frac{P_a}{\rho} = \frac{v_b^2}{2} + \frac{P_b}{\rho} \tag{5.7}$$

$$P_2 = P_a - P_b = \frac{\rho}{2}(v_b^2 - v_a^2) \tag{5.8}$$

式中，下标 a 是指钻杆，b 是喷嘴，ρ 是流体密度，g 是重力常数。

喷嘴处的压降计算有以下两种简化方式。首先，与喷嘴速度相比，钻柱内部的速度可以忽略不计，因此可以忽略钻柱流速。其次，实验测得流量比上述方程预测的要低一些，所以通常使用 0.95 的流量系数。引入这些影响因素和连续性关系，上述公式可表示为

$$v_o = 0.95\sqrt{\frac{2P_2}{\rho}} \ \text{或} \ P_2 = \frac{\rho q^2}{2A^2 0.95^2} \tag{5.9}$$

下面举一个例子来演示总压降[见式(5.3)]的计算。

在一口探井不同的井深测量了该深度以下的系统损失或附加压力损失(见表 5.1)。

由于只有几个离散测量值，因此难以在绘图中显示连续的压降-流量函数，然而对式(5.4)两边取对数，可以得到

$$\ln P_3 = \ln C + m\ln q \tag{5.10}$$

表 5.1   附加压力损失

深度(m)	压力降(bar)	流量(L/min)
1200	100	2228
	173	3000
2200	103	2000
	218	3000
3200	123	2000
	259	3000

根据式(5.4)给出的对数关系，数据在对数图上应为直线，斜率等于 m，如图 5.2 所示。斜率的数值可以通过两个数据集上使用式(5.10)并相减来获得，使用表 5.1 中数据集的前两条计算如下：

$$m = \ln(100 / 173) / \ln(2228 / 3000) = 1.84$$

对另外两个深度区间重复此过程会产生相同的值。将斜率 m 和表 5.1 中的数据代入式(5.4)，可以得到三个深度区间附加压降的表达式：

$$P_3 = 6.92 \times 10^{-5} q^{1.84} \text{（深度 1200 m）}$$

$$P_3 = 8.72 \times 10^{-5} q^{1.84} \text{（深度 2200 m）}$$

$$P_3 = 10.36 \times 10^{-5} q^{1.84} \text{（深度 3200 m）}$$

三个压降-流量函数如图 5.2 所示。使用对数图的优势只需两次测量就可以计算出完整的压力范围。

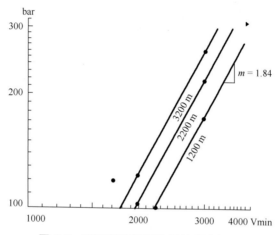

图 5.2　不同深度区间的系统压力损失

可以发现上述三个表达式只有比例常数不同。图 5.2 表明，这个比例常数是一个关于深度的线性函数，作为深度相关函数求解，因此上述三个表达式可以在一个公式中表示：

$$P_3 = (4.86 + 0.00172D)10^{-5} q^{1.84} \tag{5.11}$$

式（5.11）需要注意的是，如果计算是基于示例中的几个测量值，则应注意避免外推超出测量范围。如果无法得到实际测量数据，则可以使用水力建模方法。

式（5.11）是深度的线性函数。这是因为通常使用一种类型的井下钻具组合，在钻井加深时才添加钻杆，加入钻杆引起的压降在恒定流速的情况下是一个线性函数。

指数 m 包括式（5.1）和式（5.2）中黏度和密度的同时作用。如果流体性质发生显著变化或所用设备更换，那么该指数不再保持不变。

下面使用上述函数来表示附加压力损失，该数值也可以由复杂的建模表示。

经典优化标准

现在，简要说明如何推导出沿用数十年的两种经典水力优化标准：最大水马力和最大射流冲击力。

钻头喷嘴的水马力由下式给出：

$$HP = P_2 q \tag{5.12}$$

也可以使用泵压［见式（5.3）］和附加压力损失［见式（5.4）］之差表示钻头喷嘴水马力：

$$HP = (P_1 - Cq^m)q \tag{5.13}$$

为了找到整个钻头的最大水马力，对式（5.13）微分并求解：

$$\frac{d(HP)}{dq} = P_1 - C(m+1)q^m = 0 \tag{5.14}$$

$$q^m = \frac{P_1}{C(m+1)} \tag{5.15}$$

为计算钻头最大水马力，附加压力损失占总泵压的分数可表示为

$$\frac{P_3}{P_1} = \frac{1}{m+1} \tag{5.16}$$

对射流冲击标准，重复此过程。射流冲击井底，假设流体动能在冲击时全部损失，射流冲击力计算公式为

$$F_2 = m\frac{v_2 - v_1}{t} \Rightarrow F_2 = \rho q v \tag{5.17}$$

代入式(5.9)，冲击力可以用钻头压力损失和流量表示为

$$F_2 = 1.344\sqrt{\rho q^2 P_2} \tag{5.18}$$

代入式(5.3)和式(5.4)得到

$$F_2 = 1.344\sqrt{\rho q^2 (P_1 - Cq^m)} \tag{5.19}$$

对式(5.19)取微分并求解得

$$\frac{dF_2}{dq} = 2P_1 - C(m+2)q^m = 0 \tag{5.20}$$

$$q^m = \frac{2P_1}{C(m+2)} \tag{5.20}$$

为计算最大射流冲击力，附加压力损失占总泵压的分数可表示为

$$\frac{P_3}{P_1} = \frac{2}{m+2} \tag{5.21}$$

式(5.16)和式(5.17)定义了附加压力损失的分数，该分数给出了钻头下方的最大水马力和射流冲击力。下面进行示例应用。

例 5.1

假设使用上一节中的水力系统，指数 $m = 1.84$。然后由式(5.16)和式(5.21)给出压降分数。对于最大水马力，

附加压降分数：$\dfrac{P_3}{P_1} = \dfrac{1}{1.84+1} = 0.35$

钻头上的压降分数：$1-0.35 = 0.65$

为获得最大射流冲击力，

附加压降分数：$\dfrac{P_3}{P_1} = \dfrac{2}{1.84+2} = 0.52$

钻头上的压降分数：1–0.52 = 0.48

使用这些标准需要在钻井工具中选择钻头喷嘴，这样才能满足之前定义的分数条件。

根据所选择的标准，压力损失分数存在相当大的差异。什么标准效果最好？这些标准有物理意义吗？在迄今为止看到的所有分析和实验工作中都使用了这两个标准。下面用新的标准扩展检验计算，在此之前先在一些案例中评估经典方法的缺点。

经典方法的缺点示例

这两个经典的优化标准已被钻井工程师广泛使用，其中一个关键假设是钻头在这些优化条件下工作得最好，对此将进一步研究。

图 5.3 展示了一个数值示例，绘制了上一节的附加压力损失方程，并假设泵在最大恒定压力下工作。这在钻进至井的深处时经常发生。

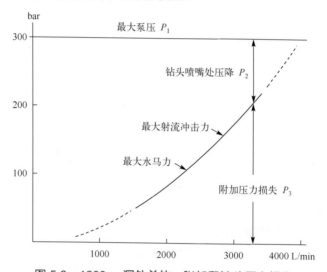

图 5.3　1200 m 深处总体、附加和钻头压力损失

总压力为 300 bar。总泵压和附加压力之差等于喷嘴处压降。可以观察到附加压力损失低则钻头压降高，反之亦然。图 5.3 还展示了最大水马力和最大射流冲击力。如果需要较高的钻头喷嘴压力损失，则流量必须很低。总而言之，目前已经比较了三个标准：

最大水马力、最大射流冲击力和最大压力降，它们都导致不同的流量。

接下来考虑另一个因素，即钻井液的携屑能力。

Lermo（1993）研究了水力优化标准与井筒中岩屑输送之间的关系。图 5.4 模拟了一个深井中两条附加压力损失曲线，一条用于标准旋转钻具组合，另一条用于井下动力钻具组合。同时还展示了两个优化标准中的压力水平。最大射流冲击力的最佳值是 2520 L/min 和 1800 L/min，而最大水力的最佳值是 2520 L/min 和 3190 L/min。确保井眼清洁的最小流量为 2720 L/min。在这种情况下，除了旋转组件和最大射流冲击力标准的情况外，两个经典标准给出的流量不足以清洁井眼。

总的来说，以下因素可能对水力优化很重要。

1. 井眼清洁或提供钻头下方的冲击力：
- 最大水马力、最大射流冲击力或最大压力降

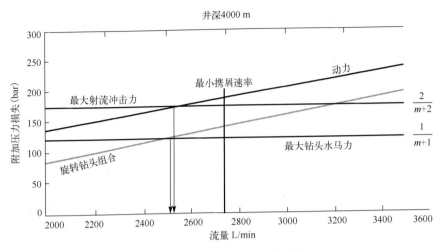

图 5.4　展示需要携屑能力的示例

2．将钻出的岩屑传输至地面：

● 最小流量

从钻头水力过程中不能得出任何确定的结论。因为岩石和钻头之间的相互作用可能存在某种最优化，但不确定哪种因素占主导地位。存在几个功能，例如对钻头下方进行井眼清洁，或对岩石本身进行钻进，这些过程中各种不同的最优值取决于岩石特性。

无论为钻头选择何种标准，最低标准是岩屑不能在环空积聚，因此，即使违反其他水力标准，也必须使用最小传输流量标准。深井、斜井和长距离井使用的流量通常高于经典模型的预测。多年来经典优化标准的缺点已被认识到，然而业界缺乏系统的方法来处理这个问题。下一节将提出一个解决该问题的模型。

井眼清洁问题在此不再进一步讨论，读者可以参考 Zamora 和 Hanson（1990）、Sifferman 和 Becker（1992）以及 Hemphill 和 Larsen（1993）。

≫ 5.1.3　水力优化

≫　如上一节所述，流量可能是岩屑清洁效果的限制因素。下面继续参考图 5.1 中水力系统的各个部分以及流量对每个部分的影响。

对表 5.2 中各部分的磨损分析可以发现，大多数压力损失发生在钻头之前，过高的流速会产生压力，可能会导致钻柱过早失效或受到冲刷影响。因此流量过大也会产生负面效果。

表 5.2　水力系统概况

位　　置	流　　态	限　　制	关键参数
1. 地面管汇	湍流	磨损	
2. 钻柱内部	湍流	磨损	
3. 钻铤内部	湍流	磨损	
4. 喷嘴	湍流	磨损	
5. 钻铤外部	湍流/层流	冲刷	流量
6. 钻杆外部	层流	岩屑运输	流量
7. 立管内部	层流	岩屑运输	流量

钻头后续的系统主要受岩屑输送过程的限制。这是一个需要解决的问题，无论其他优化标准如何，都必须始终满足岩屑输送的要求。

本节主要讨论了新的优化标准，在这些标准的实际应用中，必须使用岩屑输送模型来定义给定井的最小流量。有关流量的评估，参见 5.2 节。

一种水力优化的新方法

传统上选择与物理过程相关的性能标准进行水力优化，常用的标准是最大水马力和最大射流冲击力。

流量是改善钻屑输送的关键参数。海上钻井的最新趋势也是使用高于传统标准推荐的流量。然而，流量本身并不适合作为性能标准，因为没有考虑到该过程的其他因素。

系统地选择钻井作业中的水力参数需要一些标准。下文将提出解决该问题的另一种方法。

通过钻头喷嘴消耗的水马力等于 qP_2，其最大值由式(5.16)定义。射流冲击力则是流量乘 $\sqrt{P_2}$，而不是像水马力那样乘 P_2，如式(5.17)所示。利用前述公式并定义一个非物理变量 $q^{n/2}\sqrt{P_2}$，其中参数 n 是性能参数。

对此函数微分并求解可得出最优值。

$$\frac{\mathrm{d}(q^{n/2}\sqrt{P_2})}{\mathrm{d}q} = 0 \tag{5.22}$$

式(5.3)和式(5.4)将喷嘴压降用泵压和附加压力表示，可得

$$P_2 = (P_1 - Cq^m) \tag{5.23}$$

综合求解上述两式，得到优化标准的一般公式为

$$q^m = \frac{nP_1}{C(m+n)}$$

$$P_3 = \frac{P_1 n}{m+n} \tag{5.24}$$

表 5.3 总结了使用性能参数可以导出的许多性能标准。

表 5.3　优化标准总表

性能参数	公　式	标　准	附加压力损失分数	流　量
1	qP_2	最大水马力	$\dfrac{1}{m+1}$	$\dfrac{P_1}{C(m+1)}$
2	$q\sqrt{P_2}$	最大射流冲击力	$\dfrac{2}{m+2}$	$\dfrac{2P_1}{C(m+2)}$
3	$q^{3/2}\sqrt{P_2}$	新准则 A	$\dfrac{3}{m+3}$	$\dfrac{3P_1}{C(m+3)}$
4	$q^2\sqrt{P_2}$	新准则 B	$\dfrac{4}{m+4}$	$\dfrac{4P_1}{C(m+4)}$
5	$q^{5/2}\sqrt{P_2}$	新准则 C	$\dfrac{5}{m+5}$	$\dfrac{5P_1}{C(m+5)}$

以下步骤定义了水力优化原则的应用：

● 确定确保钻井眼清洁效果的流量 q；

● 选择性能参数；

● 计算系统损失 P_3 和附加压力损失 P_2；

● 计算喷嘴面积 A。

▶▶ 5.1.4 最佳喷嘴和流量选择

示例井为垂直探井，被归类为勘探井，需进行 1200～3200 m 井段 12 $\frac{1}{4}''$ 部分的水力设计。该井段选择有一个中心喷嘴和五个叶片之间喷嘴的 PDC 钻头。

表 5.4 给出了 PDC 钻头早期运行中一些参数的总结。特别值得注意的是，18 个钻头中有 8 个在起出时中心喷嘴都堵塞了。出于这个原因，建议使用比标准 $\frac{12}{32}''$ 大的中心喷嘴来提高井眼清洁效率。从表中数据还可以发现中心喷嘴堵塞与流量大小无关。

表 5.4 钻头早期运行情况

钻头序号	喷 嘴	流量（L/min）	钻速（ROP，m/h）	备 注
1	5×16, 1×12	2960	1.5	喷嘴中心堵塞
2	5×19, 1×12	2660	9.8	
3	5×16, 1×12	2600	13.6	
4	5×19, 1×12	2300	18.2	
5	5×18, 1×12	2400	14.9	喷嘴中心堵塞
6	6×12	2600	18.3	
7	5×14, 1×12	2400	15.4	
8	5×15, 1×12	2450	24	
9	5×14, 1×12	2400	4.8	
10	5×14, 1×12	2350	23.8	
11	5×19, 1×12		20	喷嘴中心堵塞
12	5×19, 1×12		30	
13	5×18, 1×12		10	
14	5×18, 1×12		22	喷嘴中心堵塞
15	5×19, 1×12		7	喷嘴中心堵塞
16	5×18, 1×12		27	喷嘴中心堵塞
17	5×19, 1×12		16	喷嘴中心堵塞
18	5×19, 1×12		19	喷嘴中心堵塞

一旦中心喷嘴堵塞，钻速显著降低。表 5.4 说明中心喷嘴在该钻头设计中非常重要，须进行进一步水力设计。

图 5.5 分别展示了在 1200 m、2200 m、3200 m 深处的附加压力损失，在 290 bar 的最大允许泵压，以及其他三个标准参数，即随钻测量（MWD）时允许的最小流量，使围绕井下钻具组合的流动变为湍流的流量，保证良好井眼清洗效果的最小流量。设计中最重要的一个因素是保证清洗效果的最小流量，围绕井下钻具组合的流动变为湍流是可以接受的。

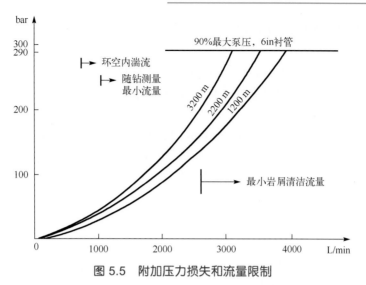

图 5.5　附加压力损失和流量限制

这些数据被重新绘制到双对数坐标图 5.6 中。对于这口井，斜率 m 为 1.84。表 5.5 中为 5 个优化标准的参数。

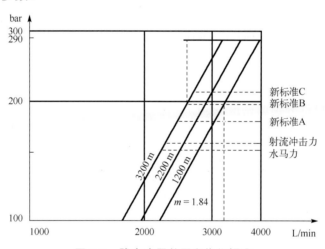

图 5.6　确定流量范围和优化标准

表 5.5　现场示例的水力参数

优化标准	附加压力损失比例	流量范围（L/min）
最大水马力	54	2800～2220
最大射流冲击力	52	2850～2280
新标准 A	63	3070～2450
新标准 B	69	3250～2580
新标准 C	73	3370～2800

选用新标准 B 主要是因为流量高于岩屑输送所需的 2520 L/min 的临界流量。从图 5.6 还可以看出，流量应当理想地从 1200 m 深处的 3250 L/min，2200 m 深处的 2880 L/min 变

化至 3200 m 深处的 2580 L/min。而经典标准则推荐使用更低的流速。新标准 B 的相关数据列于表 5.5。

使用这种特殊类型的钻头可钻达 1238 m 深,且没有喷嘴堵塞的情况发生。这在一定程度上可以佐证新的优化标准的可靠性。这个实例中的改变为:整个系统中更高的流量和钻头中心喷嘴处增加的流量。

图 5.6 的三条线分别定义深度为 1200 m、2200 m、3200 m。随着钻进过程的进行,附加压力损失随钻杆的增加而增大。为避免超过 290 bar 的最大泵压力,流量逐渐降低。从表 5.5 和新标准 B 来看,1200 m 深处流量为 3250 L/min,在 3200 m 深处降低到 2580 L/min。在实际钻探操作中,流量将逐渐随泵压下降。

举例说明实际的喷嘴选择过程。

在 1200 m 的深度,流量为 3250 L/min,表 5.3 中获得的附加压力损失分数为:

$$\frac{4}{m+4} = \frac{4}{1.84+4} = 0.69 \quad 或 \quad 0.69 \times 290 \text{ bar} = 200 \text{ bar}$$

整个喷嘴的压力损失:

$$290 \text{ bar} - 200 \text{ bar} = 90 \text{ bar}$$

所需要的喷嘴面积可以用式(5.9)来计算:

$$A = q\sqrt{\frac{\rho}{2P_2}}\frac{1}{0.95}$$

公式中使用的单位分别为密度(kg/L),流量(L/min),以及压力(bar),可以将上面的等式除以 376 获得喷嘴面积(in^2):

$$A = 3250\sqrt{\frac{1.65}{2 \times 90}}\frac{1}{0.95 \times 376} = 0.87 \text{ in}^2$$

使用 5 个 $^{13}/_{32}{}''$ 的喷嘴和一个 $^{16}/_{32}{}''$ 的喷嘴,可计算得喷嘴面积:

$$A = 5\frac{\pi}{4}\left(\frac{13}{32}\right)^2 + \frac{\pi}{4}\left(\frac{16}{32}\right)^2 = 0.85 \text{ in}^2$$

假设使用 6 个喷嘴(见表 5.6)的钻头,可以在两个其他深度重复这个计算过程选取喷嘴。

表 5.6   新标准 B 下的最优喷嘴选择

深度(m)	喷嘴(in)
1200	5 个 $^{13}/_{32}$,1 个 $^{16}/_{32}$
2200	5 个 $^{12}/_{32}$,1 个 $^{16}/_{32}$
3200	5 个 $^{11}/_{32}$,1 个 $^{16}/_{32}$

在实际应用中,要考虑每个钻头的钻进深度。假定表 5.6 中的每个区间使用一种钻头,1200～2200 m 井段可以使用 5 个 $^{13}/_{32}{}''$ 和一个 $^{16}/_{32}{}''$ 喷嘴的钻头。然而,由于该段已接近岩屑输送的临界流量,建议使用设计用于 3200 m 深的喷嘴。

如果想使用不同种类的钻头,则必须相应地评估喷嘴选择。

》》 5.1.5　针对各种井型提出的优化标准

Lermo（1993）对各种井型和深度都分析了岩屑输送速度和优化标准。他使用了几种先进的商用模拟器进行了岩屑运移分析。

表 5.7 显示了 $12\frac{1}{4}''$ 井眼的一些结果。尽管该表定义了适合钻井的标准，但如果井眼清洁存在问题，则右侧为每个井眼长度提出了更严格的标准。例如，如果发生严重的井眼塌陷，则可能会应用更高的要求以确保良好的岩屑运输。

表 5.7　针对典型 $12\frac{1}{4}''$ 井眼的建议优化标准

井眼长度	直　井　眼	使用电机的定向井	不使用电机的定向井	较好的优化准则
小于 2500 m	最大水马力或最大射流冲击力	最大水马力或最大射流冲击力	最大射流冲击力	新标准 A
2500～4000 m	最大水马力或最大射流冲击力	最大射流冲击力	新标准 A	新标准 B
更深（5000 m）	最大水马力或最大射流冲击力	最大射流冲击力或新标准 A	新标准 B	新标准 C

$12\frac{1}{4}''$ 井眼钻井中的其他建议数据为 675 m 的 $5''$ 的钻杆，其余使用 $6\frac{5}{8}''$ 的钻杆；120 m $8\frac{1}{8}''$ 外径，$2.81''$ 内径的钻铤；泥浆密度为 1.65 s.g.；屈服点为 32 lbf/100 sq ft；塑性黏度为 42 cP。

对于 $17\frac{1}{2}''$ 的井眼，岩屑承载能力变得更加关键。对于直井，表 5.3 的标准可以确保岩屑运输。然而当井倾斜超过 45°时，需要显著增加流量。Lermo 建议使用三个泥浆泵，优化过程还需包括选择泵套尺寸。一般来说，可选用新标准 B 和新标准 C。

Lermo 还研究了改变钻杆尺寸的影响。通过增加钻杆尺寸，附加压力损失减少，环空流量增加，整个过程得到改善，图 5.7 在附加压力损失/流量图中说明了这一点。三条曲线代表三种钻杆尺寸的系统损耗。每种情况下都应用了新标准 C，更大的钻杆会产生更高的流量，这主要是因为附加压力损失减少了。可分析得出每种情况下的最小流量（见表 5.8）。

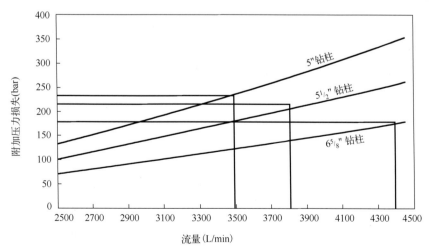

图 5.7　不同钻柱尺寸使用新标准 C 的压力损失和流量

表 5.8　不同钻柱尺寸下的最小流量

钻柱尺寸(in)	最小流量(L/min)
5	3490
5 $\frac{1}{2}$	3800
6 $\frac{5}{8}$	4370

通过增加钻杆尺寸选择提高了水力设计的灵活性。

其他数据：井眼径 $17\frac{1}{2}''$；钻杆长度为 2323 m；钻铤 177 m 8″外径，2.81″内径；泥浆密度为 1.50 s.g.；屈服点为 28 lbf / 100 sq ft；塑性黏度为 29 cP。

在本节中，已经阐明两种经典的水力优化标准可能不适用于某些井。本节推导出了新的标准用来解决井眼清洁效果不佳的问题，并提供了一种设计完整水力系统的方法。

此外，钻柱旋转通常会导致压力损失增加，读者可以参考 Lockett(1993)、Marken 和 Saasen(1992)、Oudeman 和 Bacarreza(1995)，以及 Cartalos 和 Dupuis(1993)等。

最后，人们认识到井眼清洁是钻柱扭矩和阻力的一个重要因素。对于长井段井，必须获得良好的井眼清洁效果才能达到目标。Aarrestad 和 Blikra(1994)以及 Alfsenen(1995)均证明了这一点。

5.2　井　眼　清　洁

将钻出的岩屑带出井筒很重要。如果岩屑堆积，钻柱可能会卡住。此外，环空中多余的岩屑可能导致井底压力增加，这又可能导致循环压耗。

当井眼坍塌导致井眼增大时，有时须将较大的岩块从井眼中运出，原因与岩屑相同。

为确保良好的井眼清洁，流量和钻进速度必须保持在一定范围内。通常水力模拟器用于确定最小流量。在本节中，将使用一些图表和方程来介绍一种更简单的方法。

Luo(1992)介绍了井眼清洁的物理特性以及模型应用的实用方法。Luo(1994)改进和扩展了这项工作。本节将基于这些信息开展讨论，这些论文在很大程度上仍然反映最新技术，如 API(2006)中所述。Luo 等人仅针对倾斜超过 30° 的井进行井眼清洁。对于较低的倾斜角，将使用表 5.9 的角度因子外推到垂直方向。

表 5.9　定向井的角度因子

井眼倾斜角(°)	0	25	30	35	40	45	50	55	60	65	70~80	80~90
角度因子(AF)	2.03[a]	1.51	1.39	1.31	1.24	1.18	1.14	1.10	1.07	1.05	1.02	1.0

a 外推值

≫ 5.2.1　参数对井眼清洁的影响

井眼清洁和岩屑输送的目的是防止岩屑沉降并将其输送到振动筛。泥浆的作用是清除和提升钻头表面的岩屑并冷却钻头。

几十年来，全面了解岩屑运输机制一直是一个关键问题，准确确定影响它的因素是一项挑战。目前没有普遍接受的理论可以解释所有观察到的现象。许多研究人员认为，泥浆携带岩屑的能力与泥浆类型、密度和流变性、泥浆流速或环空泥浆速度有关。岩屑尺寸和密度、钻井角度、转速（RPM）、钻速（ROP）和钻杆偏心度也会产生影响。

表 5.10 为影响岩屑运输和水力模块的所有参数。它表明钻杆偏心对岩屑输送和水力系统具有间接影响，而井眼大小、泥浆性质、岩屑和流量对水力计算和井眼清洁优化有直接影响。

表 5.10　不同参数对井眼水力的影响

参　　数	对井眼清洁的影响	对井眼水力的影响
井眼角度	显著的负面影响	间接影响
井眼大小	直接效果	直接效果
岩屑尺寸	间接影响	直接效果
岩屑密度	间接影响	直接效果
岩屑形状	间接影响	直接效果
泥浆密度	直接效果	直接效果
泥浆流变性	直接效果	直接效果
泥浆类型	直接效果	直接效果
流量	显著的积极作用	直接效果
钻速	间接影响	直接效果
转速	显著的积极作用	间接影响
药剂	直接效果	间接影响
钻杆偏心度	间接影响	间接影响
钻柱尺寸	间接影响	直接效果

例如，当与其他参数共同作用时，旋转可以更有效地改善井眼清洁。这种由于管柱旋转带来的增强程度是泥浆流变性、岩屑尺寸和泥浆流速的函数。此外，钻杆的动态表现（稳态振动、非稳态振动、回旋、平行于井眼轴线的真轴向旋转等）在提高井眼清洁度方面起主要作用。随着旋转，停留在井眼下侧的岩屑将被搅动到进行有效流动的上侧（Sanchez 等，1999）。图 5.8 展示了钻杆旋转对岩屑床的影响。

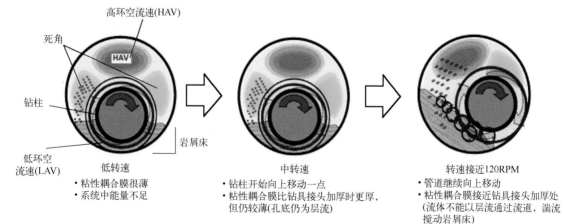

图 5.8　旋转对岩屑床的影响

>> 5.2.2 岩屑运输机制

岩屑会因重力而下沉。流体速度和黏度试图将它们带上地面。除了这些影响外，还有作用在岩屑床上的沉积/侵蚀力。完整的模型很复杂，需要数值解计算。Luo(1992)使用流动回路的实验数据来确定模型的参数。发现以下可控变量：

1. 泥浆流速
2. 钻速
3. 泥浆流变性
4. 泥浆流态
5. 泥浆密度
6. 井眼角度
7. 井眼尺寸

还定义了一些不受控制的变量，例如：

1. 钻杆偏心度
2. 岩屑密度
3. 岩屑大小

这些参数被放入适合实验数据的 7 个无量纲组中。

>> 5.2.3 井眼清洁模型

图 5.9～图 5.11 提供了这些研究的结果。使用这些图版的步骤如下。

17-$^1/_2$″ 井眼清洁图版

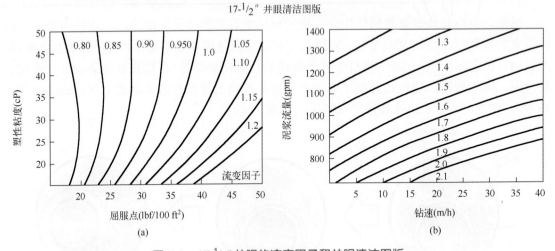

图 5.9 17 $^1/_2$″ 井眼的流变因子和井眼清洁图版

- 在流变因子图表中输入具有塑性黏度(PV)和屈服点(YP)值，并读取流变因子(RF)的值。
- 从表 5.9 中获取角度因子(AF)。
- 根据流变因子、角度因子和泥浆密度(MW)计算传输指数(TI)：

$$TI = RF \times AF \times MW$$

(5.25)

12 $\frac{1}{4}$″ 井眼清洁图版

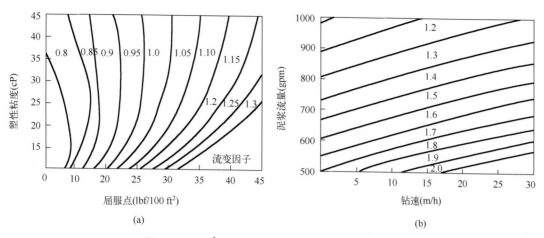

图 5.10　12 $\frac{1}{4}$″ 井眼的流变因子和井眼清洁图版

8 $\frac{1}{2}$″ 井眼清洁图版

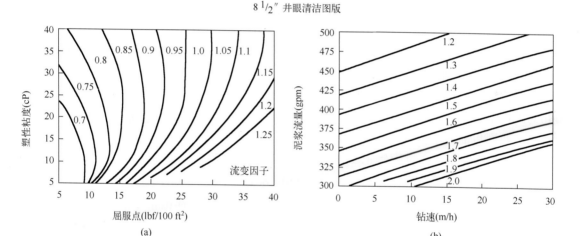

图 5.11　8 $\frac{1}{2}$″ 井眼的流变因子和井眼清洁图版

- 将传输指数和所需（或最大）流量输入适当的钻速图版，读取井眼清洁所需流量（CFR）或最大安全钻速（ROP）。
- 如果井眼被冲刷，则需要使用表 5.11 中的校正系数。然后使用式（5.26）计算冲刷井眼截面的井眼清洁所需流量：

$$\mathrm{CFR}_{\mathrm{washout}} = \alpha \times \mathrm{CFR}_{\mathrm{gauge}} \tag{5.26}$$

下面的例子也改编自 Luo 等（1994）。

例 5.2

使用 1.45 s.g.的钻井液钻 8 $\frac{1}{2}$″ 井眼水平段。其中泥浆的塑性黏度为 25 cP，屈服点为 18 lbf/100 ft^2。提问：

1. 如果泥浆泵可以提供最大 450 GPM，最大安全钻速是多少？
2. 如果以 20 m/h 的速度钻进，那么清洁井眼所需的流量是多少？

表 5.11　冲刷井眼的流量校正系数

8 $\frac{1}{2}$″井眼		12 $\frac{1}{4}$″井眼		17 $\frac{1}{2}$″井眼	
冲刷尺寸(″)	α	冲刷尺寸(″)	α	冲刷尺寸(″)	α
9	1.12	13	1.10	18	1.03
10	1.38	14	1.24	19	1.09
11	1.65	15	1.39	20	1.16
12	1.94	16	1.53	21	1.22
13	2.24	17	1.68	22	1.28
14	2.55	18	1.82	23	1.34

3. 如果怀疑井眼已经被冲到 10″，应该选择多大的流量？

解答：

1. 最大安全钻速：从图 5.11 的流变因子图可以看出流变因子为 0.91。从表 5.9 中查找角度因子为 1。传输指数可由式(5.25)计算出得到：

$$TI = 0.91 \times 1.0 \times 1.45 = 1.32$$

从图 5.11 的钻速图中可以看出传输系数为 1.32 时，如果最大可达到的流量为 450 GPM，则可以在不引起井眼清洁问题的情况下钻井的最大钻速约为 23 m/h。

2. 钻速 20 m/h 时的流量：如果以 20 m/h 的速度钻进，那么清洁井眼所需的流量为 440 GPM。

3. 冲刷后的井眼流量。如果怀疑井眼被冲到 10″，仍计划以 20 m/h 的速度钻进，从表 5.11 中可以发现，流量应修正 1.38 倍，即：

$$CFR_{washout} = 1.38 \times 440 = 607.2 \ GPM$$

在这种情况下，必须增加最大可达到的流量(例如，通过使用更大的钻杆)或调整钻井参数(例如，泥浆屈服点)。

➤➤ 5.2.4　岩屑运输和沉降

悬浮在动态钻井液中的岩屑颗粒受到多种力。包括静态力：重力(F_g)和浮力(F_b)，此外还有一种动力：摩擦力(Clark 和 Bickham，1994)。摩擦力分解为沿流动方向的阻力(F_D)和垂直于流动方向的升力(F_L)(见图 5.12)。阻力和升力取决于岩屑颗粒周围流体的局部速度。如果只考虑整体流体速度(整个横截面的平均速度)，那么可以计算出岩屑颗粒相对流体的最终速度。如果在井筒轴线方向上的速度分量为正，则岩屑颗粒可以被输送。

为了计算给定深度环空岩屑床的尺寸，需要考虑颗粒的实际填充效率(即实际粒子体积与其占用体积之比)。对于单一分散填充问题(单一尺寸)，最大填充效率为 $\frac{\pi}{\sqrt{18}} = 0.740\,48$，即高斯在 1831 年证明的所有可能的晶格堆积中可能的最高密度。实际上，当随机添加球体时，堆积是不规则的，并且可达到的最大密度低于最佳的晶格堆积。已经证明，在使用压紧式填充的情况下，最紧凑的填充效率不超过 63.4%，松散填充情况下不超过 55%(Song

等，2008）。多分散（n 组分混合物）填充问题非常复杂。在这种情况下，认为不同粗细颗粒相互堆叠，最粗的颗粒在底部，最细的颗粒在顶部。对于粗颗粒和细颗粒的二元填充问题（两种尺寸），存在计算颗粒混合物填充效率的解决方案。

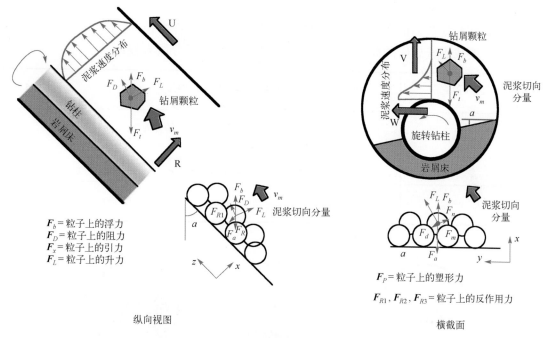

图 5.12   岩屑颗粒上的作用力

Zheng 等（1995）提出：

$$PE_{mix} = PE_c + (1 - PE_c)PE_f(eX_f \ln(X_f))^{\frac{5}{4PE_c}} \exp\left(-\frac{4}{r}\right)$$ (5.27)

式中，PE_{mix} 为粗细颗粒混合物的填充效率，PE_c 为粗颗粒的填充效率，PE_f 为细颗粒的填充效率，X_f 为细颗粒的体积分数，r 为粗颗粒与细颗粒的尺寸比，e 为欧拉数。

所有这些填充效率都是针对一个非常大的区域，因此边界的影响是微不足道的。只要岩屑尺寸与钻井半径相比较小，该假设就成立。因此可以通过考虑填充效率来确定给定深度处岩屑 A_c 所占的面积。对于单分散体系或具有粗颗粒和细颗粒的二元分散体：

$$A_c = \frac{n\pi d^3}{6LPE}$$ (5.28)

式中，n 是控制体积中的粒子数，d 是颗粒的直径，PE 为填充效率，L 是控制体积的长度。

对于多分散系岩屑床，岩屑所占面积为：

$$A_c = \frac{\sum_{i=1}^{k} \frac{n\pi d_i^3}{6PE_i}}{L}$$ (5.29)

式中，k 是不同粒径的数量，n_i 是控制体积中 i 粒径的粒子数，d_i 是 i 粒径颗粒的直径，PE_i

是 i 粒径颗粒的填充效率。

　　然后，可以计算出环空中的自由区域面积：

$$A_f = \pi r_w^2 - A_c - \pi r_p^2 \tag{5.30}$$

式中，A_f 是环空横截面的自由面积，r_w 为井筒半径，r_p 为钻杆半径。

　　最后，要找到岩屑床的高度（见图 5.13），需要求解以下分段方程：

当 $h_c \leqslant r_w - e - r_p$	$A_c = a\cos\left(\dfrac{r_w - h_c}{r_w}\right)r_w^2 - (r_w - h_c)\sqrt{r_w^2 - (r_w - h_c)^2}$　　(5.31)
当 $h_c > r_w - e - r_p$ 且 $h_c \leqslant r_w - e + r_p$	$A_c = a\cos\left(\dfrac{r_w - h_c}{r_w}\right)r_w^2 - (r_w - h_c)\sqrt{r_w^2 - (r_w - h_c)^2}$ $\quad - \left(a\cos\left(\dfrac{r_w - h_c - e}{r_p}\right)r_p^2 - (r_w - h_c - e)\sqrt{r_p^2 + (r_w - h_c - e)^2}\right)$
当 $h_c > r_w - e + r_p$	$A_c = a\cos\left(\dfrac{r_w - h_c}{r_w}\right)r_w^2 - (r_w - h_c)\sqrt{r_w^2 - (r_w - h_c)^2} - \pi r_p^2$

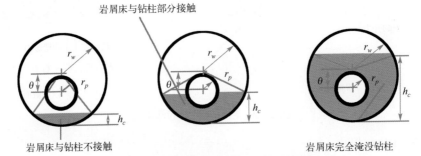

图 5.13　岩屑床和钻柱的不同接触程度

5.3　井眼清洁效率实时评估

▶▶ 5.3.1　井眼清洁策略

　　井眼清洁可根据井眼倾斜程度分为三个不同的部分。不同的倾角具有不同的岩屑传输模式，因此具有不同的井眼清洁策略。如图 5.14 和图 5.15 所示，35°到 60°之间的倾斜度较难清洁，而接近垂直的部分最容易清洁。

$0° \sim 35°$ 角

　　垂直井的井眼清洁方案最简单，因为岩屑通常有很长的沉降距离。此外，钻杆在垂直井中通常是同心的，这使环空横截面中的轴向速度均匀。垂直井的主要目标是通过控制泥浆流速和黏度来对抗和克服岩屑滑移速度。岩屑滑移速度可以使用 API 推荐实践 13D（2006）计算。

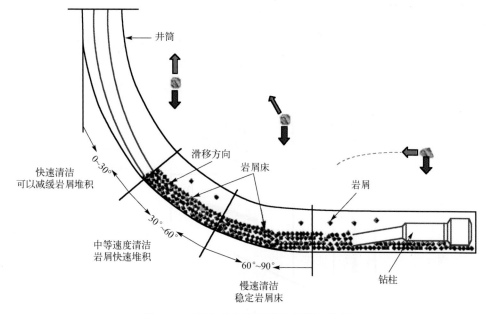

图 5.14　定向井中井眼清洁问题示意图

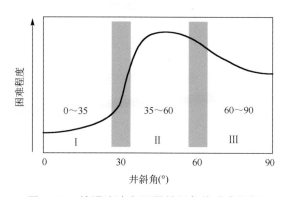

图 5.15　井眼清洁在不同井斜角的难度等级

35°～60°角

由于井眼的几何形状导致中间角度具有最高的岩屑浓度（Mohammadsalehi 和 Malekzadeh，2011）。这部分井段的井眼清洁最具挑战性。首先，重力导致钻杆位于井筒的低端，由于管线偏心导致不同的流速和流态。此外，岩屑只有几英寸的沉降距离可以落下形成岩屑床。最后，泥浆泵关闭时通常会导致大量岩屑滑到井底。

60°～90°角

与中间井段相比，近水平井段的清洁难度较小，因为在关闭泵时不会沉积大量岩屑。管线旋转还可以通过机械搅拌岩屑，使岩屑从环空内的低速流态转变为高速流态来帮助水平段井眼清洁。

在倾斜角小于 30°的井眼中，岩屑在流体剪切作用下可以有效地悬浮，不会形成岩屑床（1 区和 3 区）。在这种情况下，可以应用基于垂直滑动速度的传统输运计算。超过 30°

时，岩屑在井眼的低端形成岩屑床，岩屑可能滑回井下造成环空堵塞。在井眼底部形成的岩屑可以随滑动岩屑床整体移动(4区)，也可以在岩屑床/钻井液界面形成凸起(2区)进行岩屑输送。良好井眼清洁的理想区域是1区和2区(见图5.16)。

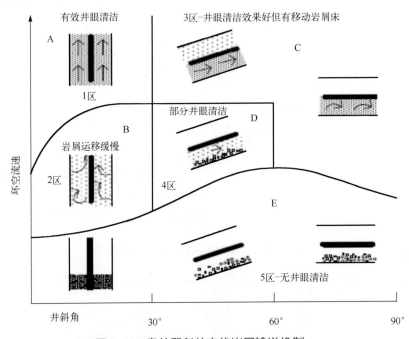

图 5.16   直井和斜井中的岩屑输送机制

5.3.2   实时建模

　　井眼清洁评估工具和方法如果不能立即获得结果就不会那么有效。井眼清洁问题一旦发生必须立即解决，以避免增加岩屑堆积和管线卡住造成风险的可能性。实时模型使钻井人员能够评估井眼清洁情况并及时采取纠正措施，例如调整地面参数、修改钻井液特性或使用循环将岩屑清除到地面。传统的钻机传感器可能不足以实时运行某些模型，因此，在这些情况下可能需要添加高级传感器。通过实时计算和显示携屑指数来实现自动评估清洁效果需要的泥浆密度和流变传感器，而传统钻机通常不具备这些传感器。

　　开发和测试实时携屑指数模型涉及多个步骤：

1. 实时数据收集和处理；
2. 实时计算；
3. 携屑指数曲线生成；
4. 模型的集成。

　　构建实时模型的第一步是数据收集。算法自动从钻机传感器以及其他来源检索钻井数据，例如可能包含相关井信息的报告。钻机传感器每分钟产生的数据量非常庞大，而这些数据是人脑不可能持续捕获的。数据通常可以通过各种语言和协议从钻机传输到数据库，并且可能需要进行一些数据处理。执行计算所需的数据可能是动态的，例如流速，也可能是静态的，例如井眼尺寸和套管尺寸(Alawami 等，2019)。

>> 5.3.3　携屑指数

简单来说，携屑指数是衡量钻井液系统将岩屑一直输送到地面的能力的参数。当岩屑具有锋利的边缘时，表明井眼清洁良好（Robinson 和 Morgan，2004）。因为如果岩屑没有被快速运输至地面，边缘会因在环空中翻滚而磨圆。井眼清洁效果良好时携屑指数值预计为 1.0 或更大。当携屑指数值为 0.5 或更低时，由于在环空中的停留时间较长，岩屑往往会变圆和变小。为了计算携屑指数（CCI），需要一些钻井液特性以及一些井的细节。

该指数需要泥浆密度、黏度指数和环空速度作为输入。确定黏度指数需要测量钻井液的流变性，特别是塑性黏度和屈服点。环空速度计算需要环空流量和环空面积。携屑指数计算如下：

$$CCI = \frac{MW \times K \times A_v}{400\,000} \tag{5.32}$$

式中，MW，泥浆密度（lb/gal）；K，黏度指数（等效 cP）；A_v，钻井液环空速度（ft/min）。

黏度指数通过以下公式计算：

$$K = 511^{1-n}(PV + YP) \tag{5.33}$$

式中，n，幂律指数；PV，塑性黏度（cP）$= \theta_{600} - \theta_{300}$；YP，屈服点（lb/100 ft^2）$= 2\theta_{300} - \theta_{600}$。

幂律指数为：

$$n = 3.22 \log\left(\frac{2PV + YP}{PV + YP}\right) \tag{5.34}$$

环空速度（ft/min）可按下式计算：

$$A_v = \frac{GPM}{7.481 \times \text{clearance area}} \tag{5.35}$$

其中 GPM 是环空钻井液流量（gal/min）。

环空面积为：

$$\text{Clearance area} = \frac{\pi}{4} \times \frac{ID_{\text{Casing}}^2 - OD_{\text{Drill pipe}}^2}{144} \tag{5.36}$$

式中，ID_{Casing} 为套管柱的内径（in），$OD_{\text{Drill pipe}}$ 为钻杆的外径（in）。

通常较高的黏度指数（K）和环空速度（A_v）导致较高的携屑指数，从而更好地清洁井眼。但是环空速度增大会引起环空摩擦损失、当量循环密度增加，这可能会导致泥浆循环的损失。上述携屑指数方程适用于倾斜角小于 25° 的井眼。携屑指数的计算可以更准确地进行井眼清洁建模，从而减少非生产时间（NPT）事故的风险，提高钻速（ROP）。

携屑指数曲线生成

现有代码利用所检索到的数据来执行初始计算，以确定所需要的变量，如环空速度和黏度指数。携屑指数的计算都是实时进行的，以便进行井眼清洁的即时评价。

图 5.17 为携屑指数随时间变化的曲线，曲线更方便钻井队和工程师在钻井过程中监控

井眼清洁实时效果，还使远程检测可能需要进一步调查的趋势异常变得更长、更容易（Alawami 等，2019）。

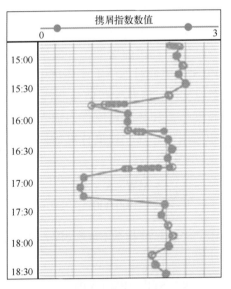

图 5.17　携屑指数随时间变化的曲线

模型的集成

该方法的最后一步是模型的集成。井眼清洗评价指标需要与其他正在进行的操作或与其相关联的地面参数结合起来，才能发挥其作用。因此，将携屑指数模型加入现有用于监控钻井作业的平台对于了解清孔条件、效率不佳的潜在原因以及如何正确解决问题至关重要。

图 5.17 显示了一个典型的实时携屑指数曲线。这些值依赖于各种参数，如泥浆密度、流变性、流量、套管尺寸和井眼尺寸等。这些参数中的一个变化都会导致携屑指数值的转变。曲线中的前几个点（见图 5.17）具有高于 2.0 携屑指数值，这表明在此期间井眼清洁很充分，这个阶段中无须对钻井的各种参数进行优化。携屑指数值之后下降到 1.50 左右，仍高于一般可接受的值 1.0。这段携屑指数的降低可以归因于钻速提高，这导致了更高的钻屑浓度和钻井液塑性黏度。泥浆密度或流量减少也会导致携屑指数下降 1.5 的值表明井眼清洁充分，且有进一步优化的机会。图 5.17 显示携屑指数值最低点在 0.75 左右，此时钻井队需要警惕潜在的井眼清洁问题，并立即干预，调节相关参数，如流量大小或采用专用循环对岩屑进行清洁。通过这样的纠正措施提高井眼清洁效果，并提高了携屑指数值。

5.4　控压钻井的新方法

▶▶ 5.4.1　Reelwell 钻井法

Reelwell 钻井法（RDM）中钻井液从双壁钻杆环空泵入井内，并从内部钻杆返回，从而实现了钻井液的闭环循环。双壁钻杆通过接头连接到顶部驱动，并且可以直接连接到任何标准的井下钻具组合。返回的钻井液流过井下钻具组合上部的内管阀，当管线连通时内管阀关闭将钻井液返回通道与井隔离。由于内管阀在井下钻具组合上部，所以环空在双壁钻柱和地层之间的其余部分保持在接近静态状态。这对包括井眼清洁等钻井参数有多种积极效果。图 5.18 和图 5.19 为 RDM 系统和内管阀示意图(Jonassen，2017)。

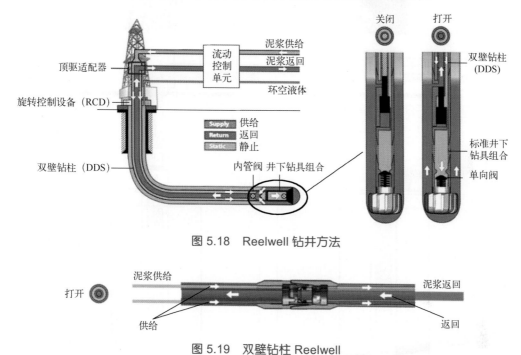

图 5.18　Reelwell 钻井方法

图 5.19　双壁钻柱 Reelwell

系统原理描述

钻井系统是使用双壁钻柱的同时整合使用回流泵。图 5.19 中的双壁钻柱在内管中具有返回管。流体流过双壁钻柱的环空。双壁钻柱可以像标准钻杆一样处理，通过螺纹连接外管的方式连接钻杆。

内管允许返回流体通过井底集成泵被提升至地面设施。如果没有泵，泥浆和岩屑会像传统钻井一样往上流入井眼。为了获得一个完整的回收系统，需要控制井筒中的泥浆含量，这需要获取泵类型和电机类型及调节井眼中的泥浆含量的方法。图 5.20 为该系统的原理布局。

单泵系统和多泵系统

一旦选择了回流泵和电机的类型，就已经确定了用于控制井眼泥浆含量的解决方案，并制定了整个系统的设计。对两种系统进行进一步评价——单泵系统和多泵系统(见图 5.20)。

与回流泵和电机连接的双壁钻柱是这两个系统中的关键部件。在多泵系统中，单泵和电机由一系列泵电机组取代，这些泵电机组安装在双壁钻柱上。目标是减少所需的泵压。

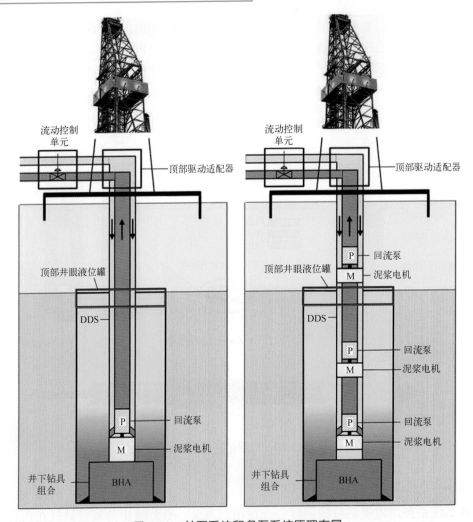

图 5.20　单泵系统和多泵系统原理布局

多泵系统中泵电机组的数量可根据顶部孔的需求进行和回流泵的所需压力能力调节。顶部井眼液位罐(THLT)也是系统的一个关键组件,可以监测井内的泥浆液位。完成系统所需的其他设备包括:

- 顶部驱动适配器(TDA),
- 钻柱阀(DSV),
- 止回阀,
- 流动控制单元(FCU),
- 操作站。

摩擦压力损失的计算方法

流体的压力损失是由流体粒子之间的摩擦,以及流体粒子和周围环境之间的摩擦引起的。影响压力损失的参数主要包括密度、黏度、流量、流型、管线几何形状和流变因子。回流泵需要克服摩擦压力损失才能获得流量。摩擦压力损失也影响电机和钻头的压力损失,所以需要对整个系统进行计算。摩擦压力损失计算被分成三部分:

管内摩擦压力损失	环空摩擦压力损失	连接表面处摩擦压力损失
$\Delta P_{fIP} = \dfrac{L_P \times \rho_P^{0.8} \times Q_P^{1.8} \times \mu_P^{0.2}}{C_{MN} \times D_{iIP}^{4.8} \times 100}$	$\Delta P_{fTJ} = \dfrac{L_{TJ} \times \rho_M^{0.8} \times Q_A^{1.8} \times \mu_M^{0.2}}{C_{MN} \times 100(D_{iTJ} + D_{oIP})^{1.8}(D_{iTJ} - D_{oIPC})^3}$	$P_{SC} = C_{SC} \times \rho_S \times \dfrac{\left(\dfrac{Q}{100}\right)^{1.86}}{100}$
ΔP_{fIP} 是管内摩擦压力损失(bar)	$\Delta P_{fPB} = \dfrac{L_{PB} \times \rho_M^{0.8} \times Q_A^{1.8} \times \mu_M^{0.2}}{C_{MN} \times 100(D_{iPB} + D_{oPB})^{1.8}(D_{iPB} - D_{oIP})^3}$ ΔP_{fTJ} 是工具连接处环空的摩擦压力损失 ΔP_{fPB} 是管体处环空的摩擦压力损失	P_{SC} 是连接表面处的摩擦压力损失
式(5.37)	式(5.38)和式(5.39)	式(5.40)

单泵系统压力分布示例

举一个例子来说明单泵系统的压力分布(见图 5.21)。表 5.12 为示例中的参数值以及关于压力估计的假设。

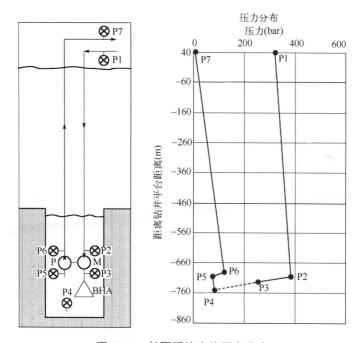

图 5.21　单泵系统中的压力分布

表 5.12　示例中的压力分布，输入参数

参　　数	数　　值	参　　数	数　　值
钻头尺寸	26″	旁通流量	200 lpm
水深	250 m	泥浆密度	1100 kg/m³
井眼长度	500 m	返回液体密度	1230 kg/m³
到钻台的高度	40 m	供给液体的黏度	18.36 cP
井下钻具组合高度	27 m	返回液体的黏度	20.52 cP
电机高度	18 m	岩屑含量	10%
泵高度	13 m	电机效率	0.72
流量	900 lpm	泵效率	0.72

计算和压力分布见表 5.13 和表 5.14。

表 5.13　单泵示例的公式和计算

参　数	公　式	计　算	数　值
ΔP_{fIP}	$= \dfrac{L_P \times \rho_P^{0.8} \times Q_P^{1.8} \times \mu_P^{0.2}}{C_{MN} \times D_{iIP}^{4.8}}$	$= \dfrac{727 \times 1.23^{0.8} \times 900^{1.8} \times 20.52^{0.2}}{901.63 \times 2.95^{4.8} \times 100}$	20.1 bar
ΔP_{fTJ}	$= \dfrac{L_{TJ} \times \rho_M^{0.8} \times Q_M^{1.8} \times \mu_M^{0.2}}{C_{MN}(D_{iTJ} + D_{oIP})^{1.8}(D_{iTJ} - D_{oIPC})^3}$	$= \dfrac{33 \times 1.1^{0.8} \times 810^{1.8} \times 18.36^{0.2}}{706.96 \times 100(5 + 4.291)^{1.8}(5 - 4.291)^3}$	7.86 bar
ΔP_{fPB}	$= \dfrac{L_{PB} \times \rho_M^{0.8} \times Q_M^{1.8} \times \mu_M^{0.2}}{C_{MN}(D_{iPB} + D_{oPB})^{1.8}(D_{iPB} - D_{oIP})^3}$	$= \dfrac{727 \times 1.1^{0.8} \times 810^{1.8} \times 18.36^{0.2} \times 0.01}{706.91(5.906 + 3.504)^{1.8}(5.906 - 3.504)^3}$	4.35 bar
ΔP_{fA}	$= \Delta P_{fTJ} + \Delta P_{fPB}$	$= 7.86 + 4.35$	12.22 bar
P_p	$g[\rho_P(h_{DF} + h_{SW} + h_W - h_{BHA} - h_M)$ $- \rho_{SC}(h_W - h_{BHA} - h_M)$ $- \rho_{SW}h_{SW}] + P_{fIP} + 0,5P_{fSE} + P_{min}$	$= 120 - 9.81 \times (1230 \times (250 + 500 + 40$ $- 45 - 13) / 100\,000) - 20.1 - 5$	45.56 bar
HP_{Pout}	$= P_p \times 100 \times Q_P / 44\,750$	$= 46 \times 100 \times 900 / 44\,750$	92.51 kW
HP_{Pin}	$= \dfrac{HP_{Pout}}{\eta_P}$	$= \dfrac{92.51}{0.72}$	128.48 kW
HP_{Mout}	$= \dfrac{HP_{min}}{\eta_M}$	$= \dfrac{128.48}{0.72}$	178.44 kW

表 5.14　单泵系统压力分布示例

示例参数	示例计算	压力分布	计算数值
$P1$	双壁钻杆的最大工作压力是 345 bar，为避免设备压力过高输入压力控制在 320 bar 以下		320 bar
$P2$	$= P1 - P_{fA} - 0.5 \times P_{fSE}$ $+ g \times \rho_M \times (h_{DF} + h_{SW} + h_W - h_{BHA} - h_M)$	$= 320 - 12.22 - 5 + (9.81 \times 1100 \times 40$ $+ 250 + 500 - 45) / 10\,000$	346 bar
$P3$	$= P2 - P_M + g \times \rho_M \times h_M$	$= 346 - 130.58 + (9.81 \times 1100 \times 18 / 10\,000)$	234.84 bar
$P4$	$= g[\rho_{SC}(h_W - h_{BHA} - h_M)$ $+ \rho_P(h_{BHA} + h_M)$ $+ \rho_{SW}h_{SW}] + 3$	$= \dfrac{9.81}{100\,000}[1100(500 - 45) + 1230 \times 45 + 1025 \times 250] + 3$	82.66 bar
$P5$	$= g[\rho_{SC}h_W + \rho_{SW}h_{SW}]$	$= \dfrac{9.81}{100\,000}[1100 \times (500 - 45) + 1025 \times 250]$	74.23 bar
$P6$	$= P5 + P_P$	$= 74.23 + 45.65$	119.88 bar
$P7$	$= P6 - g\rho_P(h_{SW} + h_W + h_{DF}$ $- h_{BHA} - h_M - h_P) - P_{fIP} - P_{fSE}$	$= 119.88 - 9.81 \times \dfrac{1230}{100\,000}(250$ $+ 500 + 40 - 45 - 13) - 20.1 - 5$	6.45 bar
P_{BHA}	$= P3 - P4$	$= 234.84 - 82.66$	152.18 bar

多泵系统压力分布

多泵系统的压力分布与单泵系统建立在相同的基础上。双壁钻柱环空下方的压力将随着静水压力的增加而增加，并且会随着地面设备、环空和泥浆电机中的压力损失而降低。泥浆电机上的压降是所需泵功率的函数。计算时使用与单泵系统相同的公式，但针对多个泵电机组和双壁钻柱段进行了调整。

在内管中，每个泵的压力应足以将流体和固相颗粒输送到下一个泵。重复此操作，直到到达钻台。

泵电机组之间的不平衡存在不确定性。泵电机组之间的不平衡意味着其中一个泵的压力较高则下一个泵所需的压力会相应较小。

这也会导致环空中的压力分布不均匀，与更高性能的泵相连的电机上的压差更高。由于电机旁路可以分流通过电机的流量，从而为每个泵电机组之间的可变转速提供基础。

5.4.2　井眼清洁和井筒风险降低服务

斯伦贝谢旗下公司 Geoservices 提供的 CLEAR 井眼清洁和井筒风险降低服务就是数字化或信息技术应用于钻井问题的一个例子。井下设备的相关软件和仪表盘显示器用于监测井眼清洁效果和井筒稳定性，提供实时数据，帮助钻井团队在整个作业过程中不断提高钻井性能并降低非生产时间。当岩屑从振动筛上脱落时，会不断测量和分析到达地面的岩屑。通过比较测量体积和理论体积，CLEAR 服务可以及早发现井眼清洁不足（见图 5.22）。该系统分为以下两个层次：

一级：基础监测，岩屑流量计、软件、岩屑流动趋势、井壁坍塌跟踪以及为录井人员提供的标准服务。

二级：高级监测，磨阻扭矩监测，集成井眼状态监测包，趋势和统计分析，二次井眼清洁评价。

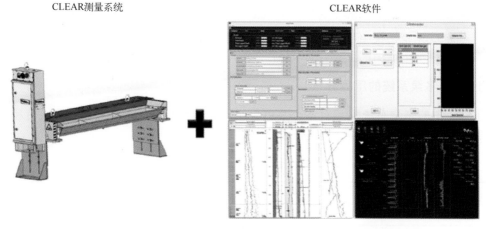

图 5.22　岩屑密度在振动筛处进行监测以发现异常岩屑返回速率

5.5　小　　结

本章主要讨论分析了：

● 不同类型井的水力优化标准。

● 瞬态岩屑传输模型能够更好地预测井下条件，因为它能够表示随时间演进的现象，如岩屑床积累或清除。

携屑指数可以在井眼清洁效果不佳和管线卡住的风险很高时提醒立即进行干预。为了充分利用携屑指数，必须对模型进行集成和显示其他实时曲线，以便更好的分析井眼清洁状况。

介绍了 Reelwell 钻井法和 CLEAR 用于水力及井眼清洁系统的两种技术。

5.6 习　题

习题 1：喷嘴尺寸设计

在 12 $\frac{1}{4}$″ 井眼尺寸的探井钻井过程中，决定使用最大水马力的标准。数据如下：

流量指数：$m = 1.67$

泥浆密度：1.25 kg/L

泥浆泵压：300 bar

流速：2430 L/min

1. 利用表 5.3，计算附加压力损失。

2. 确定钻头喷嘴的压降。

3. 如果使用三牙轮钻头，计算喷嘴尺寸。

在该钻井过程中，发现井眼清洁不足，必须增加流量清洁井眼。基于水力模拟器计算，决定增加流量至 3400 L/min。附加压力损失现在为 196 bar。

4. 计算附加压力损失百分比。使用表 5.3，确定最适合的优化准则。

5. 确定钻头喷嘴的压降。

6. 确定三牙轮钻头喷嘴尺寸。

7. 比较和讨论使用的两种优化准则。

习题 2：多泵系统的压力分布

图 5.23 中的多泵系统配置有 4 个泵电机组。表 5.15 为示例计算所需的参数值和关于压力估算的假设。

表 5.15　多泵系统的参数

参　数	数　值	参　数	数　值
钻头尺寸	26″	流量	900 L/min
水深	250 m	旁通流量	200 L/min
井眼长度	500 m	泥浆密度	1100 kg/m³
每个泵电机组之间的距离	191.25 m	返回液体密度	1230 kg/m³
到钻台的高度	40 m	供给液体的黏度	18.36 cP
井下钻具组合高度	17 m	返回液体的黏度	20.52 cP
电机高度	8 m	岩屑含量	10%
泵高度	8 m	电机效率	0.72
		泵效率	

1. 确定多泵系统的压力分布（见图 5.23）。

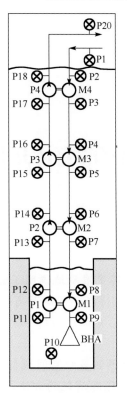

图 5.23　多泵系统的压力分布

习题 3：水力和井眼清洁数字化

1．阐述 CLEAR 服务（见 5.4.2 节）是如何帮助钻井队提高钻井性能并减少整个钻井作业的非生产时间。

2．怎样使用质量比将岩屑从重量转换成体积？

3．理论体积的准确公式和计算是什么？

4．举出 CLEAR 服务至少有 4 个关键绩效指标。

习题 4：Reelwell 钻井方法（RDM）

列举 Reelwell 钻井方法的优点和缺点。

第6章

机械比能和钻井效率

本章要点

1. 机械比能(MSE)的优势在于其更准确地说明了钻井过程的实际效率。这些信息对于节约和论证成本至关重要，如果使用得当，可以节省时间和成本。

2. 介绍了利用比能进行数字化钻井优化的应用，包括实时识别钻速(ROP)、地下岩性和孔隙压力预测。

3. 提出了一种新的地层可钻性预测多维空间模型。

4. 提出了一种计算钻柱中钻井能源消耗的方法，并通过最大化利用能源和减少能源浪费来实现更好的钻井能源管理。该方法为理解和提高钻井效率提供了新途径。

6.1　机械比能介绍

6.1.1　钻井效率

实现最佳(高)钻进程度的钻井效率是一项重要的成本节约措施。钻井是一个复杂的系统，该系统受多方面因素影响，例如钻头尺寸、钻头效率、扭矩、钻压(WOB)、每分钟转数(RPM)、流速、钻井液流变性和地层硬度。这使得实现和保持高转速成为一项具有挑战性的任务，而不仅仅是为钻柱提供足够的动力。

6.1.2　低效率的原因

在钻井效率的研究中，已经确定了40多种不同类别的影响因素(Dupriest，2006)。在这40多种影响因素中，只有4种与钻头直接相关。这些影响因素可以分为两类。

第一类为动能供给不足。此类问题通常是由设备不足引起的，而且往往因成本太高而无法改变。这些问题可能是受到钻机限制，例如钻机顶部驱动或旋转扭矩不足。其他影响因素也可能导致这些问题，例如钻柱装配扭矩不足、钻铤重量、钻头耐用性、井筒清洁程度或定向目标控制。

第二类为造成效率低下或钻头的因素。这些因素阻碍能量传递到地层，因此只有一部分能量能用于高效钻井。这类最常见的问题是钻头泥包、井底泥包和振动。

钻头泥包

钻头泥包是在黏土和页岩地层中钻井时的常见问题，它降低了钻井过程的效率。钻头泥包，如图 6.1 所示，由于钻头切削的材料堆积导致，钻头泥包在钻孔过程中随时可能发生。当观察到转速降低、扭矩降低和立管压力（SPP）增加时，通常会发生钻头泥包，这是因为岩屑的积聚会阻碍流体在井壁和钻头之间的流动。因此可以通过避免井筒中 WOB 和静水压力过高来降低产生钻头泥包的概率。如果预计会产生钻头泥包，并且使用多晶金刚石复合片（PDC）钻头，则需要较大的废料储存区域。如果使用牙轮钻头，则首选钢齿钻头。钻头喷嘴不延伸和中心射流通道不被阻塞同样重要，中心射流对有效冲洗积聚岩屑起到重要作用（Drillingformulas，2014）。

如果确实产生了钻头泥包，则应停止操作，直到问题得到解决。解决钻头泥包最常用的方法是增加转速和钻井液流量，同时降低 WOB。在某些情况下，可能需要泵送高黏度药剂。SPP 降低表明岩屑被清除，井筒中形成一条畅通的通道。

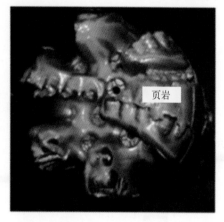

图 6.1　钻井过程中钻头泥包

井底泥包

另一个常见的问题是井底泥包。这个问题主要发生在坚硬的地层钻头研磨时，产生更细的颗粒，进而堵塞水眼。这通常与"切削压持效应"有关，其中地层中松散的颗粒通过压差保持在原位，难以移动。图 6.2 显示了在适当位置通过钻井液施加压力的切削过程。

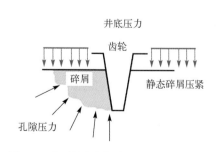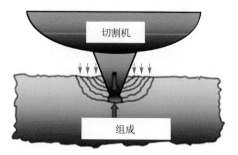

图 6.2　切削压持效应。岩屑在井底压力（Pbh）和孔隙压力（Pp）之间的压差下保持在原位

井底泥包通常通过观察转速降低和扭矩降低来识别，与钻头泥包不同的是，立管压力没有变化。可以通过增加钻头功率和不使用镶齿钻头来避免井底泥包。

振动

钻柱的振动是钻井效率低的常见原因。当存在以下一种或多种情况时，通常会发生振动，并伴随着高 WOB 和相对较高的 RPM 的现象：岩性转变、扩孔器的使用、较差的井底钻具组合（BHA）设计和/或不当的参数管理（Abbott，2014）。与振动相关的最常见的问题是钻井过程中的复杂问题，这会对井筒和钻柱造成额外的压力（Ahmadi & Altintas，2013）。随着时间的推移，这种类型的压力可能会导致钻柱严重疲劳和损坏，从而导致工具失效和其他的操作事故发生。就时间和经济效益而言，施工成本较高。对井筒的持续压力通常会导致井壁质量下降，从而在起下钻和循环过程中产生其他的问题。ROP 降低可能表明存在振动，但振动有时也可能是由传感器实时跟踪测量引起的。如图 6.3 所示，振动分为横向、扭转和轴向三类。

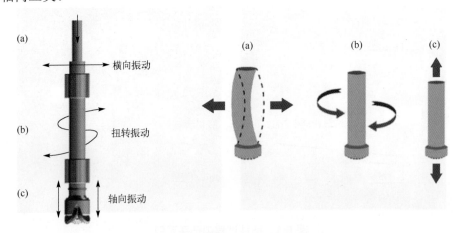

图 6.3   作用在钻柱上的三种振动类型

轴向振动，也称为跳钻，是沿井眼轨迹的振动。这种类型的振动主要影响钻头刀片和轴承，同时也会阻止能量有效传递到地层。

当钻柱的一部分在高频下间歇性地卡住时，会发生转动黏滑或振动，而卡住部分上方的钻柱部分则保持旋转。随着钻柱本身的旋转，钻柱会收集势能。在某一时刻，扭矩变得太高以至于井筒无法保持原有的状态，钻柱与被卡住的部分分离。然后，随着转动能的释放，钻柱将快速旋转。如果问题没有解决，钻柱会反复卡住，直到有足够的能量释放出来。这种类型的振动会导致钻铤疲劳，还可能损坏钻头。

影响最大的振动类型是横向振动。在这种情况下，钻柱围绕较大的井筒直径进行圆周运动。这种运动方式会损坏井壁，还会导致钻柱组件严重疲劳。横向振动可能以反向旋转和同步正向旋转的形式出现，其区别在于井筒发生旋转运动的方向不同，如图 6.4 所示。

当确定问题为振动时，司钻应降低 WOB 并保持在临界 RPM 以下。如果没有改善，则应重新设计井底钻具组合。

表 6.1 总结了不同振动方式的主要特征。

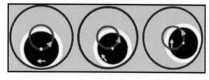

正向旋转　　　　　　　　　　　　　　　　反向旋转

图 6.4　横向振动

表 6.1　不同振动方式的主要特征

	轴　　向	扭　　转	横　　向
振动模式	跳钻	黏滑	旋转
	沿钻柱轴线向上/向下运动	绕钻柱轴线扭转	横向于钻柱轴线的弯曲或旋转
主要原因	硬地层 垂直孔 牙轮钻头	PDC 钻头在井筒和 BHA 之间的剧烈摩擦 大斜度井	剧烈的侧切钻头摩擦 冲蚀井眼 不稳定的 BHA/不稳定的钻柱
频率	1～10 Hz	小于 1 Hz	钻头旋转：5～100 Hz BHA 旋转：5～20 Hz
特征	WOB 波动大 钻机/顶驱振动 降低转速	顶驱失速、扭矩和转速波动以及降低转速	增加表面扭矩 降低转速
钻后情况	轴承早期故障 刀片损坏 BHA 故障	刀片损坏 连接结构转动过度 BHA 故障	刀片和/或稳定器损坏 井眼扩大，BHA 失效冲洗 BHA 组件单面磨损
实时解决措施	增加 WOB 并降低 RPM	降低 WOB 并提高 RPM	增加 WOB 并降低 RPM

BHA，井底工具组合；ROP，钻速；RPM，每分钟转数；WOB，钻压。

6.1.3　钻井效率区域

传统的"钻井"曲线，如图 6.5 所示，巧妙地表示了钻井效率的三个区域，唯一与其相关的是钻头异常和 MSE 特征（Dupriest 和 Koederitz，2005）。区域 1 以切割深度（DOC）不足导致的低效钻井为主。DOC 不足会导致"倒角"，钻头切割性能低。由于钻头刀片没有完全进入地层中，钻头旋动很可能在该区域占主导地位。该区域的 MSE 非常高且不稳定，表明输入系统的大量能量正以过度振动的形式传递到系统外。任何输入系统中的额外能量都会不成比例地增加系统的能量输出（ROP）。区域 2 代表高效钻井，钻井效率显著提高，钻压足够使刀片进入地层，充分限制钻头横向移动和扭转振动。

6.1.4　机械比能的趋势分析

在早些年，可钻性被定义为 d 指数（Jordan 和 Shirley，1966）。Teale 在 1965 年（Teale，1965）提出 MSE 作为钻头在钻井作业进行时有效地破坏大量岩石所需的能量，这表达了输入能量和钻速之间的关系。分析 MSE 的趋势并将其基线化是一种便捷的方法，可以确定钻头在钻井曲线的哪个区域操作。实时 MSE 监控有助于连续检测钻井效率的变化，从而通过对参数的充分研究或"阶梯测试"来优化钻井参数的选择。换句话说，MSE 将表示钻井参数的变化是否使结果更接近或远离最大预期性能。钻后 MSE 分析可以提供定量数据,以确定历史参考井中的钻井效率低下和钻头故障的原因,为改进当前系统以优化下一口井的建井点提供参考(Dupriest 和 Koederitz,2005)。在任何井中,建井点都是影响钻头性能的起始点,扩大建井点可以改善钻井性能以及延长 BHA 工具和钻头寿命。

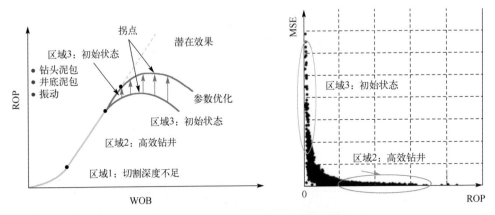

图 6.5   WOB 与 ROP 钻井特征曲线

Berge-Skillingstad 和 Anderssen(2018)详细介绍了操作注意事项并从 MSE 特征曲线分析中诊断几个影响钻头性能的能力。预计 MSE 会随着地层岩性和岩石抗压强度的变化而相应地变化。然而,与从高效钻井过渡到低效钻井过程中 MSE 的大(通常是不稳定的)波动相比,不同岩石抗压强度的 MSE 增量变化几乎可以忽略(Dupriest 和 Koederitz,2005)。MSE 的基线趋势通过结合模式识别和分析来确定钻井效率、有效时间和钻头故障类型,已被证明是现场应用中有效的操作诊断工具。

图 6.6 显示了产生钻头泥包井的 MSE 曲线。MSE 较高的曲线表明存在故障(在本例中为钻头泥包)。当钻头从页岩起钻至砂岩时,MSE 下降,表明钻头刀片中的泥浆已经清理干净,然后可以正常使用。岩石硬度的变化也会影响所需的能量,但与钻头发生故障时的能量增加相比,这种影响很小。因此,MSE 的这些明显变化对于显示故障非常有用。当与其他信息结合时,MSE 的变化也可用于确定问题的原因。

MSE 的变化可能与图 6.7 所示的故障有关。如果在钻头工作发生变化时 MSE 增加,则钻头性能会使钻井效率偏离原曲线,如虚线所示。如果 MSE 降低,则钻头性能更接近虚线。例如,扭转振动的曲线表明,如果 WOB 增加,ROP 性能更接近预测线,这意味着扭转振动会导致效率降低,并且预计 MSE 会降低。这种方法被用于故障诊断。如果 WOB 增加,MSE 下降,可以判定扭转振动是故障的最初原因。如图 6.7 所示,随着 WOB 的增加(即向虚线移动),没有其他故障消除。要识别其他形式的原因,需要分析其他参数或了解有关钻井条件的更多信息。这将在以下各节中讨论。

不管故障的原因是什么,司钻使用 MSE 最大化实时性能的方式是相同的。为了最大限度地提高性能,司钻必须通过一次更改一个参数(WOB、RPM 或 GPM)来进行分步测试。

- 若 MSE 下降,故障减少,钻头性能改善,则司钻可增加相应的改进措施(如增加 WOB)。

- 若 MSE 增加，故障增加，钻头性能下降，则司钻可反向改变参数（如降低 WOB）。
- 如 MSE 保持不变，如性能在图 6.8（a）中钻井曲线的直线部分，司钻应继续将 WOB 增加到方案要求的数值。

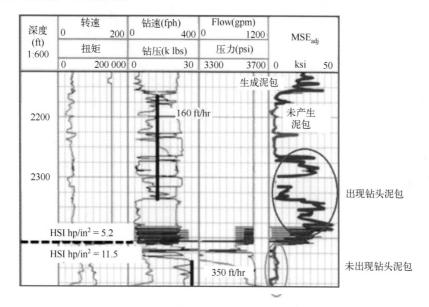

图 6.6　产生钻头泥包井的 MSE 曲线

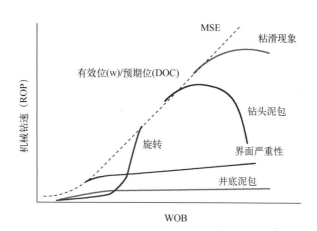

图 6.7　坍塌或在岩石中钻进时的故障导致钻进深度和钻速小于给定钻压的
对应值，从而降低钻井效率。随着钻压的增加，各种故障的出现顺
序会有所不同，并且必须由司钻在规定的分步测试中确定

需要强调的是，司钻不能仅仅通过观察 MSE 曲线来确定大多数故障原因或确定下一步操作。必须进行分步测试，并观察 MSE 对变化的反应。可根据反应进行判断。

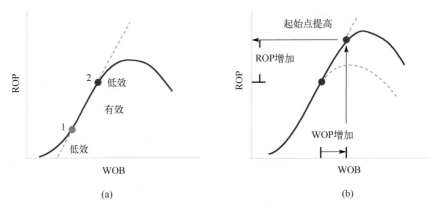

图 6.8　(a) ROP 与 WOB 的关系曲线，表明钻头能够达到有效钻井设计值。司钻必须将 WOB 保持在或低于设计值；(b) 提高 WOB 设计值后改变钻井过程的曲线。司钻可以不考虑设计值的增加而增加 WOB，可实现 ROP 的增加

6.2　机械比能：下一代数字化钻井优化

MSE 监测过程允许司钻连续监测钻井系统效率的变化。通过以下方式提高性能：(1) 允许得到最佳操作参数，(2) 提供所需的定量数据来计算设计更改的成本，从而扩大系统的当前限制。MSE 分析会改变包括井控、钻头选择、BHA 设计、扭矩强度、靶点尺寸和电机变速器功率等各项参数设计。使用 MSE 监测是系统地规划井位和实际操作中的一个关键特征。

▶▶ 6.2.1　通过实时监测机械比能最大化钻速

实时 MSE 监测用于查找当前系统的井位，查询确定该井位的原因。MSE 是一个比值，其量化了输入能量和 ROP 之间的关系。对于给定的岩石，该比值应该是恒定的，也就是说，给定体积的一种岩石需要给定的能量才能破坏。由 Teale(1965) 推导出的能量和 ROP 之间的关系是：

$$\text{MSE} \approx (\text{Approximately}) \frac{\text{Input Energy}}{\text{Output ROP}} \tag{6.1}$$

$$\text{MSE} = \frac{480 \times \text{Tor} \times \text{RPM}}{\text{Dia}^2 \times \text{ROP}} + \frac{4 \times \text{WOB}}{\text{Dia}^2 \times \pi} \tag{6.2}$$

为了提高 MSE 监测在现场操作中的实用性，Teale 在最初推导出的比能量方程中引入机械效率因子 (EFFM) 的概念。

$$\text{MSE}_{\text{adj}} = \text{MSE} \times \text{EFF}_M \tag{6.3}$$

在 100%效率情况下，MSE 等于岩石抗压强度。然而，如图 6.9 所示，钻头在最佳性能下的效率通常只有 30%～40%。因此，即使钻头在钻压曲线的线性部分以最高效率运行，Teale 得到的 MSE 值也将约为岩石抗压强度的三倍。将方程乘以假定的机械钻头效率可将值减小到更接近抗压强度 (MSE_adj) 的值。

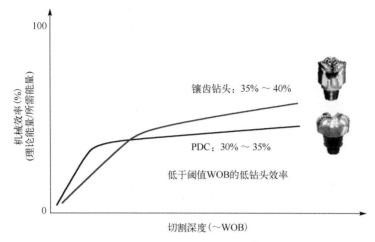

图 6.9　钻头机械效率的概念描述。在经典钻井曲线的区域 I 中，钻压不足以达到有效钻进所需的最小切削深度（DOC）。高于此阈值，钻头机械效率通常为 30%～40%

在现场作业中，操作员总是将 EFFM 统一设置为 0.35，而不管钻头类型或 WOB 大小。尽管从实验室数据中得知该值通常在 0.30 到 0.40 之间变化，但产生的误差被认为是可以接受的。从地面测量得到的 MSE 误差更大，现场仅用定性的分析变化趋势。EFFM 中的任何误差都会使曲线发生偏移。尽管该值可能不正确，但偏移的均匀性使曲线仍然可以有效地用作可视化趋势工具。

图 6.10 显示了一个 MSE_{adj} 变化的示例，该示例与钻井现场人员所看到的相似。输入方程和其他关键数据绘制在左侧的三个图表中，MSE_{adj} 显示在最右侧的表中。数据从地面传感器收集并传送到计算机。随着钻井的进行，计算出的 MSE_{adj} 会与其他机械钻井曲线一起显示。

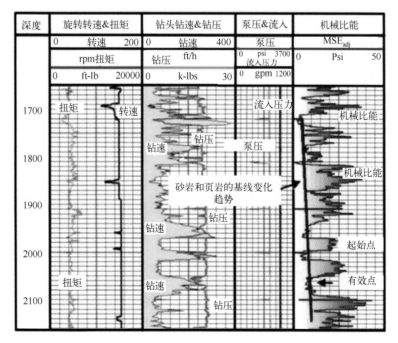

图 6.10　当系统运行超过其设计点时，MSE_{adj} 远高于基线趋势

MSE$_{adj}$ 可以根据时间或进尺绘制曲线，并传输到钻井现场。尽管 MSE$_{adj}$ 分析的目的是由钻井现场人员实时进行，但信息也会传输给场外钻井工程师，通常更新时间为 15 s。每个用户都可以灵活地更改每个井眼的进尺比例和显示的间隔长度。图 6.10 显示了在这个有 30 年历史的油田中，采用偏移量相同的方式钻井的图。该井段使用 IADC1-1-7 钻头、20 klb WOB 和水基钻井液进行钻进。

地层很软，砂岩和页岩中的岩石强度均小于 2 ksi。如果钻头有效，MSE$_{adj}$ 曲线将是一条直线，其值约为 2 ksi。相反，MSE$_{adj}$ 在页岩中上升到超过 25 ksi，在砂层中回落到 2 ksi。系统需要与钻进抗压强度为 25 ksi 的岩石一样多的能量来钻进页岩。页岩中发生的起裂被认为是由于钻头泥包造成的，因为在这种情况下，其他两个起裂原因（井底泥包和振动）不太可能发生。当钻头进入砂层并清除其表面积聚的页岩岩屑时，切削结构再次变得高效，ROP 回升至 300 fph 左右，而 MSE$_{adj}$ 回落至接近岩石强度。该钻头在成熟地区进行钻井，平均 ROP 与偏移记录井相近。

在本案例研究中，工作人员知道钻头在页岩中减速并在砂岩中加速，但在分析 MSE 数据之前，他们认为这只是页岩"低速钻进"的结果。因此，该示例说明了提供客观效果评估的工具的有用性。MSE$_{adj}$ 图清楚地表明，这个钻头和记录偏移井都是低效的，如果页岩中的原始问题得到解决，应该能以 300～400 fph 的速度钻探整个地层。这是在随后的带有 PDC 钻头和增压系统的井上完成的。

在上述示例中，MSE 图被实时使用，但仅作为被动学习工具。图 6.11 显示了使用 MSE$_{adj}$ 图的首选方法，即进行频繁的系统测试以确定系统界限。在本案例研究中，在使用 8 $\frac{1}{2}$″ 钻头在水基泥浆中钻完地面套管后，进行了"MSE 增压测试"，在此期间，钻压以 2 klb 的增量从 5 klb 提高到 11 klb。每次加重时，观察 MSE$_{adj}$ 是否增加；MSE$_{adj}$ 增加表明该系统正在崩溃。在这种情况下，它基本上没有改变，并且钻头在 200 fph 时的运行效率与在 100 fph 时一样高效。然后在 2130 ft 处进行"MSE 转速测试"，将转速从 60 rpm 提高到 120 rpm，而 MSE$_{adj}$ 再次保持不变，表明钻头转速在接近 400 fph 时仍高效运行。

如图 6.11 所示，从定义上看，钻头在两次测试中都在钻井曲线的线性部分工作。相比之下，表层钻孔中的高 MSE 表明，该井段使用的牙轮钻头在页岩中产生泥包。在后续钻井中，水力系统进行持续测试和修改，最终在整个生产井中实现了超过 500 fph 的连续钻速。即使在高 ROP 下，钻头设计和高钻压足以防止井壁塌方。

钻柱中的摩擦损失

钻井团队或钻井工程师应始终意识到 MSE$_{adj}$ 可能包含不准确之处，并且只能用作趋势分析。最重要的误差来源是井筒摩擦。从现场得到的数据计算的 MSE$_{adj}$ 包含由钻柱和井壁之间的摩擦产生的扭矩。这个扭矩使得曲线弯曲程度更大，因此钻头似乎比实际情况消耗更多的能量。在存在高摩擦损失的情况下，MSE$_{adj}$ 值可能会超过岩石强度几十万磅/平方英寸，但钻头仍在高效运行，高 MSE$_{adj}$ 完全是由于井筒摩擦造成的。

当开发出利用井下数据的软件时，这个问题应该在一定程度上得到解决。然而，即使有井下数据，MSE 曲线很可能仍将主要用作趋势分析。钻探团队查看曲线的整体形状了解基线 MSE$_{adj}$ 可能是什么，然后根据测试各种参数时的趋势变化做出判断。已经开发了一个电子表格来帮助用户确定 MSE_{adj} 的哪一部分可能是由于井筒摩擦引起的，但这种调节通常不会实时进行。钻井现场人员反而严重依赖模式识别和趋势分析。

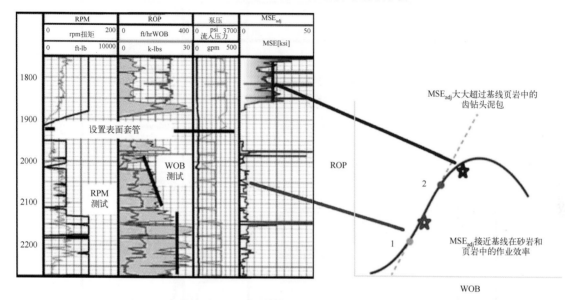

图 6.11　WOB 和 RPM 测试是通过在增加参数的同时观察 MSE 来进行的。如果在提高 WOB 时 MSE 保持接近基线值，则该位在高负载时的效率与以前一样，ROP 将继续随 WOB 线性增加。RPM 测试以类似的方式进行，除非它们持续数英尺，否则虚假尖峰将被忽略。这种现象发生在连接处，并与重建井底模型时的低 WOB 相关

钻头泥包

图 6.12 显示了钻头泥包期间 MSE_{adj} 反映的另一种情况。该钻头的初始 HSI 为 5.2 hp/in^2，按照与之前相同的钻速进行钻进，平均 ROP 约为 150 fph。然而，由于钻井现场人员发现能源消耗量很高，页岩中的 MSE_{adj} 超过 30 ksi，他们得出的结论是钻头泥包并将钻头抬起。尽管钻速创下纪录，但由于之前在其他领域进行过 MSE_{adj} 测试，该团队认为这种低效率的方式不可行。替换钻头的设计与之前的设计几乎相同，但喷嘴的 HSI 改为 11.5 hp/in^2。液压系统的增加使切割结构能够在更高的 ROP 下清洗。改变水力学参数后，观察到 MSE_{adj} 与岩石抗压强度大致相等，这表明切割结构没有泥包，在接下来的 3000 ft，砂岩和页岩以超过 350 fph 的速度均匀钻井。

图 6.13 展示了水力学参数如何影响计划点和 ROP。对于固定的钻头和地层，所需的 HSI 水平取决于所需的 ROP。没有一个单一的液压阈值可以防止钻头泥包。液压系统不能消除泥包，它们只是扩展了设计范围，以便使泥包在更高的 WOB 和 ROP 下才能产生。对 MSE 压力测试的实时监控使液压和 ROP 之间的关系得以量化，这对设备承包具有潜在影响。量化设计点的能力也开始使得区分以前被认为具有相似性能的钻头成为可能。

井底泥包

在硬地层中使用镶齿钻头时，由于镶齿钻头的压力作用，更容易出现井底泥包现象，但在硬岩石中使用高 WOB 时，井底泥包到达一定程度时也可能会出现。如图 6.14 所示，MSE_{adj} 随时间变化曲线被认为是井底泥包的特征。

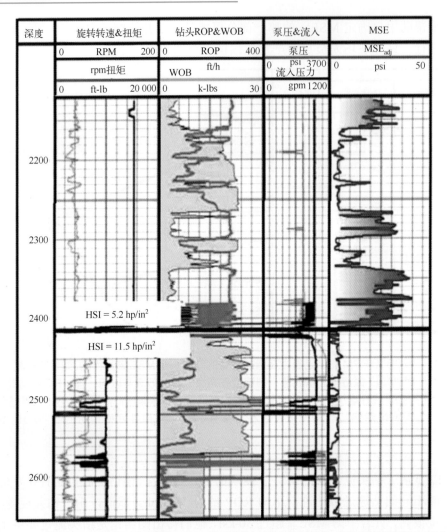

深度	旋转转速&扭矩		钻头ROP&WOB		泵压&流入		MSE	
	0 RPM 200		0 ROP 400		泵压		MSE$_{adj}$	
	rpm扭矩		WOB ft/h		0 psi 3700 流入压力		0 psi 50	
	0 ft-lb 20 000		0 k-lbs 30		0 gpm 1200			

HSI = 5.2 hp/in^2

HSI = 11.5 hp/in^2

图 6.12   通过减小喷嘴尺寸以增加 HSI，将水基钻井液中的初始钻速增加到超过 350 fph

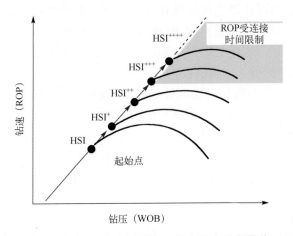

图 6.13   水基钻井液中所需的水压力取决于所需的 ROP

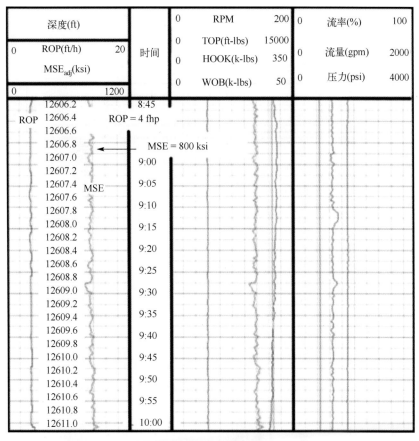

图 6.14　带有镶齿钻头可能产生的井底泥包。高 MSE_{adj} 值且几乎不发生
变化（+5%）表明钻头旋转在井底泥饼上，与岩石的相互作用很小

　　$7\frac{7}{8}''$ 的镶齿钻头在水基泥浆中钻进 25 ksi 岩石。MSE_{adj} 被提升到 800 ksi，也就是说，该系统所需的能量与在钻更高强度的岩石时所需的能量相同。结论表明，这是由于井底泥包消除了替代方案的影响。在非常坚硬的岩石中不会发生钻头泥包现象。尽管振动非常普遍，并且它们可以产生这种幅度的 MSE_{adj} 值，但光滑曲线缺乏振动预测特性。MSE_{adj} 的变化小于 5%，这种几乎不发生变化的情况可以解释为钻头在粉末上旋转而与抗蚀岩石几乎没有直接接触。振动往往会产生较大的扭矩变化。在图 6.14 中，该钻头没有与井底岩石发生接触摩擦而产生扭矩。

振动

　　图 6.15 显示了在 5~10 ksi 岩石中运行的一系列 MSE 压力和 RPM 测试。这个例子展示了一些常见的振动情况。MSE_{adj} 最初是 30~40 ksi。当 WOB 在 8270 ft 处降低时，MSE_{adj} 急剧下降，ROP 增加。由于在给定情况下钻头泥包和井底泥包不太可能出现，因此假设 MSE 下降是因为 WOB 的减少降低了振动。当压力恢复到 8500 ft 处的初试值时，MSE 也上升，ROP 下降，表明振动恢复。在 8580 ft 处，WOB 降至非常低的水平，而 MSE 升得更高，可能是由于切削深度（DOC）不足或严重的扭转振动。

　　总而言之，测试表明最高 ROP 是在 12~15 k WOB 范围内实现的。然而，这可以通过在没有 MSE_{adj} 曲线优势的情况下运行 ROP 测试来确定。MSE_{adj} 曲线的价值在于其向钻井团队表明 ROP 受到振动而不是岩石强度变化的影响。在 MSE 中观察到的变化远远超过了合理抵抗抗压强度发生的变化。为了提高钻井效率，需要改变设计以消除或限制 WOB 高于 15 klb 产生的振动。

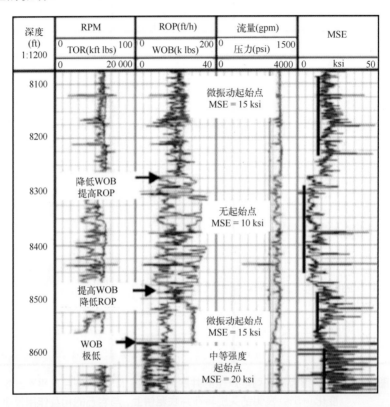

图 6.15   初始 MSE$_{adj}$ 表明较低的振动开始。然而，该系统在降低 WOB 的情况下变得更加高效。当 WOB 恢复时，能量会减少。在极低 WOB 下进行的最终测试显示效率更低，可能是由于扭转振动增加或切削深度降低

图 6.16 显示了在 5 ksi 抗压强度岩石中 8 $\frac{1}{2}''$ 井眼形成振动的第二个例子。在该间隔开始时，MSE 基线约为 250 ksi，频繁峰值高达 500 ksi。基线由于井筒摩擦损失而升高，并且该示例中的峰值被认为是由于该特定钻头在穿过不同层的地层时形成的扭转振动趋势。为了减少振动，工作人员增加了 WOB，并在 10 200 ft 处降低了 ROP。这是一种常见的扭转振动缓解措施。MSE$_{adj}$ 下降，ROP 上升。ROP 变化可以在没有 MSE$_{adj}$ 曲线的情况下解释，因为 ROP 通常随着 WOB 的增加而增加。然而，ROP 变化应该只与 ROP 增加成比例，但在这种情况下，它超过了应有的增加值。变化异常高的导致 MSE$_{adj}$ 下降。由于 ROP 增加，钻头不仅钻得更快；它使用提供的 ROP 变得更有效率。MSE$_{adj}$ 测试可以用这种方式调整参数以减轻振动，但仅限于一定范围内。如果振动趋势太大，钻井队必须更换钻头或钻井系统以实现显著改善。

图 6.17 显示了当一个高速 PDC 钻头在较短时间内剧烈旋转，切割岩石的强度从大约 3 ksi 增加到 8 ksi。MSE 增加超过 50 ksi，表明振动开始。工作人员提高 ROP 以试图保持 ROP，但在钻进 100 ft 时严重损坏了钻头。钻进直径记录图还显示出一个由钻头旋转钻出的明显超大的井眼。当另一个具有相同 MSE 模式的钻杆钻进至 500 ft 时，为保护钻头，降低了 WOB 和 ROP。在 MSE 显示钻穿地层后，钻井参数恢复正常，钻至目标深度时，钻头没有任何损坏迹象。

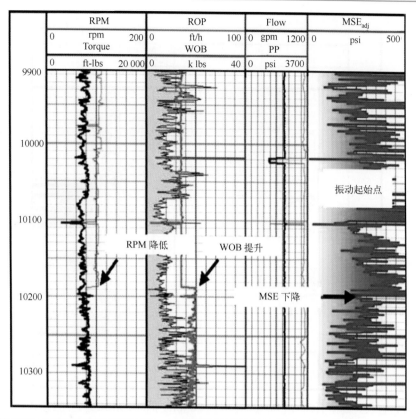

图 6.16　初始 MSE_{adj} 表明较低的振动开始。该系统在降低钻压的情况下变的更高效。当钻压恢复时，能量会减少。在极低 WOB 下进行的最终测试显示效率更低可能是由于扭转振动增加或切削深度降低

图 6.18 为产生振动的另一个重要原因。降低 ROP 的振动幅度可能非常小。左侧曲线显示了 MSE_{adj} 图。在某些深度，该值超过 1000 ksi。相应的振动显示在右侧曲线上。两者之间有明显的相关性，但导致这种极端低效率的 RMS 振动能级通常小于 3 Gs。由于该行业主要关注工具损坏，因此钻铤振动监测通常不会发出振动警告，直到观察到 25～50 Gs 的能级。因此，操作人员没有意识到这些问题的存在，也没有意识到提高 ROP 的机会非常大。

图 6.18 还表明，并非所有形式的振动对钻速（ROP）的影响都相同。8350～8400 in 观察到最高的 G 力，但调整后的机械比能值（MSE_{adj}）相对较低。这一轴上的加速度被解释为黏滑振动，MSE_{adj} 的行为与实验报告一致，显示黏滑振动对 ROP 只有中等影响。仅凭振动数据无法预测 ROP 的影响，也无法仅通过 MSE_{adj} 监控来区分振动的性质。然而，这种结合可能为操作者和钻头设计者提供所需的技术支持，以及进行变更所需的成本理由。

钻头钝化

图 6.19 显示了在 20 ksi 岩石中使用 $8\frac{1}{2}''$ 镶齿钻头发生钻头钝化趋势的示例。钝化的趋势非常明显。在这种特殊情况下，早期趋势被定向井中钻柱的高扭矩和振动所掩盖。当钻头变钝时，在过去的 50～100 ft 内，能源消耗趋于稳定增加。趋势表明，该钻头在其大部分使用寿命中保持相对高效，但一旦开始变钝，钻头齿很快就会变平。PDC 钻头在较短的时间内就会变得低效。工作人员根据观察到的 MSE 趋势对预期钻头寿命和井筒性能进行了解，这是决定拔出钻头的关键因素。

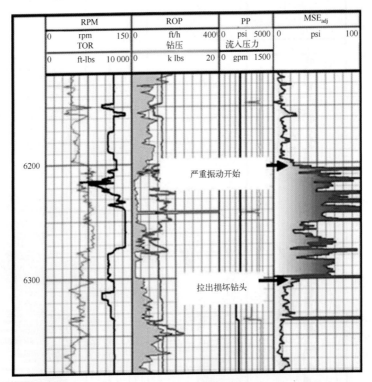

图 6.17   在长井筒中 ROP 从 90 fph 下降到 20 fph。然而，MSE_{adj} 增加到 70 ksi，大大超过了岩石强度导致的变化，这表明大部分 ROP 损失是由于振动造成的

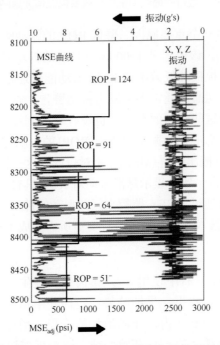

图 6.18   可以看出 MSE 和井下振动加速度之间的相关性。小于 3 Gs的振动严重影响效率。从 8350 ft 到 8400 ft，单轴的振动幅度更高，但这种特定类型的振动对钻井效率的影响不大

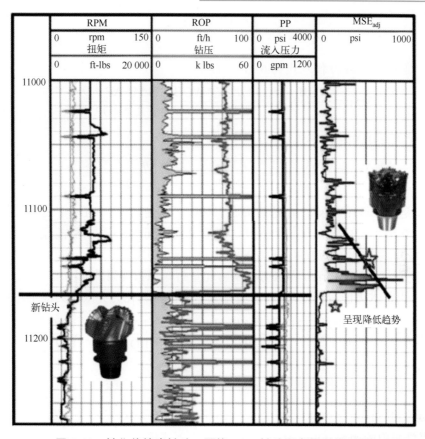

图 6.19 钝化的镶齿钻头。更换 PDC 钻头和电机后的 MSE

6.2.2 水力机械比能

Teale(1965)将 MSE 定义为去除单位体积岩石所需的能量。它相当于由轴向载荷和扭转载荷组合产生的能量[见式(6.4)]。然而，由于模型中省略了液压产生的能量，所以 MSE 不一定代表钻头破碎和移除岩屑所消耗的总能量。

$$\text{MSE} = \frac{\text{WOB}}{A_b} + \frac{120 * \pi * N * T}{A_b * \text{ROP}} \tag{6.4}$$

水力机械比能(HMSE)是钻井过程中消耗的总能量(Mohan 等，2015；Chen 等，2016；Wei 等，2016；Oloruntobia 和 Butt，2019)。HMSE 结合了轴向、旋转和水力能：

$$\text{HMSE} = \frac{\text{Axial Energy}}{\text{Rock Volume Drilled}} + \frac{\text{Torsional Energy}}{\text{Rock Volume Drilled}} + \frac{\text{Hydraulic Energy}}{\text{Rock Volume Drilled}} \tag{6.5}$$

$$\text{HMSE} = \frac{\text{WOB}}{A_b} + \frac{120 * \pi * N * T}{A_b * \text{ROP}} + \frac{1154 * \Delta P_b * Q}{A_b * \text{ROP}} \tag{6.6}$$

Pessier 和 Fear(1992)将井下钻杆扭矩(T)表示为 WOB 的函数，基于特定的钻头的滑动摩擦系数(μ)和钻头直径[见式(6.7)]。

$$T = \frac{\mu * D_b * WOB}{36} \tag{6.7}$$

式(6.8)是通过式(6.7)代入式(6.6)得到的。

$$HMSE = \frac{WOB}{A_b} + \frac{13.33 * \mu * N * WOB}{A_b * ROP} + \frac{1154 * \Delta P_b * Q}{A_b * ROP} \tag{6.8}$$

在扩展式中，HMSE 由下式给出：

$$HMSE = \frac{WOB}{A_b} + \frac{120 * \pi * N * T}{A_b ROP} + \frac{1154 * \eta * \Delta P_b * Q}{A_b ROP} \tag{6.9}$$

式中，WOB 是井下钻压(lbs)，A_b 是钻头面积(in^2)，N 是转速(rpm)，T 是钻头扭矩(lb-ft)，ROP 是钻速(ft/h)，ΔP_b 是钻头压降(psi)，Q 是流量(gpm)，η是水力能量折减系数。

由于在钻井过程中，射流喷嘴下方的流体带加速，实际上只有一部分(25%~40%)可用的钻头水力能到达井底(Warren，1987)。水力能量折减系数将射流水力能量转换为井底水力能量。因此，引入水力能量折减系数(η)将钻头水力能量转化为井底水力能量[见式(6.10)]。

$$HMSE = \left[\frac{WOB}{A_b} + \frac{13.33 * \mu * N * WOB}{A_b ROP} + \frac{1154 * \eta * \Delta P_b * Q}{A_b * ROP}\right] * \left[\frac{NPP}{ECD}\right] \tag{6.10}$$

≫ 6.2.3　岩性预测水力机械比能

对于多聚金刚石复合片(PDC)钻头，水力能量折减系数($\eta_{PDC\ Bit}$)表示为排屑槽面积和通过流体的总面积的函数(Oloruntobi，2018)，由下式给出：

$$\eta_{PDC\ Bit} = 1 - \left[\frac{JSA}{TFA}\right]^{-0.122} \tag{6.11}$$

式中，JSA 是排屑槽面积(in^2)，TFA 是通过流体的总面积(in^2)。

对于牙轮钻头，水力能量折减系数表示为钻头面积和通过流体的总面积的函数(Warren，1987)：

$$\eta_{Roller\ cone\ bit} = 1 - \left[\frac{0.15Bit\ area}{TFA}\right]^{-0.122} \tag{6.12}$$

钻头喷嘴处的压降表示为循环流体的密度、体积流量和喷嘴通过流体的总面积的函数：

$$\Delta P_b = \frac{MWQ^2}{10858TFA^2} \tag{6.13}$$

式中，ΔP_b 是钻头压降(psi)，MW 是泥浆重量(ppg)，Q 是流量(gpm)，TFA 是总流动面积(in^2)。

使用 PDC 钻头钻进时消耗的 HMSE 可以通过式(6.10)、式(6.11)和式(6.13)获得：

$$HMSE_{PDC} = \frac{WOB}{A_b} + \frac{120\pi NT}{A_b ROP} + \frac{1154MW Q^3 \left[1 - \left[\frac{JSA}{TFA}\right]^{-0.122}\right]}{10858 A_b ROP\ TFA^2} \tag{6.14}$$

牙轮钻头钻进时消耗的 HMSE 可通过式(6.10)、式(6.12)和式(6.13)获得：

$$\text{HMSE}_{\text{Roller cone bit}} = \frac{\text{WOB}}{A_b} + \frac{120\pi \text{NT}}{A_b \text{ROP}} + \frac{1154\text{MW}\, Q^3 \left[1 - \left[\dfrac{0.15\,\text{Bit area}}{\text{TFA}}\right]^{-0.122}\right]}{10858\, A_b \text{ROP}\, \text{TFA}^2} \qquad (6.15)$$

当在半对数图上绘制井深时，使用式(6.14)或式(6.15)计算的 HMSE 应该能够清楚地识别正在穿透的各个地层单元。如果条件允许，应使用随钻测量(MWD)工具的井下扭矩和 WOB 测量值来估计 HMSE。使用从地面测量中获得参数来估计 HMSE 会产生很大误差，尤其是在中度至高度倾斜(超过 20°倾斜)的井中，因为钻柱和井壁之间存在较大摩擦力。在直井中，当钻柱和井壁之间的摩擦忽略不计时，可以应用从地面测量中获得的钻井数据来计算 HMSE。

众所周知，除岩性外，HMSE 还可能受到多种因素的影响。这些因素包括钻头磨损、钻头类型、岩石压实强度和井底压力(由当量循环密度 ECD 决定)和地层孔隙压力之间的压差等。钻头磨损会导致钻速降低，从而增加 HMSE。

在正常钻进中，岩石压实强度通常随深度增加。因此，破碎和去除单位体积岩石所需的能量(HMSE)也会随着深度的增加而增加。虽然岩性是控制 HMSE 变化的主要因素，但如果能够将其他因素对 HMSE 的影响降到最低，则 HMSE 的变化主要归因于岩性变化。这里的目标不是消除而是最小化其他参数对 HMSE 的影响，以使岩性的影响在钻井过程中占主导地位。在实际应用中，可以通过分析单一钻头钻出的短间隔(小于等于 2000 ft)的 HMSE 来最小化钻头磨损、钻头类型和岩石压实对 HMSE 的影响。短间隔将确保钻头钝化和岩石压实在容许范围内，并且单一钻头将确保消除钻头类型的影响。因此，在短间隔内，HMSE 曲线的任何偏差都将表明岩性变化或压差变化。

压差引起的变化更为平缓：HMSE 逐渐减小，表明随着孔隙压力的增加，钻过了压力过渡带；而 HMSE 逐渐增加可能表明超过水平衡值。压差对比能的影响在低平衡值时比在高平衡值时更为明显(Vidrine 和 Benit，1968；Black 等，1985；Bourgoyne 等，1986)。由岩性引起的变化通常是突然的并且易于识别。由于岩性识别是目标，因此当根据深度绘制时，HMSE 曲线的任何突然变化都将指示岩性边界。尽管建议缩短分析间隔，但这并不意味着无法分析整个井段。所需要的只是将井段分成几个区间，然后分析各个区间。选择的分析间隔不必一致。

现场示例

为了证明所提出方法的有效性及其在井场的应用，以位于尼日尔三角洲盆地中部沼泽地区哈科特港西北约 83 千米处的一口气探井(A 井)为案例进行研究。A 井为斜井，最大倾角为 14.6°。

图 6.20 和图 6.21 显示了记录的 A 井两个不同层段钻井参数和井筒压力。记录的数据包括扭矩、转速、流量、ROP、WOB、当量循环密度、泥浆重量和孔隙压力。利用 ECD 估算井底压力，钻井参数是从地面测量中获得的。与使用从地面测量获得的钻井数据来计算该井的 HMSE 相关的误差可以忽略不计，因为该井的最大倾角较低(小于 15°)，所考虑的间隔很短(小于等于 2000 ft)，即开钻点很深(7878 ft)，而狗腿度(DLS)在任何间隔内不超过 1.5°/100 ft。在低 DLS 的小斜度井中的短间隔内，钻柱和井壁之间的摩擦力变化可以忽略不计。由于使用 HMSE 进行岩性识别是基于观察曲线的变化，因此在低 DLS 的小斜度井中短间隔内 HMSE 曲线的任何变化很可能是由于其他因素(例如岩性)而不是钻柱和井壁之间的摩擦引起的。

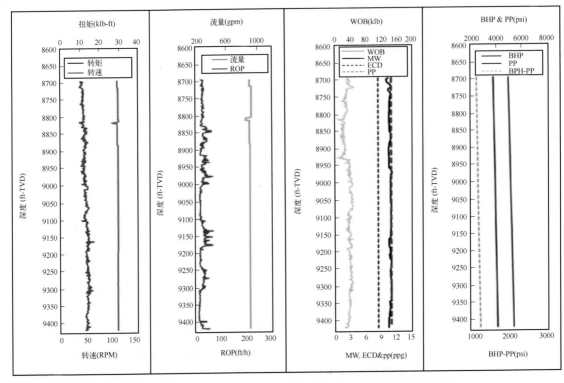

图 6.20　层段 1 中 A 井钻井参数和井筒压力随深度变化曲线图

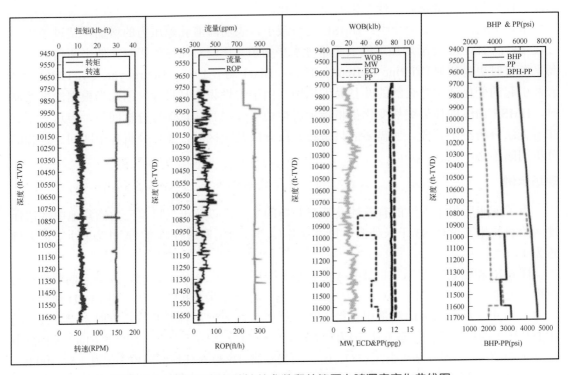

图 6.21　层段 2 中 A 井钻井参数和井筒压力随深度变化曲线图

在层段 1（见图 6.20）中，记录的钻井参数是在 8695 ft 至 9420 ft 处用一个牙轮（铣齿）

钻头钻 16″ 井眼得到的。牙轮钻头的总流通面积（TFA）为 1.1689 in^2。所有穿透岩石的地层孔隙压力均正常。在层段 2（见图 6.21），记录的钻井参数是在 9690 ft 至 11 690 ft 的一个 PDC 钻头钻 12$\frac{1}{4}$″ 井眼得到的。PDC 钻头的 TFA 为 1.2003 in^2，其排屑槽面积（JSA）为 21.28 in^2，钻井液为油基泥浆，并且地层孔隙压力随穿透的岩石而变化。该层段既包含正常压力带，又包含两个非砂岩层。

　　图 6.22（a）显示了层段 1 的 GR-depth 和 HMSE-depth 曲线。使用式（6.10）计算 HMSE，因为该层段是用牙轮钻头钻的，在伽马射线（GR）和 HMSE 之间观察到的曲线基本相同。这清楚地证明了 HMSE 对岩性识别的适用性。HMSE 曲线的突然变化表明岩性变化。在高 GR 的页岩地层中，岩石破碎消耗的能量更高。然而，在低 GR 的砂岩地层中，岩石破碎消耗的能量较低。从该层段绘制的页岩基线显示，8695～8826 ft 之间的页岩地层比其他更深的页岩地层所需的能量更低。这可能是由于钻头钝化和岩石压实对 HMSE 的影响。

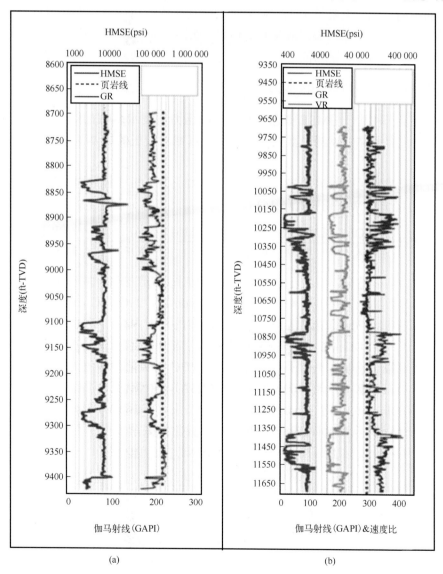

图 6.22　（a）层段 1 A 井 GR-depth 和 HMSE-depth；（b）层段 2 A 井 GR-depth、VR-depth 和 HMSE-depth

图 6.22(b) 显示了层段 2 的 GR-depth、VR-depth 和 HMSE-depth 曲线。速度比(VR)是由纵波速度与横波速度之比得出的。

请注意，VR 的显示单位为 1/100 s。使用式(6.9)计算 HMSE，因为该层段是用 PDC 钻头钻的。常规岩性识别器和 HMSE 之间存在良好的一致性。在页岩地层中，如高 GR 和高 VR 所示，破碎岩石消耗的能量较低。在砂地层中，如低 GR 和低 VR 所示，破碎岩石消耗的能量更高。随着 HMSE 的突然变化，地层顶部清晰可见。值得注意的是，HMSE 能够识别非常微小的砂岩层(小型储层)，这证实了所提出方法的准确性。在整个层段内，HMSE 页岩基线在 9690 ft 到 11252 ft 之间相当稳定。

深度超过 11252 ft 时，页岩层段开始偏离页岩基线，可能是由于钻头钝化和/或岩石压实效应。如果考虑更长的分析间隔，钻头钝化和岩石压实对 HMSE 的影响可能非常明显，使评估更加复杂和困难，这是建议进行短间隔分析的主要原因。同一岩性中牙轮钻头和 PDC 钻头的不同反应，主要是由于它们的切削作用造成的。每种钻头类型以不同的方式钻井：牙轮钻头压碎地层，而 PDC 钻头剪切地层。地层顶部 HMSE 的突变表明岩性对 HMSE 的影响在钻井过程中占主导地位。

➤➤ 6.2.4　孔隙压力预测的水力机械比能

本节提出了一种基于 HMSE 概念的预测孔隙压力新技术。新技术可以提供一种可靠的方法来估计在没有可靠井下测量数据的情况下，以相对较低的成本从钻井参数中获得地层孔隙压力。

由于钻井液对地层的射流冲击，在钻头上施加了大小相等且方向相反的(关泵)力。关泵/射流冲击力将降低 WOB[见式(6.16)]。

$$\text{HMSE} = \left[\frac{\text{WOB}_e}{A_b} + \frac{13.33 * \mu * N * \text{WOB}_e}{A_b * \text{ROP}} + \frac{1154 * \eta * \Delta P_b * Q}{A_b * \text{ROP}}\right] * \left[\frac{\text{NPP}}{\text{ECD}}\right] \tag{6.16}$$

对于固定切削齿钻头，特定于钻头的滑动摩擦系数(μ)的值将取决于岩性、岩石强度、泥浆重量、刀片数量、钻头磨损和刀具尺寸(Caicedo 等，2005；Guerrero 和 Kull，2007)。然而，对于现场应用，μ 的值通常保持在一个较小的范围内：在不同的操作条件下，牙轮钻头为 0.18~0.24，PDC 钻头为 0.5~0.8(Wei 等，2016)。为了最大限度地减少 HMSE 计算误差，合理地假设牙轮钻头的平均值为 0.21，PDC 钻头的平均值为 0.65。对于 PDC 钻头，水力能量折减系数(η)表示为排屑槽面积(JSA)与射流总流量面积(TFA)的函数，如式(6.11)所示(Oloruntobi 等，2018)。对于牙轮钻头，Warren(1987)提出的模型提供了很好的计算[见式(6.12)]。Rabia(1989)提出的水力能量折减系数模型更复杂，可能不适用于同一钻头内喷嘴尺寸变化的应用。

$$\text{WOB}_e = \text{WOB} - \eta * F_j \tag{6.17}$$

$$F_j = 0.000516 * \text{MW} * Q * V_n \tag{6.18}$$

$$V_n = \frac{0.32 * Q}{\text{TFA}} \tag{6.19}$$

钻头压降、钻头有效重量、射流冲击力和射流速度的计算公式分别如式(6.13)、式(6.17)、式(6.18)和式(6.19)所示。

正常压实情况中，随着钻进深度的增加，破碎和移除单位体积岩石所需的能量(HMSE)也将增加。但是，相同深度的地下超压条件下，有效应力较低时，钻进所需的能量比常规压实体系钻进所需的能量少，导致 HMSE 趋势的逆转。

孔隙压力预测方法

1．使用式(6.11)、式(6.12)和式(6.16)～式(6.19)计算所需深度的 HMSE。如果 HMSE 值由于被穿透的不同岩性而有很大的变化/波动，则应在纯页岩层段上估算 HMSE，以消除不同岩性对 HMSE 的影响。

2．在半对数上显示 HMSE 与深度的关系图。

3．建立整个层段的正常压实趋势(NCT)。

4．使用基于能量的伊顿模型[见式(6.19)]估算任意给定深度的孔隙压力梯度。比能指数(m)的值会因地区而异。可以通过校准式(6.19)获得邻井或当前井中任何已知的超压间隔。如果以当前正在钻的井作为校准井，则最好将式(6.19)校准到井涌强度降低的压力过渡区。

$$G_{pp} = G_{ob} - \{G_{ob} - G_{np}\} * \left[\frac{HMSE_o}{HMSE_n}\right]^m$$

孔隙压力预测现场实例

以最近在尼日尔三角洲第三系新钻的高温高压探井(B 井)为例进行研究。B 井位于盆地中部的哈科特港西北约 80 公里处。该井是一口接近垂直的侧钻井，总深度为 17 265 ft，最大倾角为 6.8°。

在此示例中，所有深度均以转盘(RT)下方的真实垂直深度(TVD)为参考。

表 6.2 提供了用于钻取有效井段的钻头和 BHA 的类型信息。用于钻 $5\frac{5}{8}''$ 井眼的钻头没有磨损定级是因为在压井作业后发生卡钻事故导致钻头丢失在井眼中。只有 $12\frac{1}{4}''$、$8\frac{1}{2}''$ 和 $5\frac{5}{8}''$ 的层段包含正常压实层系、压力过渡区和超压地层。由于获取的数据有限，顶部/大孔段被排除在分析之外，该段含有超压或含烃层段的疏松陆相砂岩。图 6.23 显示了钻井过程中地面测量记录的钻井参数。当 BHA 包含泥浆电机时，总转速由式(6.20)得到。

表 6.2　井 B：井和钻头数据汇总

孔 尺 寸	钻头数据	BHA 类型	时间间隔(ft)	TFA(in²)	JSA(in²)	钻头磨损定级
$12\frac{1}{4}''$	PDC 钻头 (HCC, Q 506 F)	RSS	10 099～15 080	1.2824	31.48	2-5-WT-G-X-ICT-BHA
$12\frac{1}{4}''$	PDC 钻头 (HCC, QD 507 FHX)	RSS	15 080～15 193	1.2962	21.28	1-2-CT-S-X-INO-TD
$8\frac{1}{2}''$	PDC 钻头 (HCC, DP 506 F)	RSS	15 193～15 601	0.8399	15.55	1-1-WT-S-X-INO-DTF
$8\frac{1}{2}''$	PDC 钻头 (HCC, DP 506 F)	RSS	15 601～16 556	1.0301	15.55	2-2-BU-A-X-IPN-TD
$5\frac{5}{8}''$	PDC 钻头 (HCC, DP 406 FHX)	泥浆电机	16 556～17 265	0.8437	4.295	N/A

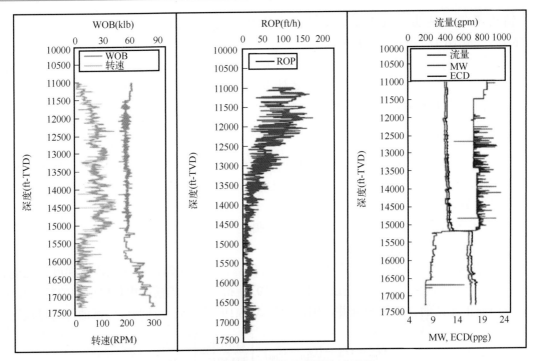

图 6.23   B 井钻井参数与深度的关系图

$$\text{Total rotary speed} = \text{Surface string rotation} + [Q * \text{Motor STFR}] \tag{6.20}$$

　　为了确定上覆岩层压力[见式(6.21)]，将邻井的地层体积密度测井与本井(B 井)的地层体积密度测井相结合，拟合得出最佳方程[见式(6.22)]。由于尼日尔三角洲盆地处于正常断层状态，其中 $S_v > \sigma_H > \sigma_h$，因此最佳拟合方程进一步受到井场漏失测试(LOT)数据的限制。最佳拟合方程用于估算未获得地层体积密度测井的层段中的地层体积密度值。上覆岩层梯度(G_{ob})是通过将感兴趣深度处的上覆压力除以真实垂直深度获得的。地层体积密度、上覆压力/梯度、最佳拟合方程如图 6.24 所示。式(6.21)是对 Oloruntobi 等(2018)基于一组新的邻井数据提出的尼日尔三角洲中部地区体积密度预测模型的改进。

$$S_V = 0.433 \int_0^Z \rho_b \mathrm{d}Z \tag{6.21}$$

$$\rho_b = 1.136 Z^{0.0833} \tag{6.22}$$

　　图 6.25(a) 显示了 B 井的 HMSE 与深度的关系图。由于该井岩性对 HMSE 的影响最小，因此在 10 997～17 265 ft 的各个地层单元中估计了 HMSE 值。从该图中，正常压实趋势(NCT)在 10 997～15 060 ft 之间可以看到。在这些井段中，由于岩石孔隙度的降低和有效应力的增加，打破和移除钻头下方单位体积岩石所需的总能量(HMSE)随着深度的增加而增加。位于 NCT 上的深度区间对应于现场正常压实的系列。根据该地区地层水的盐度，位于NCT 上的层段的平均正常孔隙压力为 8.66 ppg (0.45 psi/ft)。在低于 15 060 ft (压力过渡区顶部)的区间内，地下超压条件导致 HMSE 偏离 NCT 到较低的值。在相同深度下，有效应力较低的超压层段比正常压实层段需要更少的能量。超压的大小与 NCT 的偏离量直接相关。

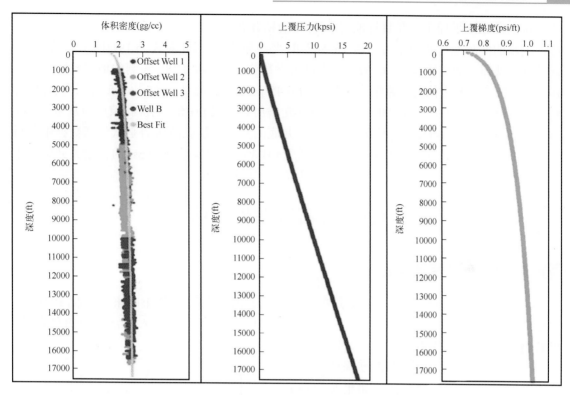

图 6.24　B 井地层体积密度和上覆压力/梯度剖面图

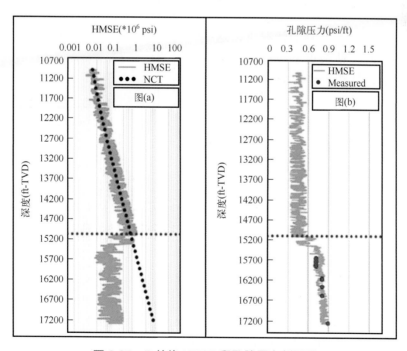

图 6.25　B 井的 HMSE 和孔隙压力剖面图

图 6.25（b）显示了从 HMSE 式（6.19）得出的孔隙压力估算值与实际孔隙压力测量值之间的比较。在预测和测量的地层孔隙压力之间观察到了极好的一致性。实际孔隙压力测量

值是从电缆压力采样工具和目标地层/深度处的钻井井筒数据中获得的。由于在钻 A 井之前，现场的实际地层孔隙压力高达 16 567 ft（来自邻井），因此对式(6.19)中的这些间隔进行校准，以确定能量比指数(m)的值。能量比指数(m)的值为 0.28。预测的地层孔隙压力在 10 997~15 060 ft 之间是正常的，平均值为 0.45 psi/ft。在略低于 15 060 ft 的深度（超压开始），地层孔隙压力在 15 630 ft 时从 0.45 psi/ft 增加到 0.72 psi/ft。地层孔隙压力从 15 630 ft 的 0.72 psi/ft 进一步增加到井底的 0.9 psi/ft。井底的实际地层孔隙压力是从气涌数据中获得的。当井底(17 265 ft) 以 0.87 psi/ft 的泥浆重量(MW)钻井时，在 530 psi 的稳定关井钻杆压力(SIDPP)下发生了气涌，这导致地层孔隙压力为 0.9 psi/ft。

6.3　岩石可钻性评估

≫≫ 6.3.1　可钻性 d 指数

可钻性 d 指数通过消除外部钻井参数（如压力和岩石强度）的影响来归一化 ROP。在常压地层中，该指数随深度增加，与岩石强度成正比。然而，当钻入异常压力的页岩时，指数将随着深度而减小。在这里，钻头遇到了一个欠压实的部分，其中密度降低和孔隙度增加导致地层更具可钻性。如果其他钻井参数不变，则该部分的钻速将增加。通过减少钻井液压力和孔隙压力之间的压力差，ROP 也会增加。在没有磨损的情况下，这些异常压力区域比磨损钻头更早被检测到。在探测到过渡之前，钻头可能已经深入异常压力带很远了。d 指数的投影图如图 6.26 所示（Ablard 等，2012）。

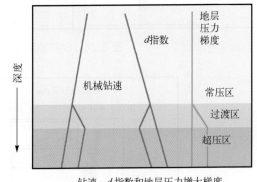

图 6.26　d 指数的投影图

仅将 ROP 值的变化作为异常压力的指标并不理想。因此，可钻性指数用于归一化或校正钻速。这为孔隙压力和异常压力区提供更有效的指标。基本可钻性指数(d)源于 Bingham (1965)的工作，d 指数的数学公式如式(6.23)所示。

$$d = \frac{\log\left(\dfrac{\text{ROP}}{60\,\text{RPM}}\right)}{\log\left(\dfrac{12\,\text{WOB}}{10^6 d_{\text{B}}}\right)} \tag{6.23}$$

该方程试图根据 WOB、RPM 和井眼尺寸的变化来校正 ROP。1971 年，Rehm 和 McClendon 为泥浆重量的变化提出了一个修正的 d 指数(Rehm 和 McClendon，1971)。修正的 d 指数(d_{C})由式(6.24)给出。

$$d_C = d\left(\frac{\text{NPP}}{\text{ECD}}\right) \tag{6.24}$$

式中，NPP 为正常孔隙压力梯度，ECD 为当量循环密度。这种修正被普遍使用，因为它使指数对泥浆重量变化和孔隙压力增加更敏感，但它没有彻底的理论基础(Rabia，2002)。

可钻性指数有三个限制(Rabia，2002)。

● 可钻性指数需要干净的页岩或干净的泥质石灰岩。

● 泥浆重量的大幅增加会导致修正的可钻性指数(d_C)降低。

● 修正的可钻性指数(d_C)受岩性、钻头类型、钻头磨损、水力性能差、不整合以及电机或涡轮机运转的影响。

≫ 6.3.2　地层可钻性预测

地层可钻性是描述在一定条件下钻入岩石的难易程度的指标。可钻性研究的主要目的是对岩石进行分类，选择合适的钻头类型以提高钻孔速度并降低钻孔成本。本研究采用主成分分析(KPCA)提取参数特征，然后利用量子粒子群优化支持矢量机(QPSO-SVM)作为融合算法。将该预测函数的结果与 BP 神经网络(BP-NN)的预测结果进行比较，表明该方法在多种性能条件下均优于 BP-NN，具有更高的准确率和更好的适用性。

模型的概念表达如图 6.27 所示，主要特点如下：

1．提出的异构空间是一个连续的多维空间，空间中的每个点代表某种信息源。

2．基础数据空间可以划分为若干个簇，对应若干个信息源类别。每个集群都有一个"中心"；此外，每个对应的基本数据空间，如地震和测井数据，也可以用多个维矢量来表征。

3．集群不是孤立的，彼此之间有很强的相关性。

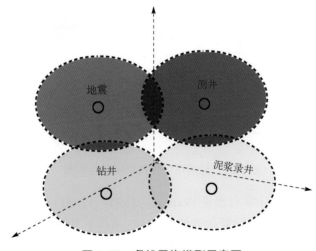

图 6.27　多维异构模型示意图

基于多维异构空间概念模型，采用特征级信息融合作为融合框架，如图 6.28 所示。特征级融合是一个中级融合过程。首先每个传感器提取自己的特征矢量，然后融合中心完成特征矢量的融合过程。一般来说，提取的特征信息能够充分表示信息内容。特征级信息融合的优点是可以实现对相当大的信息量进行压缩，有利于信息的实时处理。同时，提取的特征与决策分析直接相关，融合结果可以给出决策分析所需的最大特征信息。最广泛使用的特征提取方法包括 PCA、KPCA、ICA 和核独立成分分析（KICA）。此外，粗糙集、随机集、证据理论、贝叶斯网络、模糊集、灰色关联和 SUM 是常用的多源信息融合方法。

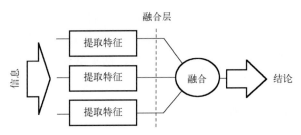

图 6.28　具有融合框架的多维异构空间概念模型图

通过特征提取、数据关联和多源信息融合，建立了地层可钻性预测模型。模型中，将密切相关的地震数据（地震层速度）、测井数据（声波速度、地层密度、泥质含量）、录井数据（钻井压力、转速、水马力、井底压差、钻速）和地层深度作为输入，以地层可钻性为输出。地层可钻性预测模型结构图如图 6.29 所示。

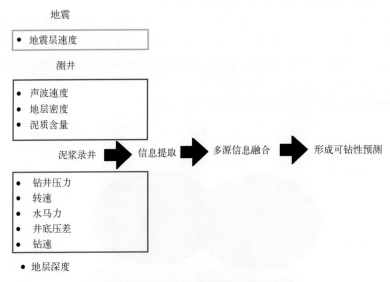

图 6.29　地层可钻性预测模型结构图

SVM 源于 Vapnik 的统计学习理论（Vapnik，1995，1998），由于其能够直接从具有简单拓扑结构的输入/输出数据近似复杂非线性映射（见图 6.30），已成为机器学习模型中流行的技术。通过核函数的使用，可以将数据的输入空间转化为非线性的高维空间。该算法最终通过选择一定数量的训练点（称为支持矢量），生成一个稀疏预测函数。SVM 通过经验误差和模型复杂性之间的平衡，实现了结构风险最小化原则的近似，从而 SVM 实现全局优化。

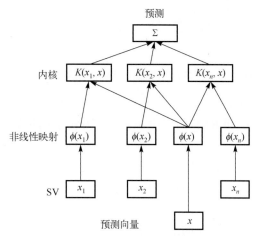

图 6.30　SVM 示意图

在此，使用拉格朗日对偶理论，并引入核函数 $K(x_i, x_j) = \varphi(x_i) \cdot \varphi(x_j)$ 来解决带有非线性不等式约束的二次规划问题。因此，得到对偶最优问题：

$$\max_{\alpha, \alpha^{\cdot}}\left\{L_D = -\frac{1}{2}\sum_{i=1}^{k}\sum_{j=1}^{k}(\alpha_i - \alpha_i^*)(\alpha_j - \alpha_j^*)K(x_i, x_j) + \sum_{i=1}^{k}y_i(\alpha_i - \alpha_i^*) - \varepsilon\sum_{i=1}^{k}(\alpha_i + \alpha_i^*)\right\} \quad (6.25)$$

$$\sum(\alpha_i - \alpha_i^*) = 0, \forall i : 0 \leqslant \alpha_i \leqslant C \quad (6.26)$$

其中 α_i 是拉格朗日系数。

求解对偶问题，得到解：

$$f(x) = \omega \cdot \phi(x) + b = \sum_{i=1}^{k}(\alpha_i - \alpha_i^*)K(x, x_i) + b \quad (6.27)$$

核函数有多种形式。在本章中，选择径向基函数（RBF）内核，它可以很好地处理复杂的非线性问题：

$$K(X_i, X) = \exp\left(-\frac{\|X - X_i\|^2}{2\gamma^2}\right)$$

其中 γ 是高斯宽度。在 SVM 中应用的两个主要 RBF 参数 C 和 γ 必须设置得当。SVM 模型的复杂性和普遍性是由这两个参数决定的，尤其是它们之间的关系。其中，参数 C 代表校正系数。

在 QPSO 中，每一项收敛到自己的随机点 $P_i = (P_{i1}, P_{i2}, \cdots, P_{id})$。每一项的更新是根据以下迭代方程完成的：

$$m_{\text{Best}} = \frac{1}{M}\sum_{i=1}^{M}P_i \quad (6.28)$$

$$P = \frac{\alpha_1 \cdot P_{pj} + \alpha_2 \cdot P_{gj}}{\alpha_1 + \alpha_2} \qquad (6.29)$$

$$x(t+1) = P \pm \beta \times \left| m_{\text{Best}} - x(t) \right| \cdot \ln(1/\mu) \qquad (6.30)$$

QPSO-SVM 的执行如下：

第 1 步：取校正系数 C 和 RBF 的宽度系数 γ 作为粒子的位置矢量。随机初始化种群中所有粒子的位置矢量。

第 2 步：评估每个粒子的适应度函数。

第 3 步：将粒子的适应度评估与粒子的最佳解进行比较。如果当前值更好，然后更新粒子的最佳值和位置。

第 4 步：将适应度与总体之前的最佳值进行比较。如果当前值更好，然后更新全局最佳粒子的值和位置。

第 5 步：使用式 (6.28) 计算 m_{Best}。

第 6 步：使用式 (6.29) 计算所有粒子的随机点 P。

第 7 步：使用式 (6.30) 更新所有粒子的位置。

第 8 步：重复第 2 步到第 7 步，直到满足停止条件。

本例以新疆油田的两口地质特征相似的井 (d1 井和 zh1 井) 为研究对象。

QPSO-SVM 方法中的参数设置如下：粒子数为 40，最大迭代次数为 100，收缩膨胀系数随着迭代次数的增加从 0.9 线性减小到 0.4。两种方法对 d1 井的地层可钻性预测结果如图 6.31 所示。用 QPSO-SVM 方法预测的地层可钻性与 d1 井实际地层可钻性的相关性如图 6.32 所示。

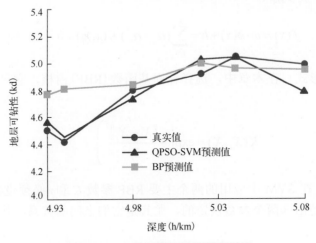

图 6.31　d1 井地层可钻性预测结果

为验证该方法的可行性和适用性，选取 d1 井数据作为训练样本，利用 QPSO-SVM 方法和 BP-NN 建立地层可钻性模型，并对 zh1 井的地层可钻性进行预测。两种方法的预测结果如图 6.33 所示，QPSO-SVM 方法预测的地层可钻性与 zh1 井实际地层可钻性的相关性如图 6.34 所示。

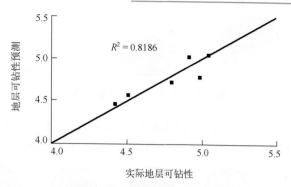

图 6.32　d1 井预测地层可钻性与实际地层可钻性的相关性

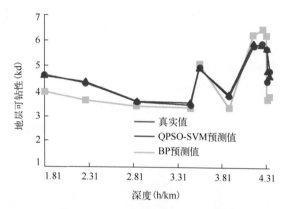

图 6.33　zh1 井地层可钻性预测

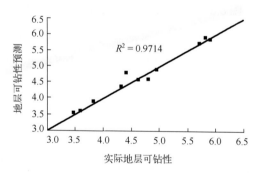

图 6.34　zh1 井预测地层可钻性与实际地层可钻性的相关性

6.4　钻井系统机械比能外的能量

6.4.1　评估能量损失

值得注意的是，钻头需要更多的能量才能有效地钻进一定体积的岩石。因此，这种系统的测量 MSE 可以拆分（见图 6.35）为所需的预期能量，其等于无侧限抗压强度（UCS），并考虑耗散能量所需的额外能量。

图 6.35　拆分 MSE（机械比能）

钻头所需的切削力与理想状态下的 UCS 有关。影响钻头能耗的其他主要项构成了耗散的能量。因此，在一开始，假设额外的能量消耗在扭矩、阻力、水力和振动上（见图 6.36）。

图 6.36　MSE 和缺失项

MSE 似乎是评估钻头能量损失的合理尝试；然而，MSE 方程［见式（6.9）］的一般形式中尚未包含数学术语，这些术语将能量损失分配给钻井效率低下造成能量浪费的过程。

将钻头的 MSE 模型背后的思想转化为整个系统，可能是在整个系统中引入能量平衡的第一个方法。在这种情况下，MSE 将是能量平衡的一个数学术语，就像 T&D、水力学和钻井动力学等其他耗能优势组一样。图 6.37 展示了理想工作系统能量平衡背后的思想。

图 6.37　为理想工作系统提出的能量平衡

每个单独的术语都有其用于描述该术语的基本微分方程的基础。与本节中所做的相比，可以使用高级仿真对能量输入的参考值进行建模，使其更接近现实。假设井的钻探没有任何复杂性，则该上级组中每个模型消耗的总能量将等于预测的能量输入。如果使用的能量高于预期的能量输入，则表明效率低下或钻井存在问题。这些钻井问题对图 6.37 中引入的每一项都有贡献，如图 6.38 所示。

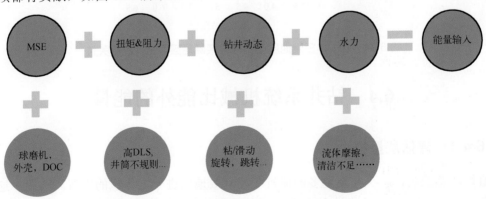

图 6.38　能量平衡中钻井问题的细分

在能量平衡中，钻井问题通过分解可以最大限度扩展，从而形成一个越来越复杂的思维导图。这里不再进一步讨论这一过程，但介绍这一过程是为了更好地理解这些钻井问题可能是什么。因此，用作连续实时测量的控制框架的能量平衡可有助于表明系统是否有效运行，或者是否是浪费过多能量的原因。控制和监测的能量平衡有助于提高钻井过程本身的效率，同时为早期阶段查明钻井问题提供额外的安全工具。

>> 6.4.2　钻柱中的能量流

随着 PDC 钻头取代牙轮钻头成为油气行业主要的切削结构，为了实现更快的钻速（ROP），需要更多能量来破碎岩石。在采用复杂井轨迹设计的超深井钻井应用中，以高效率达到预期的井底目标深度（TD）变得更具挑战性。对钻井系统中的能量进行全面分析是钻井能量管理和性能提升的关键。机械比能值（MSE），即移除单位体积岩石所做的机械功，已被广泛用来衡量钻井效率。在 MSE 公式中考虑了两个分量（"推力"和"旋转"），如下所示：

$$MSE = \frac{SWOB}{A_{bit}} + \frac{120 \cdot \pi \cdot RPM \cdot STOR}{A_{bit} \cdot ROP} \tag{6.31}$$

式中，A_{bit} 是钻头面积，SWOB、RPM、STOR 和 ROP 分别是钻压、转速、扭矩和钻速，均在地面测量。如今，大多数 BHA 都包括一个容积式马达（PDM），为钻头提供额外的动力。电机的机械功率输出可以包含在 MSE 公式中。

$$MSE = \frac{SWOB}{A_{bit}} + \frac{120 \cdot \pi \cdot RPM \cdot STOR + P_{diff} \cdot Q}{A_{bit} \cdot ROP} \tag{6.32}$$

式中，P_{diff} 和 Q 是电机压差和输入流量。为了进一步将 MSE 与实际岩石强度相关联，并提高 MSE 检测的实用性，Dupriest 和 Koederitz（2005）在 MSE 计算中引入了钻井效率因子（EFFM）。

$$MSE_{adj} = MSE \cdot EFF_M \tag{6.33}$$

在现场工作阶段，无论钻头类型或钻井参数如何，操作人员始终将 EFFM 统一设置为 0.35。对 Teale 的原始 MSE 方程进行修正（Armenta，2008；Mohan 等，2009），考虑钻头水力效应对 MSE 的影响。佩西尔等（2012）使用 MSE 和 ROP 关系图来研究整体钻井性能和系统能力。MSE 是衡量整体效率的指标，MSE 的趋势变化可以定性地用于识别地层过渡或钻井功能障碍。然而，仅仅显示钻井系统中的能量流还不足以识别钻井效率低下的根本原因。

钻井是一个由地面设备、作用在钻柱上的重力和放置在井下的泥浆马达提供能量的过程。能量通过钻柱传递并用于切割井筒底部的地层以延长其长度。部分能量输入可能以弹性应变和动能的形式发生在钻柱上；其他部分的输入能量可能由于冲击和振动（S & V）以及钻杆与井壁的相互作用而耗散。从能量的角度来看，钻井优化的目标是最大限度地减少能量损失，并尽可能充分地利用钻头在地层中的能量输入。图 6.39 解释了能量输入和输出、钻柱中的剩余能量分布以及钻井系统中的详细能量流。

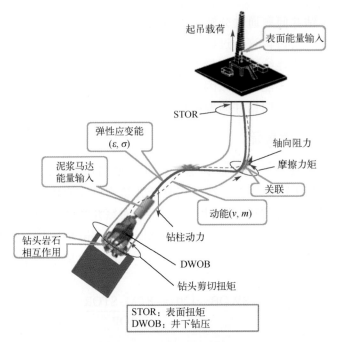

图 6.39 钻柱中的能量流

本节旨在开发一个程序系统来计算钻井系统中各种形式的能量，并评估详细的钻柱能量流。瞬时钻井动力学模型作为该过程的支柱，用于模拟整个钻井系统动态响应的时间历程。跟踪能量输入、岩石消耗的能量、附加管内能量和能量损失的情况，为钻井效率和钻柱完整性提供了新的视角。该方法实现了整体钻井能量管理工作流，可用于促进钻井作业规划、执行和井后评估。

6.4.3 钻井能量理论

本节讨论钻井能量变量的计算公式。首先，作为一个动态能量系统，钻柱通过地面装置(顶驱和绞车)、重力势能和部署在井下的泥浆马达获取能量输入。

由顶驱(STOR)施加的表面扭矩所做的功(能量输入)可定义为：

$$W_{STOR} = \int STOR \cdot d(REV_{table}) \tag{6.34}$$

式中 REV_{table} 表示钻柱顶部的表面自转公转角。

轴向力所做的功可以表示为：

$$W_{AXIAL} = \int \left[\int WT_{DS}(x) \cdot \cos(Inc(x)) dx \right] \cdot d(PD) - \int HKL \cdot d(PD) \tag{6.35}$$

这里，第一项是重力所做的功，第二项是绞车施加的大钩载荷(HKL)所做的功。WT_{DS} 和 $Inc(x)$ 是 x 位置处的钻柱线性重量和井筒倾角。PD 为钻柱轴向穿入距离或钻孔距离。第二项前面的负号表示在正常钻井作业中，管子穿入方向与大钩载荷方向相反。因为钻头表面重量(SWOB)定义为钻柱重量减去大钩载荷，所以公式(6.35)可以简化为：

$$W_{AXIAL} = \int SWOB \cdot d(PD) \tag{6.36}$$

当使用泥浆电机时，电机水力能量输入可按下式计算：

$$W_{\text{PDMHydro}} = \int P_{\text{diff}} \cdot dV \tag{6.37}$$

式中，P_{diff} 和 V 是通过电机的压降和通过电机的流量。施加在钻柱上的总能量可表示为：

$$W_{\text{input}} = W_{\text{STOR}} + W_{\text{AXIAL}} + W_{\text{PDMHydro}} \tag{6.38}$$

一旦计算出应用到钻柱的总能量，就可以计算出各种能量消耗项，以确定输入能量如何分布。有效利用输入能量是为了钻取地层（即延长井眼长度）。钻头在切削岩石时产生反轴向力（DWOB）和扭矩（DTOB）。钻地层所消耗的能量等于 DWOB 和 DTOB 所做的功。

$$W_{\text{RockCut}} = \int \text{DWOB} \cdot d(U_{\text{Bit Axial}}) + \int \text{DTOB} \cdot d(\text{REV}_{\text{bit}}) \tag{6.39}$$

式中，$U_{\text{Bit Axial}}$ 和 REV_{bit} 是钻头轴向位移和旋转公转角度。有两种类型的机械能产生在钻柱上：应变能和动能。应变能是在由机械载荷引起的变形时存储在弹性材料中的机械能。对于钻柱，应变能可分解为三个分量：（1）轴向力引起的拉伸应变能；（2）弯矩引起的弯曲应变能；（3）扭矩产生的扭转应变能。钻柱可以分解成一系列短梁，每个短梁都有统一的横截面。可以假设在一个梁中分段存在恒定的力分布。应变能可以通过以下表达式计算：

$$U_{\text{SE}} = \frac{P^2 L}{2AE} + \frac{M^2 L}{2EI_{\text{bend}}} + \frac{T^2 L}{2GI_{\text{polar}}} \tag{6.40}$$

式中，P、M 和 T 分别为一根梁的内轴力、弯矩和扭矩。L 是一个梁段的长度。A、$I_{\text{bend}} = \pi(\text{OD}^4 - \text{ID}^4)/64$ 和 $I_{\text{polar}} = \pi(\text{OD}^4 - \text{ID}^4)/32$ 分别是横截面积、转动惯量和极转动惯量。E 和 G 是材料的杨氏模量和剪切模量。

在此，使用有限元方法（FEM）来模拟钻柱的内部机械力。在 FEM 中，使用 3D（三维）结构单元对钻柱进行网格划分。对于每个结构单元，使用式（6.40）计算上述应变能。总应变能是每个结构单元的应变能之和：

$$U_{\text{SE,total}} = \sum_{i=\text{all element}} (U_{\text{SE,i}}) \tag{6.41}$$

动能是物体由于其运动而具有的能量。动能可以分解为平移分量和旋转分量。在 FEM 中，平移和旋转速度在每个结构单元的两个端节点处计算（见图 6.40）。结构质量被认为是集中的，集中在单元的中心。

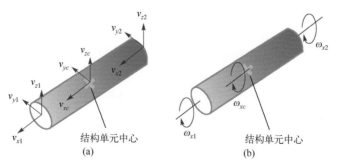

图 6.40　（a）结构单元的平移速度；（b）结构单元的旋转速度

由平移运动引起的动能可以通过以下表达式计算,

$$U_{\text{KTran}} = \frac{1}{2}m\left|\vec{v_c}\right| \tag{6.42}$$

式中,m 是结构的质量,$\vec{v_c}$ 是结构单元中心的平均平移速度,可以根据节点速度计算。

$$\vec{v_c} = (\vec{v_1} + \vec{v_2})/2 \tag{6.43}$$

轴向旋转动能可以通过以下表达式计算,

$$U_{\text{KRot}} = \frac{1}{2}J_x\omega_{xc}^2 \tag{6.44}$$

式中,$J_x = m\left(\dfrac{\text{OD}^2 + \text{ID}^2}{8}\right)$ 是结构单元的极转动惯量,$\omega_{xc} = \dfrac{(\omega_{x1} + \omega_{x2})}{2}$ 是结构中心的平均轴向旋转速度。有一个较小的旋转动能项是由结构相对于垂直于结构轴的轴的倾斜运动引起的。如果考虑 FEM 中的结构单元相对较短,则倾斜旋转动能可以忽略不计。钻柱的总动能是每个 FEM 结构单元的动能之和,

$$U_{\text{KE,total}} = \sum_{i=\text{all element}}(U_{\text{KTran},i} + U_{\text{KRot},i}) \tag{6.45}$$

由于钻柱和井筒壁之间的冲击、振动和摩擦接触,以及由于钻柱运动引起的流体和材料阻尼,一些输入能量可能会消散。能量损失可以认为是摩擦力和阻尼力对钻井系统所做的负功。根据能量守恒定律,能量损失可以表示为

$$E_{\text{loss}} = W_{\text{input}} - W_{\text{RockCut}} - U_{\text{SE,total}} - U_{\text{KE,total}} \tag{6.46}$$

通过计算能量损失,不仅可以了解能量损失的总体百分比,还可以了解能量损失的原因。将能量损失降到最低可以作为优化钻井和提高钻井效率的目标。

6.5 小   结

本章讨论钻井过程的效率以及如何准确确定和监测该效率。这是通过评估输入能量与输出钻井进度来完成的。还介绍了当前用于确定效率的方法,以及通常影响钻井效率的因素。其中 MSE 是衡量钻井过程效率的良好指标。应用 MSE 的实时监测可以提高钻井效率,因为它将使操作员有机会进行必要的调整以保持最佳的钻速。

将量子粒子群优化方法与 SVM 方法相结合,形成一种新的信息融合方法,可应用于地层可钻性预测。与传统的 BP-NN 算法相比,该方法具有精度更高、生成能力更强的优势。另外,这些方法已被用于快速构建某个区域的地层可钻性剖面,为钻头选择和钻速预测等提供依据。

该方法对钻井能量进行了详细的计算,补充了 MSE 方法。计算出的钻井能量为能量流、BHA 动态和钻井效率提供了更全面的视角,有望帮助实时解释 MSE。该方法可以在规划阶段的模拟工作流中实现,以方便钻头选择、BHA 设计和钻井参数优化,实现更好的能量效率。

6.6　习　　题

习题 1：MSE 模拟和钻井效率

在这个问题中，ROP 和 MSE 值将数据分为 4 个四分位数（Q1 到 Q4）。应该注意的是，这种分类是基于与钻井作业专家沟通的情况下做出的。在图 6.41 中，任何高于 50 ft/h 的 ROP 都表明钻井性能良好。假设 MSE 越低表明钻井效率越高，则 MSE 对钻井性能的影响也被考虑在内。

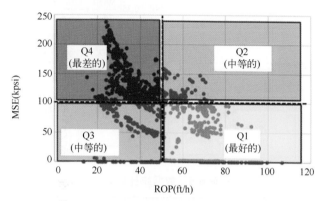

图 6.41　机械比能（MSE）与钻速（ROP）的关系图

第一个四分位数（Q1）定义为具有最高的钻速和较低的 MSE；该四分位数将呈现最佳钻孔条件，这意味着钻探重要岩石部分所需的能量更少。最差钻井条件可以定义为 ROP 最低、钻井能量最高的第四个四分位数。Q2 和 Q3 可以被认为是具有可接受的钻井效率的中等钻井条件。需要注意的是，这个分类可以根据情况而改变。例如，本例中最差的钻井条件可能只表示钻穿更坚固的地层或使用更易磨损的钻头；因此，有关地层的原始信息非常重要。表 6.3 给出了针对特定地层生成的 5000 个随机数据的参数。

表 6.3　习题 1 数据生成的统计信息

参　数	RPM(rpm)	TRQ(kft.lbf)	WOB(klbf)	Q(gal/min)	ROP(ft/h)
最小值	15.9	35.0	0.0	243.3	74.8
最大值	99.8	154.4	25.9	917.9	191.5
平均值	49.2	112.7	8.8	648.6	136.4
范围	83.9	119.4	25.9	674.6	116.6
变化量	386	1390	33	24 576	393
标准差	19.6	37.3	5.6	156.8	19.8
偏斜度	0.5	−1.0	0.2	0.3	0.1

1. 根据图 6.41 显示并分析这 5000 个数据的钻速比能（MSE）图和聚类。

2. ROP/MSE 比值能够实时评估钻井作业吗？ROP/MSE 的数据是否可以与钻井参数一起显示，以便对正在进行的钻井作业进行快速、更可靠的评估?可以考虑 7 个层位深度在 0～10 000 ft 之间的 ROP/MSE 比值。

习题 2：MSE 优化和钻井效率

计算 MSE 的最重要关系如表 6.4 所示。表 6.5 给出了两口井的这些参数的变化范围，用于生成针对特定地层的 5000 个随机数据。

表 6.4　MSE 模型

1. Teale (1965)	$MSE = \dfrac{WOB}{A_b} + \dfrac{120\pi \cdot RPM \cdot Tor}{A_b \cdot ROP}$
2. Pessier 和 Fear (1992)	$MSE = WOB \cdot \left(\dfrac{1}{A_b} + \dfrac{13.33 \cdot \mu_b \cdot RPM}{D_b \cdot ROP} \right) \,\& \, \mu_b = 36 \dfrac{Tor}{D_b \cdot WOB}$
3. Dupriest 和 Koederitz (2005)	$MSE = 0.35 \left(\dfrac{WOB}{A_b} + \dfrac{120\pi \cdot RPM \cdot Tor}{A_b \cdot ROP} \right)$
4. Cherif (2012)	$MSE = E_m \left(\dfrac{4WOB}{\pi D_b^2} + \dfrac{480 RPM \cdot Tor}{\pi D_b^2 \cdot ROP} \right)$
5. Chen 等 (2016)	$MSE = E_m \cdot WOB_b \cdot \left(\dfrac{1}{A_b} + \dfrac{13.33 \cdot \mu_b \cdot RPM}{D_b \cdot ROP} \right) \,\& \, WOB_b = WOB \cdot e^{-\mu s y_b} \mu_b$
6. Al-Sudani (2017)	$MSE = \dfrac{\sqrt{\dfrac{WOB \cdot (120\pi \cdot RPM)^2 \cdot Tor}{g_c \cdot \left(\dfrac{D_b}{12} \right)^2}}}{ROP}$

表 6.5　数据统计信息

参　数	井 A			井 B		
	最 小 值	平 均 值	最 大 值	最 小 值	平 均 值	最 大 值
深度(m)	2873	3132	3391	2404	2716	3028
钻头尺寸(in)	6.125	6.125	6.125	8.5	8.5	8.5
转速(rpm)	47.715	236.195	3725.300	45.62	135.10	187.80
钻压(lbf)	0	7478.337	32 780.120	1367.30	6926.03	15 424.38
扭矩(daN·m)	0	113.539	222.789	56.74	90.62	108.78
钻速(ft/h)	0.582	9.611	151.319	2.20	12.02	19.17
流量(gal/min)	68.507	291.723	20 687.334	232.93	332.54	412.35
齿轮磨损(%)	0	1.370	3.008	0	1.21	3.55

1. 使用表 6.4 中提到的关系计算 MSE 的值。
2. 使用布谷鸟搜索优化算法进行设计、建模和优化，以实现最大 ROP 和最小 MSE。
3. 参考表 6.5 中的数据。根据这些信息，通过蒙特卡罗模拟来分析表 6.4 中至少两个模型的 MSE，其标准差、最小值和最大值。

习题 3：运行参数优化

提供了两个区间的 MSE-ROP 值联合分布。图 6.42 显示了司钻用两种不同的方法设置两个试验段的参数值时的性能。间隔 2 地层深，岩石强度高于间隔 1。

1. 解释图 6.42 中考虑阻尼和黏滑的两个间隔。
2. 考虑新的方法和技术，更新图 6.43 中的结构化方法。

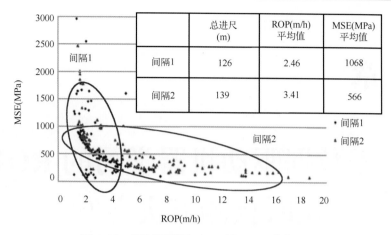

	总进尺(m)	ROP(m/h)平均值	MSE(MPa)平均值
间隔1	126	2.46	1068
间隔2	139	3.41	566

图 6.42　测试间隔的 ROP 和 MSE 分布比较

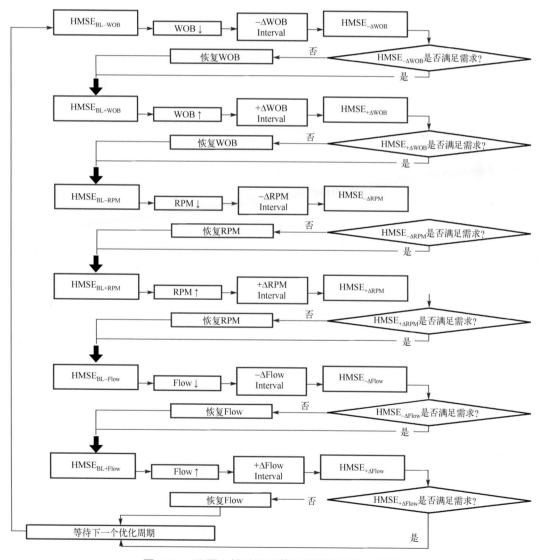

图 6.43　间隔 2 钻井性能优化策略的结构化方法

第7章

基于数据驱动机器学习的 ROP 实时预测解决方案

本章要点

1. 机器学习（ML）算法在石油工业中的应用越来越多。事实证明，ML 算法在大量钻井数据（通常称为"大数据"）分析和模式识别方面非常有效。钻井大数据可用于训练机器学习算法，以提高其性能。

2. 这些技术将尽可能帮助钻井作业团队进行规划设计，从数据中学习并实时采取措施，最终提高决策能力。

3. 基于输入层、隐藏层和输出层之间神经元连接的偏差和权重建立的人工神经网络（ANN）模型重建了一种新的钻速（ROP）关联模型。

7.1 引 言

机器学习算法使用计算方法直接从数据中"学习"信息，而不依赖预先确定的方程作为模型。随着可用于学习的样本数量的增加，这些算法自适应地提高其性能。

近年来，ML 算法已经帮助解决了钻井工程中的 ROP 提速问题。图 7.1 显示，ML 领域是人工智能（AI）的一个子集，深度学习是 ML 的一个子集。数据科学一词适用于使用 AI、ML、深度学习和计算机科学技术的领域。

AI 描述的是可以执行类似人类任务的机器。因此，AI 意味着机器能够人工模拟人类智能。AI 系统可以帮助管理、建模和分析复杂的系统。它是包含机器学习和深度学习（DL）作为其子集的超集。

ML 使用算法来解析数据，从这些数据中学习，并根据所学内容做出明智的决策。

深度学习通过分层构建算法来创建一个"人工神经网络"（ANN），该网络能够自主学习并做出智能决策。深度学习是机器学习的一个子领域。虽然它们都属于人工智能这一广泛类别，但深度学习是驱动最像人类的 AI 发展的力量。

数据科学是一个广泛的领域，涵盖了大量数据的收集、管理、分析和解释，具有广泛的应用范围。它整合了上述所有术语，并从数据中总结和提取见解（探索性数据分析），以及从大型数据集中进行预测(预测分析)。该领域涉及许多不同的学科和工具,包括统计推断、领域知识(专业知识)、数据可视化、实验设计和沟通。数据科学有助于回答"如果……会怎样?"的问题,并在构建机器学习和人工智能系统中发挥关键作用,而机器学习和人工智能的需求又推动了数据科学的发展。

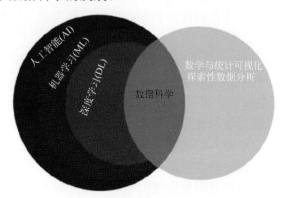

图 7.1　代表 AI 组件的维恩图

机器学习的类型

监督学习:对输入数据进行标记。监督学习建立一个学习过程,将预测结果与"训练数据"(即输入数据)的实际结果进行比较,并不断调整预测模型,例如针对分类和回归问题,直到模型的预测结果达到预期精度。常用的算法包括决策树、贝叶斯分类、最小二乘回归、逻辑回归、支持矢量机(SVM)、神经网络等。

无监督学习:输入数据没有标签,但算法用于推断数据的内在联系,如聚类和关联规则学习。常用的算法包括独立成分分析、k-均值和先验算法。

强化学习:输入数据用作模型的反馈,强调如何根据环境采取行动,以最大限度地实现预期效益。这种学习与监督学习的区别在于,强化学习不需要正确的输入/输出对,也不需要精确纠正次优行为。强化学习更侧重于在线规划,需要在探索(未知)和合规(现有知识)之间取得平衡(如图 7.2 所示)。

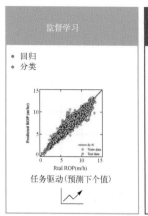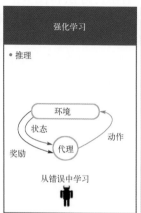

图 7.2　机器学习类型

深度学习：深度学习是机器学习的一个子集，本质上是具有 3 层或更多层的神经网络。虽然单神经网络仍然可以进行近似预测，但额外的隐藏层可以帮助优化和提升精度。这些多层神经网络试图模拟人脑的行为，使网络能够从大量数据中"学习"。

尽管这些网络的能力无法与大脑相媲美，但在个别任务中，它们达到了前所未有的准确度水平，以至于深度学习算法在图像分类方面可以超越人类，甚至能够击败世界上最优秀的围棋选手。

本章表明，ROP 预测的 ML 可分为 5 种方法：人工神经网络（ANN）、支持矢量机（SVM）、模糊推理系统、模糊神经网络和集成模型，如表 7.1 所示。

以前的方法（传统模型和统计模型）都是从预先选择特定模型开始的。相比之下，ML 技术能够在训练（或学习）阶段学习复杂的模式，而无须指定 ROP 模型。在学习阶段之后，经过训练的模型能够在给定新输入的情况下进行 ROP 预测。

钻井作业的未来在于数据驱动建模的日益广泛应用，以及其在预测和优化高度不确定的井下环境中的应用。随着各种井眼复杂性的增加，钻井成本也随之增加，因此，以尽可能高的 ROP 实现钻井效率，现在比以往任何时候都更加迫切。

表 7.1　ROP 预测模型分类

ANN	SVM	模糊推理系统	模糊神经网络	集成模型
多层感知器神经网络	线性支持矢量机	Mamdani 型模糊控制器	Neurofuzzy 是指人工神经网络和模糊逻辑算法相结合的算法	混合叠加
卷积神经网络	非线性支持矢量机	Sugeno 型模糊控制器	ANFIS：自适应神经模糊推理系统	套袋法叠加
递归神经网络			DENFIS：动态进化模糊神经网络	
循环神经网络				
长短时记忆神经网络				
序列到序列模型神经网络				
浅层神经网络				

尽管目前有许多机器学习方法和技术正在使用，但每种算法都有其特定的优势和局限性。因此，应该根据具体情况考虑每个数据集和问题。从本质上讲，由于相关性复杂，不存在适用于所有条件的通用目标模型。一般来说，由于井底条件的复杂性增加，典型的方法无法生成准确的 ROP 预测。传统上，ROP 优化需要在钻压（WOB）和转速（RPM，每分钟转数）之间找到最优平衡点以实现有效钻井。然而，ROP 是一个复杂的参数，受许多其他参数的影响。

7.2　实时数据管道

数据收集或处理是将数据传输到可以处理的状态；然后，利用非线性（多元）回归和 ML 技术，找到钻井 ROP 问题的估计系数和矩阵权重。钻速的确定具有一定的精度。优化过程需要数据管道，这被视为一个关键且非常重要的步骤。数据应通过管道传输到进行优化的中央计算机。优化循环的顺序如下：

1．从钻井现场，数据应通过管道实时传输到中央计算机。

2．优化钻井参数由中央计算机估计，中央计算机使用数据库中已有的信息处理数据。

3．为了应用结果，应将优化的钻井参数用管道送回钻机现场。

7.3　钻速优化工作流

油井作业期间产生了如下所示的大量数据记录，这些记录由各相关专家进行处理：

- 钻井参数（RPM、WOB 等）；
- 钻头尺寸和类型（聚晶金刚石化合物—PDC、金刚石浸渍、滚锥-金刚石混合）；
- 振动类型（横向、扭转、轴向、涡流）；
- 岩性特性（岩石类型、压力梯度、抗压强度等）；
- 井底组件（容积式电机—PDM）、旋转导向系统（RSS）、涡轮机和垂直控制系统）；
- 水力效率；
- 机械效率。

实时数据是从钻井平台流式传输而来的。液压专家根据传入的数据确定实时等效循环密度（ECD），并判断泥浆状况是否良好。然后，专家将 ECD 信息提供给地质力学专家，后者主要研究孔隙压力、裂缝梯度和井筒稳定性问题。这有助于地质力学专家确定井下条件。

钻头专家利用这些信息确定所需的适当钻头。选择错误的钻头可能会让操作员多跑一趟，根据位置和井深的不同，造成从几百美元到几十万美元不等的额外支出。钻井主管负责维护和更新计划。该实时输入由液压、地质力学和钻头专家提供。钻井主管将协作钻井规划工作流程中的原始计划与实际数据进行比较，并使用实时参数进行更新。以积极主动的方式运行并且可以优化井筒是这种 ROP 钻井工作流程的主要优点之一。

优化 ROP 钻井需要遵循一个工作流程，该工作流程提供正确的钻井数据组合，以解决待钻井的具体挑战。钻井 ROP 优化工作流应用程序实时监控钻井参数和钻井性能，并对 WOB 表面、RPM 和液压系统提出建议，以最大限度地提高瞬时 ROP，改善底部钻井性能和时间—深度曲线。ROP 优化器系统将自动检测地层变化和转换，并调整建议的钻井参数，以在新地层中优化 ROP（如图 7.3 所示）。

大多数基于 ROP（钻速）的机器学习问题都与大数据处理方法和选择恰当的模型有关。优选基于钻井数据的 ROP 模型需要时间。选择合适的模型需要权衡。高度灵活的模型往往通过建模可能是噪声的微小变化来过度拟合数据。另一方面，简单的模型可能假设太多。模型的选择在模型速度、准确性和复杂性之间总是存在权衡。ROP 的预处理可能需要专门的知识和工具。例如，为了选择用于训练目标检测算法的特征，需要专门的图像处理知识。不同类型的钻井数据需要不同的预处理方法。以下列出了体系结构的组件及其各自的角色。

➤➤ 7.3.1　传感器

石油钻机正在成为海量数据的重要来源，可以帮助运营中心的工程师实现更大的安全性，优化产量并减少钻机停机时间。数据的自动采集消除了人为偏见和错误，使管理人员能够更准确地了解其运营情况，以帮助决策。为了实现高效的钻井过程，监测、控制过程和钻井参数的增强应以实时为基础，即随着钻井的进行而实时进行。从井场开始，通过传感器获取井下和地表测量数据。现代钻井平台的泥浆录井系统提供了大量的传感器数据。传感器测量值是用于监测钻井过程不同状态的指标。以下传感器数据的实时测量通常可用作表面测量：大钩载荷、滑轮位置、流速、泵压(PP)、井眼和钻头深度、转速(RPM)、扭矩、钻速(ROP)和钻压(WOB)。在本节中，将探讨如何使用从录井系统收集的传感器测量值来检测不同钻井作业的状态。详细的数据分析表明，表面传感器测量可被视为钻井作业信息的主要来源之一。为此，构建一个机器学习模型来插值传感器数据测量值。

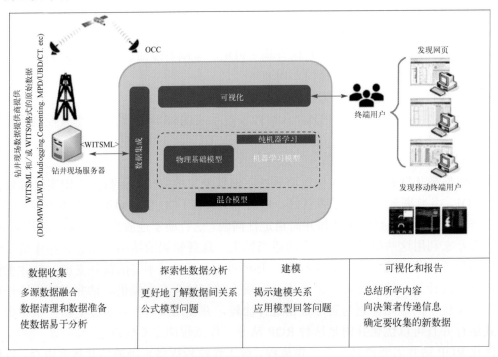

图 7.3　ROP 工作流程

7.3.2　机器学习模型

机器学习生命周期包括 7 个主要步骤，如图 7.4 所示。钻井 ROP(钻速)优化模型已经利用基于实时地表和井下测量以及顶驱、钻杆、泥浆和钻头参数的机器学习算法实现了显著改进，该算法能够快速且可靠地检测实际井下钻头响应的微小变化。机器学习算法计算诸如钻压(WOB)和转速(RPM)等参数，以实现最优的 ROP。ROP 优化器可以设计为在整个钻井作业过程中以闭环方式持续监控和控制钻井参数，无须直接人工干预。

7.3.3　远程操作中心

钻井平台通常位于远离宽带网络的偏远地区，需要技术实现海量 TB 级数据的实时传输。为了实现这一目标，需要建立可靠、安全的井场到中心的连接，以便能够实时、按需地共同做出决策。

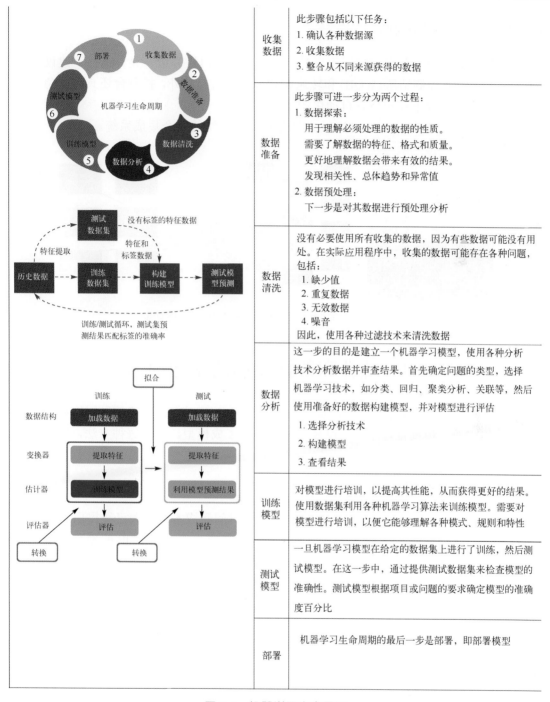

收集数据	此步骤包括以下任务： 1. 确认各种数据源 2. 收集数据 3. 整合从不同来源获得的数据
数据准备	此步骤可进一步分为两个过程： 1. 数据探索： 　用于理解必须处理的数据的性质。 　需要了解数据的特征、格式和质量。 　更好地理解数据会带来有效的结果。 　发现相关性、总体趋势和异常值 2. 数据预处理： 　下一步是对其数据进行预处理分析
数据清洗	没有必要使用所有收集的数据，因为有些数据可能没有用处。在实际应用程序中，收集的数据可能存在各种问题，包括： 1. 缺少值 2. 重复数据 3. 无效数据 4. 噪音 因此，使用各种过滤技术来清洗数据
数据分析	这一步的目的是建立一个机器学习模型，使用各种分析技术分析数据并审查结果。首先确定问题的类型，选择机器学习技术，如分类、回归、聚类分析、关联等，然后使用准备好的数据构建模型，并对模型进行评估 1. 选择分析技术 2. 构建模型 3. 查看结果
训练模型	对模型进行培训，以提高其性能，从而获得更好的结果。使用数据集利用各种机器学习算法来训练模型。需要对模型进行培训，以便它能够理解各种模式、规则和特性
测试模型	一旦机器学习模型在给定的数据集上进行了训练，然后测试模型。在这一步中，通过提供测试数据集来检查模型的准确性。测试模型根据项目或问题的要求确定模型的准确度百分比
部署	机器学习生命周期的最后一步是部署，即部署模型

图 7.4　机器学习生命周期

》》7.3.4　钻井平台控制系统

这个系统用于控制钻井平台上的设备。虽然它可以从钻井平台上直接操作，但也可以通过实现一个应用程序编程接口（API）来允许对设备进行远程控制。这种接口解决方案依赖于钻井平台控制系统的提供商。

》》 7.3.5　自动化控制台

该控制台允许司钻与自动化流程交互。控制台位于司钻旁边，允许选择"建议模式"，在该模式下，可以控制钻压（WOB）和转速（RPM）等参数。此外，控制台还具有紧急断开功能，可以在紧急情况下停止所有自动化活动。

图 7.5 展示了 National-Oilwell Varco 钻井自动化系统的一个集成系统。

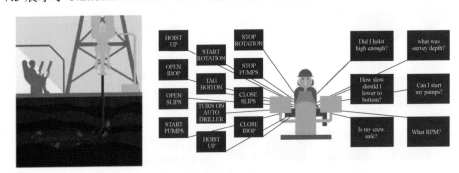

图 7.5　国家油井 Varco 操作系统（NOVOS）的功能

7.4　统计和数据驱动的钻速模型

本节将探讨 5 种用于钻速（ROP）优化的机器学习（ML）方法：人工神经网络（ANN）、支持矢量机（SVM）、模糊推理系统、模糊神经网络和集成模型。对于每种方法，表 7.1 中已提供了具体信息。

》》 7.4.1　多元线性回归

钻速（ROP）是一个重要参数，它直接影响钻井时间和成本。前人已经提出了包括数学模型和人工智能（AI）在内的 ROP 预测方法。先前的研究表明，在 ROP 的预测方面，人工智能方法（如神经网络和自适应神经模糊推理系统）优于传统方法。然而，近年来也开发了许多复杂的分析 ROP 模型，这些模型能够以高精度预测 ROP。因此，确定最准确的模型以及每种模型发挥最优作用的条件，可以非常有效地减少钻井时间和钻井成本。

为了深入研究这一问题，Yavari 等（2018）进行了一项研究，利用现有气田中选定地质构造的钻井数据，以找出每种情况下最优的 ROP 预测模型。该研究选择的气田油井所穿透的地质构造从浅到深依次为阿斯马里层、伊拉姆层、萨尔瓦克层、上石灰岩层、达斯塔克层、苏尔梅赫层和坎甘层。作者根据 Bourgoyne 和 Young（BY）模型以及自适应神经模糊推理系统（ANFIS）计算了不同地质构造的 ROP。

可以得出结论，在处理大量数据以预测钻井速度方面，ANFIS 比 BY 模型更准确。

每个地层的 ROP 模型都是基于从气田钻井现场收集的数据建立的数据库来构建的，这些数据包括：

- 每日录井报告（DMLR），钻井数据包括钻速（ROP）、钻压（WOB）、转速（RPM）、泵流量、泥浆重量、钻头类型和钻头磨损；

- 模块化动态测试（MDT）数据，用于估算孔隙压力；
- 声波测井数据，用于计算单轴抗压强度。

该研究的数据集由 721 条数据记录组成，随机分为两部分，其中 70%（504 条记录）用于构建（训练）模型，其余 30%（217 条数据记录）用于测试开发的模型。本研究中使用的数据如图 7.6 和图 7.7 所示。

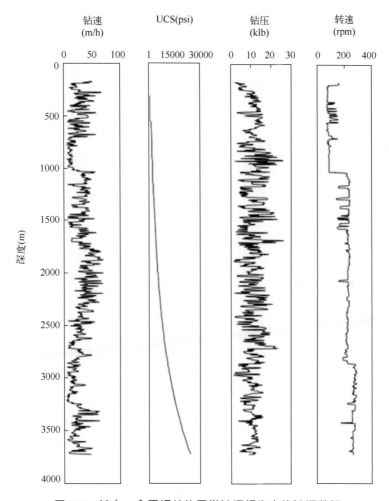

图 7.6　其中一个目标井的日常钻探报告中的钻探数据

已经提出了几种用于预测 ROP 的模型。Bourgoyne 和 Young（1974）建立的模型是最完整的钻井模型之一，它适用于滚锥钻头。BY 模型由式（7.1）定义。在该模型中，使用了 8 个变量来模拟不同钻井参数的影响：f_1 是地层可钻性，包括地层强度、钻头类型、泥浆类型和固体含量的影响，这些因素并未直接包含在钻井模型中；f_2 为正常压实度；f_3 为欠压实度；f_4 为过平衡压力对渗透率的影响；f_5 为钻压（WOB）；f_6 为转速；f_7 为齿磨损；f_8 为钻头液压的效果。

$$\text{ROP} = (f_1)(f_2)(f_3)(f_4)(f_5)(f_6)(f_7)(f_8) \tag{7.1}$$

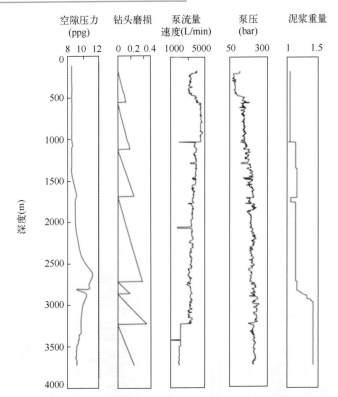

图 7.7   钻探数据来自每日钻探报告、孔隙压力和模块动态测试数据

各个方程如图 7.8 所示，其中 D 是真正的垂直井深度，以英尺为单位；g_p 是以 lbm/gal 为单位的孔隙压力梯度；ρ_c 是等效循环。$\left(\dfrac{\text{WOB}}{d_b}\right)$ 是指每英寸钻头直径的钻头重量阈值，在此阈值下，钻头开始钻孔，单位是 1000 lbf/in；h 是齿磨损分数；F_j 是钻头下方的水力冲击力，单位是 lbf；a_1 到 a_8 是必须根据当地钻井条件选择的常数。

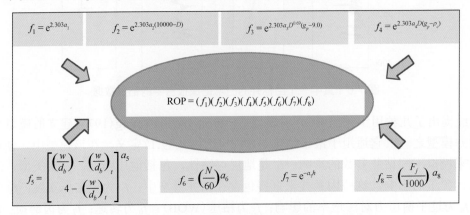

图 7.8   在 BY 模型中被认为对钻速有影响的钻井参数

多元回归方法用于确定每个地层的模型常数（a_1 到 a_8）。最初，BY 模型需要通过对式 (7.1) 两边取自然对数的方式以线性形式表示，即式 (7.2)，表 7.2 包含了 BY 模型线性形式下 X_1 到 X_7 的值。

$$Y = \mathrm{LnROP} = K_s + a_1 X_1 + a_2 X_2 + a_3 X_3 + a_4 X_4 + a_5 X_5 + a_6 X_6 + a_7 X_7 \tag{7.2}$$

然后使用该数据集确定 X 和 Y 值[见式（7.2）]。对于有 k 个常数的问题的多元线性回归（MLR）的一般形式如式（7.3）所示，其中 n 是涉及的数据记录数（Eren，2010）。通过求解这个矩阵，可以确定常数：

$$
\begin{bmatrix}
n & \sum_{i=1}^{n} x_{i1} & \sum_{i=1}^{n} x_{i2} & \cdots & \cdots & \sum_{i=1}^{n} x_{ik} \\
\sum_{i=1}^{n} x_{i1} & \sum_{i=1}^{n} x_{i1}^2 & \sum_{i=1}^{n} x_{i1} x_{i2} & \sum_{i=1}^{n} x_{i1} x_{i3} & \cdots & \sum_{i=1}^{n} x_{i1} x_{ik} \\
\vdots & \vdots & \vdots & \vdots & & \vdots \\
\sum_{i=1}^{n} x_{ik} & \sum_{i=1}^{n} x_{ik} x_{i1} & \sum_{i=1}^{n} x_{ik} x_{i2} & \sum_{i=1}^{n} x_{ik} x_{i3} & \cdots & \sum_{i=1}^{n} x_{ik}^2
\end{bmatrix}
\begin{bmatrix}
a_0 \\ a_1 \\ a_2 \\ \vdots \\ a_k
\end{bmatrix}
=
\begin{bmatrix}
\sum_{i=1}^{n} y_i \\
\sum_{i=1}^{n} x_{i1} y_i \\
\sum_{i=1}^{n} x_{i2} y_i \\
\vdots \\
\sum_{i=1}^{n} x_{ik} y_i
\end{bmatrix}
\tag{7.3}
$$

MLR 是确定模型常数系数的准确方法。然而，作者指出，当应用于 BY 模型（以及其他模型）时，由于现有数据的质量（例如，某些数据记录中的异常数据点），MLR 会导致无意义的常数（例如，计算 ROP 负值）。在这种情况下，需要从数据集中移除异常数据点。此外，还有一些确定常数系数的数值方法。因此，作者使用模拟退火算法（SAA）来确定 BY 模型常数。

表 7.2　BY 模型的运行-1 线性形式的系数

特　征	变　量	总　　计
正常压实参数	X_1	$2.303*(10000-D)$
欠压实参数	X_2	$2.303*D^{0.69}*(g_p-9)$
压力差参数	X_3	$2.303*D*(g_p-\rho_c)$
位权重参数	X_4	$\mathrm{Ln}\left(\dfrac{\left(\dfrac{W}{d}\right)-\left(\dfrac{W}{d}\right)_t}{4-\left(\dfrac{W}{d}\right)_t}\right)$
旋转速度参数	X_5	$\mathrm{Ln}\left(\dfrac{N}{60}\right)$
磨损参数	X_6	$-h$
液压参数	X_7	$\mathrm{Ln}\left(\dfrac{F_j}{1000}\right)$

模拟退火算法

研究指出，物理退火模拟已成功用于优化中（Kirkpatrick 等，1983）。模拟退火算法（SAA）的参数包括设计变量（X_0）、能量状态（$E(X_0)$）（相当于目标函数）、初始温度（T_0）、冻结温度（T_f）、马尔可夫链的长度（L）和温度递减因子（α）（Granville 等，1994）。SAA 使用 Metropolis 准则来逃离局部最优点，并有更好的机会获得全局最优点。Metropolis 准则的接受概率如下（Metropolis 等，1953）：

$$P = \exp\left(-\frac{\Delta E}{T}\right) \tag{7.4}$$

SAA 算法涉及以下 6 个步骤：

1. 第一步是确定最优算法参数；因为没有直接的方法，为此使用了试错法。

2. 下一步是生成一组随机的常数系数。

3. 使用这些常数，计算 ROP 值，并使用式(7.5)确定所有数据集的 $RMSE_1$。

4. 然后生成一组相邻的常数系数(见表 7.3)，并确定这个新解的 $RMSE_2$。

5. 如果 $RMSE_2$ 低于 $RMSE_1$，则认为新解为最优解，否则，如果 $P(Solution) > Random(0\text{-}1)$，则选择 $RMSE_2$ 作为最优解决方案。

6. 温度降低 $T_{New} = \alpha * T_{Current}$，过程返回步骤 4。重复该过程直到达到冷结温度。

在他们的研究中，Yavari 等人将目标函数视为均方根误差 (RMSE)，使用式(7.5)计算。

$$RMSE = \sqrt{\frac{1}{n}\sum_{i=1}^{n}(ROP_{real} - ROP_{predicted})^2} \tag{7.5}$$

Bourgoyne 和 Young 对 8 个系数中的每一个的推荐范围如表 7.3 所示。

表 7.3   BY 模型的每个常数系数的建议边界

系 数	下 边 界	上 边 界
a_1	0.5	1.9
a_2	0.000001	0.0005
a_3	0.000001	0.0009
a_4	0.000001	0.0001
a_5	0.5	2
a_6	0.4	1
a_7	0.3	1.5
a_8	0.3	0.6

Yavari 等人使用试错法为研究确定了 SAA 的最优算法参数，如表 7.4 所示。

表 7.4   最优算法参数

序 号	SAA 参数	值
1	T_0	1000
2	α	0.925
3	马尔可夫链的长度	8
4	T_f	0.0002

SAA, 模拟退火算法。

Yavari 等(2018)以 Surmeh 地层数据(见图 7.9)作为例子，研究模拟退火算法(SAA)在确定地层 BY 模型的常数系数方面的性能。第一个图表展示了通过确定的常数可以预测

ROP，其 RMSE 值等于 2.973 18。第二个图表展示了所确定的常数系数。第三个图表则表明，当温度达到冻结温度时，算法会停止运行。

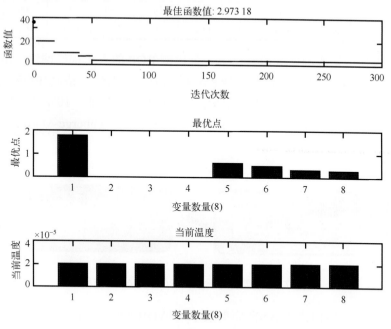

图 7.9　在 Surmeh 地层中确定 BY 模型的模拟退火算法的性能

计算的常数总结在表 7.5 中。当使用模拟退火算法(SAA)用于确定数学模型的常数系数时，有时每次运行后获得一组完全不同的常数。在这种情况下，必须改变算法的参数以达到全局最优。

表 7.5　每个地层的 BY 模型常数

地　层	a_1	a_2	a_3	a_4	a_5	a_6	a_7	a_8
Asmari	1.535	0.000 075	0.000 002	0.0001	0.595	0.94	0.895	0.49
Ilam	1.125	0.000 101	0.000 459	0.000 002	0.5	0.405	1.4999	0.595
Sarvak	1.289	0.000 079	0.000 002	0.000 002	0.505	0.98	0.3067	0.435
Upper limestone	1.259	0.000 01	0.000 043	0.000 002	0.865	1	0.305	0.595
Dashtak	1.329	0.000 044	0.000 12	0.000 002	0.505	0.95	0.301	0.3046
Surmeh	1.831	0.000 021	0.0 001	0.000 001	0.619	0.516	0.375	0.342
Kangan	1.525	0.000 001	0.000 001	0.000 001	0.79	0.995	0.303	0.41

7.4.2　自适应的神经模糊推理系统模型

人工智能模型

已经确定，当有大数据集可用时，人工神经网络(ANN)可以在输入数据的范围内准确预测 ROP。表 7.6 包含了用 PDC 钻头钻出的 12.25″孔径段中 Surmeh 地层的钻取测试数据。泥浆重量为 9.6 ppg，流速为 870 gpm。

表 7.6　Surmeh 地层的钻取测试数据

WOB（klb）	5	8	11	13	14	15	17	14	14	14	14
RPM（rpm）	180	180	180	180	180	180	180	190	200	210	220
ROP（m/h）	5.5	9.12	13.46	14	14.21	13.5	13.09	15.31	16.5	17.35	18

　　Yavari 等人使用钻取测试数据构建了一个预测 ROP 的人工神经网络（ANN）模型，其结构如图 7.10 所示。钻压（WOB）和转速（RPM）被视为输入变量，钻速（ROP）是模型的输出。可用的数据集包括 80%用于神经网络训练学习，10%用于验证，10%用于测试。使用的是两层前馈反向传播算法，隐藏层有 10 个神经元。选择 Levenberge-Marquardt（LM）算法来训练网络。

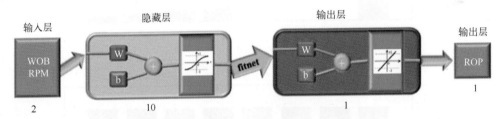

图 7.10　建议用于预测 ROP 的 ANN 结构

　　图 7.11 展示了使用构建的 ANN 模型表示的 WOB、RPM 和 ROP 之间的关系。可以看出，ANN 只能在输入数据的范围内预测 ROP。当没有足够的分布广泛的输入数据时，它不能作为一个可靠的 ROP 预测模型。

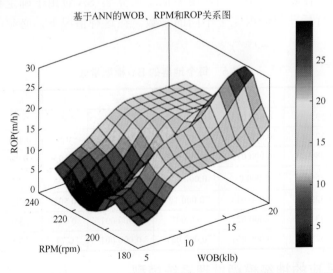

图 7.11　使用构建的 ANN 模型表示的 WOB、RPM 和 ROP 之间的关系

　　随后，使用自适应神经模糊推理系统（ANFIS）和钻进测试数据构建了一个 ROP 预测模型，其中 80%的数据用于训练，10%用于测试，10%用于校验，这与人工神经网络（ANN）模型的使用方式相同。在该模型中（见图 7.12），钻压（WOB）和转速（RPM）是输入变量，钻速（ROP）是模型的输出。高斯隶属函数用于将输入数据转换为模糊输入，并且为每个语言变量选择了 3 个高斯隶属函数。

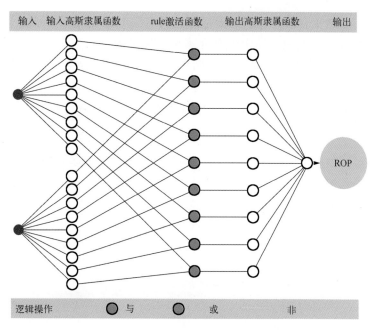

图 7.12　设计的用于预测 ROP 的 ANFIS 模型的结构

图 7.13 显示了使用本研究的 ANFIS 模型设计的钻压（WOB）、转速（RPM）和钻速（ROP）之间的关系。值得注意的是，当只有少数具有充分分布的输入数据记录时，自适应神经模糊推理系统（ANFIS）的表现优于人工神经网络（ANN），它是预测钻速（ROP）的可靠模型。

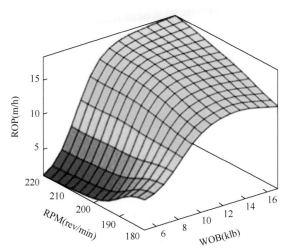

图 7.13　使用设计的 ANFIS 模型表示 WOB、RPM 和 ROP 之间的关系

该研究认为，当数据集不足够大时，自适应神经模糊推理系统（ANFIS）可以提供比人工神经网络（ANN）更准确和可靠的结果。

自适应神经模糊推理系统应用于渗透率预测模型的理论基础和推证

基于模糊推理系统的模型使用语言学术语和 IF-THEN 规则而不是数值术语。语言变量的值以自然语言中的词或句子来表达，描述隶属程度。属于这些语言变量的模糊集合是清晰集合的扩展，在清晰集合中，每个元素都可以具有二元隶属关系，即完全隶属或不隶属。然而，模糊集合允许部分隶属，其中一个元素可以部分地属于一个或多个集合（Nedjah 等，2005）。因此，在清晰集合中，元素 x 在模糊集合 A 中的隶属程度可以由隶属函数 $\mu_A(x)$ 表示，其值介于 0 和 1 之间。

$$\mu_A(x) = \begin{cases} 1, & x \in A \text{ 完全隶属} \\ 0, & x \notin A \text{ 不隶属} \end{cases} \tag{7.6}$$

在自适应神经模糊推理系统（ANFIS）中，输入数据通过隶属函数转换为模糊输入。随后，这些模糊输入被送入神经网络模块。该模块连接到一个包含规则库的推理引擎。使用反向传播算法来训练推理引擎，并确定能够产生有意义的因变量值的适当规则。训练完成后，生成的规则被应用于来自神经网络的数据集，以产生最佳输出。然后，通过去模糊化算法将神经网络模块获得的输出转换为清晰值（Sugeno 等，1988）。这一分析序列如图 7.14 所示。

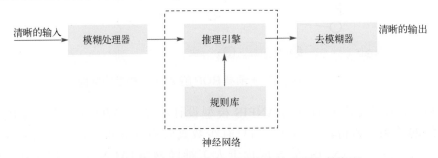

图 7.14　模糊神经网络中涉及的序列的高层次示意图

模糊神经网络的结构包含五层，分别是模糊化层、规则层、归一化层、去模糊化层和输出层，如图 7.15 所示。每一层都包含处理模糊输入的节点。由于 ANFIS 只允许一个模型输出，因此这些节点的输出被组合起来产生一个单一的清晰输出。然后，将得到的输出重新作为输入进入模型，并与实际设定值进行比较。如果存在任何偏差，就会产生误差信号，并成为 ANFIS 模型下一次迭代的输入。经过一系列迭代后，结果将收敛到一个稳定的系统，预测值和测量值之间的误差最小（Mathur 等，2016）。

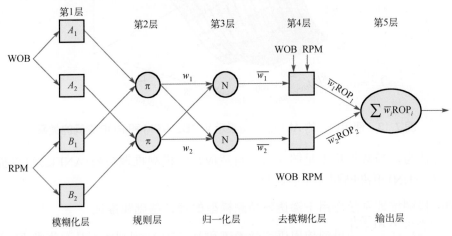

图 7.15　ANFIS 结构涉及两条规则和两个输入

Takagi、Sugeno 和 Kang(TSK)模糊推理系统用于构建 ANFIS 模型，该模型由两条规则组成(Sugeno 等，1988)。TSK ROP 模型涉及两个输入：WOB 和 RPM，一个输出 ROP，以及模糊集 A_1、A_2、B_1 和 B_2，它们分别是变量 WOB 和 RPM 的模糊集。在 ANFIS 模型中，输入和输出之间的关系由以下 IF-THEN 规则表示，

规则 1：

如果 WOB 为 A_1 并且 RPM 为 B_1，则 ROP1 = p_1 WOB + q_1 RPM + r_1。

规则 2：

如果 WOB 为 A_2 并且 RPM 为 B_2，则 ROP2 = p_2 WOB + q_2 RPM + r_2。

p_1、q_1、r_1 和 p_2、q_2、r_2 是后续参数。A_1、A_2、B_1 和 B_2 是代表语言标签的模糊集。ROP ANFIS 模型的每一层由以下节点函数组成。

第 1 层是模糊化层。在这一层，脆性值进入节点 i，被转换成与模糊集 A_i 或 B_i 相关的模糊值。然后，该输入的隶属级别由各自模糊集的隶属函数决定。每个节点的输出是通过以下公式计算的，

$$O_{1,i} = \mu_{Ai}(\text{WOB}), \quad i = 1,2 \tag{7.7}$$

$$O_{1,i} = \mu_{Bi}(\text{RPM}), \quad i = 1,2 \tag{7.8}$$

第 2 层是规则层。这一层的节点是固定的，它们根据每条规则将所有输入的隶属等级相乘，如下所示，其中 $O_{2,i}$ 表示第 2 层的输出，w_i 是启动强度，

$$O_{2,i} = w_i = \mu_{Ai}(\text{WOB}) \quad \mu_{Bi}(\text{RPM}), \quad i = 1,2 \tag{7.9}$$

在这一层中，每个节点通过乘法计算每条规则的启动强度，具有高启动强度的规则与输入数据匹配。节点的数量等于这一层中规则的数量。

第 3 层是归一化层。在这一层，每个节点计算每条规则的启动强度与所有规则的总和之比。启动强度的计算方法如下，其中 w_i 代表归一化的启动强度，

$$O_{3,i} = \overline{w_i} = \frac{w_i}{w_1 + w_2}, \quad i = 1,2 \tag{7.10}$$

第 4 层是去模糊化层。这一层的节点函数计算如下，其中 w_i 是归一化的启动强度，这是从第 3 层计算出来的，ROP_i 可以是多项式函数或常数。$\{p_i, q_i, r_i\}$ 是一个规则 i 的后续参数集(Jang，1993)，

$$O_{4,i} = \overline{w_i} \times \text{ROP}_i = \overline{w_i} \times (p_i\text{WOB} + q_i\text{RPM} + r_i), \quad i = 1,2 \tag{7.11}$$

第 5 层是输出层。它只有一个节点，这个节点计算第 4 层所有节点的输出之和，产生整体的 ANFIS 输出，如下所示：

$$\text{overalloutput} = O_{5,i} = \sum_i \overline{w_i} \times \text{ROP}_i = \frac{\sum_i w_i\text{ROP}_i}{\sum_i w_i}, \quad i = 1,2 \tag{7.12}$$

这个用训练数据子集开发的 ROP ANFIS 模型，之后被用来预测测试子集的每个数据集记录的 ROP，以确定其准确性。

自适应神经模糊推理系统预测钻井速度

ANFIS 模型是由与 BY 数学 ROP 模型相同的数据集构建的。对数据集进行分类后，使用 MATLAB 软件对 ANFIS 模型进行了训练。TSK 模糊推理系统被用来构建 ANFIS 模型，并利用混合规则算法来训练自适应网络。模型输入包括深度、WOB、转速、流速、泥浆重量、孔隙压力和钻头磨损。唯一的输出是 ROP。在构建的模型中，每个输入数据记录都考虑了三个隶属函数的参数。隶属函数类型是 trimf，由三个常数组成。除了比特类型，输入数据的语言表达式是低 (L)、中 (M) 和高 (H)。这些语言学标签通过模糊的 IF-THEN 规则说明输入和输出数据之间的关系。表 7.7 总结了 Sarvak 地层的语言学标签和相应的隶属函数。

表 7.7　Sarvak 地层的语言学标签和相应的隶属函数

参　数	语　言　值	隶属函数的参数		
		a	b	c
TVD	Low	827.5	995	1162.5
	Moderate	995	1162.5	1330
	High	1162.5	1330	1497.5
WOB	Low	−2.45	4.6	11.65
	Moderate	4.6	11.65	18.7
	High	11.65	18.7	25.75
RPM	Low	8.5	85	161.5
	Moderate	85	161.5	238
	High	161.5	238	314.5
Flow rate	Low	2718.5	3312	3905.5
	Moderate	3312	3905.5	4499
	High	3905.5	4499	5092.5
Mud weight	Low	9.41	9.43	9.45
	Moderate	9.43	9.45	9.47
	High	9.45	9.47	9.49
Pore pressure	Low	8.51	8.53	8.55
	Moderate	8.53	8.55	8.57
	High	8.55	8.57	8.59
Bit wear	Low	−0.101	0.0161	0.1332
	Moderate	0.0161	0.1332	0.2503
	High	0.1332	0.2503	0.3674

在 Sarvak 地层，泥浆重量和孔隙压力没有明显的变化。

在这项研究中，根据数据集训练子集的每条记录的输入和输出之间的关系，创建 IF-THEN 规则。创建的规则库包含 2187 条规则，例如：

规则 1：如果深度为 L，WOB 为 H，RPM 为 H，流速为 H，泥浆重量为 L，孔隙压力为 L，钻头磨损为 L，那么 $ROP_1 = f(depth.WOB\cdots)$ 是 H。

最后一步是去模糊化，钻井 ROP 从模糊表达式转换为清晰的数值。图 7.16 给出了测试数据集的预测和测量钻速以及最优曲线和相关系数 R^2 值的图。

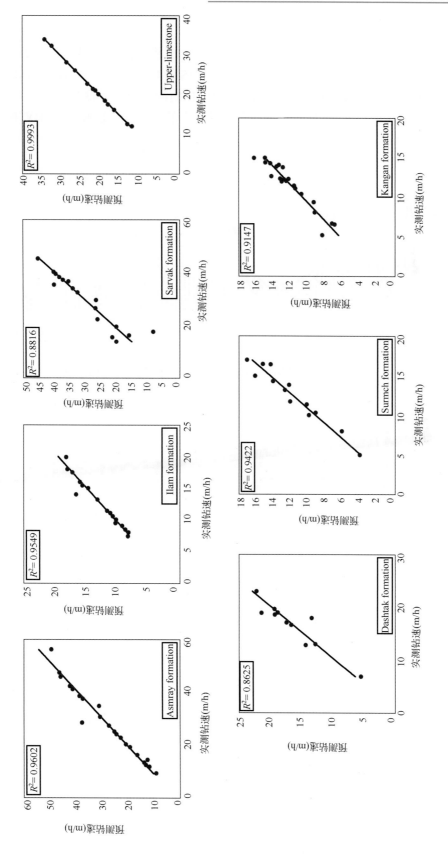

图 7.16　应用 ANFIS ROP 模型对每个地层的实测钻速与预测钻速的对比

模型效果分析

在本文比较的模型中，与 BY 模型相比，ANFIS 模型的误差最小，在所有研究的地层中其平均误差小于 10%。因此，可以认为 ANFIS 模型是预测钻井 ROP 的最合适工具。图 7.17 显示了使用所评估的两个不同模型的 ROP 的测量值和预测值。图 7.18 中显示了每个开发模型的残余误差。显然，ANFIS 模型产生的误差比广泛使用的 BY 模型产生的误差要低。

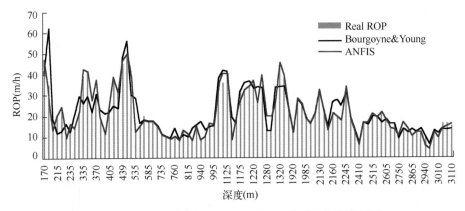

图 7.17　BY 模型和 ANFIS 模型 ROP 的测量值和预测值

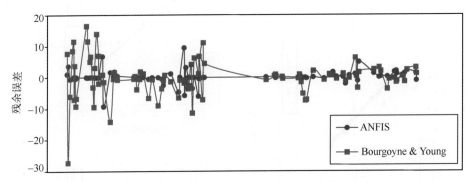

图 7.18　ANFIS 模型、BY 模型的预测值的残余误差

换句话说，ANFIS 模型中预测值与测量值的偏差较小分析模型在预测钻速时只考虑有限数量的参数影响，而 ANFIS 模型中输入变量的数量没有限制，可以考虑并包含任何变量对钻速的影响。然而，如果在钻进地层过程中泥浆重量、孔隙压力和地层强度几乎保持不变，则不需要将它们用作输入参数。由于这些原因，ANFIS 模型在所有研究地层中的表现最佳。但值得注意的是，像 ANFIS 模型这样的人工智能系统，只有在存在大量数据时，才能比其他方法更好地发挥作用。ANFIS 模型可以在输入数据范围内准确预测 ROP，但无法预测超出该范围的 ROP。在没有大量数据集可用于训练模型的情况下，传统数学方法可能比推理系统更优越。数学 ROP 模型可以预测所有范围内的 ROP，并且它们需要的输入数据比 ANFIS 模型少（见表 7.8）。

表 7.8　ANFIS 模型、BY 模型对每个地层的平均百分比误差

地层类型	ANFIS 模型（%）	By 模型（%）
Asmari	3.75	36.91
Ilam	3.01	13.93
Sarvak	10.79	14.88
Upper limestone	0.75	10.18
Dashtak	8.01	9.17
Surmeh	9.64	15.15
Kangan	6.32	14.44

利用输入层、隐藏层和输出层之间神经元连接的偏置和权重，从人工神经网络（ANN）模型中得出了另一种新的相关性。新的 ROP 相关性如式（7.13）所示（Abdulmalek 和 Abdulwahab，2019）。

$$\text{ROP}_n = \left[\sum_{i=1}^{N} w_{2i} (e^{\substack{-(w_{1i,1}\text{WOB}+w_{1i,2}\text{SPP}+w_{1i,3}\text{RPM}+w_{1i,4}\text{Flow pump rate}+ \\ w_{1i,6}\text{Torque}+w_{1i,5}\rho_{\text{mud}}+w_{1i,7}\text{Viscosity}_{\text{Funnel}}+w_{1i,8}\text{Viscosity}_{\text{Plastic}}+ \\ w_{1i,9}\text{Yield point}+w_{1i,10}\text{solid}+b_{1i})})^2 \right] + b_2 \tag{7.13}$$

⟫ 7.4.3　决策树模型

为了讨论决策树（DT）、多层感知器（MLP）、径向基函数（RBF）和支持矢量回归（SVR）等模型，我们使用了表 7.9 中所示的直井数据。主要的 ROP 预测参数可分为两大类：泥浆日志数据和油井日志数据。动态监测站的泥浆日志包括 WOB、钻头转速、流量、PP 和泥浆重量。油井日志数据是从物性日志中添加的，包括压缩波和剪切波声波日志、密度日志以及伽马射线和中子孔隙度日志，以形成输入信息库。值得注意的是，在我们收集的数据集中，钻头类型和地层类型是恒定的，因此这些参数没有被视为开发模型的输入矢量。

由于油井日志和泥浆日志数据的采样率不同，因此实施了一种上采样方法，对油井日志进行平均处理，以便将两组数据集成到一个统一的数据集中。参数及其范围、单位和平均值如表 7.9 所示。整个数据集由 1000 条记录组成，它们被随机分为两部分：70%（700 个数据集）用于构建模型，其余 30%（300 个数据集）用于测试所开发的模型。选择的数据被归一化以提高系统的准确性。以下关系用于将输入和输出数据归一化在 -1 和 1 之间（Deosarkar 和 Sathe，2012）：

$$x_i^n = 2 \times \frac{x_i - x_{\min}}{x_{\max} - x_{\min}} - 1 \tag{7.14}$$

式中，i 是参数的数量，$x_{\max}$ 和 $x_{\min}$ 分别代表 x_i 的最大值和最小值（如图 7.19 所示）。

表 7.9　输入和输出参数的统计信息

编码因子	参　数	单　位	最 小 值	最 大 值	平 均 值
X_1	Neutron porosity	-	0.3	0.43	0.35
X_2	Density	gr/cc	2.21	2.42	2.37
X_3	Shear wave velocity	us/ft	226.31	319.82	261.28
X_4	Compressional wave velocity	us/ft	100.48	121.45	108.3

续表

编码因子	参　数	单　位	最　小　值	最　大　值	平　均　值
X_5	Gamma ray	Gapi	70	117	102.47
X_6	Weight on bit	klb	0.32	22.23	10.75
X_7	Bit rotational speed	rpm	117.29	143.63	135.58
X_8	Pump pressure	psi	3418	3830	3681.32
X_9	Bit flow rate	gpm	862.94	921.52	906.73
X_{10}	Mud weight	kg/L	1.5	1.8	1.68
X_{11}	Eaton pore pressure	kg/L	1.19	1.59	1.47
X_{12}	Rate of penetration	m/h	2.27	35.12	24.86

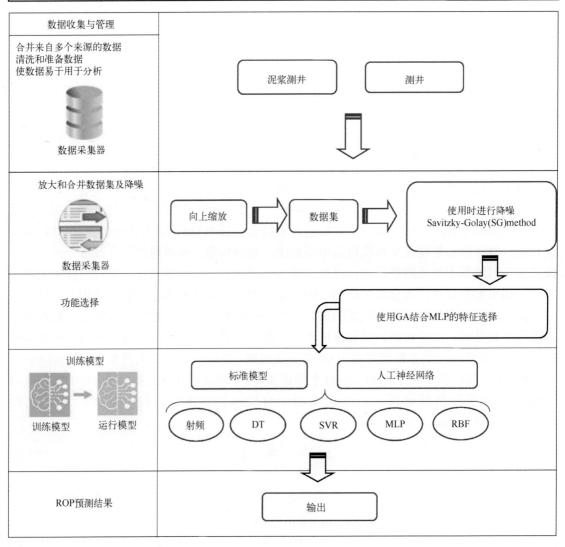

图 7.19　机器学习工作流程

降噪

现实世界中的测量数据总是受到噪声的影响。即使在最好的控制条件下，测量数据的误差通常也在 5%左右或以上(Orr，1998；Redman，1998)。统计学和机器学习文献为噪声提供了各种定义，但共同的定义是，噪声数据会影响学习过程并增加学习时间(Anemangely 等，2018)。另外，从数据中提取规则和将训练好的模型推广到新的数据中，在数据中存在噪声的情况下是一个大问题(Lorena 等 de Carvalho，2004；Garcia 等，2015)。当低信噪比(SNR)数据被整合时，噪声地震数据将产生不适当的结果。检测噪声的来源是减少噪声的关键步骤。钻井工程师的换班、修井和钻井工具的更换、钻井绳的振动、冲刷和地质层的改变都是在井下获取的数据中可能存在的误差来源(Anemangely 等，2018)。

应用 Savitzky-Golay(SG)平滑器来消除数据中的噪声。在这种方法中，使用多项式函数减少了数据中的噪声影响，该函数的结果取代了初始(获取)值。在最小二乘法误差的基础上，一个阶数为 n 的多项式函数被固定在一个区间的若干点上。多项式的阶数应该是奇数，并且大于这个区间内所选的点的数量。如果增加多项式的阶数或减少区间内的点的数量，数据结构将被保留。另一方面，减少多项式的阶数或增加区间内的点的数量会消除部分数据结构并带来进一步的平滑。因此，确定最优的多项式阶数和区间内的点数是至关重要的。为了确定这两个参数的最优值，调查了所研究的油井的日常报告和油田的地质环境。根据敏感性分析，泥浆测井数据的最优多项式阶数和区间内的点数分别被确定为 3 和 13。对石油物理测井进行了同样的分析，多项式的最优阶数和区间内的点数分别被确定为 5 和 17。

特征选择

由于数据集和衍生模型的限制，不建议使用机器学习进行特征排序。特征排序是一个确定特征重要性的决策指标，并可用于确定数据集的维度。这种方法的应用具有缩短训练时间、明确模型解释、减少过度测试和降低数据收集成本的优点(James 等，2013)。由于变量排序和重要性估计的结果依赖于为特征排名方法挑选的预测模型(Szlek 和 Mendyk，2015)，因此选择合适的模型仍然是一个挑战。

在这项研究中，使用遗传算法结合人工神经网络(ANN)进行特征排序。与其他元启发式算法类似，该方法中的初始种群是随机生成的。之后，在群体上执行两种不同的交叉和变异操作。在种群生成过程中，每个个体的精确性是用"基于等级"的方法获得的，这是一种计算精确性的常用方法。因此，每个个体的误差是根据预先设定的多层感知器模型来计算的。在下一阶段，根据个体的误差对群体进行排序。选择压力被定义并应用于轮盘选择方法，以识别具有最大影响的特征。首先，只选择适应度最好的特征，然后增加选择的特征数量，以确定选择不同数量的特征时的误差减少量。

在这个过程中，每一步所选择特征的组合都可能有所不同。这一过程使得评估随着特征数量增加时错误率降低的趋势成为可能。多层感知器模型的结构由两个隐藏层组成，第一层有 9 个神经元，第二层有 4 个神经元。为了消除初始随机选择权重和偏置可能带来的误差，神经网络在每一步特征选择中都运行了 10 次，并考虑了平均误差。数据集被随机分成两组：训练集使用 70%的数据，测试集使用 30%的数据。使用式(7.15)，可以根据每组的相关成本计算出每次选择的总钻探成本。为了避免模型过度训练，训练和测试误差权重(W_{train} 和 W_{test})分别设置为 0.45 和 0.55。

$$\text{RMSE}_{model} = W_{train} \times \text{RMSE}_{train} + W_{test} \times \text{RMSE}_{test} \tag{7.15}$$

表 7.10 列出了对所需数据应用特征选择的结果。该表中的相关误差值被绘制在图 7.20 中。如该图所示，增加输入的数量使误差曲线的斜率降低，因此，一旦模型的输入参数数量超过 8 个，误差的变化就可以忽略不计。

出于这一原因，在下一阶段选择了有 8 个输入矢量的模型来估计 ROP。所选变量大多与文献中的结论基本一致（Bezminabadi 等，2017；Anemangely 等，2018）。

表 7.10   使用遗传算法进行特征选择的结果

输入参数数量	选择特征输入	RMSE
1	X_8	3.2909
2	X_{11}, X_6	2.1849
3	X_{11}, X_6, X_7	1.602
4	X_{11}, X_9, X_6, X_8	1.3787
5	$X_{11}, X_9, X_8, X_6, X_7$	1.3294
6	$X_7, X_6, X_9, X_{11}, X_2, X_8$	1.2397
7	$X_2, X_8, X_7, X_{11}, X_6, X_9, X_3$	1.1964
8	$X_6, X_5, X_9, X_{11}, X_8, X_3, X_2, X_7$	1.1462
9	$X_5, X_3, X_2, X_1, X_9, X_7, X_6, X_8, X_{11}$	1.1345
10	$X_8, X_2, X_1, X_7, X_3, X_5, X_4, X_{11}, X_9, X_6$	1.1332
11	$X_1, X_5, X_7, X_2, X_6, X_{11}, X_4, X_3, X_9, X_{10}, X_8$	1.1315

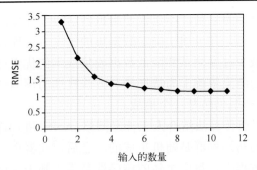

图 7.20   应用遗传算法进行特征选择方法的结果（不同输入的数量的相关误差）

回归树

分类树与回归树（CART）属于一类非参数化的监督学习算法，广泛应用于各种行业和领域。事实证明，它在执行因果分析方面是有效的。数据挖掘中的动态测试（DT）方法分为两类："分类树"或"回归树"。树的类型由输出变量的类型决定；如果它是自然分类的，则形成分类树；如果是连续的，则将其发送入回归树（Breiman，2017）。在本节的研究中，输出变量是钻速，该参数是一个连续变量，所以采用了回归树分析方法来预测。

分类树和回归树的基本程序是相同的。回归树通过基于预测变量创建分裂来将观测值分离成子组（Maucec 等，2015）。这个过程也被称为二元递归分割，在二元分割过程中，父节点被降为两个子节点，随后树的行向下，直到到达终端节点，不再进行分割（Singh，2017）。回归树首先在输入变量的基础上确定分裂标准，并使输出变量的观测值和计算值之间的平方误差最小。然后它产生一个根节点和两个子节点（Singh，2015）。同样的模式被反复应用于每个子节点，以产生进一步的分割。最后，DT 根据输入变量产生一个逻辑上的分割标准序列，回归树图显示了该程序的方案。

在本研究中，采用五倍交叉验证的复杂回归树，对训练数据集进行优化回归树，并实现准确的预测模型。图 7.21 显示了每个节点的统计信息的钻井率的最优回归树。第一个分割决策是基于 PP 进行的。该树的父节点显示，共有 700 个观测值，平均值为 24.91，标准差为 4.18。

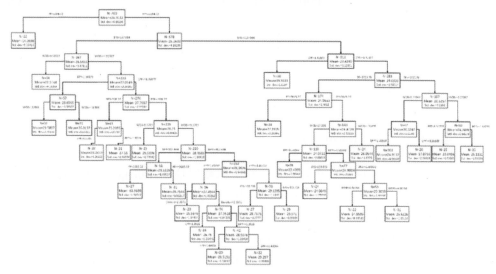

图 7.21　最优回归树，每个节点的统计信息显示在文本框中

》》 7.4.4　多层感知器神经网络模型

多层感知器神经网络（MLPNN）作为最常见和实用的 ANN 类型之一，是 AI 的一个分支。该网络可以令人满意地估计非线性相关的值。多层感知器神经网络（MLPNN）的结构包括三个主要部分：输入层、隐藏层和输出层。通过隐藏层在输入和输出参数之间建立关系（Lashkarbolooki 等，2012）。多层感知器神经网络（MLPNN）的输出可以用式（7.16）来解释：

$$Y_{jk} = F_k \left(\sum_{i=1}^{N_{k-1}} W_{ijk} Y_{i(k-1)} + B_{ik} \right) \tag{7.16}$$

式中，Y_{jk} 和 B_{ik} 分别是神经元 j 从 k 层的输出和神经元 i 在 k 层的偏置，W_{ijk} 代表在训练过程的初始阶段随机选择的权重，F_k 是可以考虑采用许多不同形式的传递函数，如恒等函数、二进制阶梯函数、二进制 sigmoid 函数、双极 sigmoid 函数、高斯函数和线性函数。反馈传播（BP）算法通常用于训练 MLPNN。这些 BP 算法的例子有：缩放共轭梯度算法（SCG）、LM 算法、梯度下降法（GD）和常驻反馈传播算法（RP）。隐藏层/输出层的每个节点的值是通过将前一层的每个节点的权重乘以隐藏层/输出层的期望节点值来计算，并将这些值求和。然后在得到的结果中加入一个偏置值，所得的值通过一个传递函数传递给激活层，产生输出。有不同的激活函数，可用于隐藏层和输出层。最常用的激活函数是隐藏层的 Tansig 函数和输出层的 Purelin 函数（Yilmaz 和 Kaynar，2011）。这两个传递函数的定义如下：

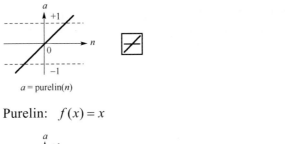

$$\text{Purelin:} \quad f(x) = x \quad\quad (7.17a)$$

$$\text{Tansig:} \quad f(x) = \frac{2}{1 + \exp(-2x)} - 1 \quad\quad (7.17b)$$

MLP 网络模型被认为包含一个隐藏层，其中隐藏层使用 Tansig 作为激活函数，输出层使用 Purelin 作为激活函数，如式 (7.18) 所示。其中：b_2 和 b_1 分别是隐藏层和输出层的偏置矢量；w_1 是分配给隐藏层的权重矩阵；w_2 表示输出层的相同概念。

$$\text{Output} = \text{Purelin}(w_2 \times \text{Tansig}(w_1 \times x + b_1) + b_2) \quad\quad (7.18)$$

在此任务中，LM 算法被应用为模型的训练函数。在这些类型的神经网络方法中可以使用多个隐藏层。尽管在大多数情况下，减少到单层的情况也是被认可的。

然而，为了具有高度不确定性参数的精准预测，可以采用多于一个的隐藏层来开发 MLPNN 程序。在本研究中，MLPNN 中的两个隐藏层被认为可以提供足够的精度，隐藏层采用 Tansig 传递函数，输出层采用 Purelin 传递函数。如前所述，网络的性能高度依赖于其隐藏层的神经元数量。因此，作为并行研究，在隐藏层中使用了不同数量的神经元，使用均方误差 (MSE) 方法分析不同网络的效率。训练数据的 MSE 值与隐藏层中的神经元数量的关系如图 7.22 所示。在这种情况下，最优的神经元数量是第一隐藏层的 4 个神经元和第二隐藏层的 6 个神经元，因为这种网络在训练数据集时产生的 MSE 误差最小。所开发的 MLPNN 的属性见表 7.11。

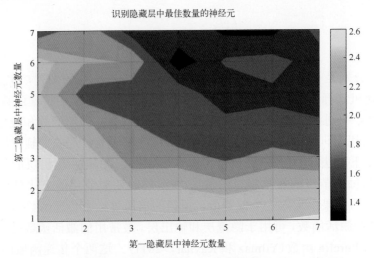

图 7.22 隐藏层的神经元数量与训练数据集的 MSE 的关系

表 7.11　MLPNN 属性

网络类型	多层感知器
训练函数	Trainlm（Levenberg-Marquardt 反向传播）
层数	3
第一隐藏层神经元的数量	4
第一隐藏层的传递函数	Tansig
第二隐藏层神经元的数量	6
第二隐藏层的传递函数	Tansig
输出层神经元数量	1
输出层的传递函数	Purelin
性能功能	MSE
其他参数	Default

7.4.5　径向基函数神经网络模型

径向基函数（RBF）神经网络（RBFNN）是由 Moody 和 Darken 在 20 世纪 80 年代末提出的一种神经网络。这种类型的神经网络在处理分散度高的数据时具有易于推广到多维空间并提高光谱精度的可能性，使其成为多层感知器（MLP）的常用替代方案（Elsharkawy，1998；Lashkenari 等，2013）。此外，径向基函数（RBF）网络模型还以其在建模非线性数据时的准确性而著称，并且与多层感知器（MLP）中使用的迭代解法不同，它可以通过单个直接过程进行训练（Venkatesan 和 Anitha，2006）。RBF 的结构与 MLP 相似，但这两种方法之间的主要区别是 RBF 只有一层隐藏层，该层由若干个称为 RBF 单元的节点组成。每个 RBF 网络有两个重要参数，分别描述函数的中心位置及其偏差。

隐藏单元可以测量输入数据矢量与其径向基函数（RBF）中心之间的距离。当 RBF 中心与输入数据矢量之间的距离为零时，RBF 达到峰值，然后随着距离的增加而逐渐下降。在 RBF 网络中，仅有一个隐藏层，并且只有两组权重：一组连接隐藏层和输入层，另一组连接隐藏层和输出层。连接隐藏层和输入层的权重包含基函数的参数。连接隐藏层和输出层的权重用于形成基函数（隐藏单元）激活的线性组合以生成输出。由于隐藏单元是非线性的，因此可以将隐藏层的输出线性组合，从而加快处理速度（Yilmaz 和 Kaynar，2011）。系统的输出可以用以下形式表示，其中 w^{T} 是层矢量的转置输出，$\phi(x_i)$ 是核函数，通常为高斯函数形式。

$$f(x_i) = w^{\mathrm{T}}\phi(x_i) \tag{7.19}$$

在 RBF 网络中，可以采用随机选择中心、聚类和密度计算等方法来寻找中心。在这项研究中选择聚类。由于 k-means 算法在寻找中心方面比较准确，所以经常被用于数据聚类。其近似的一般形式如式（7.20）所示，其中 c_i 代表中心，N 指模型中使用的集群数量，γ_k 显示从模型中获得的输出，M 表示输入和输出的数量。

$$\gamma_k = \sum_{i=1}^{N} w_i\phi_{ki}\left(\left\|x_k - c_i\right\|\right); i = 1,\cdots,N, k = 1,\cdots,M \tag{7.20}$$

最大神经元数量（MNN）是描述这些网络结构时的一个非常重要的调整参数。尽管可以采用不同的优化算法来确定这些参数的最佳值（Najafi-Marghmaleki 等，2017），但在这里我们采用试错法来确定这些参数的最佳值。通过改变这个参数，并结合基于训练数据集的均方误差（MSE）值计算的性能监控，已经开发出了各种类型的径向基函数（RBF）神经网络。图 7.23 通过考虑训练数据对最大神经元数量的响应的 MSE 值，展示了该方法的行为。该图表明，当最大神经元数量（MNN）为 40 时，观察到了最优值。

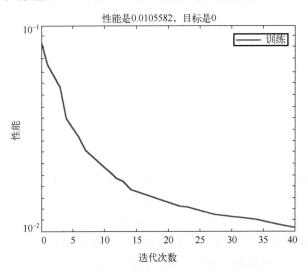

图 7.23   RBF-NN 与 MNN 的 MSE 值对比

》》 7.4.6   支持矢量回归模型

在支持矢量回归算法中，通过在新的特征空间中使用最优线性回归模型来估计未知值，这个新的特征空间是通过将原始空间中的输入数据映射到一个更高的 m 维空间来构建的（Vapnik，2013）。现在，假设提出的训练数据是一个 p 维输入矢量，连同一个一维目标矢量，最终公式将定义如下，在这个公式中，$f(x)$ 是一个非线性映射函数，w 和 b 分别是回归方程的权重矢量和偏置项（Bodaghi 等，2015）。

$$f(x) = w^{\mathrm{T}}\phi(x) + b \tag{7.21}$$

使用松弛变量（δ_i，δ_i^*）使以下风险函数最小化，以确定 w 和 b 的最优值，其中 c 是一个常数参数，表示平面度和估计误差之间的折中。

$$R(f) = \frac{1}{2}\|w\|^2 + c\sum_{i=1}^{1}(\delta_i\delta_i^*) \tag{7.22}$$

$$\begin{cases} d_i - w^{\mathrm{T}}\phi(x_i) - b \leqslant \varepsilon + \delta_i \\ w^{\mathrm{T}}\phi(x_i) + b - d_i \leqslant \varepsilon + \delta_i^* \\ \delta_i, \delta_i^* \geqslant 0 \end{cases}$$

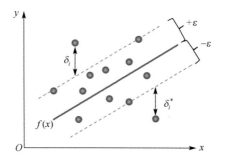

式 (7.22) 是基于对偶问题的公式和拉格朗日乘数 $a_i, a_i^* \in [0, c]$ 来求解的，从中获得以下解决方案：

$$f(x) = \sum_{i=1}^{l} (a_i - a_i^*) k(x_i, x_i^*) + b \qquad (7.23)$$

$k(x_i, x_i^*)$ 为核函数。在本研究中，采用三阶多项式函数作为核函数，其结果优于线性和高斯函数。

$$k(x_i, x_i^*) = (1 + x_i^* x_i)^3 \qquad (7.24)$$

图 7.24 中列出了最常用的 SVR 核函数。

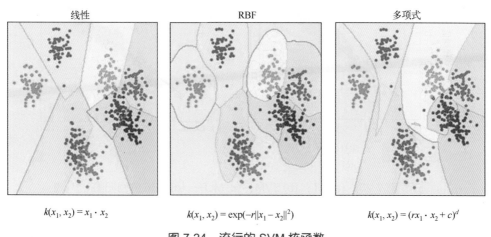

线性	RBF	多项式
$k(x_1, x_2) = x_1 \cdot x_2$	$k(x_1, x_2) = \exp(-r\|x_1 - x_2\|^2)$	$k(x_1, x_2) = (rx_1 \cdot x_2 + c)^d$

图 7.24　流行的 SVM 核函数

根据支持矢量回归 (SVR) 的简要描述，c 和 ε 是 SVR 方法的两个主要构造参数，需要通过优化技术来确定。通常，网格搜索和模式搜索的混合方法是最常用的优化方法，这在多篇关于 SVR 应用的已发表研究文章中都可以看到。在这种方法中，优化从网格搜索开始，以到达接近全局最优点的区域。然后，在网格搜索发现的最优点周围的受限搜索区域中执行模式搜索。这种组合消除了网格搜索和模式搜索在获取 SVR 参数方面的各自缺陷。

在本节中，使用各种图形和统计方法分析模型的预测性能，以选择最优模型。图 7.25 中显示了所开发模型的预测值与测量值的回归图。在该图中，纵轴是预测值，横轴是测量值。很明显，大多数的开发模型的回归系数都是高度可接受的，这表明所提出的模型对于预测钻速是足够可接受的。然而，该图显示，SVR 和 MLPNN 模型比其他开发的模型具有更高的回归系数和更好的预测性能。图 7.26 显示了所开发模型的相对偏差。很明显，最小的偏差属于 SVR 和 MLP 模型，而最大的偏差属于 DT 模型。换句话说，SVR 和 MLP 模型预测的估计值与实际值的偏差比其他模型要小。另一种用于评估这些模型的预测性能的图形方法如图 7.27 所示，其中测量数据和预测值与测试数据点的序列相比较。这里 MLP 模型是最准确的预测器，因为用 MLP 模型得到的预测值与测量数据有很好的一致性。

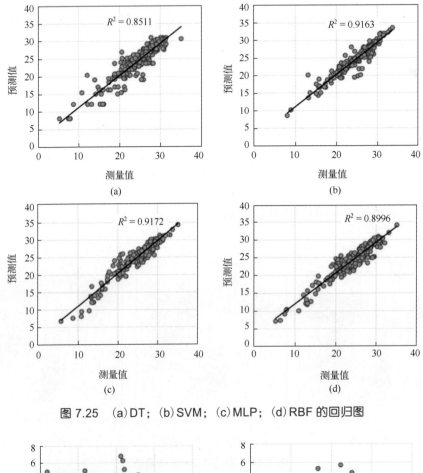

图 7.25　(a) DT；(b) SVM；(c) MLP；(d) RBF 的回归图

图 7.26　开发的模型的相对偏差。(a) DT；(b) SVM；(c) MLP；(d) RBF

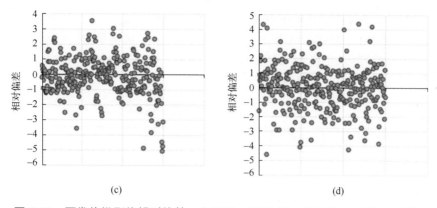

图 7.26　开发的模型的相对偏差。(a) DT；(b) SVM；(c) MLP；(d) RBF (续)

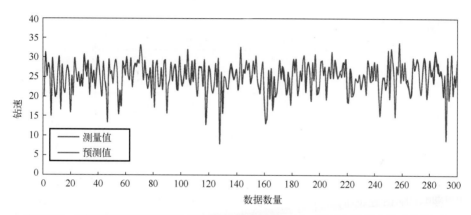

图 7.27　测量和预测的钻速与作为最优预测器的 SVR 模型的数据点的序列关系

也有各种统计性能指数用来评估模型的性能。在本书中，方差占比(VAF)、RMSE、性能指数(PI)和 R^2 被用来比较所开发模型的预测能力，如以下公式所示，其中 z 为模型输出，γ 为实际输出，p 为数据集中的数据记录数。Yılmaz 和 Yuksek (2008) 和 Basarir 等 (2014) 使用了 VAF 和 RMSE 方法，Boyacioglu 和 Avci (2010) 使用了 R^2 和 RMSE 方法。

$$\text{RMSE} = \left(\frac{1}{p} \sum_{r=1}^{p} (\gamma_r - z_r)^2 \right)^{\frac{1}{2}} \tag{7.25}$$

$$\text{PI} = \left(r + \frac{\text{VAF}}{100} \right) - \text{RMSE} \tag{7.26}$$

$$\text{VAF} = \left(1 - \frac{\text{var}(\gamma_r - z_r)}{\text{var}(\gamma_r)} \right) \times 100 \tag{7.27}$$

$$R^2 = 1 - \frac{\sum_{r=1}^{p} (\gamma_r - z_r)^2}{\sum_{r=1}^{p} (\gamma_r - \gamma_{r,\text{mean}})^2} \tag{7.28}$$

RMSE 值较小，R^2、PI 和 VAF 值较高，这表明所提出的模型的准确性。表 7.12 显示了所开发模型的 RMSE、VAF、PI 和 R^2 的值。SVR 产生了最高的 R^2 和 VAF 值，同时也产生了最低的 RMSE，表示了模型中的最优性能。第二准确的模型是 MLP，其预测效率比 SVR 略低。两个模型都表现出良好的钻井预测性能。

表 7.12　性能指数

模　　型	数　据　集	RMSE	R^2	VAF	PI
决策树	Test	1.8	0.8511	84.75	−0.0395
	Train	1.15	0.924	92.41	0.73
	All	1.38	0.8975	89.76	0.4633
支持矢量机(SVR)	Test	1.17	0.9163	91.68	0.6973
	Train	0.4896	0.9877	98.77	1.49
	All	0.7636	0.9687	96.87	1.18
多层感知器神经网络(MLP)	Test	1.3	0.9172	91.7	0.5753
	Train	1.1	0.9365	93.66	0.7978
	All	1.15	0.9284	92.85	0.7372
径向基函数神经网络(RBF)	Test	1.49	0.8996	89.83	0.3521
	Train	1.48	0.8723	87.33	0.326
	All	1.48	0.8815	88.16	0.3355

结果表明，在钻速的估算中，决策树(DT)并未展现出与人工神经网络(ANN)相同的高可靠性和有效性。此外，在实现的模型中，决策树(DT)的预测精度最低(Sabah 等，2019)。

7.5　小　　结

1. 利用 ANFIS 模型和 BY 模型预测某气田 ROP 的结果进行比较，得出以下结论：
- ANFIS 模型是准确预测 ROP 的工具，但其性能取决于各种因素，如输入数据的数量、准确率、数据分布和隶属函数的类型。
- 应采用试错法来确定适当的隶属函数，因为没有直接的方法。然而，这种方法很耗时，特别是当输入变量的数量增加时，有时不可能用 ANFIS 构建可靠的 ROP 预测模型。
- 虽然数学 ROP 模型的准确性不如 ANFIS 模型，但它们可以用较少的数据来构建，而且它们总是能提供合理的 ROP 模型估计。因此，最好同时使用 ANFIS 模型和数学 ROP 模型来预测特定地层的钻速。

2. 检查一份来自钻井报告和岩石物理日志包括 11 个变量的大型数据集。采用 SG 滤波器减少噪声对数据的影响，不仅缩短了训练时间，还显著降低了模型的误差。在下一阶段，将遗传算法与人工神经网络(ANN)结合应用于去噪数据，作为特征选择方法来选择优质特征并减少输入矢量。最终，选择了 8 个变量作为开发模型的输入数据。这些输入参数包括钻压、钻头转速、泵流量、立管压力、孔隙压力、伽马射线、密度测井和声波速度。整个数据集包含 1 000 个数据点，这些数据点被随机分成两部分：70%的数据用于构建模型，剩余的 30%用于评估所开发模型的预测性能。统计和图形分析表明，所建立的模型在预测钻速方面的预测性能是完全可以接受的。

7.6 习 题

习题 1：钻速（ROP）的人工神经网络模型

图 7.28 中列出了使用 ANN 模型的反向传播的架构和统计数据的摘要。表中列出的数据范围是在可接受的已知范围内，通过随机方法为每个参数生成至少 50 个数值。希望执行多个 ANN 试验，以实现层、神经元的数量和训练、转移和网络功能的最优选择。一个两层的 ANN 模型被用于不同数量的神经元（1～20）。

1. 提出不同数量的神经元的两层试验的结果。
2. 提出每个训练函数的最优神经元数量的结果。
3. 提出各种传递函数的结果。

	参数	单位	最小值	最大值	均值	范围	标准差
	WOB	(klbs)	1	36	17.4	35	5.92
	SPP	(psi)	2055	3511	3171.5	1456	187.90
钻井	RPM	(rpm)	47	115	64.4	68	11.58
	FLW pumps	(gpm)	180	503	416.8	323	56.16
	TORQUE	(klb*f)	0.31	12.75	7.9	12.44	1.84
	MW	(PCF)	90.58	113.69	99.3	23.11	5.92
	FV	(sec)	40	63	54.4	23	5.72
液体	PV	(cp)	16	45	32.2	29	6.76
	YP	(lb/100 ft2)	21	43	31.9	22	5.57
	Solid	(%)	15.8	29.4	22.3	13.6	3.56
ROP		(ft/h)	2.62	8.07	4.3	5.45	1.23

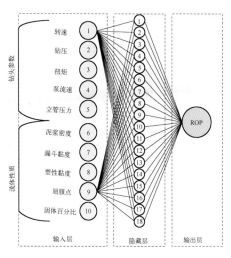

图 7.28 ROP 的 ANN 模型

习题 2：钻速的预测和优化

在这个例子中，几乎每一米都记录了各种钻井参数，表 7.13 列出了其中 14 种参数的典型值。采用多元回归方法和 ANN 对钻井记录数据进行 ROP 预测。

1. 介绍训练和预测过程中采用的 ANN 的结构。
2. 介绍多元回归和 ANN 对不同程度的裂缝的 ROP 预测。
3. 多元回归和 ANN ROP 预测的平均误差百分比是多少，与不同平滑度的 n 值相对应？
4. 估计多元回归和 ANN ROP 预测与 n 所代表的平滑度的相关系数，以及测量和平滑 ROP 数据集之间的相关性。

表 7.13　记录的钻孔数据用于预测钻速

深　　度		g_p	ρ_c	W	d	N	h	P	q	u	d_n	W/d	η	测量 ROP	
(m)	(ft)	lb/gal	lb/gal	kbl	(in)	(rpm)	(-)	lb/gal	(gal/min)	(cP)	(in)	(klb/in)	(cP)	(m/h)	(ft/h)
332	1089.24	10	8.87	13.1	12.25	40.8	0.0018	8.75	874.04	5	0.574	1.069	115.68	0.78	2.56
333	1092.52	10	8.84	14.24	12.25	54.4	0.0027	8.75	577.4	5	0.574	1.163	154.94	1.24	4.06
334	1095.8	10	8.84	7.63	12.25	57.8	0.0036	8.75	556.21	5	0.574	0.623	159.08	1.28	4.21
796	2611.55	9	9.04	26.24	12.25	62.7	0.0404	8.91	529.72	10	0.574	2.142	217.33	2.7	8.87
797	2614.83	9	9.04	25.57	12.25	62.7	0.0412	8.91	529.72	10	0.574	2.088	217.33	3.08	10.09
798	2618.11	9	9.04	27.56	12.25	61.8	0.042	8.91	529.72	10	0.574	2.25	217.33	2.84	9.33
1266	4153.54	11	9.56	31.15	12.25	62.8	0.2675	9.5	524.42	16	0.574	2.543	104.89	2.43	7.97
1267	4156.82	11	9.56	31.13	12.25	62.8	0.2688	9.5	524.42	16	0.574	2.541	104.89	2.3	7.54
1268	4160.11	11	9.56	30.91	12.25	62.8	0.27	9.5	524.42	16	0.574	2.523	104.89	2.31	7.57
1736	5695.54	11	9.49	31.9	12.25	65.4	0.049	9.41	524.42	17	0.574	2.604	127.78	1.52	5
1737	5698.82	11	9.49	28.9	12.25	65.4	0.0499	9.41	524.42	17	0.574	2.359	127.78	1.33	4.36
1738	5702.1	11	9.49	31.7	12.25	64	0.0508	9.41	524.42	17	0.574	2.588	127.78	1.74	5.72
2206	7237.53	10.5	9.65	30.67	12.25	63.6	0.1989	9.58	529.72	20	0.75	2.503	115.19	2.7	8.87
2207.01	7240.85	10.5	9.65	30.36	12.25	59.5	0.2001	9.58	513.83	20	0.75	2.478	116.57	2.21	7.24
2208	7244.09	10.5	9.65	30.23	12.25	64.3	0.2012	9.58	524.42	20	0.75	2.467	115.64	3.03	9.94
2685.01	8809.09	14	9.93	28.66	8.5	90	0.036	9.5	423.78	17	0.574	3.372	72.36	0.99	3.24
2685.32	8810.11	14	9.93	28.66	8.5	90	0.0362	9.5	423.78	17	0.574	3.372	72.36	1.24	4.07
2686	8812.34	14	9.93	28.66	8.5	90	0.0369	9.5	423.78	17	0.574	3.372	72.36	2.72	8.92
3167.61	10392.42	14	10.58	28.66	8.5	90	0.0385	9.91	476.75	17	0.75	3.372	101.11	2.96	9.71
3168.37	10394.92	14	10.58	28.66	8.5	90	0.0393	9.91	476.75	17	0.75	3.372	101.11	3.04	9.97
3169.63	10399.05	14	10.58	28.66	8.5	90	0.0407	9.91	476.75	17	0.75	3.372	101.11	5.04	16.54
3634	11922.57	14	10.56	27.56	8.5	60	0.1893	9.83	423.78	26	0.75	3.242	126.17	0.92	3.02
3635.19	11926.48	14	10.56	27.56	8.5	60	0.1922	9.83	423.78	26	0.75	3.242	126.17	1.19	3.9
3636.25	11929.95	14	10.56	27.56	8.5	60	0.1948	9.83	423.78	26	0.75	3.242	126.17	1.41	4.64
4104.22	13465.29	14	11.13	31.97	8.5	75	0.2655	10.41	423.78	29	0.75	3.761	123.99	1.07	3.51
4105.05	13468.01	14	11.13	31.97	8.5	75	0.2695	10.41	423.78	29	0.75	3.761	123.99	0.83	2.72

习题 3：钻速预测和优化的高级模型

ROP 模型的结构可分为三个阶段，如图 7.29 所示。在第一阶段，引入综合软传感方法，建立地层可钻性（FD）融合子模型（第 1 级）。在第二阶段，通过相互信息法选择输入。在最后阶段，通过改进的 PSO-RBF 神经网络方法建立 ROP 子模型（第 2 级），并可用于 ROP 的优化和控制。

地层可钻性融合子模型阶段

输入参数具有低值密度和数据噪声，使得单一模型不适合描述 FD。因此，建立各种极端学习机模型，并通过 Nadaboost 算法等方法将多个弱学习机组合成一个强学习机（FD）。

相关性分析阶段

FD、泥浆测井参数和钻井作业参数之间具有非线性关系。由于这个原因，引入了相互信息法来选择 ROP 子模型的输入。

钻速子模型阶段

5 个参数，即 FD、Depth、SWOB、RPM 和 MW，被选作 ROP 子模型的输入。为了建立 ROP 子模型，提出了一个由改进的粒子群算法优化的径向基函数神经网络(RBFNN-IPSO)如表 7.14 和表 7.15 所示。

1. 使用 RBF 深度学习方法，如堆叠去噪自动编码器(SDAE)和 SVR，来评估 FD 建模方法测试集的 RMSE 结果。

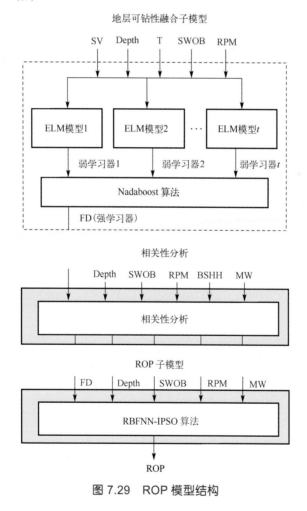

图 7.29　ROP 模型结构

表 7.14　测量的地震波时间和钻探参数

深　　度	T_测量	深　　度	T_测量	深　　度	T_测量
m	ms	m	ms	m	ms
462	340	1345	930	2448	1530
579	4430	1518	1030	2653	1630

续表

深 度	T_测量	深 度	T_测量	深 度	T_测量
718	530	1695	1130	2871	1730
864	630	1877	1230	3114	1830
1017	730	2062	1330	3391	1930
1178	810	2252	1460	3671	2030

表 7.15 ROP、地层特征参数和钻井作业参数

深度	FD	SV	SWOB	RPM	BSHH	MW	ROP
m		m/s	KN/cm	r/min	Kw/cm^2	g/cm^3	m/h
80	2.46	1385	0.112	96	0.384	1.05	27.9
152	3.33	2463	1.12	96	0.384	1.05	16.9
320	3.38	2520	3.22	96	4.39	1.08	14.1
643	3.5	2642	3.86	96	4.6	1.14	9.2
1092	3.87	3006	3.86	96	3.3	1.16	6.8
1327	4.2	3307	3.86	96	2.54	1.17	5.1
1340	4.31	3400	3.86	56	2.56	1.17	2.2
1751	4.45	3512	7.07	56	2.42	1.14	3.8
2109	4.69	3705	7.07	56	2.63	1.19	2.3
2326	4.85	3833	7.07	56	2.65	1.19	2.1
2401	4.97	3918	7.07	56	2.64	1.21	2.1
2434	5.01	3950	7.07	56	2.64	1.22	1.7
2655	5.12	4029	7.07	56	3.54	1.24	1.5
2756	5.48	4280	7.07	56	3.54	1.25	1.4
2793	5.66	4400	6.43	56	3.54	1.24	0.7
2808	5.93	4574	2.57	56	3.56	1.24	0.7
2819	5.9	4556	3.7	56	7.39	1.21	0.5
3023	6.17	4720	6.94	56	7.71	1.17	2.1
3201	7.24	5314	8.33	56	7.94	1.17	1.7
3342	7.82	5600	8.33	56	7.86	1.17	1.8
3450	7.82	5600	8.33	56	7.04	1.16	1.8
3485	7.82	5600	7.41	60	7.04	1.17	2.2

2．评估由以下方法得出的所有 ROP 的测试集的 RMSE 结果：

● 单层 RBF

● 双层 RBF

● 两级 SDAE

● 两级 SVR

习题 4：训练和测试误差

考虑训练样本量 n 对具有 d 个特征的逻辑回归分类器的影响。分类器是通过优化条件对数似然来训练的。如果估计的参数能够完美地对训练数据进行分类，或者参数收敛，那么优化过程就会停止。图 7.30 显示了当增加样本量 $n = |S|$ 时，训练和测试误差变化的一般趋势。分析图 7.30，确定哪条曲线与训练和测试误差相对应。具体说来：

1．哪条曲线代表训练误差？
2．这两条曲线之间的差距代表什么？

图 7.30　训练误差

习题 5：神经网络

根据真值表（如表 7.16 所示），分析感知器有可能学会所需的输出吗？解释一下背后的理由。

表 7.16　真值表

输入	X_1	0	0	1	1
输入	X_2	0	1	0	1
输出	Y	0	1	1	0

习题 6：神经网络

表 7.17 中给出了一个函数的真值表。根据下面给出的部分感知器，给出 X_1、X_2 和 X_3 的权重以实现所需的函数。该感知器的阈值 T 为 2。

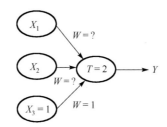

表 7.17　真值表

输入	X_1	0	0	1	1
输入	X_2	0	1	0	1
输入	X_3	1	1	1	1
输出	Y	0	0	0	1

习题 7：决策树模型

在一个物体识别任务中，已知物体来自两个类别中的一个，即 C1 或 C2。一个物体的每个实例 X 都有 4 个特征，$X = (x_1, x_2, x_3, x_4)$。一个实验收集了 14 个实例，其特征值和分类如表 7.18 所示。

设计一个分类决策树来分类未知特征矢量 $X_1=(1,3,1,2)$，$X_2=(2,2,2,2)$，$X_3=(3,1,1,1)$。

表 7.18 X 的特征值和分类

$X=(x_1, x_2, x_3, x_4)$				分　类
x_1	x_2	x_3	x_4	C
1	1	1	1	C1
1	1	1	2	C1
2	1	1	1	C2
3	2	1	1	C2
3	3	2	1	C2
3	3	2	2	C1
2	3	2	2	C2
1	2	1	1	C1
1	3	2	1	C2
3	2	2	1	C2
1	2	2	1	C2
2	2	1	2	C2
2	1	2	1	C2
3	2	1	2	C1
1	3	1	2	=?
2	2	2	2	=?
3	1	1	1	=?

习题 8：模拟 BY 模型

在预测水平井和斜井的钻速时，主要问题之一是清孔。由于这个原因，应用于垂直井的 ROP 模型往往不能直接转用于水平井或斜井。

为了解决这个问题，提出了一个修改过的 BY 模型，该模型包含了孔的清理：

$$\text{ROP} = (f_1)(f_2)(f_3)(f_4)(f_5)(f_6)(f_7)(f_8)(f_9)(f_{10})(f_{11})$$

清孔的效果 (f_9)、(f_{10})、(f_{11}) 由以下公式定义。

$$f_9 = \left(\frac{A_{\text{bed}} / A_{\text{well}}}{0.2} \right)^{a_9}$$

$$f_{10} = \left(\frac{V_{\text{actual}}}{V_{\text{critical}}} \right)^{a_{10}}$$

$$f_{11} = \left(\frac{C_c}{100} \right)^{a_{11}}$$

A_{bed} 为环空岩屑床面积，ft^2。

C_C 为固定床层的钻屑浓度(按体积计算)，根据黏度进行修正。

V_{actual} 为泥浆在环空的实际速度，ft/s。

$V_{critical}$ 为泥浆在环空的临界速度，ft/s。

可以在 Reza Ettehadi Osgouei 的 *Rate of Penetration Estimation Model for Directional and Horizontal Wells* 中找到更多关于这个新模型的信息。

1．使用定向井和水平井的现场数据和机器学习算法测试该模型的性能。

2．将修改后的模型的性能与使用 BY 原始模型的结果进行比较。

第 8 章

套管设置深度优化的高级方法和技术

本章要点

1. 套管设置深度涉及到所有的钻机工艺，直接影响到建井成本。然而，这取决于许多因素和要素。本章设计了一个包括设备成本、钻机成本等几乎所有变量的多变量方法。还评估了地质的不确定性。基于伊朗油田的真实数据，实例表明，通过使用多元方法，油井成本可以降低 2.4%至 15%。

2. 提出了一种用于选择套管座位置的新的综合方法，该方法包括 6 个标准。

3. 利用钻前孔隙压力模型进行远程实时孔隙压力监测。通过对井筒稳定性的深入了解和对套管座的优化，降低了风险和成本。

4. 管理压力钻井(MPD)减少了所需的套管数量。它的使用使得钻完一段井段所需的时间更短、更高效，相同时间下可以钻更长的井段。

8.1 简　　介

油井的设计过程涉及许多活动和技术领域。这些涵盖了各种工程问题，这些问题可以通过应用数学的方法来解决。随着对三维井设计的不断优化，钻井工程中相关问题的分析和理解所需的有效数学工具，目前正受到业界的广泛关注。

在石油工业中，成本效益是一个强大的驱动力。因此，钻井优化受到了关注。套管点的位置可以产生重大的经济影响。确定油气储层中油井的最优套管点位置可以大大节省成本。寻找这些最优位置需要综合考虑地质、岩石物理、流动机制和经济等复杂因素。然而，从原始数据的测量和处理开始，每个建模步骤都伴随着不确定性，这些不确定性可能显著影响套管点选择问题的决策。储层的地质结构和岩石物理属性的不确定性是影响套管点选择的一个重要因素。本章介绍了一种全面的方法，将地质结构不确定性纳入到一系列预定义情景下最优套管点的选择中。

8.2 问 题 陈 述

为了抵达储集层或目标层位，通常需要使用若干套管柱。每根套管柱的作用是封闭上部地层，从而允许下一段井段的钻探工作进行。套管下入后，需要进行注水泥作业以确保压力密封性。接下来对每种类型的套管进行简要介绍(如图 8.1 所示)。

- 导管：这是第一个运行的套管柱，因此有最大的直径。它一般设置在地面或海床以下约 50～100 m 处。其作用是在浅层封住未固结的地层。
- 表层套管：表层套管在导管之后，一般设置在地面以下 200～800 m 处或海床。其主要作用包括封闭淡水含水层，以及为井口装置和防喷器（Blowout Preventer, BOP）提供支撑。
- 中间套管：该套管的主要作用是为了封闭问题区域或对其进行保护，并确保后续钻探作业的安全性。
- 生产套管：其主要功能是在油气生产过程中对烃类资源进行有效隔离。同时，它也是井下泵及其他生产设施的保护性结构。
- 尾管：尾管是一种不延伸至地面的套管柱，它通过设置在前一层套管内部的尾管挂器进行悬挂，一般位于该层套管底部大约 300 ft（约 91 m）范围内。尾管不与井口装置相连。
- 生产油管：它的作用是作为烃类物质从储层到地面的输送通道。

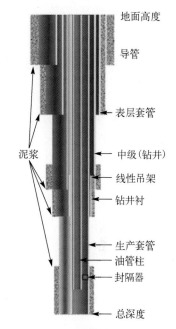

图 8.1 套管点剖面图

这些套管柱的尺寸和下入深度主要取决于钻井地点的地质条件和孔隙压力。图 8.2 显示了世界上使用的一些典型的套管柱结构。

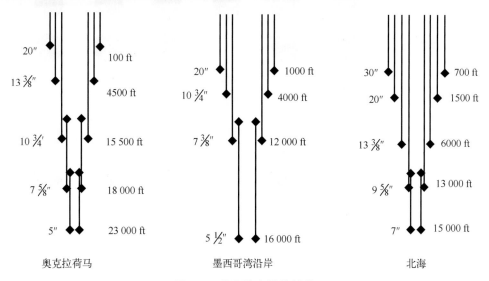

图 8.2 典型的套管柱结构

影响套管鞋深度的因素还包括：

1. 操作和管理要求。在开始设计之前，需要充分了解这些要求。

2. 压力控制和井筒稳定性问题。井筒稳定性可能与钻井液密度、井斜或特定地层段内的应力不确定性有关。

3．浅层地质灾害。

4．较深的地质、储层、井况或与操作有关的危险。

8.2.1　套管和钻头的选择

图 8.3 可以用来选择完成钻井项目所需的套管和钻头尺寸。要使用该图，首先要确定要运行的前一个尺寸的管道的套管或尾管尺寸，然后从该点开始按照图中指示进行。图中的流程显示了安装该尺寸管道可能需要的孔径。蓝线标识了对于特定管径常用的钻头类型，这些钻头类型被认为具有适当的间隙，能够顺利下入并固结套管或尾管(例如，$4\frac{1}{2}''$套管在$6\frac{1}{8}''$井眼中)。红线标识了较少使用的井眼尺寸(例如，$5''$钻头在$6\frac{1}{8}''$井眼中)。选择这些较少使用的井眼尺寸需要在钻井阶段对井的设计给予特别关注。这一选择过程会持续进行，直至达到预期的套管尺寸数量。

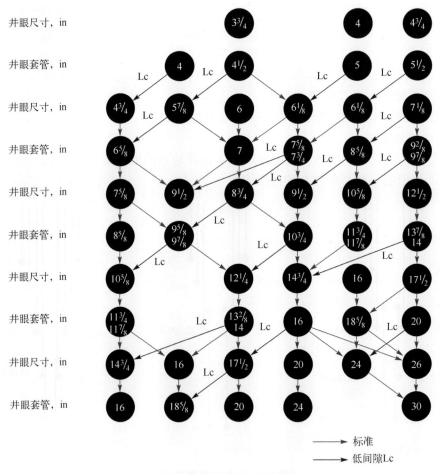

图 8.3　套管和钻头尺寸选择图

8.2.2　油井成本预测

新井项目的出发点始终是确定井的用途。井的用途，无论是勘探井、前景评估井，还是油田开发井，都决定了井的深度、生产能力和用途。接着，井的设计工作必须明确，这包括井口系统的配置以及套管和生产油管的尺寸规格。在此基础上，设计人员需选定合适的钻井设备。深层井往往需要较大的提升能力，而较浅的长水平井则因井筒摩擦导致的高扭矩需求，通常要求钻井设备具备较高的扭矩输出能力。

对于油井优化来说，所有的成本都受到套管柱的深度的影响，所以这也是在这里要研究的问题。随着套管数量的增加，行程时间、安装时间、所需水泥和固井时间也会增加。处理更大的套管需要更昂贵的钻机、工具、泵、压缩机和井口控制设备。将套管柱的数量从三串增加到四串可能会导致油井成本增加约 10%～20%。将套管柱的数量从四串增加到五串可能会使油井成本增加约 20%～30%。

在所有的石油勘探活动中，钻油井被认为是风险最大和最昂贵的投资之一。在过去十年中，创纪录的高油价和钻机供应的短缺(特别是深水钻机)，大幅提升了钻机的日租金。因此，钻探烃类井的一个主要目标是尽可能迅速地完成地下钻孔作业。然而，在成功钻井操作中有三个基本考虑因素。首先，井的钻探必须安全进行。健康、安全和环境(HSE)永远是最重要的考虑点，尽管这可能会导致作业延误或增加额外成本。其次，井必须满足其预定目的的要求，无论是勘探井、评估井还是开发井。但无论井的类型如何，对所有井都有一些基本要求。它们在钻探过程中不应损坏井筒和潜在的储层，并应允许进行地层测试、数据采集、烃类生产或其他钻后活动。最后，应尽可能降低整体井成本。这一议题一直是业界关注的焦点。多家石油公司为了降低整体井成本，长期致力于提高钻井效率和缩短钻井时间。

几十年前，在规划阶段，钻井、完井和生产等各种活动之间并没有紧密的联系。钻井设计主要是基于钻井性能，而不太考虑油井的后期应用。现在，一个油井项目的设计是基于对各种活动之间的联系的更多考虑。举例来说，现在的储层钻井是用尽量减少地层破坏的液体来提高后期产量。Kerzner(2001)指出了钻井项目的以下关键问题。

一口井完成应该做到以下 5 点：

1．在规定的时间内完成。
2．在预算的成本范围内。
3．达到适当的性能或规格水平。
4．让客户满意。
5．不干扰组织的主要工作流程。

HSE 法规是一个重要约束，指导和控制着一个油井项目中的所有活动。时间和成本也是钻井的关键问题，但它们不能超越前面提到的其他限制。在设计油井项目时，为了提供准确的油井预测需要考虑到这些因素，以便进行有效的规划。

》》 8.2.3　挑战

从管理的角度来看，目标是在保持时间和成本最小化的同时完成油井建设。然而，实现对建井成本和工期的正确预测并不简单。与油井成本预测有关的主要挑战如下(Kullawan，2011)所示：

1．模型输入的一个主要数据来源是其他油井的历史数据。然而，获得的数据可能有缺陷，或者收集的数据可能不够详细。此外，现有的数据可能与正在进行预测的油井无关。
2．建井过程与不良事件的风险有关。这些事件，如等待天气(WOW)和井涌事件，会导致油井作业的延误。总作业时间是无故障时间（TFT）和非生产时间（NPT）的总和。可以将 TFT 定义为计划内作业所需的时间，而 NPT 则是进行任何计划外作业所需的额外时间。准备支出授权（AFE）的挑战在于，由于非生产时间（NPT）导致的项目持续时间增加，可能会增加超出计划预算的风险。因此，需要准确预测油井成本，同时适当考虑非生产时间，以便为钻井分配适当的预算；项目结束时，既不应资金不足，也不应有资金未被使用。

3. 除不希望发生的事件外，地质和技术因素也给计划中的操作增加了许多不确定性。钻探过程可能需要比预期更长的时间来完成。这也是概率方法发挥重要作用的地方。

8.3　数学方法：不确定情况下的套管柱放置优化

根据图 8.4 所示的油井轨迹，为水平油井制定了一个计算油井轨迹的通用方程。这个方程由 7 个部分组成：1 个启动部分，3 个建立和下降部分，2 个保持部分，最后是目标层 HD 的横向部分。

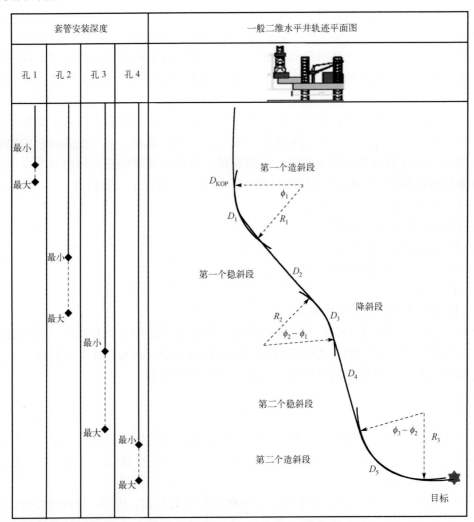

图 8.4　一般二维水平井轨迹的垂直图

8.3.1　不确定性的来源

统计数据显示，钻井建设项目中存在不确定性。可能有 10%～20%的钻井活动时间用于处理计划外的事件，如循环损失或卡钻。这些事件可能由许多不同的因素造成的。当然，良好的规划会尝试预测处理这些问题所产生的停机时间。然而，由于以下原因，这种预测具有不确定性：

- 与储层的几何形状和石油化学性质的分布有关的地质不确定性。这直接影响到构成 CPS 问题决策基础的不同预测。
- 孔隙和裂缝压力的不确定性，这可能会导致井涌、循环损失或卡钻。
- 测量误差。
- 岩石和流体在受到外部刺激时的实际行为的不确定性。
- 模型的局限性。

8.3.2　效用函数

决策对项目的成功或失败可能产生重大影响。决策应基于可用的最相关和最准确的规划工具。将问题定义为最大化预期效用而非货币价值，以及整个决策树构建过程，转变了决策者对风险的态度。效用或偏好理论解释了这种转变是如何可能的。效用函数是量化决策者风险态度的工具。效用函数的形状决定了决策者是风险中性、风险规避还是风险偏好。风险中性的决策者有一个线性效用函数，这相当于仅基于货币价值来做决策。风险规避的决策者有一个凹形效用函数，这对应于即使可能获得更大的财务收益，也要避免搜索空间中不确定的区域。风险偏好的决策者有一个凸形效用函数，这代表为了获得更大财务收益的机会而愿意承担一些风险。一个具有指数形式的简单分析性效用函数（Guyaguler 和 Horne，2001）：

$$U(x) = a + be^{-rx} \tag{8.1}$$

式（8.1）的归一化版本是以 $a = 1$ 和 $b = -1$ 计算的。效用函数的曲率决定了决策者的风险态度。给定的效用函数 U 的风险厌恶程度由下式给出：

$$R(x) = -\frac{U''(x)}{U'(x)} \tag{8.2}$$

套管柱的放置问题可以在决策分析框架内进行研究，因为这个问题包括了对适合完井的井道路径以及随后可能发生的事件的决策。

式（8.2）中的 $R(x)$ 也称为绝对风险厌恶的 Arrow-Pratt 度量或风险厌恶系数。风险厌恶系数是指数效用函数的一个常数，等于式（8.2）中的指数 r。

8.3.3　套管点选择问题决策树

在图 8.5 中给出了 CPS 问题决策树。决策是在决策节点（方形节点）做出的。本例中的决策对应于找到适合完井的油井轨迹。由于有关条件的信息不完善，每个决策都会导致一个具有不同发生概率 P_i 的事件 i（地质情景）。事件的结果是最优目标函数 π_i。每个事件也被赋予一个效用值 U_i，用来衡量决策者对可能的结果范围的满意度。对任何特定结果的满意度取决于决策者的风险态度。风险态度以称为效用函数的数学函数的形式量化，用于将

结果 π_i 转化为效用。效用函数只返回一个给定 π_i 的效用值。

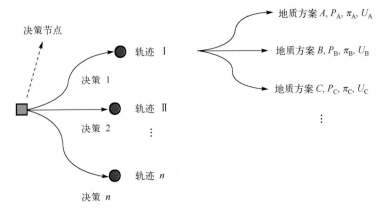

图 8.5　三条轨迹和三种地质情景下的 CPS 问题决策树

事件节点被折叠成一个单一的预期效用值，然后选择具有最大效用的决策。因此，可以通过评估决策的子集来进行优化，以做出导致最大预期效用的决策（如图 8.6 所示）。

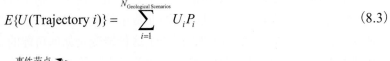

$$E\{U(\text{Trajectory } i)\} = \sum_{i=1}^{N_{\text{Geological Scenarios}}} U_i P_i \qquad (8.3)$$

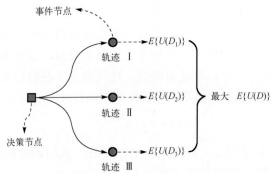

图 8.6　将事件节点折叠成预期效用的套管放置决策树

➤➤ 8.3.4　完整方法论

在本节中，描述了一种可以应用于任何类型的 CPS 问题的通用方法，并以案例研究来演示该方法的应用。完整方法所定义的最优方案通过使用多个模型考虑到了地质模型的不确定性。拟议的完整方法的步骤如下：

1. 提出适合完井的 n 种井道方案。

2. 提出 L 种地质模型 $l = 1 \cdots L$ 的方案。地质模型 L 的符号被有意简化了，但实际上 L 是一个空间分布的数字模型矢量，代表顶部结构、岩性和厚度。

3. 在拟议的地质情景下，对数学模型进行定义并求解：$s = 1, \cdots, S$。分别在每种情况下，模型都会确定一个最优解，或者说，应该为每口井的轨迹找到 π_i 的最优值。之后，可以将最优 π_i 转化为效用值（如图 8.7 所示）。

4. 做出具有最大预期效用的决策（如图 8.8 所示）。

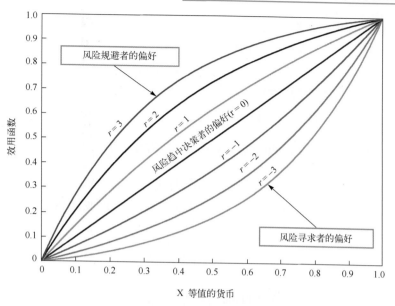

图 8.7　不同风险规避系数的效用曲线

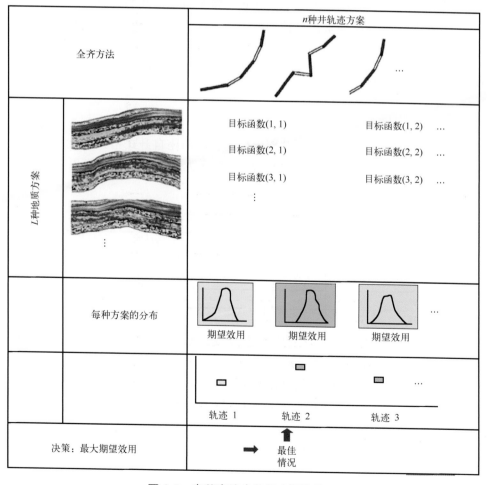

图 8.8　完整方法中的最大预期效用

为了在优化过程中引入财务因素，可以按以下方式规定成本：

$$TC_i = 钻井成本 + 套管成本$$

$$= \left\{ \sum_{i=1}^{P} \sum_{j=1}^{T} \sum_{k=1}^{R} \sum_{l=1}^{W} B_{ijkl} X_{ijkl} L_i^{钻井} + \sum_{i=1}^{S} \sum_{j=1}^{T} \sum_{k=1}^{W} C_{ijkl} Y_{ijkl} L_i^{套管} \right\} \tag{8.4}$$

π_i 为不同地质情景下的目标函数为，

$$目标函数 = \text{Maximize}, \pi_i = \text{Maximize} \left\{ \text{NPV} = \sum_{t=1}^{N} \frac{\text{CF}_t}{(1+i)^t} \right\} \tag{8.5}$$

根据风险规避系数的选择，π_i 被转化为效用[见式(8.7)]。如果使用的是风险趋中的决策，则使用与 π_i 无关的直线效用曲线。否则，就使用指数效用曲线[见式(8.7)]（如图 8.7 所示）。

$$\pi_i^{\text{scaled}} = \frac{\pi_i}{\text{constant}} \tag{8.6}$$

$$U_i = \begin{cases} \pi_i^{\text{scaled}}, & r = 0 \\ \dfrac{1 - e^{-r\pi_i^{\text{scaled}}}}{1 - e^{-r}}, & r \neq 0 \end{cases} \tag{8.7}$$

在计算了包括 A、B 和 C 在内的不同情景下每个目标函数的效用值后，通过将每个效用值与该效用的发生概率相乘来计算预期效用。显然，在这个阶段应该选择具有最大预期效用的决策(Ozdogan，2004)。

8.3.5　油田案例

伊朗 RSH 油田

在本案例中，运营商计划由一家钻探承包商使用两座自升式钻井平台在油田钻井。卫星平台(W0)一次只能容纳一座钻井平台，但如果需要，主平台(W4)可以在平台的两侧各容纳两座钻井平台。计划钻探的井数在表 8.1 中显示。

表 8.1　建议钻井数量

钻井平台	W0 平台	W4 平台	总　井　数
生产井	6	11	17
注水井	4	6	10
注汽井	1	1	2
水处理	0	1	1
总井数	11	19	30

图 8.9 是 RSH 油田的油井平面图。

在地质学家和储层工程师确定了钻探目标后，接下来就是钻井工程师的工作，为这些目标设计井眼轨迹。在 RSH 油田的钻井案例中，工程师们考虑了许多因素，例如碰撞风险、轨迹几何形状、真实垂直深度和水平偏差、倾斜度和方位角、增斜率、弯曲度以及扭矩和阻力。所有这些因素在轨迹设计过程中都应一并评估。针对 CPS 问题，提出了三个优化的井眼轨迹剖面，并且应该为这些轨迹优化套管点。图 8.10 显示了 W2、W7 和 W19，分别对应 I、II 和 III 轨迹剖面，用以优化套管点。

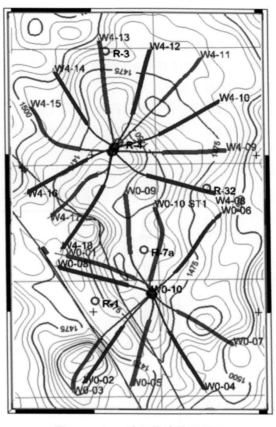

图 8.9　RSH 油田的油井平面图

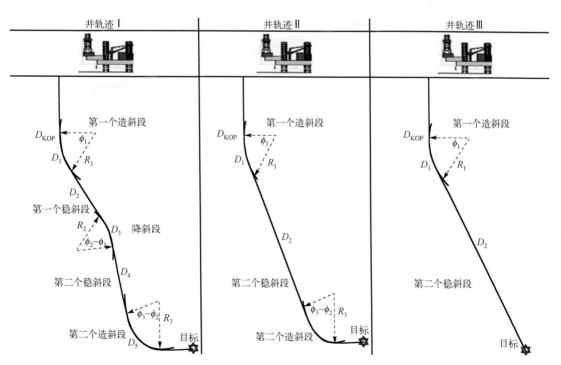

图 8.10　适合于 CPS 问题优化的完井路径

RSH 油田钻井方案

(1)第一保持段：钻 17.5″孔/13$\frac{3}{8}$″套管。这个孔径将被钻到±900～1000 m，为井口和套管提供支持，并允许安装第一个 BOP 堆栈(或分流器)，以确保安全钻探下一个孔段。一个 13$\frac{3}{8}$″的套管柱将被输送到地面，并进行单级水泥作业。

(2)第二保持段：钻 12$\frac{1}{4}$″孔/9$\frac{5}{8}$″套管。该段将从 13$\frac{3}{8}$″套管鞋开始钻，在选定的储层设置 9$\frac{5}{8}$″套管，套管鞋在地层内 5m。该套管将允许安装 5000 psi BOP 堆栈，以确保下一段的安全钻探。

(3)第三保持段：钻 8$\frac{1}{2}$″孔/5″槽式衬垫。8$\frac{1}{2}$″孔段将从 9$\frac{5}{8}$″套管鞋水平钻到计划段，在选定的地层内总深度(TD)为±4200 m。设定深度可能会根据储层目标、实际条件和完成情况而变化。这个水平段的孔将在含油区用 5″槽式衬垫进行套管，不进行固井。5″槽式衬垫将在 9$\frac{5}{8}$″套管内约 100 m 处设置衬垫悬挂器运行。

为了展示对其他井的优化，通过使用 Lingo 8 从案例研究中选择了另外两口井。W7 和 W19 使用与 W2 相同的程序进行优化，下面将讨论求解的模型的结果。W7 是一口在 13$\frac{3}{8}$″、9$\frac{5}{8}$″和 5″有三个套管点的井。结果如图 8.11 和图 8.12 所示。下一步是利用从 RSH 油田收集到的其他油井的数据来运行模型。表 8.2 中总结了不同套管点的优化方案。

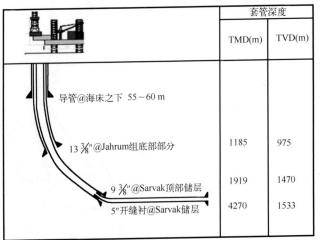

	套管深度	
	TMD(m)	TVD(m)
导管@海床之下 55～60 m		
13$\frac{3}{8}$″@Jahrum组底部分	1185	975
9$\frac{5}{8}$″@Sarvak顶部储层	1919	1470
5″开缝衬@Sarvak储层	4270	1533

图 8.11　W2 的优化方案

	W19套管深度				W7套管深度	
	TMD(m)	TVD(m)			TMD(m)	TVD(m)
导管@海床之下 55～60 m	143	120		导管@海床之下 55～60 m	143	120
				13$\frac{3}{8}$″@Sarvak组顶部	1235	1208
13$\frac{3}{8}$″@Sarvak组顶部	1358	1200				
				9$\frac{5}{8}$″@Hum Anhydrite组顶部	2272	2011
9$\frac{5}{8}$″@Hum Anhydrite组顶部	3000	2020		@Sumeh-D层顶部	2756	2136
开缝衬@Sumeh储层	5018	2066		开缝衬@Sumeh-D储层	4238	2149

图 8.12　W19 和 W7 的优化方案

表 8.2　RSH 油田的套管点优化方案

井　名	钻　孔				槽　式　衬　垫			
	$13\frac{3}{8}''$		$9\frac{5}{8}''$		$7''$		$5''$	
	TMD	TVD	TMD	TVD	TMD	TVD	TMD	TVD
W2	1185	975	1919	1470			4270	1533
W7	1235	1208	2272	2011	2756	2136	4238	2149
W19	1358	1200	3000	2020			5018	2066

图 8.13 展示了每个部分套管点的最佳间隔；这些间隔的选择取决于决策者。取每个间隔的上限和下限的平均值作为最终的最佳点。

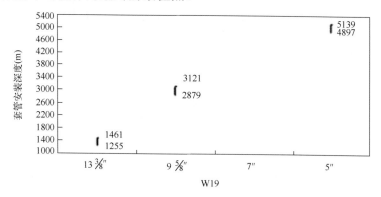

图 8.13　W19 的套管设置深度区间(m)

8.4　多标准方法：套管座选择方法

近年来，井筒完整性已成为一个重要的课题。它意味着，在任何时候，井中都必须有一个或两个井筒屏障。套管是任何屏障的重要组成部分。选择套管深度涉及多个要素，这些要素与孔隙压力、地质力学和井控有关。然而，这些要素在井设计过程中是单独评估的。

本研究的这一部分提出了一种新的综合方法来选择套管座的位置，该方法包含 6 个标准：

1. 气体填充的套管。
2. 钻探下一段的最小泥浆重量。
3. 井涌余量。
4. 立管余量。
5. 井中的薄弱点(这是将套管鞋的强度与井口以下的爆裂强度进行比较；目的是避免在井口以下出现故障，并确保套管鞋代表井中的薄弱点)。
6. 油管泄漏。

这些标准都是为项目定义的，并整合到一个通用的套管深度模型中。在这里，通过决定可接受的井涌余量和套管质量来选择套管深度。该模型非常适合进行敏感性和不确定性分析，因为所选择的解决方案满足了所有 6 个标准，并且它既适用于垂直井也适用于定向井。下面给出这些例子。

这种多标准套管座位置选择方法被认为是朝着更系统化的方法确保井筒完整性迈出的一步，同时也是优化"套管类型—套管深度"的工具。套管座位置深度通常基于孔隙压力、裂缝压力约束以及操作和井筒稳定性约束来选择。

在本章中，将确定这 6 个标准的设计约束，并推导出一个包含所有这些标准的通用模型。其结果是一个显示套管座移位后果的模型，它也确定了要使用的套管的最小强度。在这个例子中，将这 6 个标准定义如下：

- 气体填充的套管（假设井中充满地层气体并关闭）：套管的顶部必须有足够的强度来处理这个问题。
- 钻探下一段所需的最小泥浆重量：在这种情况下，是从套管鞋到下一裸眼段的深度。
- 井涌余量：如果套管鞋没有提供完整的井筒完整性。
- 立管余量：如果是从浮动钻井平台钻井。
- 井中的薄弱点：必须是在套管鞋下方，而不是在井口下方。
- 油管泄露：必须足够坚固以在测试或生产期间处理生产油管的泄漏。

由于所有涉及的压力都是静水压力，解决方案取决于真实垂直深度。因此，只要使用真实垂直深度，该解决方案就适用于所有井筒倾度。注意，对于高度偏移的井，当循环井涌流体时，低静水压力可能变得非常高。因此，应全程评估井涌投影高度与实际井涌体积之间的关系（Aadnøy 等，2012）。

》》 8.4.1　套管座选择标准

标准 1：气体填充的套管

气体填充的套管是最基本的标准。套管应该有足够的强度来承受关井期间的压力，如果油井控制失效，整个油井被储层液体填满，如图 8.14 所示。假设在井控过程中，套管完全被储层的液体填满。那么，套管应该有足够的强度来承受这些压力。井口压力等于储层压力减去储层液体的静水压力。储层液体密度越低，井口压力就越高。因此，低密度气体会导致井口压力升高，如图 8.14 所示。

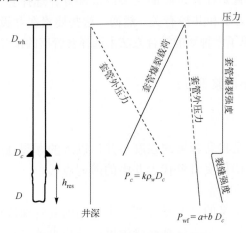

图 8.14　充满气体的套管的定义

套管顶部的内部负载压力为：

$$P_{wh}^{int} = P_0 - 0.098 d_{res}(D - D_{wh}) \tag{8.8}$$

对于海底井口，外部压力取决于套管是否通过立管安装。当不通过立管安装套管时，外部压力等于井口的海水压力。如果套管通过立管安装在泥浆中，可以假设外部压力等于井口深度的泥浆压力。然而，在安装后，外部压力没有被测量，无法验证。因为用海水压力来设计钻井计划可以提供一个更保守的设计，所以通常适用于所有套管柱。然后，外部负载压力由公式给出：

$$P_{wh}^{ext} = 0.098 d_w (D_{wh} - h_a) \tag{8.9}$$

套管的内压载荷是内部和外部压力之差。考虑安全系数，就变成

$$P_{burst} \geq SF[P_0 - 0.098\{d_{res}(D - D_{wh}) + d_w(D_{wh} - h_a)\}] \tag{8.10}$$

或者将孔隙压力用梯度表达如下，

$$\frac{P_{burst}}{0.098 \cdot SF} \geq (d_0 - d_{res})D - (d_w - d_{res})D_{wh} + d_w h_a \tag{8.11}$$

重新排列公式(8.11)，然后得出在套管强度给定的情况下，下一个裸眼井段的最大允许的孔隙压力梯度为

$$d_0 \leq \left(\frac{P_{burst}}{0.098 \cdot SF} + (D - D_{wh})d_{res} + (D_{wh} - h_a)d_w \right) \tag{8.12}$$

这个标准只保证了套管在顶部有足够的强度。下一个标准是考虑套管下面的裸眼井。

标准 2：钻探下一段的最小泥浆重量

钻探下一段的最小泥浆重量是经典的套管座标准，通常被称为下至上原则。对于一个超过底部孔隙压力的给定泥浆重量，套管鞋处的地层不得断裂。图 8.15 中显示了 13 $\frac{3}{8}''$ 的套管座。这可以表示为

$$P_{wf} \geq P_0 - 0.098 d_{mud}(D - D_c) \tag{8.13}$$

或表示为梯度，假设 $d_{mud}^{min} = d_0$，

$$d_{wf} \geq d_0 \tag{8.14}$$

对于较浅的套管，该原则不再适用，因为这里的孔隙压力是正常的。在这里应该使用其他标准，例如井筒稳定性问题、成本优化问题或操作问题。

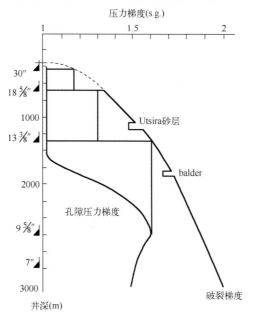

图 8.15　泥浆重量限制

标准 3：井涌余量

井涌余量标准确定了井口以下的裸眼井足够坚固可以钻井的条件。如图 8.14 所示。如果气体从储层进入井内，套管鞋下方的负荷将比泥浆填满整个井的时候大。原因是气体的重量小于泥浆的重量，从而向上传递了更大的压力。

图 8.15 所示的情况下，由于泥浆重量梯度等于井底的孔隙压力梯度和井口以下的裂缝梯度，因此井涌余量为零。在实践中，对断裂压力使用了安全余量。裂缝余量是安全系数，它与井涌余量直接相关；高的裂缝余量就有高的井涌余量。

套管鞋下方的载荷只是储层压力减去储层和套管鞋之间的气体和泥浆造成的静水压力。当套管鞋下方的载荷等于岩石的断裂压力时，就达到了平衡。

$$P_{wf} \geq P_0 - 0.098[d_{res}h_{res} + d_{mud}(D - D_c - h_{res})] \tag{8.15}$$

或者用梯度表示为

$$d_{wf}D_c \geq d_0 D + (d_{mud} - d_{res})h_{res} - d_{mud}(D - D_c) \tag{8.16}$$

因为套管的深度是未知数，所以断裂压力不是常数，而是深度的函数。

$$d_{wf} = a + bD_c \tag{8.17}$$

对于给定的设置深度，可以计算出最大允许的井涌体积，用 h_{res} 表示。

$$h_{res} \leq \frac{(d_{wf} - d_{mud})D_c + (d_{mud} - d_0)D}{d_{mud} - d_{res}} \tag{8.18}$$

如果假设在没有井涌的情况下尽可能钻得深一些，可以假设泥浆重量等于井口部分的最大孔隙压力梯度。将式(8.18)简化后，可得

$$h_{res} \leq \frac{d_{wf} - d_{mud}}{d_{mud} - d_{res}}D_c = \frac{d_{wf} - d_0^{max}}{d_0^{max} - d_{res}}D_c \tag{8.19}$$

正如 Rabia(1987) 和 Santos 等(2011)所指出的，压缩性、热效应和环形空间容量会影响计算出的井涌余量体积。Santos 等(2011)表明，环形空间容量通常对于短的裸眼井段更为重要，而压缩性的影响在长的裸眼井段可能变得显著。通常忽略温度效应会得到一个更为保守的解决方案。对于余量设计因素，应该评估这些效应。

Santos 等(2011)还表明，其他效应可以显著影响井涌容忍度的计算。节流操作员的失误、环形空间和节流管线的摩擦、井涌后流动以及流入密度的校正都是影响计算结果的因素。简单的计算可能导致过于保守的设计，如果希望采取更积极的措施，考虑所有可能的效应是很重要的。

还要注意，对于勘探井和开发井，在考虑应该使用什么压力来代表井涌压力时，可能适用不同的规则。井涌压力可以通过引入一个伪孔隙压力来考虑，这将在下一节中解释。

标准 4：立管余量

立管余量的理论是，如果立管突然断裂，立管中泥浆的静水压头被海水取代，导致井

底压力降低。图 8.16 的右侧必须平衡井底的孔隙压力。平衡要求：

$$P_0 = 0.098[d_{mud}(D - D_{wh}) + d_w(D_{wh} - h_a)] \tag{8.20}$$

或者以梯度的形式表示为

$$d_0 = d_{mud}\left(1 - \frac{D_{wh}}{D}\right) + d_w\frac{(D_{wh} - h_a)}{D} \tag{8.21}$$

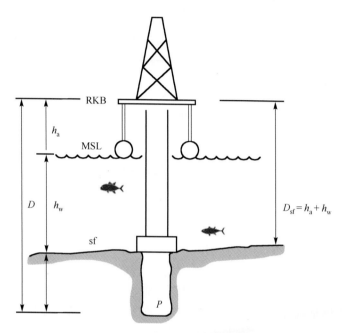

图 8.16　立管余量定义说明

图 8.17 显示了立管余量的结果。如果用较重的泥浆进行钻探，当立管断裂时，孔隙压力将得到平衡。

从图 8.17 中可以看出，套管设置深度受到最小泥浆重量的限制，而不是孔隙压力本身。然而，即使采用了立管余量，仍然要考虑到井涌的情况，假定最小泥浆重量代表潜在的井涌压力。因此，在设定深度计算中，孔隙压力被伪孔隙压力所取代。立管余量的伪孔隙压力是通过重新排列式（8.21）得到的，即式（8.22）：

$$d_0' = d_{mud}^{min} = \frac{d_0 D - d_w(D_{wh} - h_a)}{D - D_{wh}} \tag{8.22}$$

注意，这样的伪孔隙压力也被应用于井涌余量的计算中。通常情况下，勘探井与开发井所假定的井涌压力是不同的。用于计算的井涌压力可能是对孔隙压力本身的修正，也可能是对应用泥浆重量的修正。因此，在压力负荷和设定深度的计算中，真实的孔隙压力被一个代表可能的井涌的伪孔隙压力所取代。

立管余量适用于在中等水深作业的浮动式钻机。对于深水钻井，立管余量往往导致泥浆重量过高，超出了油井的破裂梯度。因此，在深水钻井应用中，立管余量通常被忽略了。

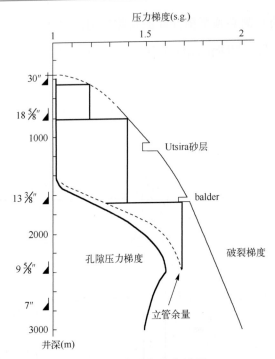

图 8.17   立管余量的结果

标准 5：井中的薄弱点

通常情况下，表层和中层套管柱的完整性降低。它们的设计不是为了承受油井的全部生产负荷。井涌余量是确保完整性的一种方法。如果进入井筒的储层流体体积小于井涌余量，就有充分的完整性。反之，较大的流入量会导致完整性的丧失，因为套管鞋在循环井涌时可能会断裂。

在本节中，将比较井口的套管破裂梯度和套管下面的地层强度。其目的是确保薄弱点是套管鞋。井口的套管失效可能是灾难性的，而套管下方的循环损失可以通过操作来处理。

一个"最坏"的情况是，孔隙压力值高于预测值，导致井内充满气体并使载荷趋向于失效。如果井口下方的套管趋向于爆裂，那么套管鞋下方相应的压力由井口压力加上套管内气体的静水重量来确定。

$$\frac{P_{burst}}{SF} + 0.098 d_{res}(D_c - D_{wh}) = 0.098 d_{shoe} D_c \tag{8.23}$$

套管鞋处的压力梯度变为

$$d_{shoe} = \frac{P_{burst}}{0.098 D_c SF} + d_{res}\frac{D_c - D_{wh}}{D_c} \tag{8.24}$$

薄弱点在套管鞋下方的条件是，它在井口套管爆裂之前的套管下方失效，或者为

$$d_{shoe} \geqslant SF \cdot d_{wf} \tag{8.25}$$

$$d_{shoe}^{critical} = SF \cdot d_{wf} \tag{8.26}$$

标准 6：油管泄漏

上述分析涉及较浅的套管柱，如表层套管和中间套管。目标是确定套管深度。生产套管的深度通常根据储层标准选择，例如，将生产套管设置在储层上方的盖层内。生产套管将始终具有完全的完整性。然而，我们已将生产套管纳入此分析中，因为在生产过程中，套管可能在生产封隔器的水平处发生失效。这将在以下内容中进行讨论。

在试井或生产过程中，泄漏可能发生在井口下方的生产油管顶部。生产油管通常安装在井底的封隔器上。如果发生泄漏，高压就会传到生产套管的内部，生产套管就会受到内压载荷。

由于泄漏的油管标准只与生产套管有关，因此可以假设井的完全完整性。在井口下方，油管的内部压力等于充满气体的套管期间的内部压力。因此，井口下方的内压载荷也等于充气套管时的内压载荷。套管的内部和外部压力可以表示为

$$P_{ext} = 0.098d_w(D_{wh} - h_a) + 0.098d_{outside\ fluid}(z - D_{wh}) \qquad (8.27)$$

$$P_{int} = P_{Gas\ filled\ casing} + 0.098d_{inside\ fluid}(z - D_{wh}) \qquad (8.28)$$

最大载荷的位置将取决于套管柱内外的液体密度，但通常情况下，封隔器的顶部成为关键位置。在下文中，假设封隔器的深度是关键因素，并以最坏的情况来考虑，即封隔器位于套管座位深度。例如，这是水平段完井的一个可能情景。最大载荷可以表示为

$$P_{Burst} \geq SF(P_{Gas\ filled\ casing} + 0.098(d_{inside\ fluid} - d_{outside\ fluid}) \times (D_c - D_{wh}) - 0.098d_w(D_{wh} - h_a)) \qquad (8.29)$$

插入充满气体的套管压力，并以梯度的形式表示，可得

$$\frac{P_{Burst}}{0.098 \cdot SF} \geq d_0D - d_{res}(D - D_{wh}) + (d_{inside\ fluid} - d_{outside\ fluid})(D_c - D_{wh}) - d_w(D_{wh} - h_a) \qquad (8.30)$$

现在可以针对套管设置深度求解：

$$D_c \leq D_{wh} + \frac{\dfrac{P_{Burst}}{0.098 \cdot SF} + d_{res}(D - D_{wh}) + d_w(D_{wh} - h_a) - d_0D}{d_{inside\ fluid} - d_{outside\ fluid}} \qquad (8.31)$$

在这里，如果 $d_{inside\ fluid} \leq d_{outside\ fluid}$，漏油管标准将等同于充气套管标准。如果 $d_{inside\ fluid} > d_{outside\ fluid}$，与充气套管标准相比漏油管标准将减少套管柱的允许设置深度。

在表 8.3 中总结了所考虑的条件。

表 8.3 研究中考虑的条件

标 准	环空液体	条 件	要 求	故障位置
1. 装满气体的套管	天然气	$P_{Burst} \geq SF \cdot P_{load}^{max}(D_{wh})$	绝对值	套管：井口以下
2. 泥浆重量	泥浆	$d_{wf}(D_c) \geq d_0(D)$	绝对值	地层：套管鞋
3. 井涌余量	泥浆和天然气	$d_{wf}(D_c) \geq d_0(D)$	选项	地层：套管鞋
4. 立管余量	泥浆加海水	$d_{wf}(D_c) \geq d_0'(D)$	选项	地层：套管鞋
5. 薄弱点	天然气	$P_{Burst} \geq SF \cdot P_{wf}^{max}(D_c)$	选项	地层：套管鞋
6. 油管泄漏	天然气	$P_{Burst} \geq SF \cdot P_{load}^{max}(D_c)$	绝对值（原型机）	套管：封隔器/套管鞋

为了展示一些实际应用，我们创建了一系列的情景，在这些情景中应用了这 6 个标准。

>> 8.4.2 情景

情景1：钻探下一个开孔段时的充气套管

充气套管和钻探下一个裸眼井段的能力是绝对的要求。如果结合式(8.12)和式(8.14)，就可以得出套管设置深度为

$$d_{wf} \geqslant d_0^{max} = \frac{1}{D}\left(\frac{P_{Burst}}{0.098 \cdot SF} + d_{res}(D - D_{wh}) + d_w(D_{wh} - h_a) \right) \tag{8.32}$$

其中断裂压力梯度是深度的函数，$d_{wf} = a + bD_c$。将其代入式(8.32)可得

$$D_c \geqslant \frac{d_0^{max} - a}{b} = \frac{\dfrac{P_{Burst}}{0.098 \cdot SF} + (D - D_{wh})d_{res} + (D_{wh} - h_a)d_w - aD}{bD} \tag{8.33}$$

情景2：立管余量

如果在情景1的结果中加入立管余量，代表井涌压力的孔隙压力就被式(8.33)中的伪孔隙压力所取代。因此，最小裂缝梯度现在受到代表井内最小允许泥浆重量的伪孔隙压力的限制。然而，最大井口压力仍由式(8.10)中描述的充满气体的套管决定。现在可以通过结合式(8.10)、式(8.12)和式(8.22)来确定套管设置深度。

$$D_c = \frac{d_0' - a}{b} = \frac{P_{Burst}}{0.098b(D - D_{wh})SF} - \frac{a - d_{res}}{b} \tag{8.34}$$

情景3：井涌余量

下面评估情景1的最大井涌余量。也就是说，有多少气体可以进入井内而不使套管鞋下的地层发生断裂。如果套管设置的深度使套管鞋处的破裂梯度与最大孔隙压力梯度之间没有余量，那么默认情况下就根本没有井涌余量。因此，套管被设置得比最小深度更深，以创造一个安全余量。这个安全余量是由井涌余量确定的。

如果该段钻井的泥浆重量是最小的，$d_{mud} = d_0^{max}$，观察到最大的井涌余量为

$$h_{res} = \frac{d_{wf} - d_0^{max}}{d_0^{max} - d_{res}} D_c^{actual} \tag{8.35}$$

其中，$D_c^{actual} > D_c^{minimum}$。如果计算出的井涌余量大于裸眼井段的体积，那么就需要有井的完全完整性：

$$\begin{aligned} h_{res} > D - D_c &\Rightarrow 井的完全完整性 \\ h_{res} < D - D_c &\Rightarrow 井的完整性降低 \end{aligned} \tag{8.36}$$

情景4：井涌余量和立管余量

如果除井涌余量外还应用立管余量，可以观察到孔隙压力梯度被一个伪孔隙压力梯度所取代（d_0^{max} 被 d_0' 取代）。在立管余量计算中，或其他井涌余量计算中，应用的伪孔隙压力

梯度总是比初始孔隙压力梯度大。在式 (8.35) 中用一个较高的值来代替最大的孔隙压力梯度，会导致井涌余量减少。

情景 5：薄弱点

这里，计算薄弱点的约束。使用式 (8.24)~式 (8.26) 和破裂梯度方程 [见式 (8.17)]，可以解决套管的约束条件为

$$D_c < -0.5\left(\frac{\text{SF}\cdot a-d_{\text{res}}}{\text{SF}\cdot b}\right)+\sqrt{\frac{1}{4}\left(\frac{\text{SF}\cdot a-d_{\text{res}}}{\text{SF}\cdot b}\right)^2+\frac{C}{\text{SF}\cdot b}} \tag{8.37}$$

$$C=\frac{P_{\text{burst}}}{0.098\cdot\text{SF}}-d_{\text{res}}D_{\text{wh}} \tag{8.38}$$

》》 8.4.3　数字例子

现在介绍一个套管座选择分析的数字例子。该分析是将破裂梯度曲线表达为单一的线性曲线进行的。更复杂的破裂梯度曲线并不改变分析的程序，但需要更全面的计算。

要研究的套管座是 $13^3/_8''$ 的套管，如图 8.17 和图 8.19 所示。假设下一个裸眼井段被钻到 2400 mTVD。在大约 1100 mTVD 和 1600 mTVD 深度显示了两个损失区。这些例子假定安全系数为 SF=1.3，储层液体密度为 0.20 s.g.。

将破裂梯度转换为 $d_{\text{wf}} = a + bD_c$ 形式的曲线，可以得到如图 8.18 所示的破裂梯度曲线。

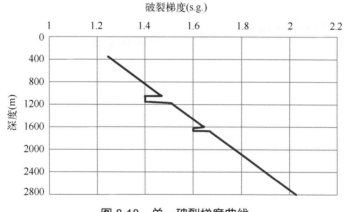

图 8.18　单一破裂梯度曲线

接下来总结了其他的油井数据 (如表 8.4 所示)，并介绍了选定套管的爆破压力 (如表 8.5 所示)。

表 8.4　油井数据

密　　　度			深　　　度		
泥　　浆	油　　藏	海　　水	D_{wh}(m)	h_f	D
1.6	0.2	1.03	225	25	2400

表 8.5   6 种不同套管柱的爆破压力

	P_{burst}(bar)					
	套管 1	套管 2	套管 3	套管 4	套管 5	套管 6
SF =1.2	166.7	220.8	275	329.2	383.3	437.5

图 8.19 显示了情景 1 和情景 2 的设定深度的计算结果。假设套管强度等于裸眼井段产生的压力载荷，确定最小的套管鞋深度为 1300 mTVD。如果必须考虑到立管余量，计算出的设置深度增加到大约 1530 mTVD。

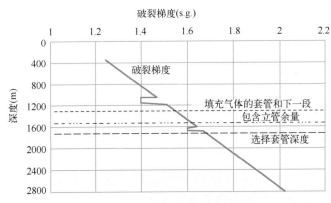

图 8.19   套管设置深度计算

这些结果与图 8.17 所预期的结果一致。

应用式 (8.10) 比较套管强度和压力载荷，表明当安全系数为 1.2 时，所需的套管强度等于 314 bar。查看表 8.5，发现最好的 $13^3/_8''$ 套管是套管 4。

在这个例子中，套管座放在 1670 mTVD 处，以封住失环区。下一步是根据设置深度来确定所产生的井涌余量。如果可以忽略立管余量，式 (8.35) 提供了 110m (h_{res}) 的井涌余量，而如果包括井涌余量，则发现立管余量为 31m (h_{res})。正如预期的那样，当立管余量被计算在内时，得到的井涌余量较小。

这个例子显示了余量设计标准和套管设置深度之间的关系，如果选择一个浅的套管设置深度，必须解决与违反标准有关的风险。

8.5   实时方法：利用远程实时监测井的套管座优化

使用随钻测井 (LWD) 服务与钻前孔隙压力模型相结合的远程实时孔隙压力监测，通过提供对井筒稳定性的监测和套管座的优化来降低风险和成本。

在钻井过程中，如果确定了错误的地层压力，可能会导致以下问题：如果泥浆重量过高 (主要是在最大水平应力方向上)，地层可能会破裂，导致泥浆流失到裂缝和由泥饼质量控制的任何渗透区域。过度的超压平衡还会增加静止期间 BHA (底部钻具组合) 发生压差卡钻的风险。相反，如果泥浆重量过低，可能会发生井壁破裂 (在最小水平应力方向上)，导致井筒不稳定，并增加了井涌或从渗透区域将地层流体吸入井筒的风险。

如果图 8.20 中绿色箭头指示的安全泥浆重量窗口没有通过维持最佳泥浆重量 M_w 来保

持，这可能导致井壁破裂或两侧的裂缝。挑战不仅在于孔隙压力的未知幅度，还在于由速度模型的不确定性而导致的起始深度。

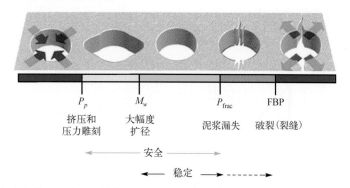

图 8.20 安全泥浆重量窗口（绿色），如果不能维持最优的 M_w，两侧会出现破裂或裂缝

例如，在偏远地区钻井时，在缺乏对比数据的情况下，孔隙压力是作为地震岩石速度的函数来确定的。速度模型及其相应的孔隙压力模型构成了勘探井规划的基础。这些模型直接影响套管设计、井段数量和泥浆重量计划。对于前沿勘探钻井，这种关系尚未确立；这种依赖是高风险的，而高科技方法可以降低这种风险。

此外，随钻地层压力测量（FPWD）技术可以添加到地震和声学技术中，以校准预钻孔隙压力模型。获取的地层压力，结合随钻地球物理数据，允许速度−孔隙压力转换和正常压实趋势线进行校准，减少钻头前方孔隙压力模型的不确定性。校准后的模型使操作员能够自信地做出决策，并继续在单一井段内钻探以拦截关键目标，可能消除套管柱，确保井涌容忍度和安全超压保持在最佳水平，以降低泥浆流失或井涌的风险。

8.5.1 钻前压力预测

在钻井前，模拟器软件被用来模拟井所在的压力单元（由地质断层界定）内的压力。该模型运行数百次，每次都稍微改变那些影响超压的参数，而这些参数的某些测量值是不可用的。每次模拟都会得到井的压力预测。孔隙压力预测方法如图 8.21 所示。

孔隙压力预测方法

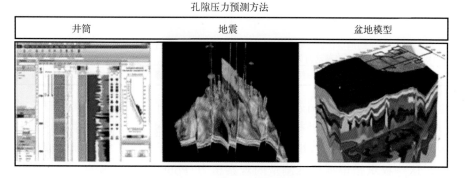

图 8.21 孔隙压力预测方法

孔隙压力模型被用来确定所需的套管段数、套管鞋的放置位置以及泥浆重量窗口的限制。由于地表和地下数据在纵向、横向和分辨率上都存在固有的不确定性，该模型有可能存在很大的不确定性。

钻前孔隙压力模型（如图 8.22 所示）显示了一个有 4 种不同孔隙压力剖面的例子，其差距高达 1.8 ppg。该模型受到偏移地层压力数据的影响，显示了从 1500 m BML 开始的 8.6 ppg 到 10.7 ppg 的潜在异常压力斜率。

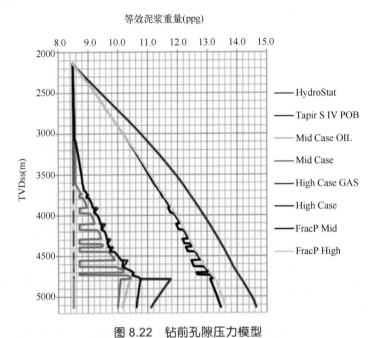

图 8.22   钻前孔隙压力模型

8.5.2   钻探时的压力预测

当钻井开始时，钻工通过 e-Drilling 系统（一个实时钻井模拟系统）向项目所有者提供实时电阻率和声波数据，如下表所示。利用这些测量数据，根据 Eaton 的电阻率和声波测井方程计算压力。

电 阻 率	声 波
$p_{obs} = s - (s - p_n)\left(\dfrac{R_{sh,obs}}{R_{sh,n}}\right)^{n_r}$ 式(8.39)	$p_{obs} = s - (s - p_n)\left(\dfrac{\Delta T_{sh,n}}{\Delta T_{sh,obs}}\right)^{n_s}$ 式(8.40)
$n_r = 1.2$	$n_s = 3.0$
其中 s = 覆盖应力（Pa），是平均地层体积密度的函数；p_n = 法向孔隙压力（Pa），是平均地层流体密度的函数；R_{sh} = 页岩电阻率（Ωm），ΔT_{sh} = 页岩移动时间（s/m）。	
注意，"obs"指的是观察到的（实际压力）条件；"n"指的是静水（正常压力）条件。	

正常压实/压力地层的修正钻井指数可以从相同深度的偏移井中推断出来，或者通过正常压实/压力地层的趋势数据的外推。通过 Monte-Carlo 运行和从电阻率、声波和钻井指数计算出的观测压力，可以根据测井数据信息，计算出赋予每个模拟运行（i）的权重（w_i）。在盆地建模中，这些权重是根据校准测量的观察压力（Pobs）计算出来的，如下所示：

$$w_i = \frac{N}{\displaystyle\sum_{i=1}^{N} a_n (p_n^{mod(i)} - p_n^{obs})^2} \tag{8.41}$$

$$p = \frac{\sum\limits_{i=1}^{I} p_n^{\mathrm{mod}(i)} \times w_i}{\sum\limits_{i=1}^{I} w_i} \qquad (8.42)$$

式中，N 是校准深度的数量，"n"是井深，a_n 是应用于每个校准深度的重要性权重，$p_n^{\mathrm{mod}(i)}$ 是运行"i"中"n"深度的建模超压，p_n^{obs} 是校准深度的观察（测量）超压。

　　上述方程是根据 Sylta 和 Krogstad（2003）的等效表达式改写的，其中随机变量是油气柱高度 H，而不是超压 p。在这个过程中，将 p_n^{obs} 计算为根据电阻率、声波和钻井数据计算的孔隙压力的算术平均值。如果其中一种变量的数据缺失，该变量将被忽略。项目所有者根据需要尽可能频繁地更新计算出的压力，并更新权重，从而预测更大深度下最可能的压力（Luthje 等，2009）。随着越来越多的信息被收集，对更大深度下的压力预测变得更加准确（如图 8.23 所示）。

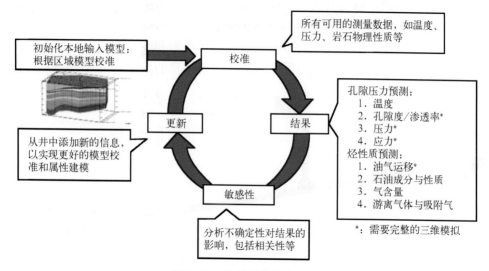

图 8.23　钻探时的压力模型

8.5.3　墨西哥湾油井案例研究

　　现在介绍墨西哥湾（GoM）的一个架子作业的结果，该作业允许作业者在一个非常狭窄的水力包络中成功钻探，甚至取消了一串套管（Goobie 等，2008）。钻头前方的孔隙压力预测的不确定性可以通过模型更新而显著降低。LWD 测量允许在钻井过程中更新钻前速度和孔隙压力转换，使用声学工具的速度和 LWD 地层压力工具的压力。然后在钻井过程中应用这种校准的变换来修正钻前孔隙压力模型，从而提供钻头前方的估计值。

　　这里描述的使用实时测量的技术使操作者能够将 $9\frac{5}{8}''$ 中间套管和 $7''$ 衬垫都延长到总深度。结果，一个关键的套管柱被推到了比计划更深的 1287 ft，并且不需要预先计划的 5″ 衬垫。这节省了套管费用，以及细孔钻井和完井费用。

　　操作者与一家总包公司接洽，在 Vermillion Black 338 区块钻一口探井。在研究了潜在的风险后，总包公司坚持认为验收的条件之一是要使用 $7\frac{5}{8}''$ 钻井衬垫。然后，在

TD 需要额外的一串 5″套管。这样做可以减轻一些钻井风险，使总包公司能够成功地穿透储层；但是，这大大增加了项目的总体 AFE。利用实时的 LWD 测量来优化钻井，操作者认为可以通过延长 $9\frac{5}{8}$″中间套管柱的深度和 7″替换衬垫的深度来减少一串套管。如果成功的话，这将省去 $7\frac{5}{8}$″衬垫。由于不再需要控制直径来容纳 5″型衬垫，因此使用了价格较低的 7″型衬垫。这不仅节省了套管的成本，而且还避免了小井眼钻井和完井的困难。

钻前孔隙压力模型在钻机上和陆上作业支持中心（OSC）都有。此外，还制作了一份钻井 MAP，详细说明了该井的预期危险和风险缓解过程。来自 LWD 工具的井下测量结果提供了环形压力、声波、地层压力、伽马射线和电阻率，以及来自钻机表面数据的观察结果。这些数据被用来在钻井时更新和优化地质模型，并减少钻前的不确定性（如图 8.24 所示）。将钻前模型与 LWD 数据相结合，使钻井队能够更好地了解油井的流体动力学。LWD 环形压力工具提供了来自等效静密度最小值（ESDmin）和等效静密度最大值（ESDmax）的抽汲和波动压力实时数据点，以及有关环空孔负载的信息。来自 LWD 声波的井下速度信息被用来进一步确定页岩的地层压力预测，并更新钻前模型。LWD 地层压力工具给出了渗透性地层的地层压力测量值，用于模型校准和更新。假设页岩和砂岩的孔隙压力是平衡的。伽马射线工具协助进行岩性辨别，而电阻率数据则用于独立的孔隙压力评估。

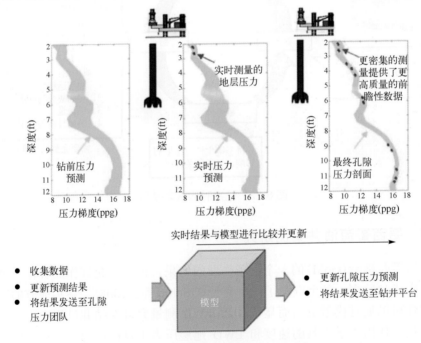

图 8.24　实时结果与模型比较并更新

钻前孔隙压力模型的目的是将钻井时获得的所有新信息纳入其中，以减少不确定性，不仅是在当前深度，而且也在钻头前方。为了减少不确定性，钻井作业密切监测井况，并通过 LWD 工具的测量结果更新钻前模型。图 8.25 显示了模型的第一次更新。钻井时的压力测量和实时声波数据（蓝色曲线）被用来推导出一个局部校准的速度和孔隙压力转换。这适用于从 GoM 立方体中提取的检查速度（红色曲线），因此通过在钻头前更新模型，每次更新都会减少不确定性（如图 8.24 所示）。作为质量控制，还显示了偏移井的泥浆重量，以及该井的地层完整性测试（FIT）值。图 8.26 显示了使用实时声波和孔隙压力信息对钻前模型的进一步更新。为了约束深层段的孔隙压力，从传入的实时声波数据中得出的更新转换，并利用压力测量值进行校准，也被应用于偏移井的声波记录（图 8.26 中的深棕色线）。在这些较深的断面中，由此产生的孔隙压力预测使人们对所得出的变换有了信心，这一点从该偏移井的压力预测和泥浆重量之间的良好一致性可以看出。对实时数据进行持续监测，允许每天更新速度和孔隙压力转换（如图 8.27 所示）。

　　基于实时声波数据的孔隙压力与基于提取的检波速度的预测非常一致，特别是在低于 9000 ft 的 TVDSS 深度。

　　图 8.25 显示了使用压力测量和实时声波（蓝色曲线）对模型的第一次更新，以得出局部校准的速度和孔隙压力转换。这适用于从 GoM 立方体中提取的 Checkhot 速度（红色曲线），从而在钻头之前更新模型。图中绘制了偏移井的泥浆重量以进行比较。

　　图 8.26 显示了钻井位置的第二次孔隙压力更新，比较了偏移井数据和实时数据。为了约束更深地段的孔隙压力，派生转换也被应用于偏移井的声波记录（图 8.26 中的深棕色线）。

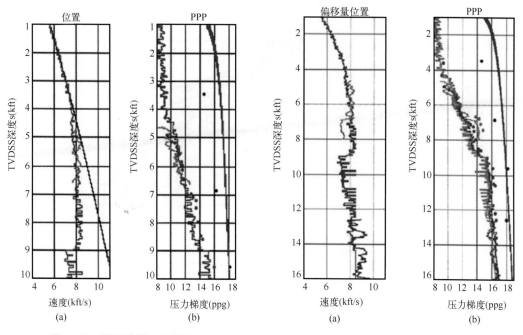

图 8.25　模型的第一次更新　　　　　　图 8.26　第二次孔隙压力更新

　　图 8.27 显示了复合井筒流体力学曲线，其中突出显示了以下区域的数据：

　　（A）由声波、电阻率和地层压力测量所证实的孔隙压力斜率的顶部。

　　（B）7000 ft 和 8000 ft 之间的差异与钻前模型（由紫色虚线表示）和测量的地层压力的差异是一个很好的例子，说明了实时更新钻前模型以减少孔隙压力不确定性的重要性。在这种情况下，钻前模型是从一个覆盖 GoM 北部的三维立方体中提取的。三维立方体是利用偏移井的速度数据构建的。在这种方法中，偏移井与钻井位置的接近也对钻前模型的初始不确定性有影响。为了进一步减少孔隙压力的不确定性,可将该地区(GoM 区块)的地表地震数据纳入钻前建模过程。

(C)环形压力工具显示等效循环密度(ECD)迅速接近裂缝梯度。起初,钻井作业者认为这一定是由于环形压力工具应变计的机械故障造成的。钻井队指出,如果部署地层压力工具,就可以用来解决这个差异。然而,在测试之前,地层就已经失效了。

(D)在 11 400 ft 处,声波和地层压力工具都被从钻孔中移走。做出此决定是因为最令人担忧的区域已经达到 11 000 ft。孔隙压力与 2500 ft 的孔隙压力模型密切相关,对其他偏移井的钻前分析表明,其他每口井完成后,泥浆重量都没有进一步增加。

(E)如绿色虚线所示,最大 ECD 被限制在 17.5 lb/galUS。这是从发生循环损失的地方开始设定并监测,直到套管点,以避免在断裂点出现损失。

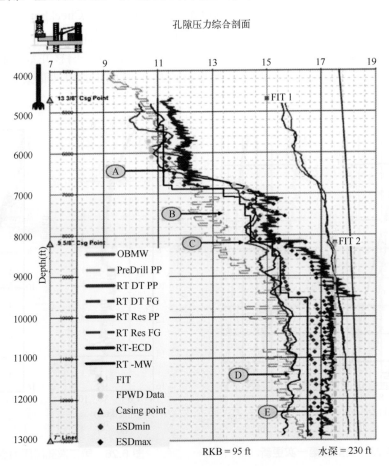

图 8.27   复合井筒流体力学曲线

套管座的情况

图 8.28 中左边的油井曲线显示了总包公司计划的套管方案。注意,图中到 7000 ft 的 $9^5/_8''$ 套管将限制泥浆的重量达到 13 lb/galUS。事实上,有必要在 6800 ft 处将泥浆重量提高到 13 lb/galUS;因此,套管将被放置在比计划浅的 200 ft 处。中间的套管方案是由作业者确定的最优方案,需要对井筒流体力学进行实时验证。最优情况下,$9^5/_8''$ 套管被推至 8500 ft。

根据实时孔隙压力预测和地层压力测量结果，用 13 lb/galUS 的泥浆推到这个深度是非常乐观的。右边的套管程序显示了最终的设计。实时流体力学使作业者在将 $9^5/_8''$ 套管放入 8187 ft 的井眼之前，将泥浆重量提高到 15.2 lb/galUS。

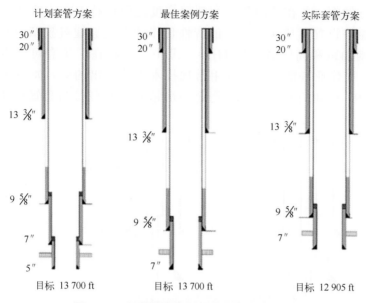

图 8.28　利用远程实时井监测优化套管座

作业者实现了取消预先计划的 5″套管的目标，避免了小井眼完井目标。LWD 技术和 OSC 服务实时解决了与钻井有关的问题和孔隙压力模型的更新。这种技术有以下效果：

- 减少了因井涌和损耗而损失的时间。
- 减少了井内损失的风险。
- 把套管座推到尽可能深的地方。
- 能保持井眼的水力。
- 省去了套管。
- 通过更接近平衡的钻井和避免不必要的流动和底部检查来提高 ROP。
- 提供更安全的钻井实践。

8.6　技术方法：使用非常规钻井方法减少套管数量

在过去的十年中，新的非常规钻井方法出现了，如管理压力钻井和套管/衬垫钻井。大量的现场应用已经证明，在适当的情况下，这两种技术都能为钻井作业带来价值。人们认为，两者的结合可能会产生更多的好处。使用这种组合可能获益的例子包括以下方面：

- 高度枯竭的油藏。
- 泥浆窗口非常狭窄的地层。
- 具有不同压力状况的连续层。

当在失衡的复杂地层中钻井时，会遇到锥度（或望远镜）效应。传统上，由于钻头必须穿过套管才能向前钻进，因此在新的套管柱设置完成后，井筒的直径在每一节都会减小。因此，每根连续的套管都会减少孔的直径，如果井筒直径太小，最终可能会妨碍生产衬垫的运行。此外，如果遇到井筒不稳定的问题，往往需要设置额外的套管柱，称为应急套管。MPD 提供了对井底压力(BHP)的进一步控制。这使作业者能够以较小的余量进行钻探，并在孔隙压力和裂缝梯度之间保持 BHP，而不会过早地设置套管，使套管点能够设置得更深。同样的特性使作业者能够通过狭窄的泥浆窗口进行钻探，例如在枯竭油藏和高压高温(HTHP)油藏中普遍存在。这有可能省去应急套管柱和某些套管柱，使作业者能够钻出使用常规技术无法钻出的井。如图 8.29 所示，可以看到，使用 MPD 钻井的井(右)比使用超平衡钻井的井(左)的套管尺寸要小，直到钻穿高压储层。

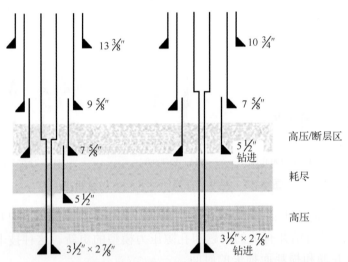

图 8.29   失衡钻井套管程序(左)与受控压力钻井套管程序(右)

8.6.1   无立管钻井

碳氢化合物储量的下降和需求的增加正在推动石油和天然气公司探索那些存在高经济风险和技术难题的地区。包括深水勘探，它看起来很有前景，但同时也带来了新的挑战。无立管钻井是一个新的创新解决方案，它包括一个没有立管的泥浆循环系统。海底泥浆泵被用来把钻井泥浆从海底抽到钻井平台上。在本节中，将仔细研究无立管钻井和实现这一目的的技术。此外，还将研究在深水钻井中安装立管的主要缺点，这些缺点促使工程师寻找新的创新技术，并研究无立管钻井的优势。无立管钻井是一种无须使用海洋立管的 MPD 方法。它同时解决了深海和超深海作业的两个主要挑战：

- 通过使用 MPD 方法将系统与环境隔离，解决了地层压力和孔隙压力之间的狭窄窗口问题。
- 消除了因使用海洋立管而产生的限制。

无立管泥浆回收(RMR)系统可以重复使用钻井泥浆。图 8.30 显示了一个 RMR 系统，其中钻井泥浆通过钻杆被抽出，通过钻头出来，返回到钻杆周围的海床，然后被捕获并抽到地面。泵送过程是由海底泵进行的，位置如图 8.30 所示。尽管无立管钻井对深水应用有很大的潜在优势，但由于安装和拆除立管的成本，该技术还没有被实际用于深水的完整钻井。预计这种情况会在不久的将来改变。

　　在深水条件下，孔隙压力和破裂压力之间的压力差非常小，如图 8.31 所示。这就需要安装若干套管和衬垫串，导致井眼尺寸缩小，以至于在到达储层深度之前可能不再适合于生产。这对可以达到的深度有很大的限制，阻碍了在深水区获得大量的油气储量（如图 8.32 所示）。

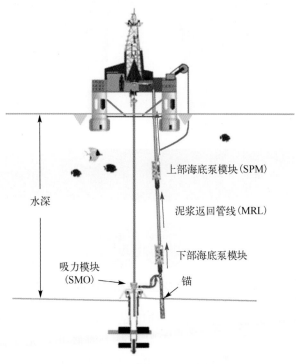

图 8.30　深水区 RMR 系统

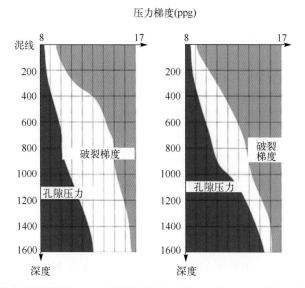

图 8.31　常规的钻井由于泥浆在上升时有额外的静水压力为海上油田提供了一个狭窄的钻井窗口

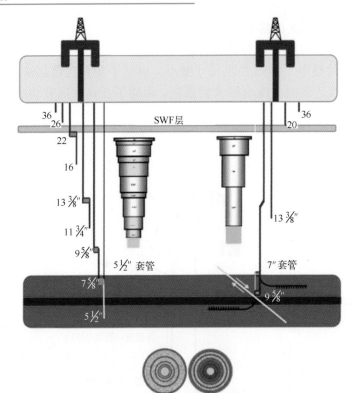

图 8.32   使用常规钻井(左)与双梯度钻井(右)时的套管

在安装防喷器(BOP)之前,无立管双梯度钻井(DGD)在顶孔钻井过程中使用一个专门的海底泵放置在海平面上,已经广泛用于海上海底井。无立管 DGD 系统,被称为无立管泥浆回收(RMR),已经被开发出来,允许无立管区段用加重泥浆进行钻探,同时将回流到地面。这使得作业者可以将地面套管柱设置得更深,从而减少井内衬里/套管柱的总数。

》》 8.6.2   管理压力钻井技术

管理压力钻井技术(MPD)是一项相对较新的技术。MPD 的主要原理是操纵整个井筒的环形压力曲线。除了应用被称为背压的表面压力外,还通过静水压柱来控制。背压通常由节流阀完成,节流阀可以是手动的,也可以是半自动的,从而在作业中保持所需的压力曲线。MPD 不仅关注井底压力,还关注整个压力曲线(Sobreiro de Oliveira,2018)。

国际钻井承包商协会(IADC)将 MPD 定义为一种适应性的钻井过程,用于精确控制整个井筒的环形压力曲线。常规钻井使用钻井泥浆的静水压力来管理井内的压力,而 MPD 则使用表面压力、泥浆的静水压力和环形摩擦力的组合来平衡暴露的地层压力。

MPD 的其他目标,可以被认为是使用这种技术的重要驱动力,即取消一个或多个套管柱(如图 8.33~图 8.35 所示),能够以恒定的 BHP 钻出更长的延伸钻井(ERD),控制浅层气体和水的流动(深水),也能提供一个更安全的钻井环境。为了完成 MPD,必须综合应用以下技术:

- 背压。
- 改变流体密度。

- 流体流变学。
- 循环摩擦系数。
- 孔的几何形状。

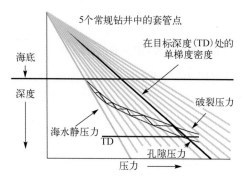

图 8.33　单梯度钻井液在泥浆线处产生高的地层应力，导致需要 5 个套管点才能保持在钻井余量内

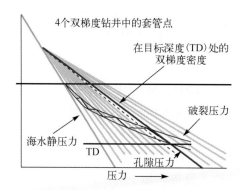

图 8.34　双梯度技术降低了泥浆线的压力，同时在总深度保持相同的压力，并消除了套管点

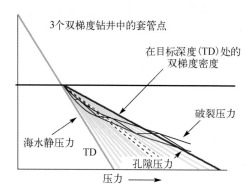

图 8.35　最优的双梯度系统使泥浆线应力最小，并使套管点最少

管理压力钻井的原则

MPD 系统由地面和地下的工具组成。MPD 过程安全地控制环形压力曲线。如前所述，主要目标是避免因压力曲线过窄而导致的任何 NPT 事件。MPD 是一个封闭和加压的循环流体系统。在钻井时使用适当的工具，通过动压、静压和背压来控制井压。因此，当时孔内泥浆的等效重量是通过以下方式确定的。

循环（动态）

循环过程中的常规钻探：

$$ECD = MWHP + AFP \qquad (8.43)$$

循环过程中的 MPD：

$$ECD = MWHP + BP + AFP \qquad (8.44)$$

式中，MWHP 是泥浆重量静水压力，AFP 是环形摩擦压力，BP 是表面背压。

无循环（静态）

在连接过程中，无循环条件下，环形摩擦部分将消失，井压将由静态泥浆重量决定，这是常规钻井的情况。在一个狭窄的窗口中，井压可能低于地层和塌陷压力，从而导致井塌和井涌等问题。然而，为了解决这个问题，MPD 系统通过施加背压将井压维持在狭窄窗口内。

静态下的常规钻探：

$$ESD = MWHP \qquad (8.45)$$

静态下的 MPD：

$$ESD = MWHP + BP \qquad (8.46)$$

比较式（8.45）和式（8.46），静态条件下的表面背压量将大致等于最后一个支架钻进时的循环环形摩擦压力（AFP）。MPD 设备有几种配置。它们根据作业目标和油藏特征而变化。为了准确选择 MPD 作业所需的设备，有一系列相关的输入和考虑因素需要考虑到每一种情况。图 8.36 显示了地面和地下设备，如下所示：

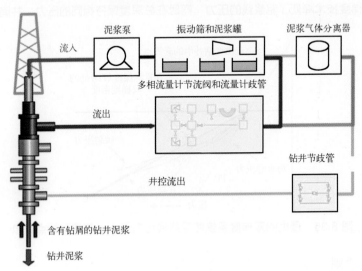

图 8.36　MPD 系统安排

- 旋转控制装置。
- 钻井节流阀。
- 节流歧管。

- 流量计。
- 油/气分离器。
- 止回阀、井下隔离阀、井下测量。

优点

　　如前所述，MPD 允许在孔隙压力(PP)和破裂梯度(FG)之间钻出狭窄的作业窗口。MPD 的优点和缺点如表 8.6 所示。

表 8.6　MPD 的优点和缺点

优　点	缺　点
减少了外壳的数量	一种特定于应用的方法
减少固井作业往返次数和成本	设备占用的空间通常不大
减少非生产性时间	需要对人员进行广泛的培训
降低整体钻井成本	操作复杂
钻探不可钻的地层，这对传统的钻探方法是一个挑战	高资本支出(项目的初始成本高)
允许钻探高裂缝的地层	
在钻井和连接过程中精确控制环形压力	
加强早期失水检测	
高压高温的应用	

8.7　小　　结

　　本章的结论是用不同的方法得出的。

8.7.1　数学方法

　　利用井中的设备、服务和消耗品的成本，构建了一个多变量成本模型。利用这个套管设置，进行了深度优化。

- 多变量方法被进一步扩展，现在包括使用效用框架的地质不确定性。
- 在 RSH 油田的平均水平上，对地质不确定性的考虑。通过使用完整方法的多种方案，提供了关于最优井点的更好决策，因为计算出至少节省 2.4%~15.2%。
- 将套管点规划(CPS 问题)扩展到不确定性环境是确定油井套管设置深度的良好工具，用它来确定油井的套管设置深度。
- 可用的数据越多，不确定性越小，决策越好。

8.7.2　多标准方法

　　这里提出了一种新的综合方法来选择套管座的位置，其中包括：
- 气体填充的套管。
- 钻探下一段的最小泥浆重量。
- 井涌余量。
- 立管余量。

- 井中的薄弱点。
- 油管泄漏。

薄弱点标准是将套管鞋的强度与井口以下的爆裂强度进行比较。其目的是为了避免井口以下的故障，并确保套管鞋代表井中的薄弱点。所有这些标准都被定义并整合到一个通用的套管深度模型中。在这里，套管深度是通过决定可接受的井涌余量和套管质量来选择的。该模型是敏感度和不确定性分析的理想选择，因为所有 5 个标准都满足所选择的解决方案，而且它对直井和斜井都有效。

➤➤ 8.7.3   实时方法

实时流体力学监测成功地识别了裂缝点，使钻井在非常狭窄的泥浆包络的限制下进行，并将 $9\frac{5}{8}''$ 套管的深度比计划的深了 1287 ft。这减少了一整个套管段，节省了几天钻机时间。

➤➤ 8.7.4   技术方法

- 在孔隙压力和破裂压力之间存在预期的狭窄操作窗口时，MPD 提高了操作能力。
- MPD 减少了达到计划的 TVD 所需的套管柱的数量。

8.8 习   题

习题 1：套管底座设计

将设计一个中间的套管。设计参数如下：

- 套管深度：1820 m
- 到海床的深度：225 m
- 到海平面的深度：25 m
- 到水泥顶部的深度：1685 m
- 下一钻孔段的深度：2365 m
- 孔隙压力梯度，下一断面：1.55 s.g.
- 套管鞋处的断裂设计梯度：1.77 s.g.
- 地层流体密度：0.76 s.g.
- 泥浆密度：1.50 s.g.
- 水泥密度：1.45 s.g.

套管的数据是：

- $13\frac{3}{8}''$ 级 X-70，72 lbs/ft 的套管
- 重量：107.1 kg/m
- 横截面的内面积：772 cm^2
- 爆裂强度：510 bar
- 抗塌陷能力：199 bar
- 管体屈服强度：1016×10^3 daN

计算套管爆裂、坍塌和张力的设计系数。假设爆裂、坍塌和张力的最小安全系数为 1.10。

习题 2：套管设置深度优化

调查套管是否设置在最优设置深度，是否应该设置得更浅。假设 $17\frac{1}{2}''$ 的孔和 $12\frac{1}{4}''$ 的孔之间的差异为 2 m/h，涵盖了钻井、安装和固井的套管。假设爆裂、坍塌和张力的最小安全系数为 1.10。

1. 套管可以设置多浅？
2. 可以节省多少时间？
3. 哪个参数是关键的：爆裂、坍塌还是张力？
4. 找出因中间套管设置较浅而引起的其他问题。

习题 3：对设置深度标准的调查

前面两个习题使用的是标准 1 和标准 2。想调查其他标准对设定深度的影响。

1. 假设环状容量为 0.02 m^3/m，井涌余量为 $8m^3$，那么，套管可设置的最浅深度是多少？
2. 如果在 300 m 的水中钻井，立管余量是否会限制套管的设置深度？
3. 该井的薄弱点是在井口还是在套管鞋下面？

习题 4：套管鞋深度对持续套管压力的影响

在这个习题中，将提出 4 个中间套管鞋设置深度不利导致持续套管压力(SCP)的通用案例(Inger，2012)。找到一个可以避免 SCP 的解决方案。在决定选择哪种方案时，要评估与不同解决方案相关的粗略的套管成本预测(如图 8.37～图 8.40 所示)。

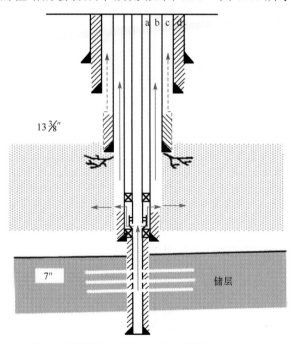

图 8.37　案例 1：生产封隔器下方的泄漏。$9\frac{5}{8}''$ 套管外的水泥设置在生产封隔器的下方。因此，生产封隔器下方的泄漏可能会导致液体流向地层或环空 "b" 和/或环空 "c" 的 SCP。蓝色为一级屏障，红色阴影为二级屏障

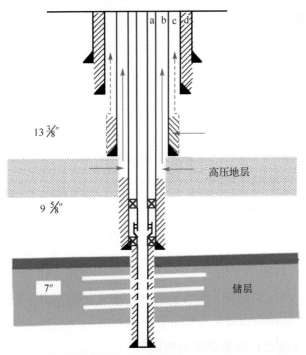

图 8.38 案例 2：套管鞋在未密封的高压地层之上。来自高压区的流体进入井内，
导致环空"b"内压力升高。蓝色为一级屏障，红色阴影为二级屏障

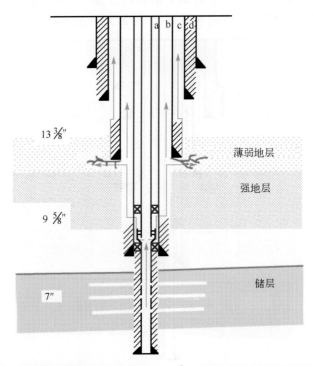

图 8.39 案例 3：套管鞋设置在薄弱地层中。$13^3/_8$″套管鞋被设置在薄弱地层中。套管鞋
和地层无法承受泄漏液体的压力。套管和周围地层出现裂缝，液体被允许进入地
层和/或沿着 $13^3/_8$″套管迁移到环空"c"。蓝色为一级屏障，红色阴影为二级屏障

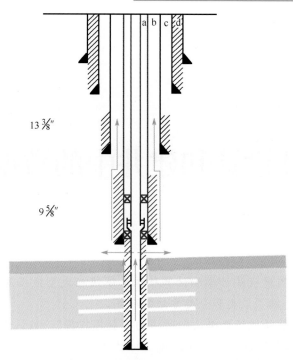

图 8.40　案例 4：生产套管鞋下面的泄漏。衬垫悬挂式封隔器下面的泄漏迁移到
环空"a"、"b"和周围地层。蓝色为一级屏障，红色阴影为二级屏障

习题 5：无立管钻井的局限性

● 解释无立管钻井的缺点和限制。

● 如何解决图 8.41 所示的无立管钻井的密封问题？

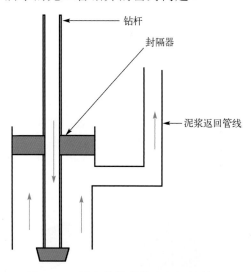

图 8.41　无立管钻井的密封问题简图

第9章

数字井设计和建井中的数据挖掘

本章要点

1. 数据挖掘是应用现代统计学和计算技术来解决在大型数据库中寻找有用模式的新兴科学和产业。本章介绍了聚类和分类方法的研究。

2. 大规模采集和解释现场数据，即所谓的"数据挖掘"，被认为是了解不同参数对钻速(ROP)影响的重要工具，以估计推荐的流变特性范围，这将有效改善 ROP。

3. 在早期阶段检测到井涌，让作业人员有更多时间控制它，从而实现更安全、更高效的钻井作业。为优化井涌检测，开发并评价了 5 种模型，包括决策树、k-近邻算法(KNN)、序列最小优化(SMO)、人工神经网络(ANN)和贝叶斯网络。这些模型经过训练，可以根据实际的井涌情况来检测井涌。

9.1 数据挖掘技术

9.1.1 数据挖掘简介

随着存储在文件、数据库和其他存储库中的数据量越来越大，开发强大的方法来分析和解释数据、提取有用信息有助于决策的制定，变得越来越重要。数据挖掘，也通常称为数据库知识发现(KDD)，被描述为"识别数据中有效、新颖、潜在有用和最终可理解的模式的重要过程"(Fayyad 等，1996)。图 9.1 显示了将数据挖掘作为迭代知识发现过程中的一个步骤。

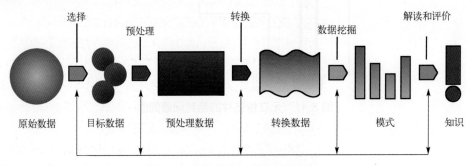

图 9.1 构建 KDD 过程的步骤概览

迭代过程（Pujari，2001）包括以下步骤：

1．数据选择。在这一步中，决定与分析相关的数据，并从数据集合中检索。

2．数据集成。在这个阶段，通常是异构的多个数据源，可能被组合到一个公共源中。

3．数据预处理。也称为数据清洗，这是从选定数据的集合中删除噪声数据和不相关数据的阶段。

4．数据转换。数据挖掘中的数据转换是将非结构化数据与结构化数据结合起来进行后期分析。将数据传输到新的云数据仓库时也很重要。当数据同质且结构良好时，更容易分析和寻找模式。数据挖掘中的数据转换涉及数据平滑、数据聚合、离散化、概括、属性构造和规范化。

5．数据挖掘。这是应用巧妙技术提取可能有用的数据模式的关键步骤。

6．模式评估。在这一步中，基于给定的度量标准来识别表示知识的严格有趣的模式。

7．知识表示。在这个最后阶段，发现的知识以可视化方式呈现给用户。这一重要步骤使用可视化技术来帮助用户理解和解释数据挖掘结果。

KDD 是一个迭代过程。一旦发现的知识被呈现给用户，就可以加强评价措施，进一步细化挖掘，整合新的目标数据，再对数据进行转换，得到不同的、更合适的结果。

》》 9.1.2　数据挖掘技术

研究人员已经确定数据挖掘的两个基本目标是预测和描述。预测是利用数据库中的现有变量来预测未来感兴趣的值。描述侧重于寻找描述数据的模式，并将其呈现给用户解释。预测和描述的相对重点在基础应用和技术方面有所不同。有几个数据挖掘类别可以实现这些目标：关联规则挖掘、聚类和分类挖掘，使用的技术包括决策树、遗传算法、机器学习和神经网络等。本章介绍以下 7 种数据挖掘类别。

1．跟踪模式。数据挖掘中最基本的技术之一是学习识别数据集中的模式。这通常是对定期发生的数据中的某些异常的识别，或者是某个变量随时间的起伏。例如，在特定深度可能会看到井漏增加，或者在面对特定地层时会发生钻头磨损。

2．分类。分类是一种更复杂的数据挖掘技术，其迫使研究人员将各种属性收集到可识别的类别中，然后可以使用这些类别得出进一步的结论，或者发挥某些作用。例如，如果研究人员正在评估孔隙压力、泥浆密度参数和钻井历史数据，可能能够将井分类为"低""中"或"高"井喷风险。然后可以使用这些分类来更多地了解这些井。

3．关联。关联与跟踪模式有关，但更具体地针对相关的变量。在这种情况下，研究人员将寻找与另一个事件或属性高度相关的特定事件或属性。例如，钻入黏土地层时可能会发生钻头泥包，从而降低 ROP。

4．异常值检测。在许多情况下，仅仅识别总体模式并不能清楚地理解数据集。还需要识别数据中的异常或异常值。

5．聚类。聚类与分类非常相似，但涉及根据相似性将数据块分组在一起。例如，测井聚类分析是一种创新方法，为勘探人员提供了一种有效的工具，用于分析、筛选和过滤大量测井数据，以识别和绘制潜在的油气聚集图。该方法涉及在测井数据的多元空间中寻找高密度区域（簇），以定义类似测井响应的类别。

6．回归。回归主要用作规划和建模的一种形式，用于在存在其他变量的情况下识别某个变量的可能性。例如，通过对在短间隔内获取的详细钻井数据进行多元回归分析，可以选择最佳数学模型，以通过 d 指数方法进行最佳钻井和异常压力检测。

7. 预测。预测是最有价值的数据挖掘技术之一，因为它用于预测研究人员将来会看到的数据类型。在许多情况下，仅仅认识和了解历史趋势就足以对未来发生的情况做出相当准确的预测，例如，通过新的岩石-钻头相互作用模型预测定向井的钻井轨迹、预测钻井时的故障、预测钻井液漏失和预测钻井卡钻。

》》9.1.3　聚类

聚类被定义为无监督学习，其中对象根据它们之间固有的一些相似性进行分组。对对象进行聚类有不同的方法，例如层次聚类、分区聚类、网格聚类、基于密度的聚类和基于模型的聚类。图 9.2 显示了聚类方法的分类(Fraley 和 Raftery，1998)。

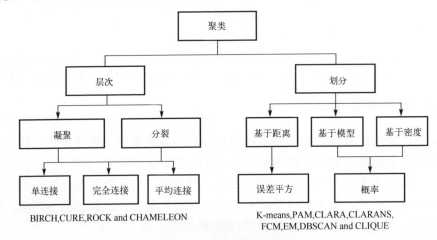

图 9.2　聚类方法的分类

层次聚类方法

在层次聚类(HC)方法中，聚类通过使用自上而下或自下而上的方法迭代地划分模式。有两种层次聚类：凝聚聚类和分裂聚类(Murtagh，1984)。凝聚聚类遵循自下而上的方法，即从单一对象开始构建簇，然后将这些原子簇合并为越来越大的簇，直到所有对象最终位于单一簇中或满足某些终止条件。凝聚聚类的步骤如下：

1. 使每个点成为一个单独的簇。
2. 形成簇，直到聚类令人满意。
3. 合并两个簇之间距离最小的簇。
4. 结束。

分裂聚类方法遵循自上而下的方法。这将簇细分为越来越小的块，直到每个对象本身都是一个簇，或者直到该过程满足某些终止条件，例如获得所需数量的簇或者两个最近的簇之间的距离高于某个阈值距离。分裂聚类的步骤如下：

1. 构造一个包含所有点的单一簇。
2. 分解这个簇和后续的簇，直到簇令人满意。
3. 拆分产生具有最大簇之间距离的两个组件的簇。
4. 结束。

层次聚类会得到一个树状图，如图 9.3 所示。

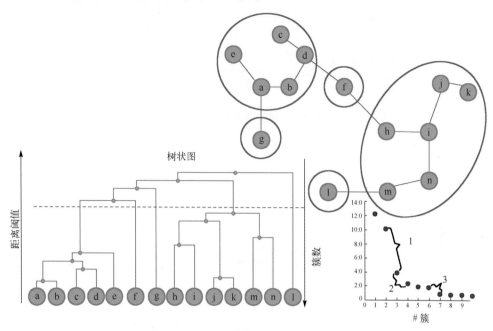

图 9.3　层次聚类树状图（凝聚）

层次聚类方法可以根据相似性度量或连接进一步分为三类(Jain 等，1999)：单连接聚类、完全连接聚类和平均连接聚类。另外，还描述了增强的层次聚类方法，它解决了对层次聚类方法的一些问题。

单连接聚类

单连接聚类通常称为连通性方法、最小值方法或最近邻方法。在单连接聚类中，两个簇之间的连接是由一个单元素对构成的，即彼此最接近的两个元素(每个簇中的一个)。在这种聚类中，两个簇之间的距离由一个簇的任何成员到另一个簇的任何成员的最近距离确定，这也定义了相似性。如果数据具有相似性，则认为一对簇之间的相似度等于一个簇的任何成员与另一个簇的任何成员的最大相似度。

图 9.4 显示了单连接聚类的映射。两组簇 A 和 B 之间的标准如下：

$$\min\{d(a,b):a \in A, b \in B\} \tag{9.1}$$

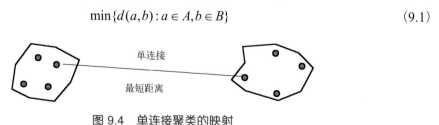

图 9.4　单连接聚类的映射

完全连接聚类

完全连接聚类也称为直径方法、最大值方法或最远邻方法，此方法中两个簇之间的距离由一个簇的任何成员到其他簇的任何成员的最远距离确定。图 9.5 显示了完全连接聚类的映射。两组簇 *A* 和 *B* 之间的标准如下：

$$\max\{d(a,b):a \in A, b \in B\} \tag{9.2}$$

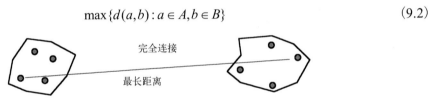

图 9.5   完全连接聚类的映射

平均连接聚类

平均连接聚类也称为最小方差法，此方法中两个簇之间的距离由一个簇的任何成员到另一簇的任何成员的平均距离确定。图 9.6 显示了平均连接聚类的映射。两组簇 *A* 和 *B* 之间的标准如下：

$$\frac{1}{|A||B|}\sum_{a \in A}\sum_{b \in B}d(a,b) \tag{9.3}$$

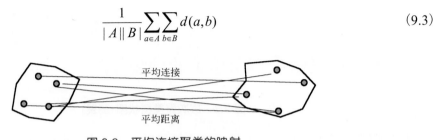

图 9.6   平均连接聚类的映射

增强层次聚类

经典聚类算法的常见弊端是缺乏稳定性，因此对噪声和异常值敏感。聚类算法的主要缺陷（Nagpal 等，2013）是簇的两点相互连接后，不能移动到层次结构中的其他簇。这意味着聚类算法无法纠正可能的错误分类。大多数聚类算法的计算复杂度至少为 $O(N^2)$，高成本限制了它们在大规模数据集中的应用。聚类算法的其他缺点包括形成球形的趋势和正常层次结构被扭曲的反转现象（Xu 和 Wunsch，2005）。近年来，随着大规模数据集的需求，聚类算法已经丰富了一些新技术，作为对经典聚类算法的修改。

下面描述了使用聚类算法并进行了一些增强的算法：

- 使用层次结构的平衡迭代减少和聚类（BIRCH）（Zhang 等，1996）包含簇特征（CF）的思想。CF 是三元组（*n*，LS，SS），其中 *n* 是簇中数据对象的数量，LS 是簇中对象的属性值的线性和，SS 是簇中对象的属性值的平方和。它们以 CF 树形式存储，因此无须将所有元组或所有簇保存在主内存中，而只需保存 CF 元组（Periklis，2002）。BIRCH 的主要优势在于两个特点：处理大数据集的能力和对异常值的稳定性（Zhang 等，1996）。此外，BIRCH 可以实现 $O(N)$ 的计算复杂度。
- 使用代表聚类（CURE）（Guha 等，1998）是一种用于处理大规模数据库的聚类技术，它对异常值具有稳定性并接受各种形状和大小的聚类，在二维数据集上表现良好。BIRCH 和 CURE 都可以很好地处理异常值，但 CURE 的聚类质量优于 BIRCH（Guha 等，1998）。相反，在时间复杂度方面，BIRCH 比 CURE 更好，因为它的计算复杂度为 $O(N)$，而 CURE 的计算复杂度为 $O(N^2 \log N)$。

- ROCK（Guha 等，1999）适用于遵循凝聚层次聚类算法的分类数据集。它基于两条记录之间的连接数，连接捕获彼此非常相似的其他记录的数量。该算法不使用任何距离函数。
- CHAMELEON（George 等，1999）是一种层次聚类算法，其中只有当两个簇之间的互连性和紧密度（接近度）相对于簇的内部互连性和集群内项目的紧密度而言较高时，才会合并簇。CHAMELEON 的一个限制是它适用于低维空间，不适用于高维空间。

分区聚类方法

分区聚类与层次聚类相反；通过优化标准函数（Lam 和 Wunsch，2014），将数据分配到没有任何层次结构的 k 簇中。最常用的标准是 Euclidean 距离，它找到每个可用簇的点之间的最小距离，并将该点分配给簇。在该类别中研究的算法（Nagpal 等，2013）包括：k-means、PAM（Kaufman 和 Rousseeuw，1990）、CLARA（Kaufman 和 Rousseeuw，1990）、CLARANS（Ngand 和 Han，2002）、模糊 c-means 和 DBSCAN。图 9.7 显示了分区聚类方法。

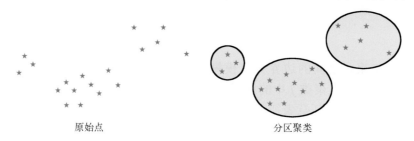

原始点　　　　　　　　　分区聚类

图 9.7　分区聚类方法

k-means 算法

k-means 算法是最著名、标准的和最简单的聚类算法之一（Lam 和 Wunsch，2014）。它主要用于解决聚类问题。在此过程中，给定的数据集通过用户定义的簇数量 k 进行分类。主要思想是定义 k 个质心，每个簇一个。目标函数 J 如下给出，其中 $\|\star\|^2$ 是数据点 $x_i(j)$ 和簇中心 c_j 之间的选定距离度量。图 9.8 显示了 k-means 算法的流程图。

$$\text{Minimize } J = \sum_{j=1}^{k}\sum_{i=1}^{n}\left\|x_i(j)-c_j\right\|^2 \tag{9.4}$$

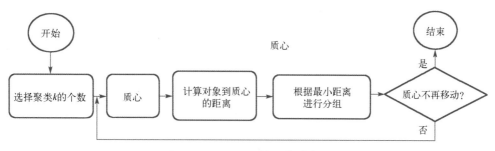

图 9.8　k-means 算法的流程图

k-means 算法的过程由以下步骤组成（Saxena 等，2017）：

1．初始化。假设对给定数据集建立 k-clusters 分类。现在随机取 k 个不同的点(模式)。这些点代表初始组质心。由于在簇固定之前，这些质心会在每次迭代后发生变化，因此可随意给定质心。

2．将每个对象分配给具有最近质心的组。

3．当所有对象都分配完毕后，重新计算 k 个质心的位置。

4．重复步骤 2 和步骤 3，直到质心不再移动。这将对象分成组，从中可以计算要最小化的度量。

模糊 c-means 聚类

模糊 c-means(FCM)是一种聚类方法，允许一个点属于两个或多个簇，这与 k-means 不同，每个点仅分配给一个簇。该方法由 Dunn(1973)开发并由 Bezdek(1981)改进。模糊 c-means(Xu 和 Wunsch，2005)的过程类似于 k-means。它基于以下目标函数的最小化，其中 m 是用于控制模糊重叠程度的模糊划分矩阵指数，$m > 1$。

$$J_m = \sum_{i=1}^{N} \sum_{j=1}^{c} u_{ij}^m \left\| x_i - v_j \right\|^2 ; \quad 1 < m < \infty \tag{9.5}$$

模糊重叠是指聚类之间的边界具有模糊性；这是在多个聚类中具有重要成员资格的数据点的数量。u_{ij} 是 x_i 在聚类 j 中的隶属度，x_i 是 D 维数据的第 i 个模式，v_j 是 D 维数据的第 j 个集群中心，$\|\star\|$ 是任意表征测量数据与聚类中心相似性的范数(Saxena 等，2017)。

FCM 的过程如下：

1．设置 c 值(簇数)。

2．从 X_i，$i = 1, 2, \cdots, N$ 中选择初始聚类原型 $V_1, V_2, \cdots, V_c$。

3．计算对象和原型之间的距离 $\left\| x_i - v_j \right\|$。

4．计算模糊划分矩阵的元素 $u_{ij}(i = 1, 2, \cdots, N; \ j = 1, 2, \cdots, c)$：

$$u_{ij} = \left[\sum_{l=1}^{c} \left(\frac{\left\| x_i - v_j \right\|}{\left\| x_i - v_l \right\|} \right) \right]^{-1}$$

5．计算聚类原型 $v_j \ (j = 1, 2, \cdots, c)$：

$$V_j = \frac{\sum_{i=1}^{N} u_{ij}^2 x_i}{\sum_{i=1}^{N} u_{ij}^2}$$

6．如果收敛或迭代次数超过给定限制，则停止。否则，返回步骤 3。

》》 9.1.4　分类

分类是一种数据分析形式，用于提取描述重要数据类的模型。此类模型称为分类器，可预测分类(离散、无序)类标签。例如，可以建立一个分类模型，根据不同地层的地质力学因素对钻头的选择进行分类。这样的分析有助于更好地理解大数据。机器学习、模式识别和统计学的研究人员提出了许多分类方法。大多数算法都驻留在内存中，通常假设数据量很小。最近的数据挖掘研究以此类工作为基础，开发了能够处理大量磁盘驻留数据的可扩展分类和预测技术。分类有包括勘探、生产和钻井优化在内的众多应用。在第 7 章，描述了神经网络、决策树和 SVM 方法等。

分类是一种学习函数，它将数据项映射(分类)为若干项预定义的类之一(见图 9.9)。

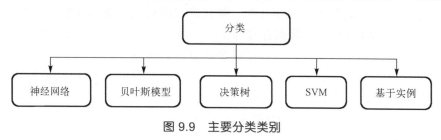

图 9.9 主要分类类别

9.2 数据挖掘在数字钻井工程中的应用

≫ 9.2.1 数据挖掘应用于实时钻井

应用于实时钻井数据存储库的数据挖掘，借鉴了对重要的实时钻井参数值的分析，并利用井的历史数据和钻井专家的结构化技术知识，减少了关键钻井作业期间的决策时间。因此，可以基于知识库和推理方法建立钻井作业的知识管理策略，从而能够生成抢先式数据钻井作业期间每个作业场景的模型。

使用实时监控和数据挖掘服务，石油和天然气运营商可以提前干预以防止发生钻井事故。通过持续预测不利事件，钻井项目可以在预算内提前安全完成，并具有最佳效率(见表 9.1)。

表 9.1 数据聚合和实时钻井作业管理

提高运营效率	报告和分析	实时分析
减少无形的损失时间和非生产时间	每日油井报告、分析和油气井或设备比较	实时可视化和 ROP、阻力和扭矩等分析
实时条件下井的真实反映		
减少作业难题	过去的经验总结	复杂作业管理
解决井筒循环、井涌检测、起下钻等	结合过去的经验以提高效率和优化井轨迹	支持 HPHT、受控压力、深水等操作

数据流的基础结构

石油和天然气公司越来越多地使用数据来改进钻井作业。钻机提供了海量数据，帮助工程师优化油井性能以减少关停时间和相关成本。高管们正在监控大数据技术的发展，尤其是分析和机器学习能力。由此产生的有效预防性维护计划设计可以减少作业问题。

世界各地的钻井作业都面临着与地质复杂性、缺乏专家和不断增加的数据量相关的挑战如下：

1. 钻井成本急剧增加，特别是在深水和强非均质性的地层中。

2．钻井现场产生的数据复杂性和数量显著增加。

3．没有足够的专家来快速检测、评估和分析钻井现场的数据。

4．将数据带给专家比将专家派到现场更便宜。

通过应用适当的技术和程序，实时收集、汇总、传输、可视化和利用钻井数据（见图 9.10）。因此，位于钻井现场的钻井人员可以从预防性警报和技术建议中受益，从而优化钻井过程。将实时数据标准化，以确保操作的交互性，即允许根据石油行业钻井数据标准、井场信息传输标准标记语言（WITSML）将数据存储与工程师软件实时集成。WITSML 是一个开放标准，可供所有运营商和承包商使用，并已在全球范围内实施。

实时数据存储在 WITSML 存储器中。然后可以检索数据用于可视化、监控和评估目的。出于数据挖掘的目的，数据也可以被逻辑结构化为数据仓库，但这种特殊用途在行业中不太常见。如今，实时操作中心（RTOC）通常基于 WITSML 来监控和报告一组变量，以帮助钻井工程师提高现场作业绩效并避免日常活动中发生不良事件。实时服务集成钻井数据并在 RTOC 上显示。RTOC 的专业工程团队使用这些数据来监控现场，并观察根据他们所知可能或正在导致现场不良事件的任何操作事件。尽管如此，这种应用知识没有记录，因此无法用于未来的决策。

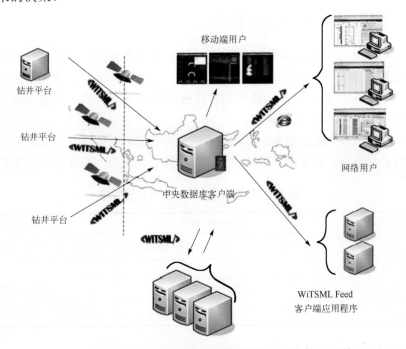

图 9.10　实时钻井作业中数据流的基础结构（运营商 IT 环境）

使用数据挖掘技术改进决策支持系统

在钻井过程中实施知识管理的一大挑战是定义工作流，使技术数据与专家的专业知识联系起来。鉴于钻井作业期间决策的性质，因此需要交互式知识管理工作流，包括显式知识分析、隐式知识使用和数据挖掘，从可用数据和信息中提取有用的知识（见图 9.11）。

工作流的主要组成部分是：数据仓库、实时算法、数据挖掘过程、决策过程、实施作业过程以及新钻井方案和解决方案的文档（Jaime 等，2012）。

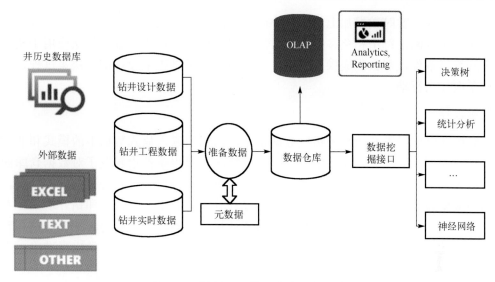

图 9.11 钻井工程数据仓库系统架构

数据仓库

数据仓库由以下内容提供:

- 在钻井现场收集的实时数据。收集的数据分类为
  1. 地面参数,如扭矩、大钩载荷、钻头深度、RPM 和 ROP。
  2. 井下工具(LWD/MWD/PWD)参数,如伽马射线、电阻率、倾角、方位角和底部压力。
  3. 录井数据,如岩性、色谱、描述等。
- 已钻井的关联性和历史数据,包括电缆测井数据。
- 记录以前的钻井场景和应用的解决方案。

构成数据仓库的数据和信息由以下变量构成:

- 井名、位置、油田、目的层、钻井年份。
- 工况,如钻机名称和容量、作业人员、泥浆类型。
- 来自所有数据系列的实时数据,例如地面参数(泥浆流速、扭矩、块位置、大钩载荷、立管压力、旋转等)、井下参数(电阻率、轨迹等),以及录井数据(岩性)。
- 关联井名、位置、油田、目的层、钻井年份。
- 钻井场景或警报条件,例如损失、收益和阻力,以及为正常操作定义的操作范围,以及为每个场景实施的解决方案。

实时算法

有必要定义一个预测模型来识别不良警报条件,例如部分损失、障碍和收益。该模型定义为导致钻井事故的操作条件、参数和值范围。例如,如果立管压力和输出流量参数值减小,流量率随时间变化,钻井液的部分损失发生在钻井现场。建立全套警报条件,由钻进参数定义。这组警报条件构成了预测模型。一旦定义了预测模型,它就会被表示为一种实时算法,该算法通过与来自数据仓库的实时数据进行交互,检测预设警报场景的发生。

实时算法的输入是实时数据加上最近 8 小时对应的数据。这要求算法不仅要识别值范围内的值变化，还要确定每个相关参数中按时间索引的模式。如果通过将算法应用于实时数据流来识别警报条件，那么生成操作警报。该警报触发了是否采取行动的决策过程，以及是否需要采取什么行动。

数据挖掘过程

数据挖掘已应用于石油和天然气数据仓库，以阐明嵌入显式数据中的模式和非显式知识。基于前面列出的变量描述的输出信息实时算法和警报条件也触发了对数据仓库的简单查询。该查询从数据仓库中提取数据，这些数据对应于类似于触发警报条件的场景。这组有区别的数据为数据挖掘过程提供数据，该过程分析所有变量、范围和钻井场景，考虑到当前的操作条件选择了对特定钻井具有更高统计权重的条件。然后向 RTOC 的钻井专家提供条件，以及警报条件和查询结果，为专家提供更多数据，可以从中做出更准确、更快速的决策。

决策过程

如上所述，除了 RTOC 工作人员的隐性知识和先发制人实时算法生成的警报，决策过程涉及从数据挖掘过程中产生的有用的知识，从而利用和塑造目标整个过程。

实施作业过程

RTOC 工作人员做出的决定直接传达给钻井的现场工作人员，以减少触发警报事件和解决问题之间的时间间隔。现场工作人员采取的行动相应地登记回数据仓库，以跟踪完整的周期并存储，不仅是钻井场景，还有实际可行的解决方案。操作与其相应的解决方案集成到新的、记录在案的钻井场景中，并作为记录在案的钻井场景存储在数据仓库中。

新钻井方案和解决方案的文档

模型在实时操作中的关键是将结果记录下来。显然，首次实施时，不良事件与求解过程之间经过的时间可能与实施传统的经验模型所花费的时间相似。然而，随着模型的使用和数据仓库的应用场景越来越多，决策和行动即作为显性知识存储在数据仓库中，输出将更加精确，并将提供所需的知识和信息，以便更快地做决定。

》》 9.2.2 流变特性对钻速的影响

本节使用从泥浆测井数据、日常钻井报告（DPR）和地质信息中收集的数据进行研究。统计和敏感性分析是用于确定 ROP 和钻井液流变特性之间的关系特性。相关系数（CC），也称为 Pearson 产品时间相关性，用于了解砂含量（SC）、屈服点（Yp）和塑性黏度（PV）对 ROP 的影响。结果表明，SC 是对 ROP 影响最大的流变特性，然后是 PV，最后是 Yp。此外，这项工作展示了如何通过改变流变特性而不是调整流速或喷嘴尺寸来改善钻头水力学。大规模收集和解释现场数据，也就是"数据挖掘"，可以被认为是了解不同参数对 ROP 影响的重要工具，以估计流变特性的推荐范围，从而提高 ROP（参见 Al-Hameedi 等，2019）。

从伊拉克的 10 个油田收集了 1000 多口井的现场数据，使用 DDR、每日泥浆报告、每日录井报告和完井报告。数据合并为一组，进行数据预处理。表 9.2 显示了使用的数据属性。

表 9.2　研究中使用的数据属性

参　　数	最　小　值	最　大　值	标　准　差
PV (cp)	6	29	3.41
Yp (lb/100 ft^2)	11	30	4.45
SC (%)	2	10	1.86
ROP (m/h)	2	13	2.49

进行描述性数据分析以更好地理解 SC、PV 和 Yp 对 ROP 的影响。首先检查原始数据的异常值。箱线图用于消除异常值，从而消除任何超出端线最小或最大限制的数据点。然后，对数据进行正态性检验，以评估它们是否正态分布。当数据不是正态分布时，首先应该尝试将数据转换为正态分布数据。根据数据的偏度，有许多方法可将数据转换为正态分布（Alkinani 等，2018）。如果以上将数据转换为正态分布的方法失败了，最后一个方法应该是使用一些用于非正态分布数据的分析方法，例如 Kendall、Spearman 或 Hoeffding 相关性。然而，这些方法有很多限制，其中包括使用数据的排序，而不是数据点本身。

用于评估两个正态分布变量之间的线性关系的最常用方法之一是相关系数。CC 用于评估 ROP 与 SC、Yp 和 PV 之间的关系，以优化钻井作业。CC 的范围从–1 到+1。CC 为 +1 表示两个变量之间最强的正相关。换句话说，如果一个变量增加，另一个变量也会增加。相反，CC 为–1 表示两个变量之间的负相关性最高。也就是说，如果一个变量增加，另一个变量将急剧减小。CC 为零，则表明这两个变量之间没有关系。相关系数可以使用式 (9.6) 计算。

$$CC = \frac{\sum_{i=1}^{n}(x_i - \overline{x})(\gamma_i - \overline{\gamma})}{\sqrt{\left[\sum_{i=1}^{n}(x_i - \overline{x})^2\right]\left[\sum_{i=1}^{n}(\gamma_i - \overline{\gamma})^2\right]}} \tag{9.6}$$

式中，$\overline{x}$ 和 $\overline{\gamma}$ 是 x 和 γ 变量的平均值，n 是数据点的数量，x_i 和 γ_i 是第 i 个个体 x 和 γ 的值。此外，为了更好地了解 SC、Yp 和 PV 对 ROP 的影响，给出了敏感性分析龙卷风图。图 9.12 显示了 ROP 与 SC、PV 和 Yp 的关系图。CC 为：SC-0.72、PV-0.68 和 Yp-0.28。可以发现所有 CC 均为负值，这意味着 ROP 与 SC、PV 和 Yp 呈反比关系；随着 SC、PV 和 Yp 的增加，ROP 将减小。

SC 具有最大的负 CC，是对 ROP 影响最大的钻井液流变特性。图 9.13 显示了钻井液流变特性对 ROP 的敏感性分析龙卷风图。该图将有助于了解每种钻井液流变参数对 ROP 的影响程度。根据图 9.13，ROP 可以这样优化，如果需要高 ROP，首先应该检查的是钻井泥浆中 SC 的量，因为它是影响最大的参数。

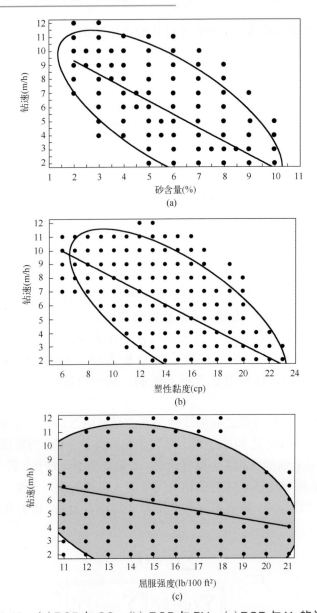

图 9.12 （a）ROP 与 SC；（b）ROP 与 PV；（c）ROP 与 Y_P 的关系

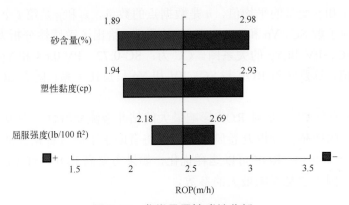

图 9.13 龙卷风图敏感性分析

9.2.3　使用数据挖掘的井涌检测

在钻井作业期间生成和收集的实时数据量非常庞大。这些数据点基于测量位置被分为地面参数和地下参数。地面参数是在地面上测量的。因此，不受井下传输限制，具有较高的数据采集频率。地下参数通常与随钻测井(LWD)和随钻测量(MWD)相关，使用泥浆脉冲实时传到地面，每分钟最多传输几个数据点。在钻井作业的所有阶段，不断收集地面参数，而地下参数需要连续的泥浆柱将数据实时传输到地面。使用地面参数，可以在钻井操作期间发生的所有事件之前、期间和之后获取数据。这里的目标是利用大量可用和持续生成的数据来预测和减轻不良事件的发生(Alouhali 和 Aljubran，2018)。

在数据挖掘中，实例是指任何事物的一个案例或事件，它由类和属性组成。在这里描述的研究中，每个数据实例代表一个时间步长。属性是地面参数，类参数是井涌或不井涌。由于数据收集的频率很高(每 5 秒一个实例)，产生了大量的数据。钻井数据是从钻井作业期间发生井控事故(井涌)的井中收集的。然后对其进行审查、清理和标记(井涌或不井涌)以构建训练数据集。该研究从超过 100 万个实时钻井操作实例开始，其中大部分没有井涌数据和少量井涌数据，这些用于构建训练数据集；然后，经过细化，这个实例数量减少到略高于 122 000 个。实例缩减(有时称为数据集压缩)是数据预处理阶段的一个重要步骤，可以在开始模型开发之前应用于许多数据挖掘分析。此步骤可确保分析中使用的数据具有相关性，并且还可以减少噪声和异常值以获得更好的性能。尽管大多数数据分析师表示更多的数据总是更好，随着数据集的减少，预测模型得到改善，处理时间也更短。每个实例有 14 个反映相关的地面钻进参数的属性。十倍交叉验证用于调整参数并选择特征来优化每个模型。总体而言，评估了 5 个分类器：决策树、KNN、序列最小优化(SMO)、人工神经网络(ANN)和贝叶斯网络。使用精度、召回率、F-measure、MCC、ROC 面积、PRC 面积、平均绝对误差、均方根误差、相对绝对误差、相对平方根误差和 kappa 统计量等指标计算和比较这些模型的性能。

系统架构

图 9.14 说明了系统的整体架构。它由各种代理组成，连同来自表面传感器的数据，执行传感器校准和事件检测。这些模型仅使用压力表、流量计、大钩载荷、ROP、扭矩、泵速和钻压等表面参数来预测井涌。图 9.14 所示的系统具有以下三个主要功能：

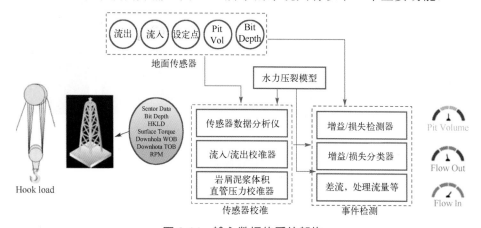

图 9.14　输入数据的系统架构

1. 泥浆循环传感器的实时数据采集；
2. 提升和旋转传感器的实时数据采集；
3. 数据挖掘算法的应用，如图 9.15 中的 ANN 算法。

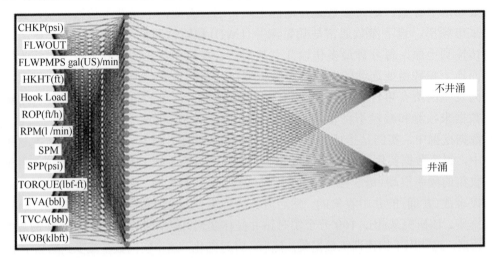

图 9.15　用于井涌检测的 ANN 算法

数据挖掘评估标准

使用通用数据分析指标和系数比较每个模型的性能。其中一些指标衡量模型的准确性，例如精度、召回率、F-measure、MCC、ROC 面积和 PRC 面积。其他指标测量和量化每个模型的错误或误差，例如平均绝对误差、均方根误差、相对绝对误差和相对平方根误差。混淆矩阵是评估模型性能的第一步，其中显示 4 个重要参数：真阳性、假阳性、真阴性和假阴性。

依靠一种类型的测量来评估模型的性能通常会产生误导性的结果，最好使用多个测量来全面了解模型的准确性，通过尝试最大化精度参数并最小化误差。图 9.16 概述了每个指标的简要说明。

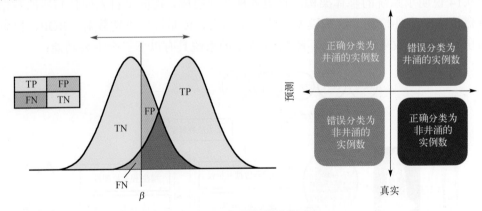

图 9.16　指标衡量准确度

真阳性（TP）：正确分类为井涌的实例数。
假阳性（FP）：错误分类为井涌的实例数。

真阴性(TN)：正确分类为非井涌的实例数。

假阴性(FN)：错误分类为非井涌的实例数。

$$Precision = TP/(TP+FP)$$

$$Recall = TP/(TP+FN)$$

$$F1 \text{ 分数} = 2*(Recall * Precision)/(Recall + Precision)$$

$$MCC = ((TP*TN)-(FP*FN))/[(TP+FP)*(TP+FN)*(TN+FP)*(TN+FN))]^{1/2}$$

ROC 面积

Receiver Operator 特征(ROC)曲线显示正确分类的阳实例数如何随错误分类的阴实例数而变化。ROC 曲线下面积(AUC)是衡量区分两个诊断组(非正常/正常)的程度的指标。ROC 面积值越接近 1，模型越准确。如果类不平衡，ROC 曲线有一个断点。

Precision-recall 曲线面积

Precision-recall 曲线(PRC)为精度与召回率的曲线，然后计算曲线下面积，类似于 ROC 面积；值越接近 1，模型越准确。当数据偏向于一个类别而不是另一个类别时，PRC 比 ROC 曲线具有优势，本研究就是这种情况。

Kappa 统计量

Kappa 统计量是将分类器或算法的观察或实际准确度与预期准确度(随机机会)进行比较的度量。Kappa 统计量最初是为了衡量两个人类评估者之间的一致性而开发的，然后被机器学习社区修改并采用以评估分类器的性能。Kappa 统计量的范围从 0 到 1，其中 0 表示不匹配，1 表示完全匹配。

还计算了误差以提供额外的指标来评估模型的性能。它们最适合用于衡量回归模型的性能。表 9.3 中列出的误差也是衡量具有二元属性的模型性能的一个很好的指标，例如在这个案例研究中的模型。平均绝对误差(MAE)和均方根误差(RMSE)之间的区别在于 MAE 是线性的，赋予所有个体差异相同的权重，而 RMSE 在平均之前对误差进行平方，这对较大的误差给予更高的"负面权重"。

表 9.3　误差计算公式

$MAE = \dfrac{1}{N}\sum_{i=1}^{N}\left|\hat{\theta}_i - \theta_i\right|$	$RMSE = \sqrt{\dfrac{1}{N}\sum_{i=1}^{N}(\hat{\theta}_i - \theta_i)^2}$
平均绝对误差	均方根误差
$RAE = \dfrac{\sum_{i=1}^{N}\left|\hat{\theta}_i - \theta_i\right|}{\sum_{i=1}^{N}\left|\bar{\theta} - \theta_i\right|}$	$RRSE = \sqrt{\dfrac{\sum_{i=1}^{N}(\hat{\theta}_i - \theta_i)^2}{\sum_{i=1}^{N}(\bar{\theta} - \theta_i)^2}}$
相对绝对误差	相对平方根误差

人工神经网络

采用反向传播 ANN，即多层感知器(MLP)。ANN 通常由三种类型的节点组成：输入节点、隐藏节点和输出节点。输入节点向网络提供来自外界的信息，统称为输入层。在任何输入节点中都不执行计算；它们从用户或外部世界接收信息，然后传递给隐藏节点。隐藏节点与外界没有直接联系，只处理输入节点和输出节点。它们对从输入节点接收到的数据进行计算，然后将信息传输到输出节点。所有隐藏节点共同构成隐藏层。深度 ANN 是具有多个隐藏层的普通 ANN。输出节点统称为输出层，负责将信息从网络传输到外界。图 9.15 显示了用于井涌检测的 ANN 算法的性能。模型的结果列于表 9.4。

表 9.4　人工神经网络性能

指　标	值	指　标	值
Precision	0.988	ROC area	0.928
Recall	0.852	PRC area	0.878
F-measure	0.915	Kappa statistic	0.9143
MCC	0.917		

比较模型评估

表 9.5 显示了研究中评估的每个分类器的结果：决策树、KNN、序列最小优化（SMO）、ANN 和贝叶斯网络。

推荐使用决策树模型来检测井涌，因为它既具有高精度，同时需要的计算能力比较低，如果需要可以将其实现为边缘处理。KNN 的准确度略高，但需要权衡计算能力，因为与所有其他模型相比，KNN 评估新输入所需的时间要长得多。ANN 和贝叶斯网络也是该应用程序的良好候选者，但准确性略低于决策树和 KNN。最后，SMO 的表现不佳主要是由于本案例研究中使用的数据类型。虽然 SMO 可以用于分类问题，但它更适合回归分析，并且在不同的数据集下具有更好的性能。

表 9.5　5 个模型的性能

指　标	决　策　树	KNN	贝叶斯网络	SMO	ANN
Precision	0.989	0.992	0.767	0.754	0.988
Recall	0.972	0.987	0.919	0.51	0.852
F-measure	0.98	0.99	0.836	0.609	0.915
MCC	0.98	0.989	0.838	0.617	0.917
ROC area	0.993	0.999	0.998	0.754	0.928
PRC area	0.971	0.988	0.919	0.39	0.878
Kappa statistic	0.98	0.989	0.8342	0.6057	0.9143

9.3　小　结

1．本章介绍了一种使用数据挖掘工具实现更高水平的自动化和优化的新方法。

2．讨论了一种新模型和流程的开发，以便在高精度钻井时实时检测井涌。使用该模型，检测率和速度高，使钻井人员有足够的时间对井涌做出反应，并保持井筒稳定性和泥浆流变性。

3．分析表明流变性与 ROP 之间有明显的关系，在较低的塑性黏度和屈服值下可以获得更高的 ROP 点。此外，很明显固体含量对 ROP 的影响最大。

9.4　习　　题

习题 1：数据挖掘

考虑以下数据点：

$$A1=(2,10), A2=(2,5), A3=(8,4), A4=(5,8),$$
$$A5=(7,5), A6=(6,4), A7=(1,2), A8=(4,9)$$

1．使用最小方法、最大方法和质心方法以及生成的树状图，使用 Euclidean 距离创建必要的邻近矩阵。

习题 2：k-means 算法

考虑如下所示的 5 个数据点：

P1：（1,2,3），P2：（0,1,2），P3：（3,0,5），P4：（4,1,3），P5：（5,0,1）

1．应用 k-means 算法将这些数据点分为两个簇使用 L1 距离度量的聚类。假设初始质心为 C1:(1, 0, 0) 和 C2:(0, 1, 1)。使用表 9.6 作为模板来说明每个 k-means 迭代。

2．解释如何达到 k-means 终止条件。

3．对于最终聚类，计算相应的 SSE（误差平方和）值。

$$\text{SSE} = \sum_{i=1}^{K} \sum_{x \in C_i} \text{dist}^2(m_i, x)$$

x 是簇 C_i 中的一个数据点，m_i 是簇 C 的代表点。

表 9.6　k-means 迭代的模板

类	原 质 心	类 元 素	新 质 心
1			
2			

习题 3：预测井筒稳定性的决策树

考虑表 9.7 中显示的训练数据集。可以执行 ID3 算法推导出决策树以预测深度是否可能是稳定的钻井。

1．计算如下信息熵：H(井筒稳定性|深度≤3000)。

2．假设结果选择"深度"作为决策树顶层的第一个测试属性，计算子表中的 H(井筒稳定性|井涌)"深度≤3000"。

表 9.7　井筒稳定性训练数据集

深度（m）	倾　角	井　涌	泥浆重量	井筒稳定性
≤3000	高	不	低	不
≤3000	高	不	中等	不

续表

深度(m)	倾　角	井　涌	泥浆重量	井筒稳定性
3001 至 4000	高	不	中等	不
>4000	中等	不	高	是
>4000	低	是	高	是
>4000	高	是	中等	不
3001 至 4000	低	是	高	是
≤3000	中等	不	低	不
≤3000	低	是	高	是
>4000	中等	是	高	是
≤3000	中等	是	高	是
3001 至 4000	中等	不	高	是
3001 至 4000	高	是	高	是
>4000	中等	是	低	不

习题 4：层次聚类树

5 个数据对象（p1,…, p5）的邻近矩阵（即距离矩阵）如表 9.8 所示。应用凝聚层次聚类来构建数据对象的层次聚类树。使用最大距离合并簇，并相应地更新邻近矩阵。确保清楚地显示聚类分析的每个步骤。

表 9.8　距离矩阵

	p1	p2	p3	p4	p5
p1	0	1	5	9	10
p2	1	0	3.5	8	7
p3	5	3.5	0	3	4
p4	9	8	3	0	0.5
p5	10	7	4	0.5	0

习题 5：用于钻速预测的数据挖掘

考虑第 2 章中习题 9 中所示的 ROP 模型的信息和数据集。RapidMiner 软件可以运行以派生不同的技术来预测 ROP（RapidMiner 软件手册）。

1. 提出至少三种用于 ROP 预测的数据挖掘方法。

习题 6：优化钻头选择的数据挖掘技术

考虑表 9.9 中所示七口井的深度和 IADC 编号。使用至少三种数据挖掘技术来呈现模型预测，以确定最佳钻头选择并对模型进行排名。

首先，考虑 50 m 的钻进间隔。例如，可以考虑 1500 m 的总深度为 30 个间隔。

使用不同的软件（例如 MATLAB，Weka 和 RapidMiner）对模型进行排名。

排名的性能衡量指标包括 Precision, Recall, MCC, ROC Area 和 PRC Area。

表 9.9　七口井的深度和 IADC 编号

X₁		X₂		X₃		X₄		X₅		X₆		X₇	
深度(m)	IADC编号	深度(m)	IADC编号	深度(m)	IADC编号	深度(m)	IADC编号	深度(m)	IADC编号	深度(m)	IADC编号	深度(m)	IADC编号
150	-	150	-	150	-	150	-	150	-	150	-	150	-
403	111	302	131	680	537	480	131	479	131	235	131	401	537
544	131	681	537	910	111	695	537	650	131	347	537	918	131
715	527	874	131	1295	111	718	537	757	131	620	131	920	131
1072	111	1443	111	1457	131	1102	131	1359	131	1358	537	1156	131
1412	131					1263	111	1410	131			1400	131
						1395	131						
						1408	131						

习题 7：标准数据平台

图 9.17 为标准化的、独立的、自我管理的实时数据管理平台，以促进实时技术数据在整个组织中的透明无缝流动。

1．解释数据挖掘技术如何通过以下独立的关键作业实时数据平台帮助实现油井施工效率。

2．使用数据挖掘模型可以预测哪些早期钻探问题？

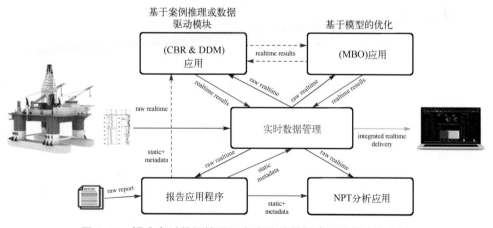

图 9.17　标准实时数据管理平台支持从数据流到工作流的传输

第 10 章

基于决策的完井优化

本章要点

1. 优化完井设计以提高油井产能并最大限度地减少成本、完井时间、未来修井和维护要求。

2. 多标准决策(MCDM)技术的应用,层次分析法(AHP),以及通过与理想解决方案相似的顺序偏好技术(TOPSIS)来评估气井完井设计备选方案。

3. 在本章描述的案例研究中,决策委员会认可了 14 个有效参数,用于选择水力压裂(HF)候选井。然后应用层次分析法来分配每个参数在候选井选择中的定量权重。在此过程中,产能被定义为重要的因素,而含水率和生产方式是候选井选择中影响最小的参数。

4. 堵水酸化联作工艺技术是控制含水、增油的有效方法。对于厚层、多层、非均质油藏,影响堵水酸化联作工艺生产井层选择的因素较多,各因素之间的关系复杂且非线性。模糊层次分析法(FAHP)可靠、简单,可以提高堵水酸化联作工艺技术的成功率。

10.1 基 本 概 念

MCDM 过程是一种决策辅助,根据 Belton 和 Stewart(2002)描述,如图 10.1 所示。

几乎所有的决策辅助理论都是为了帮助决策者而开发的。决策者一词是指面临问题且负责解决该问题并就此做出决定的人(或多人)。正如 Belton 和 Stewart(2002)所描述的,决策者可以是:

- 对个人决策或可能影响其他人(公司、组织等)的决策负有唯一责任的个人。
- 一个相对较小且同质的个人群体,有或多或少的共同目标。
- 代表同一组织内不同观点的更大群体。
- 高度多样化的利益集团,有着截然不同的议程。该小组可能分担决策的责任,可能有调查问题的任务,目的是向决策当局提出建议,也可能是为了在没有任何行政权力的情况下探索其他观点的明确目的而组建的。

从理论上讲,决策辅助应该从识别和构建决策过程中存在的复杂性开始。换言之,应确定和澄清一项决定的所有重要方面。决策者的核心目标和价值观应是确定关键问题的主要因素,以及所有限制因素、不确定性、不同目标、价值观以及与外部环境和其他利益相关者有关的其他问题的现有备选方案。

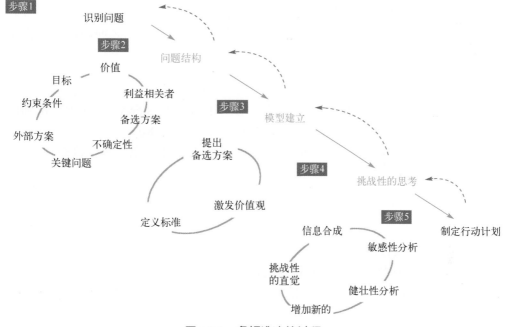

图 10.1 多标准决策过程

接下来，模型构建阶段必须反映一种更加收敛的思维模式，一种从复杂表示中提取问题本质的过程，以支持对可能的前进方式进行更详细和精确的评估。然后，该模型将用于综合信息并告知决策者其选择。敏感性和稳健壮性分析可能会对决策者提出挑战，要求他们识别或创建新的备选方案。该过程的最终目标是帮助决策者制定要实施的行动计划。

假设这些阶段中每个阶段的结果都将是回到前一个阶段，甚至是回到发散思维，因为需要创造性地思考决策情况的其他选择或方面。

》》 10.1.1 多标准决策问题

多标准决策问题反映了一种决策情况，其中必须根据几个标准来判断可用的选项。Roy 首先定义了以下 4 种类型的多标准决策问题(Roy，1993)：

● 选择问题。必须从一组可能的行动(或决策选择)中做出简单的选择。

● 分类问题。必须将行动分类为"绝对可接受""可能可接受但需要更多信息"和"绝对不可接受"等类或类别。

● 排序问题。当必须根据某种偏好顺序对操作进行排序时，该顺序不一定是完整的。

● 学习(描述性)问题。必须以正式的方式描述操作及其后果，以便决策者能够对其进行评估。这些本质上是学习问题(Belton 和 Stewart，2002)，在这些问题中，决策者只是寻求更深入地了解可能实现或不可能实现的目标。

对于这些类别，Belton 和 Stewart(2002)又增加了以下两种类型：

● 设计问题。这意味着搜索、识别或创建新的决策备选方案以满足通过 MCDA 过程确定的目标和愿望。Keeney(1992)也支持这种思路，他将其称为"以价值为中心的思维"，并声称其最适合现实生活中的决策情况。

- 组合问题。当必须从大量可能性中选择一个备选方案的子集时，不仅要考虑个别备选方案的特征，还要考虑它们相互作用的方式以及它们之间的正面或负面协同作用。

什么是标准

字典将"标准"定义为"判断的手段或规范"（Belton 和 Stewart，2002）。准则也可以被视为根据（尽可能）明确的观点评估和比较潜在行动的工具（Roy，2005）。

当提到相同的概念时，不同的 MCDA 学派经常使用其他术语来表示他们开发的方法。这些术语是目标、目的和属性。

什么是备选方案

备选方案，或更一般地说，潜在的行动，指定决策的对象或决策辅助所针对的对象（Roy，2005）。当一项行动有可能实施或与特定决策上下文相关时，该行动被定义为潜在行动。通常，术语替代用于表示相互排斥的操作。

备选项可以是显式定义的和离散的，也可以是隐式定义的和连续的，如数学过程中所述。

10.1.2   多标准决策问题的基本表述

决策者需要从一组可行的备选方案中选择一个最适合其标准 C 的备选方案 A。与一组备选方案相比，可以衡量所有所考虑的标准中的成就水平，为 C_k，其中 k 是考虑的标准数量，$k \in [1, \cdots, n]$。

然后，基本决策问题可以表述如下，其中 F 是决策者的未知偏好函数（Bogetoft 和 Pruzan，1997）：

$$\max_{s,t,a \in A} F[C_1(a), C_2(a), \cdots, C_n(a)] \tag{10.1}$$

可以估计偏好函数的假设是多标准分析的核心。这个函数实际作用是通过决策者的感知将所有标准带到一个共同的测量尺度（"总结"）。然后，剩下的就是根据不同备选方案在这个尺度上的位置来分析它们。

重要的是要记住，这样的功能并不（必然）存在于决策者的头脑中。此外，没有必要明确定义决策者做出与其基本价值观相一致的决策的功能（Bogetoft 和 Pruzan，1997）。这样的函数可以代表决策者对所分析问题中不同标准的某些潜意识偏好。从某种意义上说，它是决策者在决策过程中获得的认识和理解的衡量标准。这种偏好函数在概念上将多标准方法与其他方法区分开来，因为它明确地将决策者的贡献引入分析中。

10.1.3   方法分类

决策问题中的备选方案集可以是显式定义的和离散的，也可以是隐式定义的和连续的，如数学进程中所述。因此，MCDM 的方法和方法论可以分为以下两组：

- 多属性决策（MADM）。处理离散（且有限）的备选方案集问题的方法。
- 多目标决策（MODM）。处理无法明确定义或给出一组备选方案问题的方法。

多属性决策

解决多属性决策问题的方法要求决策者分析一组离散、有限(预定义)的备选方案 $A = \{A_1, A_2, \cdots, A_m\}$。问题可能是根据一组标准 $C = \{C_1, C_2, \cdots, C_n\}$ 对备选方案进行选择、排序或分类，以最好地反映决策者所关注的问题。

多属性决策问题可以很容易地以矩阵格式表示，如图 10.2 所示。在这个矩阵中，a_{ij} 是每个标准下对应每个备选方案的成就水平属性，这些属性应该是已知的(或者可以估计的)。

在小问题的情况下，这个矩阵也可以转化为图形表示。例如，考虑一个有两个标准的问题，其中必须根据两个可测量(在这种情况下最小化)标准(例如成本和排放)来评估 4 个备选方案。这个问题可以用图形表示，如图 10.3 所示。

解决 MADM 问题有几个步骤。首先，思路是减少有效的备选方案的集合，包括通过检查备选方案如何在不同标准中同时执行来消除主导备选方案。在小问题的情况下，这个矩阵也可以转化为图形表示。例如，考虑一个有两个标准的问题。最接近原点的点可能代表最佳、理想的备选方案。在实际应用中，不存在此类备选方案，但理想点可能有助于对可用备选方案进行分类。

如果存在另一个备选方案(在同一组中)，该备选方案至少在所有标准中都一样好，并且在一个标准中严格更好，则称该备选方案被另一个方案支配。例如，如图 10.3 所示，备选方案 2 被备选方案 3 支配。

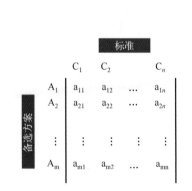

图 10.2　多属性决策问题的矩阵表示

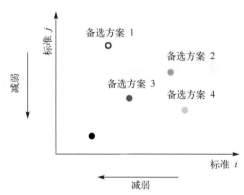

图 10.3　多属性决策问题的图形表示

在确定被支配的备选方案后，可能仍有备选方案需要分析。这些是不受任何其他可行备选方案支配的有效备选方案(也称为非劣或帕累托最优)。在此例中，备选方案 1、备选方案 3 和备选方案 4 是有效的。注意，此时，备选方案的差异与决策者的偏好无关。

解决 MADM 问题的第二步是决策者必须从一组有效的备选方案中进行评估和进一步选择。在大型、复杂的决策问题中，可以通过某种建模或量化决策者对特定于决策问题的标准的价值观和偏好进行选择。解决 MADM 问题或对决策者的贡献进行建模有几种方法。这里将讨论两种在实践中常用的方法，权衡分析和多属性价值理论(MAVT)。

权衡分析

权衡分析是一种简单、直接的方法，可帮助决策者分析一组有效的备选方案。

没有任何有效的备选方案比其他任何有效的备选方案都更好：选择一种备选方案时，

决策者将在一个标准中获益，同时又在另一个标准中损失。例如，备选方案 3 在标准 i 中优于备选方案 4，但在标准 j 中更差，反之亦然。如果决策者主要关心在标准 i 中表现良好的备选方案，那么他们将选择备选方案 3（或标准 j 中的备选方案 4）（见图 10.4）。

进行权衡意味着决定首选哪一个标准，以及本质上属性级别的差异（从一个有效解决方案转移到另一个有效解决方案时）对决策者的重要性。如果决策者的偏好在给定的问题设置中是恒定的，那么权衡可以如图 10.5 所示线性表示或通过公式在数学上表示为

$$f(C_i, C_j) = C_i + \alpha C_j \tag{10.2}$$

例如，在给定的问题背景中，若决策者可以指定两个标准之间的恒定权衡（图 10.5 中的红线或蓝线），则首选备选方案将是最先符合无差异曲线的方案，即权衡无差异曲线的水平平移。（在本例中，假设边际替代率取决于标准 C_j 而不是 C_i。）因此，在"红色"权衡的情况下将选择备选方案 3，而在"蓝色"权衡的情况下将选择备选方案 4（Catrinu，2006）。

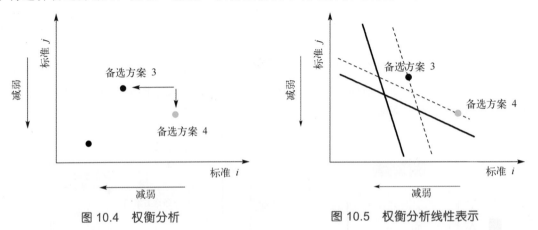

图 10.4   权衡分析   图 10.5   权衡分析线性表示

多属性价值理论

与权衡分析相比，多属性价值理论（MAVT）是一种更先进的方法。这种方法假设有可能构建一种将实数与每个替代项相关联的方法，以产生与决策者的价值判断一致的备选方案的偏好顺序。换句话说，每个备选方案 A 对决策者都有价值 $V(A)$，并且这个价值可以用数字表示。原则上，在考虑所有标准时，这个价值可以衡量偏好。然后，基于这些价值，可以区分备选方案。例如，如果备选方案 A_1 优于 $A_2 (A_1 > A_2)$，则 $V(A_1) > V(A_2)$。此外，当决策者认为备选方案 A_1 和 A_2 无差异 $(A_1 \sim A_2)$，则 $V(A_1) = V(A_2)$。这些价值的存在源于以下关于决策者偏好的假设。

- 偏好是完整的：对于任何一对备选方案，或者一个都严格优于另一个，或者选择它们中的任何一个都无所谓。
- 偏好和无差异是可传递的：对于任意三个备选方案 A_1、A_2 和 A_3，如果 $A_1 > A_2$（或 $A_1 \sim A_2$）且 $A_2 > A_3$（或 $A_2 \sim A_3$），则 $A_1 > A_3$（或 $A_1 \sim A_3$）。

价值函数对以定量为导向的管理者或管理科学家特别有吸引力，因为这些函数为决策过程提供了客观性，并有助于将决策过程集中在那些重要的方面。原则上，一旦确定，价值函数会自动确定最佳备选方案。可以使用不同的过程/方法构造价值函数。所有这些方法都试图以这样或那样的方式综合偏好信息，反映：

- 决策者在所考虑的每个标准或内部审查中为每种备选方案的表现分配的价值；
- 标准对决策者或标准间评估的相对重要性。

传统价值函数方法的第一步是评估"边际"（或"部分"）价值函数，$v_k(a)$ 或分数。可以为每个标准 k 估计一个偏值函数，从理论上讲，它衡量决策者在该特定标准（a_{ik}）中分配给不同性能级别（属性）的相对重要性。

偏值函数可以用与价值函数相同的方式定义；也就是说，就保留偏好顺序而言。这样的函数将分析的每个标准（以自己的尺度衡量）"翻译"成价值尺度（通常是标准化的）。偏值函数可以是线性的，也可以不是线性的，如图 10.6 所示。

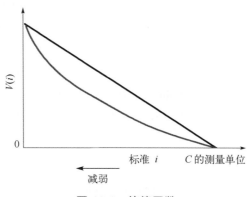

图 10.6　偏值函数

偏值函数的形状应该反映决策者对属性的思考方式。理论上，如果决策问题结构良好，则部分价值函数估计的准确性会大大提高；也就是说，如果标准被清楚地表示和衡量，以反映、激励和触发决策者"内部"的正确思维策略（Bogetoft 和 Pruzan，1997）。估计偏值函数形状的通常做法首先要检查某些假设在给定的问题设置中是否有效。这是通过调查表初步完成的，该调查表强调决策者价值观的基本特征为

- 偏值函数是相对于"自然"尺度单调增加还是减少；也就是说，属性的最高值是否优于较低级别，反之亦然；
- 偏值函数是否为非单调函数；也就是说，比例尺上的中间点定义了最优点或最差点。

验证这些属性后，分析人员可以假设偏值函数的某个形状。线性表示通常用于实际应用。已经证明，线性假设通常在结构良好的决策问题中是有效的。然而，Bogetoft 和 Pruzan（1997）引用的实验模拟警告不要因不恰当地使用线性函数而过度简化问题。多标准分析的结果可能对这些假设非常敏感，从而给出糟糕的建议。

创建价值模型的第二步是评估决策过程中考虑的不同标准的相对重要性。当在决策中考虑多个标准时，并非所有标准都是平等的，以相同的方式判断或具有相同的权重。与偏值函数一样，从理论上讲，这些权重 w_k 对应于每个标准 $C_k(k \in [1, \cdots, n])$，可以通过新的调查表来估计。本调查表的目的是在重要性或无差异（平等优先）方面确定标准的顺序。理想情况下，决策者也应该能够描述他们的偏好；也就是说，他们更喜欢一个标准而不是另一个标准的程度和原因。

许多确定权重方法都集中在摆动权重上，即根据标准"补偿"值的权重。只有在明确定义了每个标准中的测量尺度时，才能确定摆动权重。在这些尺度上，可以确定每个标准中的最差值和最佳值，并要求决策者评估从最低水平（通常）开始的哪个摆动（间隔）使值增加最大。例如，如果在最高评分标准上从最差到最好的摆动被指定为100，那么在第二个标准中从最差到最好的摆动值是多少？在实际应用中，可以使用标准标度上的任意两个参考点来确定摆动值。因此，如果决策者认为这有助于进行比较，则可以定义"中性"和"良好"参考点，而不是最差和最佳水平。

在实际应用中，重要的是要知道权重取决于用于评分的量表以及标准的内在重要性（摆动权重很好地体现了这些问题）。例如，如果一个重要的标准对不同备选方案没有太大的区别，这意味着如果价值等级上的最小和最大点对应于相似的成就水平，那么该标准的排名可能相当低（Bogetoft 和 Pruzan，1997）。

另一个需要强调的问题是，在实际应用中，如果决策问题在标准的层次结构上定义，那么权重的确定可能会变得困难（Poyhonen，1998；Poyhonen 和 Hamalainen，2001）。在这些情况下，最简单的方法是仅考虑树的最后一级中用于显示权重的调查表的标准。然而，已经开发了许多方法来处理分层价值树分析（Poyhonen 和 Hamalainen，2001）。

多属性价值理论中的偏好聚合

到目前为止，已经讨论了构建多属性价值函数的主要步骤。确定分数（偏值）和权重的目的是有助于总体价值函数 $V(A)$ 的良好近似，根据该函数可以评估备选方案。

总体价值函数可以通过某种类型的分数和权重聚合来构建。在实际应用中，多采用加性聚合。因此，假设对于任何备选方案，$A_i (i \in [1, \cdots, m])$ 和标准 $C_k (k \in [1, \cdots, n])$，得分 $v_k(a_{ik})$ 和权重 w_k 可以评估，那么总体价值函数可以写成：

$$V(A_i) = \sum_{k=1}^{n} w_k v_k(a_{ik}) \tag{10.3}$$

这种加性聚合形式在实践中被广泛使用，因为它很容易被来自不同背景的决策者解释和理解（Belton 和 Stewart，2002）。然而，加性价值函数的使用受到几个条件的限制，这些条件必须在每次应用之前进行验证。

第一个要求是标准应优先独立。这意味着决策者能够根据一组特定的标准比较备选方案，而无须考虑这些备选方案相对于其他标准的表现。此外，从理论上讲，加法表示的存在也由三个主要属性暗示：相应的权衡，区间尺度属性，以及权重可以解释为值的尺度常数的属性。有关这些问题的详细讨论和说明性示例，读者可以参考 Keeney 和 Raiffa（1993）。

在加性条件无效的情况下，常见的建议是首先回到问题识别和结构化过程（Belton 和 Stewart，2006）。另一种选择是使用其他形式的偏好聚合（Dyer 和 Sarin，1979），例如乘性价值函数：

$$V(a) = \prod_{k=1}^{n} [v_k(a)]^{w_k} \tag{10.4}$$

最后，图 10.7 显示了对多属性价值函数建模的主要过程步骤。例如，假设决策者必须在一组有限且明确定义的有效备选方案之间进行分析和选择，这些备选方案必须根据几个相关标准进行比较。这种选择取决于决策者在这种决策情况下的基本价值，原则上，应该选择具有最高价值的备选方案。

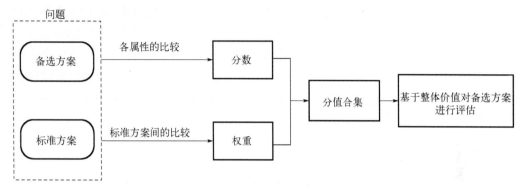

图 10.7　评估价值函数的步骤

该理论提供了为决策者的偏好值建模的方法。价值模型中的主要组成部分是分数和权重。分数反映了决策者在所考虑的每个标准（不同备选方案的成就）下对不同成就水平的偏好，而权重反映了对不同标准的偏好。分数来自每个标准中属性级别的比较，而权重来自标准间比较。

聚合分数和权重（加性、乘性或任何其他形式的聚合）时，将获得所考虑的每个替代项的总体价值，并建议使用具有最高价值的替代项。

多目标决策

在多目标决策问题中，备选方案不是事先明确已知的。这些问题反映的情况是，实际上几乎有无限数量的选择是可行的。数学规划用于对这种类型的问题进行建模，并且可以通过一组数学定义的约束来确定解决方案。这里建模的范围是寻求解决方案，而不是提取和解释决策者的偏好（Ehrgott，2005）。

多目标问题可以表述如下，其中：X 是决策变量的矢量（可能包括整数或二进制变量）；$F(x)$ 是目标函数的矢量；$G(x)$ 是等式约束的集合；$H(x)$ 是不等式约束的集合：

$$\begin{aligned} \max\ & F(x) \\ \text{s.t.}\ : & G(x) = 0 \\ & H(x) \leqslant 0 \\ & x \geqslant 0 \end{aligned} \tag{10.5}$$

下面通过一个例子来说明多目标问题的解决方案的概念。与 MADM 的情况一样，考虑一个简单的问题，它有两个要最小化的目标，F_1 和 F_2，以及 5 个约束，如图 10.8 所示。该图中的彩色部分表示可行解的空间（集合），即满足该问题中所有约束的解（决策变量对）。该问题可以进一步转化为属性（或标准）空间（见图 10.9），以显示备选方案如何根据所选的两个目标执行。实际上，图 10.9 中的 MODM 问题表示等效于图 10.3 中的 MADM 表示（Catrinu，2006）。

与 MADM 情况相比，在 MODM 情况下，可以清楚地观察到解空间是连续（和无限）的。与 MADM 一样，下一步是选择属于该集合的有效解决方案（非支配解决方案、帕累托最优解决方案）。MODM 问题的这组有效解决方案位于可行集的边界（图 10.8 和图 10.9 中的红线），因为两个目标都必须最大化。解决多目标问题有不同的数学程序（Evans，1984）。简而言之，当前的实践可以分为精确的和启发式的。例如，单纯形算法是一个精确的程序。然后，启发式进程通常用于大型组合问题（大型混合整数问题），其中传统（精确）解决方案算法不会引出最终解决方案。本质上，启发式搜索过程将启发式与用于探索可行解空间的搜索算法相关联。遗传算法、禁忌搜索和模拟退火是解决大型组合问题的启发式过程的示例。已经开发了许多优化包和决策支持软件应用程序以支持不同的实践（Korhonen，2005）。根据所分析问题的性质（和大小），不同的 MODM 方法可能需要特定的进程来找到有效的解决方案。本章的目的不是深入探讨数学优化的细节，而是了解 MODM 在实际应用中需要什么样的资源。

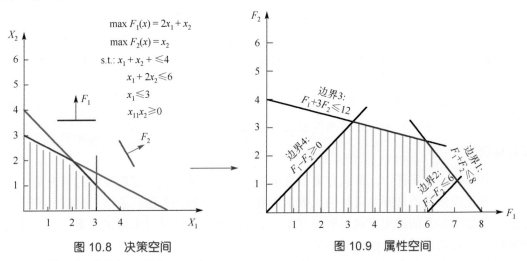

图 10.8   决策空间   图 10.9   属性空间

MODM 方法的不同之处在于评估目标的方式，以及需要决策者干预的时间和方式。进一步分类为四种主要的 MODM 方法：聚合方法、生成方法、交互方法和目标编程。

10.1.4   选择适当的多标准决策方法

MCDM 方法可以有效地应用于完井决策场景。MCDM 由一组技术组成，这些技术允许为与复杂决策相关的一系列标准和组成问题分配半定量分数并结合权重。该方法使合适的技术专家能够系统地对决策备选方案进行排序。在完井的情况下，对标准进行排序的专家可能包括以下全部或部分人员：生产工程师、油藏工程师、钻井工程师、设施工程师、地质学家和石油经济学家。如果使用适当的工具和算法（例如与 MCDM 相关的工具和算法）对结构化信息进行评估和比较，则此类系统排序和权重有可能提高复杂决策的可靠性、透明度、可重复性和有效性。应该应用的工具取决于所考虑的决策类型：一些决策涉及多个属性；一些决策涉及多个目标；一些决策涉及两者，例如完井决策。一些场景可以被区分为 MADM 或 MODM 情况。

MADM 情景的标准通常用数据/信息矩阵表示，然后作为 MCDM 分析技术（如 AHP 和 TOPSIS）的输入。

AHP 是一种结构化技术，用于组织和分析由一组决策者做出的复杂决策。它最初是由 Saaty 在 20 世纪 70 年代开发的（Saaty，1980），并结合了与工业决策高度相关的数学和心理学技术（Saaty，2008）。它现在广泛用于许多方面，包括石油和天然气行业的各种井筒应用（Okstad，2006）。AHP 并不寻求确定正确的决策；相反，它的方法是确定最适合利益相关者努力实现的目标（即战略重点）的决策。AHP 同时考虑定性和定量标准，并提供检查判断不一致的能力，这在规划和确定完井项目的优先级时很有用。它还提供了一种分析和转换关键标准的方法，以使其更容易进行比较和数字操作，以便规划者/决策者可以根据结构化标准以系统和一致的方式评估备选方案（Ekmekç，ioğlu 等，2010）并将口头/语言评估转换为半定量分数。

TOPSIS 是由 Hwang 和合著者在 20 世纪 80 年代开发的（Hwang 和 Yoon，1981；Hwang 和 Lin，1987）。用数学术语来说，其前提是决策中选择的备选方案与"正理想解"的几何距离应最短，而与"负理想解"的几何距离最长。

对上述以及其他 MCDM 技术在环境科学中的应用（Huang 等，2011）的研究为这些技术在决策分析中的发展趋势和重要性提供了更多背景知识和洞察力。用于丰富评估的偏好排序组织方法（PROMETHEE）是另一种流行的 MCDM，Behzadian 等（2010）对其应用进行了研究。当多学科和/或多公司的技术专家团队处理复杂问题时，这种方法特别有用，尤其是在涉及高度不确定性的情况下。这些方法允许考虑个人、专业学科或公司实体的不同观点和不同的专家判断（见图 10.10）。

基本MADM方法
- MAVT（多属性价值理论法）
- AHP（层次分析法）
- TOPSIS（优劣解距离法）
- PROMETHEE（多属性决策分析法）
- ELECTRE I, II III 和 IV方法
- Flow Sort（净流量排序法）

改进MADM方法
- MAUT（最大化效用理论）
- ProMAA（概率多准则接受程度分析）
- FMAA（模糊多准则接受程度分析）
- FMAVT（模糊MAVT方法）

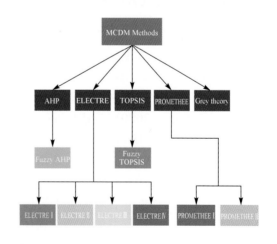

图 10.10　MCDM 方法的层次结构

决策树为根据决策问题中可用的信息选择 MCDA 模型提供了指导。然而，也可以使用这些方法的组合，以解决或构建问题（见图 10.11）。

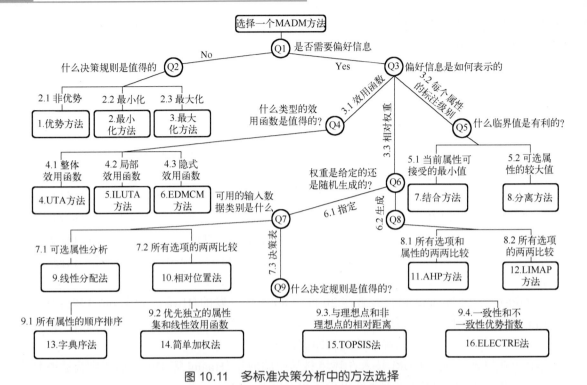

图 10.11   多标准决策分析中的方法选择

10.2   基于决策的完井优化

➤➤ 10.2.1   高速气井完井设计的选择

此处使用 AHP 和 TOPSIS 方法评估的完井方案用于开发巨型浅水天然气田,使用能够适应高初始气体流速(例如,300 MMscfd/井)的大型井筒完井。这是与当今行业相关的情景,最近被考虑用于涉及 9⅝″ 衬管和生产油管的中东海湾巨型气田(Al-Baqawi 等,2013)。然而,此处必须做出的决定是应如何配置该完井。可以考虑三种备选方案:(1)Simonds 和 Swan(2000)与 Al-Baqawi 等(2013)提出历史上在卡塔尔近海使用(Clancy 等,2007)的单井筒(MB);(2)部署在印度尼西亚苏门答腊岛近海 Arun 油田的大井径(BB)(Cannan 等,1993);(3)在卡塔尔 North 油田的开发中使用了优化的大井径(OBB)(Clancy 等,2007)。

15 年以来,已在世界各地部署了简化完井的大井径井筒(即单井筒,在可能的情况下受到青睐),以避免高产气井的流量限制(Offshore,2001)。最初,大型井筒完井被认为是井径为 6⅝″ 或更大尺寸的完井,但在过去十年中,技术导致井径增加,现在通常为 $9^5/8''$。较大的生产油管在井筒内提供了更大的流动面积。此外,单井筒设计(即在整个井筒长度上具有单一内径的管柱)减少了潜在的流动阻力并便于进入储层。

海上气田开发中大井径完井的其他好处[其中一些在 Off shore(2001)中提及]为

1. 减少对生产的限制;
2. 修井工具的易用性/最大的可操作性;

3. 最小的压降/最大的流动压力；

4. 产量最大化，投资回报早；

5. 通过平台上更少的井和更少的套管来开发储层；

6. 减少井筒内湍流气流；

7. 可能减少一个或多个平台；

8. 降低长期运营成本；

9. 资源消耗更快（生产年限更短）；

10. 钻井总井筒少；

11. 上部完井工具复杂程度低，重量轻；

12. 降低维护成本。

考虑到上述好处，Clancy 等（2007）比较了实现大型单井筒完井的三种油井设计方案（MB，OB 和 OBB），作为 North 油田开发阶段详细规划的一部分，同时考虑到油井设计、钻井挑战、关键设备规格和不断发展的开采技术，例如与 Arun 油田和 OBB 备选方案的持续发展相关的（Benesch 等，2006）。

下面根据 Clancy 等（2007）提供的详细说明给出了这三种替代油井设计的摘要描述，并满足油井设计目标和约束条件。

● 在钻探或生产的任何阶段，所选设计的健康、安全和环境风险不应比备选方案更大。

● 完井应能够在高达 5000 psi 的表面压力下适应大容量酸化压裂增产措施。

● 每个井眼应能够以大于 150 MMscfd 的初始产量进行生产。

● 流动井口压力（FWHP）应能够维持 25 年稳产。

● 完井不应要求提前安装压缩以补偿低 FWHP。

● 完井的设计寿命可靠性应为 25 年。

备选设计显示在三个简化的完井管柱图配置中（如图 10.12 所示），其关键特性如下。

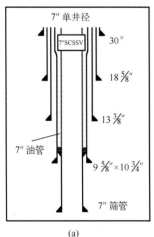

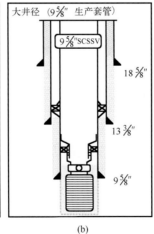

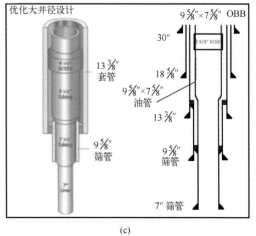

图 10.12　大井径、单井径和优化大井径配置的完井管柱设计图

完井决策方案评估

MB

- 包括地面控制的井下安全阀（SCSSV）在内的所有内径均保持不变
- 整个井筒直径为 7″
- 与 BB 和 OBB 相比，生产流速潜力有限
- 比 BB 和 OBB 钻井成本更低
- 运营期间的运营成本、维修和维护成本有所降低
- 比 BB 和 OBB 更易于作业和通过

BB

- 与 MB（例如阿伦油田）相比，$9\frac{5}{8}''$ BB 设计可以显著降低整体油井成本
- 成本降低伴随着更高的相关故障风险
- 需要的更大的钻机，在带锥形套管的储层中输送 $9\frac{5}{8}''$ 的直径
- 由于井径较大，降低了定向钻井能力
- 钻井时扭矩、摩擦阻力和泵的要求更高
- 钻屑量和处理成本更高
- 复杂的 $9^{5}/8''$ 生产用油管回接
- 通过 SCSSV 建立全通径井眼
- 在某些情况下（例如，Arun 油田）可以使用衬管内钻井的无油管完井
- 低压浅层油藏中裸眼完井

OBB

- 比 MB 设计更大的流动通道，$9\frac{5}{8}'' \times 7\frac{5}{8}'' \times 7''$
- 储层中井筒直径为 7″，而 BB 为 $9\frac{5}{8}''$
- 流量明显高于 MB 设计中 7″ 井筒
- 与 MB 设计相同的钻开储层的直径，因此降低了额外的钻井风险
- 通过锥形套管设计实现
- 大约需额外的 6 天（与 MB 相比），以下入 $9\frac{5}{8}'' \times 7\frac{5}{8}''$ 锥形生产油管
- 钻井阶段套管磨损的潜在风险

层次分析法的层次方法

在 AHP 中，决策基于成对比较（即成对比较实体以判断两个实体中的哪一个是首选的）。决策从提供分层树开始。分层决策树显示要比较的因素（标准），它们为评估决策中的竞争备选方案提供了基础。权重（或优先级）通常应用于定义的 AHP 标准，以帮助区分它们在从备选方案中进行选择时的相对重要性。权重需要透明且一致地应用，并且必须清楚地记录选择权重的依据。一旦构建了层次结构，决策者就会系统地评估其各种元素，方法是将它们相互比较，一次比较两个（即成对比较），以及它们对层次结构中高于它们的元素的影响。这种比较的结果以矩阵的形式用数字表示，因此可以选择高性能的备选方案。AHP 层次结构的每个级别都与更高的级别相关，并且计算相对权重并将其显示在矩阵中。层次结构中相对权重的组合可以确定每个备选方案的最终权重，这称为绝对权重。绝对权重的

比较确定了最佳决策(即具有最高绝对权重的备选方案)。

Saaty 提出和开发的 AHP 方法(Saaty,1994)集成了三个层次结构级别：(1)首选决策；(2)对决策的贡献标准；(3)备选方案对标准的贡献(如图 10.13 所示)。

层次分析法典型应用的一段层次分析(AHP)

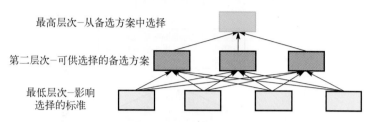

图 10.13　层次分析法 MCDM 在集成层次分析中的应用

该方法的优势在于，可以使用分层显示以定性和定量术语呈现最优决策，并且可以使用敏感情况分析决策的质量。

创建这三个层次涉及以下三个基本原则的应用(Saaty,1994)。

1．分解：将决策分解成更小的部分。

2．比较判断：成对评估元素，构建成对比较矩阵。

3．优先级综合：通过对配对比较进行排序来确定局部和全局优先级来设置优先级。

第三个原则通常涉及计算特征矢量以创建局部优先级。图 10.14 显示了一个流程图，说明了通用 AHP 过程的要素。

应用 AHP 的基本原理需要几个更详细的计算步骤(Taylor,2002)。通常按以下顺序构建和评估层次结构：

A．使用成对比较半量化对每个标准的每个备选方案的贡献。标准偏好量表通常用于以半定量量表记录每位专家的观点(例如，1 到 9，见表 10.1)。

B．形成标准比较矩阵，整理步骤 A 中的标准比较。

C．从标准比较矩阵中的数据导出标准优先级值(即将每个矩阵列的总和除以该列的总和)，以 0 到 1 的刻度创建列值。

D．创建归一化标准矩阵，添加最后一列(即偏好矢量)，列出每行优先级值的平均值。

E．创建一个优先偏好矢量矩阵，将每个标准的每个归一化矩阵的最后一列组合成一个矩阵。

F．使用标准偏好量表(例如表 10.1)构建标准相对权重矩阵，以记录每个标准对特定决策目标的相对重要性。该矩阵用于建立相对权重，通过计算相对加权偏好向量应用于每个标准，这与步骤 C 和步骤 D 中提到的方法类似。

G．通过将优先级偏好矢量矩阵的元素乘以相对加权偏好矢量来计算绝对加权矩阵。对绝对权重矩阵的行进行求和，为每个备选方案创建绝对权重值。

H．根据步骤 G 中确定的绝对权重值的大小对备选方案进行排序。

I．决定选择绝对权重最高的备选方案。

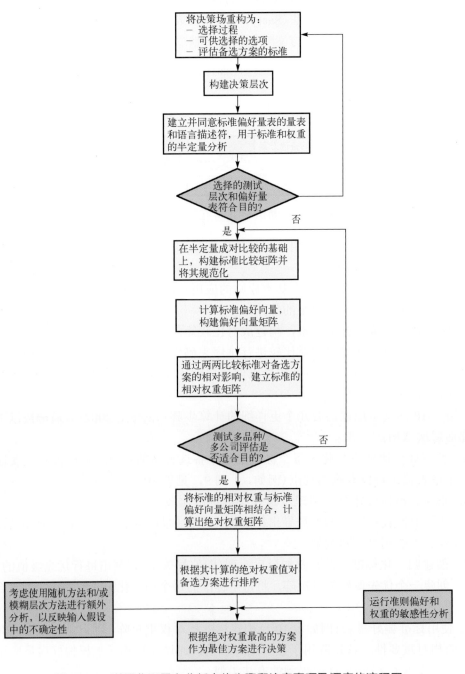

图 10.14　说明典型层次分析中的步骤和注意事项及顺序的流程图

表 10.1　半定量偏好量表

偏好等级	数　值	偏好等级	数　值
同样优选	1	强烈到非常强烈优选	6
同等至中等优选	2	非常强烈优选	7

偏好等级	数　值	偏好等级	数　值
中等优选	3	非常强烈到非常优选	8
中等至强烈优选	4	极受欢迎	9
强烈优选	5		

从气井完井备选方案中进行优选的决策概念框架

选择高速气井完井备选方案的 AHP 概念框架如图 10.15 所示。有 4 个标准用于评估 3 种备选方案。这 4 个标准构成了中间层的完成备选方案下方层次结构的第 3 层。注意，这 4 个标准会影响每个完成备选方案。根据标准评估选择 3 种备选方案中最合适的决策构成了层次结构的顶层。

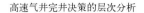
高速气井完井决策的层次分析

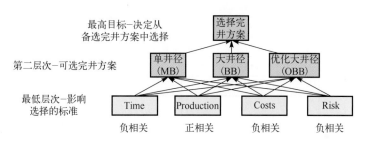

图 10.15　高速气井完井备选方案关键属性分层分析的概念框架

在此框架和其他通用 AHP 框架中，层次结构的每个级别都与其上方的级别相关，并计算底层的每个组件对其上层的影响的"权重"。在层次结构的较低层之间应用的权重称为相对权重。层次结构第二层中每个元素的相对权重的组合用于提取每个选项(在本例中为三种气井完井方法)的最终权重，称为绝对权重。

标准的可靠性，以及标准的权重

对标准可靠性的研究是功能性的，库方法可用于收集数据。为了权衡标准，可以对专家进行问卷调查。给出了对标准加权和对选项进行排序的结果(见表 10.5 和表 10.6)。这些权重也已应用于对完井过程中的多个目标进行排序的灵敏度分析(见表 10.7)。

应用层次分析帮助决策选择可用于高速率气井的完井备选方案之一：MB、BB 或 OBB

用于所考虑的完井方案的 4 个 AHP 标准是：

1．完井作业时间(天)——在后续图表中称为"时间"；

2．从已完井中获得的初始产气量(MMscfd)——在随后的图表中称为"产量"；

3．最终开发成本，包括钻井、完井和随后的油井运营成本(百万美元)——在随后的图表中称为"成本"；

4．进行完井作业所需的设备的复杂性和可用性。所需的更专业的设备以及运行特定完成的复杂性增加了成本和时间超支的风险。这些标准在随后的图表中称为"设备"。

注意，对于考虑的 4 个标准，标准 1、3 和 4 低值为佳，标准 2 高值为佳。

使用偏好等级对这 4 个标准进行比较评估，并且每个完井备选方案的权重是根据这 4 个指定标准确定的。例如，对成本标准进行成对比较需要进行三次比较，并按如下方式进行：

- 将 MB 的成本与 BB 的成本进行比较；
- 将 MB 的成本与 OBB 的成本进行比较；
- 将 BB 的成本与 OBB 的成本进行比较。

对于这些标准中的每一项比较，决策者/规划者从定义的备选方案清单(例如，表 10.1 左侧的备选方案)中分配语言评估，然后将这些优先权的语言描述转换为半定量数值尺度(如表 10.1 的右侧所示)。表 10.2 说明了这种成对评估的完井情况。

表 10.2　基于 4 个标准的三种气井完井备选方案到成对标准评估

时间标准			
	MB	BB	OBB
MB	1	3	5
BB	1/3	1	3
OBB	1/5	1/3	1
成本标准			
	MB	BB	OBB
MB	1	5	7
BB	1/5	1	3
OBB	1/7	1/3	1
产量标准			
	MB	BB	OBB
MB	1	1/6	1/9
BB	6	1	1/5
OBB	9	5	1
设备标准			
	MB	BB	OBB
MB	1	2	7
BB	1/2	1	5
OBB	1/7	1/5	1

通过将列求和并将每个列单元格中的值除以该总和，将标准比较矩阵转换为每个标准的归一化矩阵(见表 10.3)。偏好矢量是通过对归一化矩阵中的每一行求平均值来计算的，它揭示了每个标准相对于完成备选项的优先级。

表 10.3　基于 4 个标准的气井完井备选方案的归一化矩阵，其中偏好矢量揭示了优先级

	钻孔和完毕时间			每行偏好矢量的平均值
	MB	BB	OBB	
MB	0.6522	0.6923	0.5556	0.633
BB	0.2174	0.2308	0.3333	0.260
OBB	0.104	0.0769	0.1111	0.106
合计	1.00000	1.0000	1.0000	1.000

续表

产气量				每行偏好矢量的平均值
	MB	BB	OBB	
MB	0.0625	0.0270	0.0847	0.058
BB	0.350	0.1622	0.1525	0.230
OBB	0.5625	0.8108	0.7627	0.712
合计	1.0000	1.0000	1.0000	1.000
成本（资本支出和运营支出）				每行偏好矢量的平均值
	MB	BB	OBB	
MB	0.7447	0.7895	0.6364	0.724
BB	0.1489	0.1579	0.2727	0.193
OBB	0.1064	0.0526	0.0909	0.083
合计	1.0000	1.0000	1.0000	1.000
需要的设备				每行偏好矢量的平均值
	MB	BB	OBB	
MB	0.6087	0.6250	0.5385	0.591
BB	0.3043	0.3125	0.3846	0.334
OBB	0.0870	0.0625	0.0769	0.075
合计	1.0000	1.0000	1.0000	1.000

BB，大井径；MB，单井径；OBB，优化的大井径。

每个标准的偏好矢量排列在优先级偏好矢量矩阵中（见表 10.4）。

表 10.4　气井完井方案优先级偏好矢量矩阵

	时　间	产　量	成　本	设　备
MB	0.6333	0.0581	0.7235	0.5907
BB	0.2605	0.2299	0.1932	0.3338
OBB	0.1062	0.7120	0.0833	0.0755
合计	1.0000	1.0000	1.0000	1.0000

归一化矩阵的右列是用于计算绝对权重的相对加权偏好矢量。

将表 10.4 中的标准偏好矢量乘以表 10.5 中的相对加权偏好矢量，以计算表 10.6 所示的绝对加权矩阵。

AHP 提供的结构化层次分析及其揭示的决策偏好是将技术分析（即由专家工程师、经济学家等多学科团队提供的备选方案的相关标准评估）与决策者的战略优先事项（例如，在某些情况下组织是否更适合最大化生产或最小化成本）相结合的有用方法。AHP 结构有利于在两个层次上进行敏感性分析；在技术层面上的相关标准评估（见表 10.2 和表 10.3），以及在战略层面上应用的相对加权（见表 10.5）。在这两个级别中的任何一个级别更改假设/分析可能会在表 10.6 和图 10.16 中产生不同的优先级排序。

表 10.5　标准加权矩阵和相对加权偏好的计算矢量

成对特征相对权重

	Time	Production	Costs	Equipment
Time	1	1/5	1/3	1
Production	5	1	7	9
Costs	3	1/7	1	2
Equipment	1	1/9	1/2	1

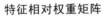

特征相对权重矩阵

	时间	产量	成本	设备	行平均值
Time	1.000	0.200	0.333	1.000	0.6333
Production	5.000	1.000	7.000	9.000	5.5000
Costs	3.000	0.143	1.000	2.000	1.5357
Equipment	1.000	0.111	0.500	1.000	0.6528
Total	10.000	1.454	8.833	13.000	8.322

归一化相对权重矩阵

	时间	产量	成本	设备	行平均值
Time	0.1000	0.1376	0.0377	0.0769	0.0881
Production	0.5000	0.6878	0.7925	0.6923	0.6681
Costs	0.3000	0.0983	0.1132	0.1538	0.1663
Equipment	0.1000	0.0764	0.0566	0.0769	0.0775
Total	1.000	1.000	1.000	1.000	1.000

归一化矩阵的最右列是相对权重偏好矢量，它用于计算绝对权重

表 10.6　绝对加权矩阵的计算，为每种完井备选方案提供绝对权重值

气井完井方案的绝对加权矩阵

	时间	产量	成本	设备	行平均值
MB	0.0558	0.0388	0.1203	0.0458	0.2607
BB	0.0229	0.1536	0.0321	0.0259	0.2345
QBB	0.0093	0.4757	0.0139	0.0058	0.5048
Total	0.0881	0.6681	0.1663	0.0775	1.0000

右侧列显示备选方案的绝对权重值，突出显示排名最高
的值，指示根据所做的条件和加权假设进行选择的决策。

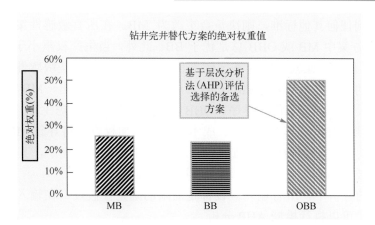

图 10.16　根据表 10.2～表 10.6 所示的假设和计算，为气井完井方案计算的绝对权重值

为了说明完井情景的这一点，表 10.7 给出了不同战略假设的敏感性分析，改变了表 10.5 中的成对特征相对权重。

表 10.7　相对优先权重的敏感性分析及其对所选气井完井方案的影响

敏感性案例的输入相对权重成对标准评估							
	PvT	CvT	EvT	CvP	EvP	EvC	战略目标/优先事项
基础案例	5.000	3.000	1.000	0.143	0.111	0.500	产量最大化
案例 1	1.000	1.000	1.000	1.000	1.000	1.000	所有标准同等权重
案例 2	1.000	5.000	1.000	2.000	1.000	0.333	成本最小化
案例 3	0.333	1.000	0.200	1.000	1.000	1.000	时间最短
案例 4	1.000	1.000	5.000	1.000	3.000	2.000	设备最小化
案例 5	3.000	1.000	1.000	0.333	0.500	1.000	适度偏向产量
案例 6	2.000	1.000	1.000	0.500	1.000	1.000	略微偏向产量

PvT 是指单元格值：行=产量；列=时间
CvT 是指单元格值：行=成本；列=时间
EvT 是指单元格值：行=设备；列=时间
CvP 是指单元格值：行=成本；列=产量
EvP 是指单元格值：行=设备；列=产量
EvC 是指单元格值：行=设备；列=成本

敏感性情况假设的计算绝对权重					
案　例	战略目标/优先事项	MB	BB	OBB	合　计
基础案例	产量最大化	0.2607	0.2345	**0.5048**	1.0000
案例 1	所有标准同等权重	**0.5014**	0.2544	0.2442	1.0000
案例 2	成本最小化	**0.5657**	0.2329	0.2013	1.0000
案例 3	时间最短	**0.5510**	0.2510	0.1980	1.0000
案例 4	设备最小化	**0.5342**	0.2800	0.1858	1.0000
案例 5	适度偏向产量	0.3730	0.2487	**0.3783**	1.0000
案例 6	略微偏向产量	**0.4423**	0.2542	0.3035	1.0000

注：（1）基本情况假设是表 10.2～表 10.5 中使用的假设。（2）在每种情况下都会突出显示已选择的备选方案。

从敏感性分析中可以清楚地看出，如果基本案例的优先级是最大化产量，则选择 OBB，如果优先级转移到任何其他标准，则决策会更改为 MB。在所有敏感性案例中，均未选择 BB；在完井备选方案中 MB 或 OBB 总是优于 BB。此外，当生产权重小于中等权重时，将选择 MB 替代项(例如，比较案例 5 和案例 6 的 AHP 结果)。这些敏感性案例结果与优先级偏好矢量矩阵的计算结果一致(见表 10.4)，从中可以清楚地看出，MB 备选方案对标准的时间、成本和设备都进行了优先排序。OBB 备选方案只优先考虑生产，而 BB 备选方案不会优化任何标准。因此，有利于时间、成本和设备的加权方案将导致 MB 决策。OBB 需要对生产有相当大的权重才能成为合适的完井方案。AHP 的价值在于，其结构和表格输入/输出有助于突出技术和战略假设如何改变这样的决策。

在前面介绍的分析中，所有输入假设都是清晰的确定性假设。在输入假设存在较大不确定性的情况下，可以执行模糊 AHP 分析。

可以用模糊集代替清晰的单个输入数字，通常是三个量(即低、中和高)，并执行模糊集分析和算术(例如，参见 Junior 等，2014)。虽然这种方法可能为更复杂的决策提供进一步见解，但这里不考虑这种方法。

TOPSIS 方法辅助高速气井的完井选择

与 AHP 相比，TOPSIS 方法是另一种 MCDM，可以提供对决策问题的补充见解，并且通常更容易和更快地计算。该方法在半定量和定量评分中比较了许多备选方案(例如气井完井技术)。它确定了每个备选分数与每个标准的最佳评估分数之间的差异。这些差异被归一化，通常使用线性平方根和平方公式或非线性矢量公式(Huang 等，2011)，以创建备选方案和标准的归一化矩阵。然后将权重(即优先级)应用于每个标准以得出加权归一化矩阵。在每个标准的备选方案中确定了最佳情况值和最差情况值。计算每个矩阵元素与最佳和最差情况之间的差异以创建两个几何距离矩阵：(1)每个备选方案与每个标准备选方案的最佳评估案例(通常称为"正理想")之间的几何距离；(2)每个备选方案与每个标准备选方案的最不吸引人或最差情况(通常称为"负理想")之间的几何距离。然后从两个几何距离矩阵中提取每个备选方案的所有标准的平方矢量的两个平方根和，这些标准用于创建相似性指数(以 0 到 1 的比例表示，或者有时更方便地以 0%～100%的比例表示)。相似度指数是与最不吸引人的情况的距离(分离)以及与最不吸引人和最佳情况的距离之和之间的可比率。然后根据相似性指数对备选方案进行排名；最佳备选方案(排名 1)具有最高的相似性指数，建议作为备选方案进行选择。

从上述描述中可以明显看出，TOPSIS 和 AHP 方法之间既有相似之处，也有不同之处。为了有效，每个标准的值应该在备选方案中逐渐增加或减少。如果准则的备选方案之间的变化高度非线性，则用于归一化的非线性矢量公式可提高 TOPSIS 计算的准确性。对于 AHP 和 TOPSIS 方法，重要的是标准彼此独立，并且不会在计算中排除或无意中省略关键标准。为了说明这一点，以及如何用 TOPSIS 方法解决气井完井情景，根据三个标准(时间，产量和成本，与前面的 AHP 分析中使用的标准相同，但具有不同的评估量表)的绝对定量评分评估，使用了一套略有不同的标准，并混合了"风险"标准的半定量评分评估，它取代了 AHP 分析中使用的"设备"标准。

"风险"标准以 0～10 量表衡量。0 相当于没有风险，而 10 相当于必然失败，这个量表上部分等级的风险在数字和语言上表示如下：1 = 非常低；3 = 低；5 = 中等；7 = 高和 9 = 极高。完井情景中使用的风险标准解决了无法在不遇到技术问题的情况下成功将完井置于井筒的风险。高风险的备选方案更有可能涉及成本和时间。因此，可以认为成本、时间和风险并非完全独立，尽管这是此处所做的假设。表 10.8 显示了这里通过 TOPSIS 方法评估的气井完井方案的备选方案和标准矩阵。对于其中三个标准，低值优于高值，但对于产量标准，高值优于低值。最佳和最差情况（正理想和负理想）从备选和标准矩阵中提取，并列于表 10.8 中。这些值构成了后续差值/距离计算的基础。

表 10.8　三个气井完井的备选方案和标准矩阵，基于 4 个标准，每个标准都应用了权重

	时间(天)	产量(mmscf/day)	成本($ millions)	风险(1=非常低；9 =极高)
MB	71	105	11	7
BB	87	168	14	5
OBB	112	315	24	3
	低	高	低	低
标准目标	好	好	好	好
最佳评估案例：	71	315	11	3
最差评估案例：	112	105	24	7
标准权重(w)：	0.40	0.20	0.10	0.30

从表 10.8 中可以清楚地看出，MB 备选方案在两个标准（时间和成本）中具有最佳案例得分，而 OBB 备选方案在另外两个标准（产量和风险）中具有最佳案例得分。另一方面，BB 备选方案在所有 4 个标准中都有中等得分。

TOPSIS 方法计算的下一步是计算每个替代值和负理想之间的差异，归一化这些差异，并对归一化的差异进行加权。这三个步骤分别显示在表 10.9 中显示的上、中、下矩阵中。表 10.9 中上层矩阵中的差值以绝对值表示，以避免差值矩阵中的负数。

表 10.9　最差情况(上)、归一化差分矩阵(中)和加权归一化差分矩阵(下)的差分矩阵(以绝对值表示)

	时间(天)	产量(mmscf/day)	成本($ millions)	风险(1=非常低；9 =极高)
MB	41	0	13	0
BB	25	63	10	2
OBB	0	210	0	4
用于归一化的平方差之和的平方根				
标准化指标	48.0	219.2	16.4	4.5
归一化矩阵				
MB	0.8538	0.0000	0.7926	0.0000
BB	0.5206	0.2873	0.6097	0.4472
OBB	0.0000	0.9578	0.0000	0.8944
加权归一化矩阵				
MB	0.3415	0.0000	0.0793	0.0000
BB	0.2082	0.0575	0.0610	0.1342
OBB	0.0000	0.1916	0.0000	0.2683
最佳评估案例：	0.3415	0.1916	0.0793	0.2683
最差评估案例：	0.0000	0.0000	0.0000	0.0000

表 10.9 中的归一化度量是上矩阵中每列的平方根矢量的平方根和，用作创建中间矩阵

中值的商。一旦应用权重，将再次评估下矩阵（见表 10.9）的值，以确定每个标准的最佳情况和最差情况值，这些值列在表 10.9 的下两行中。

下一步是确定表 10.9 下矩阵中每个值与最佳和最差评估情况之间的差异，以推导出表 10.10 中显示的前两个矩阵。

表 10.10　每种备选方案相对于每个标准的最佳和最差评估案例的差异（即加权距离）

加权矩阵与最佳评估案例的差异	时间(天)	产量(mmscf/day)	成本($ millions)	风险(1=非常低；9 =极高)
MB	0.0000	0.1916	0.0000	0.2683
BB	0.1333	0.1341	0.0183	0.1342
OBB	0.3415	0.0000	0.0793	0.0000
加权矩阵与最差评估情况的差异				
MB	0.3415	0.0000	0.0793	0.0000
BB	0.2082	0.0575	0.0610	0.1342
OBB	0.0000	0.1916	0.0000	0.2683
D^+ = 与最佳情况的每个替代差的平方和的平方根				
D^- = 与最差情况的每个替代差的平方和的平方根				
C = 相似指数(%)。0 到 100% 之间的最高 C 值是最好的				
	D^+	D^-	$C(\%)$	排名(1 = 最好)
MB	0.3297	0.3506	51.5%	2
BB	0.2325	0.2615	52.9%	1
OBB	0.3506	0.3297	48.5%	3

注意：这些是前两个矩阵，通过取前两个矩阵中每行的平方根和，逐行提取 D^+ 和 D^- 矢量。

相似性指数（C）显示在表 10.10 的下部，并基于此进行排名。$C = D^-/(D^+ + D^-)$，它识别出与最差情况几何距离最大的备选方案。对于表 10.8～表 10.10 中应用的标准假设和权重，排名最高的是 BB 备选方案，但仅此而已。这些结果也以图形方式显示在图 10.17 中。事实上，对于这些"基本方案"假设，三个备选方案的 C 值非常相似。有趣的是，BB 备选方案是排名最高的完井方案，因为如前所述，它不具备对任何一个单独标准的最佳案例评估。但是，由于其他两个备选方案都具有标准集的两个最佳情况和两个最差情况，基本上是在相反的方向上拉动，它们相互抵消，从而使 BB 备选方案成为其他两个极端之间的有效折中方案。

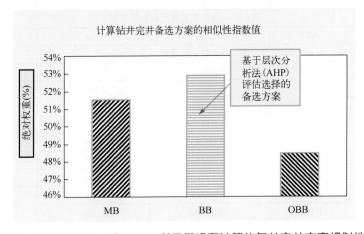

图 10.17　基于表 10.8～表 10.10 所示假设和计算的气井完井方案相似性指数

　　为了说明不同假设对完井方案的影响，表 10.11 和表 10.12 通过更改表 10.8 中的标准权重(即战略优先级)，对不同的战略假设进行了敏感性分析。

　　基本方案权重优先考虑时间和风险，这是两个方向相反的标准，时间有利于 MB 备选方案，风险有利于 OBB 备选方案。敏感性分析结果表明，随着战略重点转移到其他标准，排名第一的完成选项也会发生变化，即使每个标准的技术评估没有变化。所有标准(方案1)的同等权重有利于 OBB 备选方案，但其他两个完成选项也实现了高相似性指数，尤其是 BB 备选方案。有利于成本的优先级权重选择 BB 备选方案，MB 紧随其后(方案2)。有利于风险和产量的优先级权重选择 OBB 备选方案，并且在产量优先级权重的方案(方案3~5)下以很大的优先这样做。在选择 MB 备选方案时显示的唯一敏感方案(见表 10.11 和表 10.12)涉及按权重确定时间和成本优先次序的标准(方案6)。

表 10.11　敏感性分析案例结果根据特定战略目标及其对 TOPSIS 分析选择
的气井完井备选方案的影响，针对一系列标准权重(优先级)运行

方案	w(时间)	w(产量)	w(成本)	w(风险)	权重总和	战略目标/优先事项
基础方案	0.400	0.200	0.100	0.300	1.000	产量最大化
方案 1	0.250	0.250	0.250	0.250	1.000	所有标准同等权重
方案 2	0.200	0.200	0.400	0.200	1.000	成本最小化
方案 3	0.200	0.200	0.200	0.400	1.000	时间最短
方案 4	0.100	0.700	0.100	0.100	1.000	设备最小化
方案 5	0.150	0.450	0.200	0.200	1.000	适度偏向产量
方案 6	0.400	0.100	0.400	0.100	1.000	略微偏向产量

TOPSIS，通过与理想解决方案相似性进行顺序偏好的技术。

表 10.12　敏感性分析案例结果根据特定战略目标针对一系列标准权重(优先级)
运行，以显示其对 TOPSIS 分析选择的气井完井备选方案的影响

方案	战略目标/优先事项	MB C%	BB C%	OBB C%
基本方案	优先考虑时间	51.54%	52.93%	48.46%
方案 1	与所有标准同等权重	47.06%	51.91%	52.94%
方案 2	优先考虑成本	57.88%	60.17%	42.12%
方案 3	优先考虑风险	36.47%	51.13%	63.53%
方案 4	高度重视产量	14.69%	31.85%	85.31%
方案 5	适度优先产量	30.40%	39.99%	69.60%
方案 6	优先考虑时间和成本	78.05%	65.39%	21.95%

　　总体而言，敏感性分析强调，在某些战略优先事项下，选择所评估的三种高产气井完井备选方案中的任何一种都是合理的。TOPSIS 模型还允许对标准评估进行进一步的敏感性分析(例如，通过更改表 10.8 第一行中的值)。最终，决策者可以根据他们偏好的标准假设和权重偏好来选择排名最高的备选方案。在做出此类决策时，通常有助于了解哪些假设和优先事项可以证明选择不同备选方案的合理性。

≫ 10.2.2　水力压裂候选井选择参数

水力压裂作业

　　水力压裂(HF)是油井增产技术之一,是提高油井产能的最常用的主要工程方法,特别是在低渗透率和中等渗透率油藏中。然而,HF 作业是油井的最复杂的作业过程之一,因为注入大量流体以及连续混合材料,需要大量设备。通常,HF 是将足够高压力的流体泵入井筒以压开地层的过程。一旦地层破裂,就会形成裂缝,通过注入的流体移动到裂缝中,裂缝就会扩展(Economides 和 Nolte,2000)。HF 有几种应用,在文献中有所说明。水力压裂于 1947 年首次使用,旨在绕过近井钻井液的损害(Gidley,1989),但现在的主要目标是增加低渗透率储层的油气流量。显然,较低渗透率的储层,在通过更大规模的改造以提高产量方面具有相应的显著优势(Bellarby,2009)。由于作业的复杂性和大量的资本投资,候选井的选择应被视为整个 HF 过程中的关键步骤。裂缝的几何形态和应力状态如图 10.18 所示。

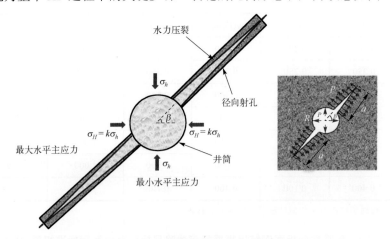

图 10.18　裂缝的几何形态和应力状态

选择候选油井的有效参数

　　尽管不同的作者和研究人员提出了候选油井(CWS)的几个有效标准,但各种研究表明,具有高产能的油井具有成为最佳候选油井的可能性很高(Green 等,2006)。可确认的 CWS 有效标准的历史可以追溯到 1970 年,当时 Howard 和 Fast 描述了候选油井选择的以下 8 个标准:

　　1．储层的衰竭状态;

　　2．地层渗透率;

　　3．先前的增产处理;

　　4．邻井生产历史;

　　5．分支井生产历史;

　　6．水-油和油-气接触界面;

　　7．裂缝限制;

　　8．固结度。

　　值得注意的是,一些主要标准具有子参数,如表 10.13 所示。表 10.13 中的一些标准需要更多解释:

表 10.13 水力压裂的有效标准及其尺度

序 号	标 准		单 位
1	含水率		%
2	地层厚度		m
3	施工参数		定性
4	产量		STB/day/Psi
5	渗透率		mD
6	井筒方向	● 水平井 ● 定向井 ● 垂直井	定性
7	缝高限制		定性
8	完井方法	● 裸眼 ● 同向 ● 反向 ● 中间	定性
9	损伤深度		m
10	出砂		lb/bbl
11	生产方式	● 自喷 ● 人工举升 ● 死井	定性
12	储层压力		psi
13	孔隙度		%
14	油田类型	● 陆上 ● 海上	定性

● 施工参数是指水力压裂处理前对井进行任何额外的必要准备,以及井筒到目标地层的长度。
● 必须考虑完井过程,特别是可能影响裂缝自然延伸方向的射孔方向。
● 通过水力压裂处理,裂缝迂回曲折(弯曲)可能是井中的常见事件,其主要原因是射孔和水平应力之间的方向差异(见图 10.19)。

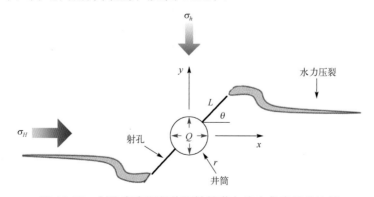

图 10.19 射孔方向引起的裂缝扭曲与应力各向异性比较

基于层次分析法的水力压裂作业候选井选择

AHP(Saaty,2008)可能是最知名、最广泛使用的多准则属性方法。AHP 方法提供了一个程序,用于确定一组操作在多准则决策问题中的相对重要性。这种方法使得有可能纳入对不易察觉的定性标准和易察觉的定量标准的判断。AHP 方法通常基于以下三个原则：

- 层次结构的构建；
- 备选方案和标准的比较判断；
- 优先事项的综合。

第一步

AHP 最初将复杂的 MCDM 问题分解为相互关联的决策元素（子目标，属性，标准，备选方案等）的层次结构。使用 AHP，目标，标准和备选方案以类似于家谱的分层结构排列：问题的总体目标位于顶部，多个标准定义了中间的备选方案，决策备选方案位于底部（Albayrak 和 Erensal，2004）。

第二步

一旦问题被分解并构建了层次结构，优先级排序进程就开始确定每个级别中标准的相对重要性（Dagdeviren，2008）。通过比较每个元素在较低级别上具有因果关系的标准（或元素）的成对贡献来确定层次结构中给予每个元素的相对"优先级"（Macharis 等，2004）。在 AHP 中，多个成对比较基于 9 个级别的标准化比较量表（见表 10.14）（Figueira 等，2005）。设 $C\{C_j|j = 1, 2, \cdots, n\}$ 是一组苛刻的标准。对标准进行成对比较的结果可以总结在 $(n*n)$ 求值矩阵 A 中，其中每个元素 $a_{ij}(i, j = 1, 2, \cdots, n)$ 都是标准权重的商，如式（10.6）所示。

$$A = \begin{bmatrix} a_{11} & a_{12} & \cdots & a_{1n} \\ a_{21} & a_{22} & \cdots & a_{2n} \\ \vdots & \vdots & \ddots & \vdots \\ a_{n1} & a_{n2} & \cdots & a_{nn} \end{bmatrix}, a_{ii} = 1, a_{ji} = 1/a_{ij}, a_{ij} \neq 0 \tag{10.6}$$

表 10.14　随机一致性指数（RI）

R	1	2	3	4	5	6	7	8	9	10	11	12	13	14	15
RI	0.00	0.00	0.58	0.9	1.12	1.24	1.32	1.41	1.45	1.49	1.51	1.48	1.56	1.57	1.59

第三步

数学过程开始归一化并找到每个矩阵的相对权重。相对权重由对应于最大特征值（λ_{max}）的右特征矢量（W）给出，如下所示：

$$\begin{bmatrix} a_{11} & a_{12} & \cdots & a_{1n} \\ a_{21} & a_{22} & \cdots & a_{2n} \\ \cdots & \cdots & \cdots & \cdots \\ a_{n1} & a_{n2} & \cdots & a_{nn} \end{bmatrix} \begin{bmatrix} W_1 \\ W_2 \\ \vdots \\ W_m \end{bmatrix} = \begin{bmatrix} \lambda_{max}W_1 \\ \lambda_{max}W_2 \\ \vdots \\ \lambda_{max}W_n \end{bmatrix} \Rightarrow AW = \lambda_{max}W \tag{10.7}$$

在成对比较完全一致的情况下，矩阵 A 的秩为 1 且 $\lambda_{max} = 1$。在这种情况下，可以通过对 A 的任何行或列进行归一化来获得权重（Wang 和 Yang，2007）。

值得注意的是，AHP 的输出质量与成对比较判断的一致性密切相关（Dagdeviren，2008）。在成对比较矩阵的不一致性受到限制的情况下，（λ_{max}）与 n 略有偏差。这个偏差（$\lambda_{max} - n$）被用作衡量不一致性的指标。该指标除以 $n-1$，就产生了其他特征矢量的平均值（Forman，1998）。因此，一致性指数（CI）由公式（10.8）给出：

$$CI = (\lambda_{max} - n)/n - 1 \tag{10.8}$$

最终一致性比(CR)可以得出评估是否足够一致的结论,计算为 CI 和随机指数(RI)的比率,如式(10.9)所示:

$$CR = CI/RI \qquad (10.9)$$

随机 CI(如表 10.14 所示)对应于在完成具有 1～9 范围内的随机倒数矩阵时自动产生的一致性程度。数字 0.1 是 CR 可接受的上限。如果最终 CR 超过此值,则必须重复评估以提高一致性。一致性测量可用于评估决策者的一致性以及所有层级的一致性(Wang 和 Yang,2007)。

在 AHP 程序的帮助下,计算每个标准的权重。表 10.15 显示了每个标准的最终权重以及与成对比较矩阵的一致性相关的一些其他参数。如该表所示,成对比较矩阵的 CR 为 0.064,小于值 0.1;因此,从 AHP 计算中获得的权重被证明是一致的(Wang 和 Yang,2007)。这些权重已得到决策经理(DM)的批准。

表 10.15　AHP 方法计算得到的结果

标　　准	权重(%)	λ_{max}、CI、CR 和 RI
产量	13.9	$\lambda_{max} = 7.5061$
缝高限制	12.5	CI = 0.08435
施工参数	12.5	RI = 1.32
损伤深度	11.1	CR = 0.064
完井方法	9.7	
地层厚度	8.3	
渗透率	6.9	
储层压力	5.6	
油田类型	5.6	
出砂	4.2	
井筒方向	4.2	
孔隙度	2.8	
含水率	1.4	
生产方式	1.4	

分析表明,在 14 项标准中,产量的权重最高(13.9%),而含水率和生产方式的权重最低(1.4%)。基于其权重的 14 个有效参数的降序如下:产量,缝高限制,施工参数,损伤深度,完井方法,地层厚度,渗透率,储层压力,油田类型,出砂,井筒方向,孔隙度,含水率和生产方式(Mehrgini 等,2014)。

10.2.3　酸化生产井和层选择

以中国为例进行研究(Xian 等,2017)。对于厚层、多层、非均质油藏,影响堵水酸化联作工艺技术生产井/层选择的因素较多,各因素之间的关系复杂且非线性。为了控制含水率和提高产量,通常会进行堵水和酸化(Liu 等,2014)。但酸化时大部分酸会进入高渗透层,不会达到预期的效果。为了说明如何为某口井找到合适的解决方案,基于油藏层的物理性质和生产井的发展情况,分析了堵水酸化的影响因素及其参数的可取性。选取 9 个因素作为堵水酸化联作工艺的选井选层指标体系:平均有效孔隙度,平均有效渗透率,射孔深度,含水率,渗透率变化系数,含水率变化速率,当前地层压力,剩余储量和表皮系数。评价指标越大,结果越好。含水率随开发时间呈 S 形增长,因此可以用 Logistic 循环模型［见式（10.10）］来描述，其中 f_w 是含水率，$(f_w)_{max}$ 是含水率上限（这里等于 0.98），t 是开发时间，a 和 b 是系数。

$$f_w = \frac{(f_w)_{max}}{(1 + ae^{-bt})}$$ （10.10）

通过计算式（10.10）和式（10.11）的对数可获得：

$$\ln\left[\frac{(f_w)_{max}}{f_w} - 1\right] = \ln a - bt$$ （10.11）

根据生产过程中含水率的数据，采用线性回归分析可以得到 a、b。然后可以计算出不同时间的含水率，通过含水率求导来计算含水率变化率。9 个评估指标由式（10.12）标准化，其中 x_i 是指数 x 的隶属关系，x_{min} 是 x 的最小值，x_{max} 是 x 的最大值。

$$x_i = \frac{x_i - x_{min}}{x_{max} - x_{min}}$$ （10.12）

模糊适应度矩阵 A 可以通过式（10.13）获得：

$$A = \begin{bmatrix} C & index\ 1 & index\ 2 & \cdots & index\ n \\ Well_1 & x_{11} & x_{12} & \cdots & x_{1n} \\ Well_2 & x_{21} & x_{22} & \cdots & x_{2n} \\ \cdots & \cdots & \cdots & \cdots & \cdots \\ Well_n & x_{n1} & x_{n2} & \cdots & x_{nn} \end{bmatrix}$$ （10.13）

每个因子与目标函数之间的线性相关性由皮尔逊相关系数测量。此计算的等式如下，其中 x_i 是指数 x 的隶属关系，γ_i 是指数 γ 的隶属关系，$\bar{x}$ 是 x 的平均值，$\bar{\gamma}$ 是 γ 的平均值。

$$C_{xy} = \frac{\sum(x_i - \bar{x})(\gamma_i - \bar{\gamma})}{\sqrt{\sum_{i=1}^{n}(x_i - \bar{x})^2}\sqrt{\sum_{i=1}^{n}(\gamma_i - \bar{\gamma})}}$$ （10.14）

模糊互补矩阵的创建

模糊互补矩阵（$R = (r_{ij})n \times n$）代表了论域 U 上的指标之间的相对重要程度。元素 r_{ij} 代表指标 x_i 和指标 x_j 之间的相对重要程度，r_{ij} 越大，x_i 比 x_j 越重要。这里使用 0.1～0.9 的数值尺度来定量描述两个指标之间的相对重要程度，如表 10.16 所示。当 $r_{ij} > 0.5$ 时，x_i 比 x_j 更重要；当 $r_{ij} < 0.5$ 时，x_j 比 x_i 更重要。此外，当 $r_{ij} = 0.5$ 时，它们同样重要。过去，r_{ij} 的值是通过经验获得的，但这可能会导致错误的结果。为了解决这个问题，将相关系数分为5 个区间：[0,0.2]、[0.2,0.4]、[0.4,0.6]、[0.6,0.8]和[0.8,1]。指标的重要程度随着区间的增加而增加，指标在同一区间内同等重要。基于此，可以确定两个指标之间的相对重要程度。

表 10.16 模糊互补判断矩阵 0.1～0.9 的数值尺度

范 围	定 义	说 明	对应相关系数
0.5	一样	一个因素与另一个因素同样重要	[0,0.2]
0.6	次重要	一个因素比另一个因素较为重要	[0.2,0.4]
0.7	重要	一个因素比另一个因素更重要	[0.4,0.6]

范　围	定　义	说　明	对应相关系数
0.8	相当重要	一个因素比另一个因素相当重要	[0.6,0.8]
0.9	极其重要	一个因素比另一个因素极其重要	[0.8,1]
0.1,0.2,0.3,0.4	反相关	如果指标 i 与指标 j 的比较结果为 r_{ij}，则因子 j 与因子 i 的比较结果为 $r_{ji}=1-r_{ij}$	

如表 10.15 所示，得到模糊互补判断矩阵 R：

$$R = \begin{bmatrix} r_{11} & r_{12} & \cdots & r_{1n} \\ r_{21} & r_{22} & \cdots & r_{2n} \\ \cdots & \cdots & \cdots & \cdots \\ r_{n1} & r_{n2} & \cdots & r_{nn} \end{bmatrix} \tag{10.15}$$

矩阵 A 具有以下主要性质：当 $i=j$ 时，r_{ij} 等于 0.5；$r_{ji}=1-r_{ij}$；$r_{ij}=r_{ik}-r_{jk}+0.5, i,j,k=1, 2, \cdots, n$。

模糊一致性矩阵指数权重的确定

对于模糊互补矩阵，可采用式(10.16)：

$$r_{ij} = 0.5 + a(w_i - w_j), \quad i,j = 1,2,\cdots,n \tag{10.16}$$

因此，指标权重可以通过式(10.17)计算，其中 w_i 是指标 i 的权重，并且为了确保 $w_i \geq 0$，必须满足条件 $a \geq (n-1)/2$。此处，$a=(n-1)/2$：

$$W_i = \frac{1}{n} - \frac{1}{2a} + \frac{1}{na}\sum_{k=1}^{n} r_{ik} \tag{10.17}$$

此处，令 $w_{ij}=w_i$，可以得到指数权重矩阵 W。

$$W = \begin{bmatrix} w_{11} & w_{12} & \cdots & w_{1n} \\ w_{21} & w_{22} & \cdots & w_{2n} \\ \cdots & \cdots & \cdots & \cdots \\ w_{n1} & w_{n2} & \cdots & w_{nn} \end{bmatrix} \tag{10.18}$$

将矩阵 A 乘以矩阵 W[见式(10.18)]，可以给出每个井的判断矢量。

$$V(i) = \sum_{j=1}^{n} w_{ij} \times A_{ij} \tag{10.19}$$

根据 V 值，可以对油井进行堵水酸化联作工艺技术的分类。然后，选择用于酸化或堵水的油井层位。应选择渗透率高的油层进行堵水作业，对渗透率低或表皮系数大的油层进行酸化处理。

由于其多层和非均质性，这是一个非常复杂的储层。单独进行酸化或堵水，无法实现既控制含水量又增加产油量。因此，采用堵水酸化联作工艺。影响作业效果的因素很多，井和层的选择一定要做好。在此处显示的示例中，来自 X 油田的 9 口井被用作样本数据库，以评估其他 5 口候选井的有效性。每口井的典型特征参数见表 10.17。

表 10.16 中的前 9 个参数由式(10.12)标准化，然后创建模糊适应度矩阵 A 如下。

表 10.17　14 口井的典型特征参数

井	H,m	ϕ	K,mD	K_V	f_w	W_V	Unp	P_p,MPa	S	PR
A1	21	0.27	318.1	0.5	0.7	0.6	0.6	12	5	0.65
A2	25	0.29	1079.7	0.9	0.5	0.4	0.8	10	18	4.2
A3	29	0.28	885.4	1	0.7	0.8	0.8	11	20	5
A4	31	0.30	1675.3	0.9	0.4	0.6	0.8	14	37	10
A5	33	0.25	298.6	0.8	0.3	0.5	0.8	12	29	10
A6	34	0.27	672.3	0.9	0.4	0.5	0.6	12	15	8.2
A7	29	0.24	290.2	0.7	0.5	0.5	0.8	13	28	7.2
A8	18	0.22	489.2	0.9	0.9	0.8	0.7	11	10	2.4
A9	20	0.25	510.9	0.9	0.1	0.4	0.8	14	15	4.5
A10	25	0.28	891.2	0.5	0.7	0.8	0.8	15	15	6.5
A11	28	0.19	765.9	0.6	0.4	0.9	0.6	12	39	7.5
A12	25	0.21	909.3	0.7	0.4	0.6	0.6	15	15	2.2
A13	16	0.25	1350.6	0.8	0.5	0.6	0.7	14	12	3.5
A14	19	0.29	597.3	0.5	0.4	0.5	0.5	14	22	3.2

$$A = \begin{bmatrix} 0.32 & 0.73 & 0.02 & 0 & 0.75 & 0.40 & 0.33 & 0.40 & 0 \\ 0.53 & 0.91 & 0.57 & 0.80 & 0.50 & 0 & 1 & 0 & 0.38 \\ 0.74 & 0.82 & 0.43 & 1 & 0.75 & 0.80 & 1 & 0.20 & 0.44 \\ 0.84 & 1 & 1 & 0.80 & 0.38 & 0.40 & 1 & 0.80 & 0.94 \\ 0.95 & 0.55 & 0.01 & 0.60 & 0.25 & 0.20 & 1 & 0.40 & 0.71 \\ 1 & 0.73 & 0.28 & 0.80 & 0.38 & 0.20 & 0.33 & 0.40 & 0.29 \\ 0.74 & 0.45 & 0 & 0.40 & 0.50 & 0.20 & 1 & 0.60 & 0.68 \\ 0.16 & 0.27 & 0.14 & 0.80 & 1 & 0.80 & 0.67 & 0.20 & 0.15 \\ 0.26 & 0.55 & 0.16 & 0.80 & 0 & 0 & 1 & 0.80 & 0.29 \\ 0.53 & 0.82 & 0.43 & 0 & 0.75 & 0.90 & 1 & 1 & 0.29 \\ 0.68 & 0 & 0.34 & 0.20 & 1 & 1 & 0.33 & 1 & 0.29 \\ 0 & 0.18 & 0.45 & 0.40 & 0.38 & 0.40 & 0.33 & 1 & 0.29 \\ 0.05 & 0.55 & 0.77 & 0.60 & 0.50 & 0.40 & 0.67 & 0.80 & 0.21 \\ 0.21 & 0.91 & 0.22 & 0 & 0 & 0.20 & 0 & 0.80 & 0.50 \end{bmatrix} \tag{10.20}$$

　　然后使用式 (10.13) 计算每个指标与目标函数（增产率）之间的相关系数。结果如表 10.18 所示。

表 10.18　各指标与目标函数的相关系数

指　　标	H	ϕ	K	K_V	f_w	W_V	Unp	P_p	S
相关系数	0.86	0.12	0.17	0.24	0.22	0.02	0.42	0.02	0.76

　　使用表 10.17，得到模糊互补判断矩阵 **R**：

$$R = \begin{bmatrix} C & H & \phi & K & K_V & f_w & W_V & \text{Unp} & P_p & S \\ H & 0.5 & 0.9 & 0.9 & 0.8 & 0.8 & 0.9 & 0.7 & 0.9 & 0.6 \\ \phi & 0.1 & 0.5 & 0.5 & 0.4 & 0.4 & 0.5 & 0.3 & 0.5 & 0.2 \\ K & 0.1 & 0.5 & 0.5 & 0.4 & 0.4 & 0.5 & 0.3 & 0.5 & 0.2 \\ K_V & 0.2 & 0.6 & 0.6 & 0.5 & 0.5 & 0.6 & 0.4 & 0.6 & 0.3 \\ f_w & 0.2 & 0.6 & 0.6 & 0.5 & 0.5 & 0.6 & 0.4 & 0.6 & 0.3 \\ W_V & 0.1 & 0.5 & 0.5 & 0.4 & 0.4 & 0.5 & 0.3 & 0.5 & 0.2 \\ \text{Unp} & 0.3 & 0.7 & 0.7 & 0.6 & 0.6 & 0.7 & 0.5 & 0.7 & 0.4 \\ P_p & 0.1 & 0.5 & 0.5 & 0.4 & 0.4 & 0.5 & 0.3 & 0.5 & 0.2 \\ S & 0.4 & 0.8 & 0.8 & 0.7 & 0.7 & 0.8 & 0.6 & 0.8 & 0.5 \end{bmatrix} \quad (10.21)$$

然后，可以使用式(10.19)得到每口井的判断矢量，结果见表 10.19。根据表 10.19 的指标权重，计算表 10.17 中最后 5 口井的判断矢量，结果见表 10.20。

表 10.19　X 油田堵水酸化联作工艺各指标的权重

指　　标	H	ϕ	K	K_V	f_w	W_V	Unp	P_p	S
权　　重	0.17	0.08	0.08	0.11	0.11	0.08	0.13	0.08	0.15

表 10.20　各候选井的判断结果

井	A10	A11	A12	A13	A14
判断结果	0.60	0.59	0.34	0.45	0.33

表 10.17 中最后 5 口井进行了堵水酸化联作作业，并获得了增产率。如图 10.20 所示，增产率随着判断结果的增加而增加。因此，该方法计算的指标权重是合理的，可用于帮助优选堵水酸化联作工艺的井。

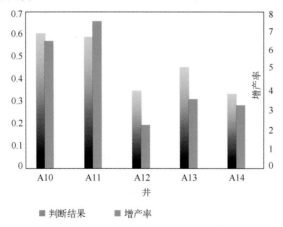

图 10.20　判断结果和候选井增产率

10.3　小　　结

1. AHP 和 TOPSIS 等 MCDM 方法为气井完井决策提供了有用的见解，特别是在使用一系列敏感性案例进行评估时。对于正在评估的方案，即高产气井的 MB、BB 和 OBB 完井的选择，AHP 和 TOPSIS 都揭示了基于关键标准评估和所应用的优先级权重，每种备选方案可能被选择的基础。

2. 水力压裂成功之前的关键步骤是选择候选井。在本章中，采用常见的 MCDM 方法之一，即 AHP 方法，是以定量识别水力压裂候选井段的最有效参数。由 DM 和 AHP 组合定义的 14 个标准表明，产量是最重要的因素(权重为 13.9%)，而含水率和生产方式(权重为 1.4%)是候选井选择影响最小的参数。每个标准的定量权重可以作为对裂缝性碳酸盐岩储层中的目标井进行排名的良好输入。

3. 基于 Pearson 相关分析了酸化井层选择，确定了各因素之间的主次关系，消除了盲目性和主观性。然后引入 FAHP 确定各因素的权重，使决策结果更加客观实用。该方法能有效指导生产井的解堵，可大大提高堵水酸化联作的效率。

10.4 习   题

习题 1：使用 TOPSIS 方法提高采收率决策

决策经理希望启动一个新的提高石油采收率(EOR)战略项目，该项目依赖于适当的评估、对复杂关系的合理理解以及对多个类别的定量评估，包括经济考虑、动态油田生产、生产动态、风险评估和软问题。使用 *Novel Enhanced-Oil-Recovery Decision-Making Work Flow Derived From the Delphi-AHP-TOPSIS Method: A Case Study* 中给出的结构(见图 10.21)。

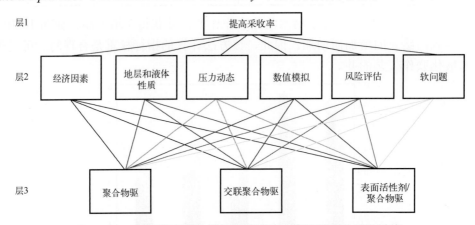

图 10.21 关于提高石油采收率战略的决定的层次分析法结构

1. 展示用于分析 EOR 项目的 AHP 和 TOPSIS excel 文档或 MATLAB 代码。
2. 逐步降低生产动态的权重，并观察 AHP 和 TOPSIS 排名的变化。
3. 逐步增加经济考虑标准的权重，并观察 AHP 和 TOPSIS 的变化。
4. 软件具有支持多标准决策的潜力。至少使用以下软件包中的两个来分析 EOR 项目。

软 件	软 件
1000 Minds	TESLA
Analytica	The Decision Deck project
Criterium Decision Plus 3.0	Web-HIPRE

续表

DecideIT	WINPRE
Decision Tools	VIP Analysis
D-Sight	软　件
GMAA	TESLA
Hiview 3	The Decision Deck project
Logical Decisions	Web-HIPRE
M-MACBETH	WINPRE
MakeItRational	VIP Analysis
OnBalance	软　件
Promax	TESLA
PUrE2	The Decision Deck project

习题 2：防砂方法的优化选择

在此习题中，使用包括 AHP，TOPSIS，ELECTRE，PROMETHEE II 和 MAVT 在内的可比较方法选择图 10.22 中的最佳防砂方法。选择最佳防砂方法的典型有效变量包括地质、技术和经济变量。完井工程师决定设计一种防砂方案。公司提出了五种设计方案，专家们定义了以下 8 项评估标准来选择最佳设计方案：

1. 产量
2. 防砂
3. 可用性
4. 完井可靠性
5. 承包商能力
6. 完井复杂性
7. 资本支出
8. 完井时间

使用假设或案例研究数据，以不同的方式为这个问题建立排名。

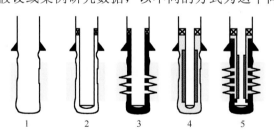

1. 裸眼
2. 预钻或开槽衬管
3. 固井并射孔的套管
4. 裸眼防砂筛管/砾石充填层
5. 套管内砾石充填或压裂充填完井

图 10.22　油藏完井方法

习题 3：钻井作业的最佳钻头选择

钻头选择是一个 MCDM 问题。在特定的地层中有 4 种类型的可选钻头（即 517、527、537 和 617）。根据有效的标准，如机械比能、地层可钻性、每英尺成本和钻速，进行优先排序和排名。对于这个问题，ELECTRE I、TOPSIS 和 FTOPSIS 的排名是什么？

使用假设或案例研究数据，以不同的方式为这个问题建立排名。

第 11 章

蒙特卡罗模拟在井筒稳定性优化中的应用

本章要点

1. 本章建立并应用了不确定性条件下井筒稳定性优化的全过程方法。它包括 6 个主要步骤：蒙特卡罗模拟（MCS）、失效准则、数据筛选、概率箱（P-box）和 Bhattacharyya 系数、安全泥浆重量窗口（SMWW）随机敏感性分析，以及更新计算模型。

2. 本章解释了采用稳健绘图和改进的统计方法分析数据方法来最小化地质力学井筒完整性问题。

3. 本章通过创建动态仿真和改变具有统计不确定性的参数，为 SMWW 和最小化 SMWW 不确定性提供了清晰的逻辑思路。

4. 蒙特卡罗模拟，或称概率模拟，是一种用于了解不同模型中风险和不确定性影响的技术。本章提出了基于汇总统计的 MCS 在井筒稳定性分析中的应用。

5. 本章通过创建蒙特卡罗模拟来模拟复杂的井筒稳定性系统，提出了压力重叠区作为一种新的不确定性量化（UQ）度量。

11.1 基本多元统计

随机变量的期望值给出了该随机变量分布的"位置中心"的粗略度量。例如，若分布关于值 μ 对称，则期望值等于 μ。为了细化围绕值的"位置中心"的分布图，需要对该值周围的分布（或集中）进行度量。计算多种分布的最简单的度量方法是方差。有大量的概率文献涉及分布的近似值，概率和期望的边界，这些边界可以用期望值和方差表示。

》》 11.1.1 均值

设 $X_1, X_2, \cdots, X_n$ 是随机变量 X 的 n 个观测值。为了测量 X_n 数值序列的平均值，最常用的统计方法是计算平均值 μ_X，计算公式如下：

$$\mu_X = \overline{X} = \frac{1}{n} \sum_{i=1}^{n} X_i \tag{11.1}$$

设 X 为取值于 $[a, b]$ 可连续随机变量，$f(x)$ 是概率密度函数（PDF），则连续随机变量 X 的期望值为：

$$E(X) = \mu = \int_a^b x f(x) \mathrm{d}x \tag{11.2}$$

11.1.2　方差

下一步计算数据可变性的度量值，最常见的方法是计算方差和标准差 $\sigma_X = \sqrt{{\sigma_X}^2}$，计算方法如下：

$$\sigma_X = \sqrt{\frac{1}{n}\left\{\sum_{i=1}^{n} X_i^2 - \frac{1}{n}\left(\sum_{i=1}^{n} X_i\right)^2\right\}} \tag{11.3}$$

很容易证明方差是平均值的均方偏差。

设 X 为连续随机变量在 $[a, b]$ 范围内在 $f(x)$ 中的值，设定 $\mu = E(X)$ 为 X 的期望值，则连续随机变量 X 的方差（见图 11.1）为：

$$\mathrm{Var}(X) = \sigma^2 = E[X - E(X)]^2 = \int_a^b (x - \mu)^2 f(x)\mathrm{d}x \tag{11.4}$$

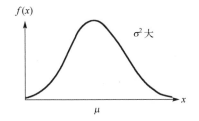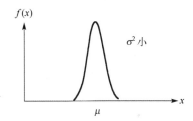

图 11.1　概率分布的大小方差

11.1.3　协方差

下一步设定 (X_1, Y_1)，(X_2, Y_2)，$\cdots$，(X_n, Y_n) 是两个随机变量 X 和 Y 的 n 对值。希望计算 X 和 Y 一起的变化程度，而不是相互独立的变化程度。计算的第一个统计量是协方差 σ_{XY}，由下式给出：

$$\sigma_{XY} = \frac{1}{n}\left\{\sum_{i=1}^{n} X_i Y_i - \frac{1}{n}\left(\sum_{i=1}^{n} X_i\right)\left(\sum_{i=1}^{n} Y_i\right)\right\} \tag{11.5}$$

协方差是一种定量度量，用于衡量一个变量与均值的偏差与另一个变量与均值的偏差的匹配程度。它的数学关系可以定义为：

$$\mathrm{Cov}(X, Y) = E\{[X - E(X)][Y - E(Y)]\} \tag{11.6}$$

$$\mathrm{Cov}(X, Y) = E(XY) - E(X)E(Y)$$

$$\mathrm{Var}(X + Y) = \mathrm{Var}(X) + \mathrm{Var}(Y) + 2\mathrm{Cov}(X, Y)$$

11.1.4　相关系数

实际上，可以从下式中获得更好的相关性度量：

$$\rho_{XY} = \frac{\sum_{i=1}^{n} X_i Y_i - \frac{1}{n}\left(\sum_{i=1}^{n} X_i\right)\left(\sum_{i=1}^{n} Y_i\right)}{\sqrt{\left\{\sum_{i=1}^{n} X_i^2 - \frac{1}{n}\left(\sum_{i=1}^{n} X_i\right)^2\right\}\left\{\sum_{i=1}^{n} Y_i^2 - \frac{1}{n}\left(\sum_{i=1}^{n} Y_i\right)^2\right\}}}$$ (11.7)

式中ρ_{XY}为 X 和 Y 的相关系数。

- 相关系数衡量两个定量变量之间线性关联的强度。
- 可以从计算器或计算机中获得相关系数。
- 相关系数的值介于 1 和–1 之间。
- 相关系数(见图 11.2)为无量纲量。

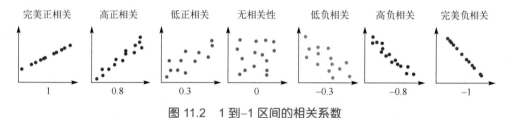

图 11.2   1 到–1 区间的相关系数

11.1.5   偏度系数

偏度系数(见图 11.3)是衡量样本总体偏离平均值中心的程度,如下式所示:

$$\text{Skewness} = E((X - \mu)^3) / \sigma^3$$ (11.8)

$\text{Skewness} = \sum (x_i - \overline{x})^3 / [(n-1)S^3]$,$n$ 的最小值为 2。

- 如果 $S < 0$,则分布呈负偏态(向左偏态)。
- 如果 $S = 0$,则分布是对称的(无偏态)。
- 如果 $S > 0$,则分布为正偏态(向右偏态)。

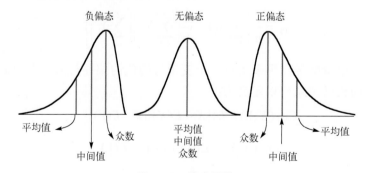

图 11.3   偏度系数

11.1.6   峰度系数

峰度系数是一种统计度量,其定义是判断一个分布的尾部与正态分布的尾部的差异程度。换句话说,峰度系数决定了在给定的分布的尾部是否包含极值,如下式所示:

$$\text{Kurtosis} = E((X - \mu)^4) / \sigma^4 \tag{11.9}$$

$\text{Kurtosis} = \sum (x_i - \overline{x})^4 / [(n-1)S^4]$，$n$ 的最小值为 2。

峰度系数的类型由特定分布的多余峰度决定。多余峰度可以取正值或负值，也可以取接近于 0 的值。

中峰

遵循中峰分布的数据显示多余峰度为零或接近零。这意味着如果数据服从正态分布，则它们服从中峰分布。

尖峰

尖峰表示正的多余峰度。尖峰分布的两侧都显示出重尾，表明存在较大的异常值。

扁峰

扁峰表示负的多余峰度。扁峰呈扁层分布，表明分布中存在小的异常值。

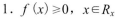

11.1.7　四分值

四分值是将一组数据分为四个子组的中心趋势度量：
- Q1：25%的数据集低于第一个四分值。
- Q2：50%的数据集低于第二个四分值。
- Q3：75%的数据集低于第三个四分值。

11.1.8　概率密度函数

如果 X 的范围空间 R_x 是一个区间或一组区间，则 X 是一个连续随机变量（如图 11.4 所示）。$F(x)$，x 的概率密度函数（PDF），满足如下公式：

$$P(a \leqslant X \leqslant b) \int_a^b f(x)\mathrm{d}x \tag{11.10}$$

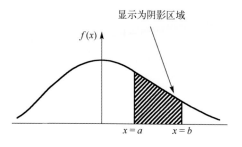

图 11.4　概率密度函数（PDF）

1. $f(x) \geqslant 0$，$x \in R_x$
2. $\int_{R_x} f(x)\mathrm{d}x = 1$
3. $f(x) = 0$，$x \notin R_x$

属性：

1. $P(X = x_0) = 0$，因为 $\int_{x_0}^{x_0} f(x)\mathrm{d}x = 0$
2. $P(a \leqslant X \leqslant b) = P(a < X \leqslant b) = P(a \leqslant X < b) = P(a < X < b)$

11.1.9　累积分布函数

累积分布函数（CDF）用 $F(x)$ 表示。该函数的含义是若随机变量 $X \leqslant x$，则 $F(x) = P(X \leqslant x)$（见图 11.5）。

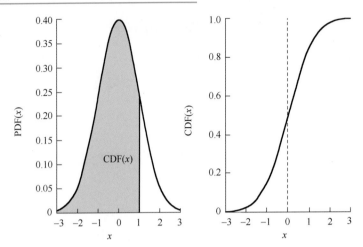

图 11.5   正态分布的概率密度函数(左)和累积分布函数(右)

如果 X 是离散的，则：

$$F(x) = \sum_{\substack{\text{all} \\ x_i \leqslant x}} p(x_i) \tag{11.11}$$

如果 X 是连续的，则：

$$F(x) = \int_{-\infty}^{x} f(t)\mathrm{d}t \tag{11.12}$$

属性：

F 是非递减函数。如果 $a<b$，则 $F(a) \leqslant F(b)$

1. $\lim_{x \to \infty} F(x) = 1$

2. $\lim_{x \to -\infty} F(x) = 0$

关于 X 的所有概率问题都可以用 CDF 来回答，例如：

$$P(a < X \leqslant b) = F(b) - F(a) , a<b \tag{11.13}$$

➤➤ 11.1.10   百分点函数

百分点函数(PPF)是 CDF 的逆函数。因此，百分点函数通常也称为逆分布函数。也就是说，对于分布函数，可以计算一个给定的变量 x 小于或等于 x 的概率。对于百分点函数，从概率开始计算累积分布对应的 x。从数学上讲，可以表示为：

$$\Pr[X \leqslant G(\alpha)] = \alpha \text{ 或者 } x = G(\alpha) = G(F(x)) \tag{11.14}$$

➤➤ 11.1.11   分布函数

均匀分布

均匀分布是一个连续的概率分布。通过积分，可以得到概率函数：

$$f(x) = \begin{cases} \dfrac{1}{b-a}, & a \leqslant x \leqslant b \\ 0, & \text{其他} \end{cases} \tag{11.15}$$

$$F(x) = \begin{cases} 0, & x \leqslant a \\ \dfrac{x-a}{b-a}, & a \leqslant x \leqslant b \\ 1, & b \leqslant x \end{cases} \tag{11.16}$$

均匀随机变量的期望值和方差分别为：

$$\mu_X = E[X] = \frac{a+b}{2}, \quad \mathrm{Var}[X] = \sigma_X^2 = \frac{(b-a)^2}{12}$$

正态分布

最著名的分布是正态分布，也称为高斯分布。关于参数 μ 和 σ 的正态概率定律为 $f_X(x) = \dfrac{1}{\sigma\sqrt{2\pi}}\mathrm{e}^{-(x-\mu)^2/2\sigma^2}$，其中 $-\infty < x < \infty$，$\sigma > 0$。正态随机变量的期望值和方差分别为 $\mu_X = E[X] = \mu$，$\mathrm{Var}[X] = \sigma_X^2 = \sigma^2$。标准正态随机变量（单位正态）为 $f_Z(z) = \dfrac{1}{\sqrt{2\pi}}\mathrm{e}^{-z^2/2}$，$\mu = 0$，$\sigma = 1$。

1．新的随机变量： 如果 X 是平均值为 μ，方差为 σ^2 的正态分布，则 $X+b$ 是平均值为 $\mu + b$，方差为 σ^2 的正态分布；aX 是平均值为 $a\mu$，方差为 $a^2\sigma^2$ 的正态分布；$aX+b$ 是平均值为 $a\mu + b$，方差为 $a^2\sigma^2$ 的正态分布。

2．无量纲正态分布转化为量纲正态分布： $Z = \dfrac{X - \mu}{\sigma}$，$\mu_Z = 0$，$\sigma_Z = 1$。

对于正态分布曲线，大约 68.4% 的观测值落在 1 个标准差内，95.4% 的观测值落在 2 个标准差内，99.7% 的观测值落在 3 个标准差内（见图 11.6）。

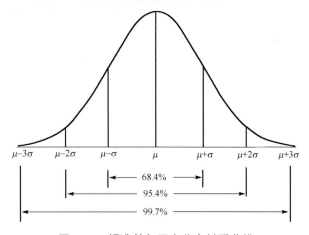

图 11.6　标准差与正态分布关系曲线

通过对正态分布的标准化转换，无须考虑 μ_x 和 σ_x；也就是说，可以建立一个标准的参考框架。常见的分布函数如表 11.1 所示。

- **对数正态分布：** 按指数标度绘制的正态分布。常用于将强偏斜分布转换为正态分布。
- **威布尔分布：** 主要用于可靠性或生存数据。
- **指数分布：** 指数曲线。
- **均匀分布：** 适用于变量间相差不大的情况。

表 11.1　常见分布函数

	符号	$F_X(x)$	$f_X(x)$	$E[X]$	$\mathbb{V}[X]$	$M_X(s)=E(e^{sX})$[b]
Uniform	$\mathrm{Unif}(a,b)$	$\begin{cases} 0, & x<a \\ \dfrac{x-a}{b-a}, & a<x<b \\ 1, & x>b \end{cases}$	$f(x)\begin{cases}\dfrac{1}{b-a}, & a\le x\le b \\ 0, & 其他\end{cases}$	$\dfrac{a+b}{2}$	$\dfrac{(b-a)^2}{12}$	$\dfrac{e^{sb}-e^{sa}}{s(b-a)}$
Normal	$\mathcal{N}(\mu,\sigma^2)$	$\Phi(x)=\int_{-\infty}^{x}\varphi(t)\mathrm{d}t$	$\varphi(x)=\dfrac{1}{\sigma\sqrt{2\pi}}\exp\left\{-\dfrac{(x-\mu)^2}{2\sigma^2}\right\}$	μ	σ^2	$\exp\left\{\mu s+\dfrac{\sigma^2 s^2}{2}\right\}$
Lognormal	$\ln\mathcal{N}(\mu,\sigma^2)$	$\dfrac{1}{2}+\dfrac{1}{2}\mathrm{erf}\left[\dfrac{\ln x-\mu}{\sqrt{2\sigma^2}}\right]$	$\dfrac{1}{x\sqrt{2\pi\sigma^2}}\exp\left\{-\dfrac{(\ln x-\mu)^2}{2\sigma^2}\right\}$	$e^{\mu+\sigma^2/2}$	$(e^{\sigma^2}-1)e^{2\mu+\sigma^2}$	
Exponential[a]	$\mathrm{Exp}(\beta)$	$1-e^{-x/\beta}$	$\dfrac{1}{\beta}e^{-x/\beta}$	β	β^2	$\dfrac{1}{1-\dfrac{s}{\beta}}\ (s<\beta)$
Gamma[a]	$\mathrm{Gamma}(\alpha,\beta)$	$\dfrac{\gamma(\alpha,\beta x)}{\Gamma(\alpha)}$	$\dfrac{\beta^{\alpha}}{\Gamma(\alpha)}x^{\alpha-1}e^{-\beta x}$	$\dfrac{\alpha}{\beta}$	$\dfrac{\alpha}{\beta^2}$	$\left(\dfrac{1}{1-\dfrac{s}{\beta}}\right)^{\alpha}\ (s<\beta)$
Beta	$\mathrm{Beta}(\alpha,\beta)$	$I_x(\alpha,\beta)$	$\dfrac{\Gamma(\alpha+\beta)}{\Gamma(\alpha)\Gamma(\beta)}x^{\alpha-1}(1-x)^{\beta-1}$	$\dfrac{\alpha}{\alpha+\beta}$	$\dfrac{\alpha\beta}{(\alpha+\beta)^2(\alpha+\beta+1)}$	$1+\sum_{k=1}^{\infty}\left(\prod_{r=0}^{k-1}\dfrac{\alpha+r}{\alpha+\beta+r}\right)\dfrac{s^k}{k!}$
Weibull	$\mathrm{Weibull}(\lambda,k)$	$1-e^{-(x/\lambda)^k}$	$\dfrac{k}{\lambda}\left(\dfrac{x}{\lambda}\right)^{k-1}e^{-(x/\lambda)^k}$	$\lambda\Gamma\left(1+\dfrac{1}{k}\right)$	$\lambda^2\Gamma\left(1+\dfrac{2}{k}\right)-\mu^2$	$\sum_{k=1}^{\infty}\dfrac{s^n\lambda^n}{n!}\Gamma\left(1+\dfrac{n}{k}\right)$

a.　当 $\beta=\dfrac{1}{\lambda}$ 时，使用速率参数。一些文献里面使用 β 作为比例参数。

b.　第一时刻是 $E(X)$，第二时刻是 $E(X^2)$，第三时刻是 $E(X^3)$，第 n 时刻是 $E(X^n)$。

》》 11.1.12 置信系数和置信水平

置信水平 c 是区间估算包含总体参数的概率(见图 11.7)。点估算值与实际总体参数值之间的差值称为采样误差。进行 μ 估算时,采样误差为 $\mu - \overline{x}$ 的差值。由于 μ 通常未知,可使用置信水平计算误差的最大值。当给定一个置信水平数值,误差幅度 E (有时称为最大估算误差值或误差极限值)是点估算值与其估算参数值之间的最大可能距离,如下式所示:

$$E = z_c \sigma_{\overline{x}} = z_c \frac{\sigma}{\sqrt{n}} \tag{11.17}$$

当 $n \geqslant 30$ 时,σ 可用样本标准偏差 s 代替。

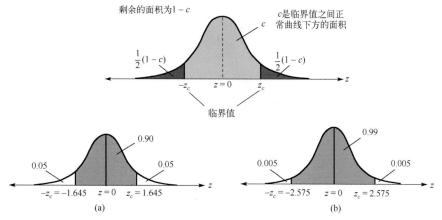

图 11.7 置信水平

一个区间总体平均值 μ 的置信区间为:

$$\overline{x} - E < \mu < \overline{x} + E \tag{11.18}$$

如果置信水平为 90%,则区间总体平均值 μ 有 90% 的置信度[见图 11.7(a)]。
相应的 z 值为 ± 1.645。

如果置信水平为 99%,则区间总体平均值 μ 有 99% 的置信度[见图 11.7(b)]。
相应的 z 值为 ± 2.575。

置信区间包含 μ 的概率为 c(见图 11.8)。

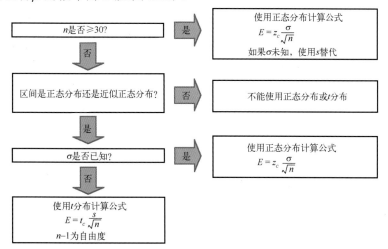

图 11.8 正态分布或 t 分布

11.2   井筒稳定性的不确定性评估

目前智能油井建设正在向数字孪生方向转变。实时钻井将生成更多、更精确的用于大量分析的数据。数字化井施工过程中的井筒稳定性优化是一个复杂的问题，包括几个关键参数。目前相关服务公司使用了大量的内部钻井分析工具。如图 11.9 所示，井筒稳定性优化有 6 个步骤。

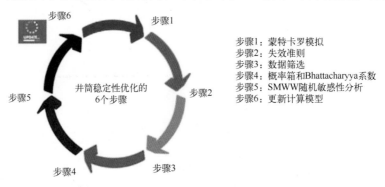

步骤1：蒙特卡罗模拟
步骤2：失效准则
步骤3：数据筛选
步骤4：概率箱和Bhattacharyya系数
步骤5：SMWW随机敏感性分析
步骤6：更新计算模型

图 11.9   井筒稳定性优化步骤

》 11.2.1   不确定性传播

蒙特卡罗方法通常用于进行不确定性研究。该技术提供了一种传播不确定性的有效且直接的方法，并已成为研究此目的的行业标准。

不确定性传播显示了输入参数的不确定性如何传播到手边模型的输出结果中，图 11.10 是不确定性传播的步骤。

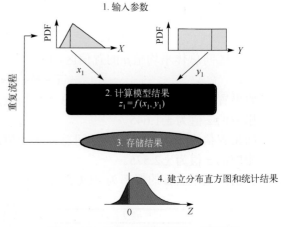

图 11.10   蒙特卡罗模拟的一般程序

1．为每个输入参数构造一个概率密度函数（PDF）（PDF 反映了有关参数值的状态）。根据分配给这些参数的 PDF，使用随机数生成一组输入参数。

2．使用上述一组随机值量化输出函数。获得的值是随机变量（X）的实现。

3．重复步骤 1 至 2 n 次（直到获得足够数量的样本，例如 1000），产生 n 个独立的输出值。这 n 个输出值表示输出函数概率分布的随机样本。

4．从获得的样本中为输出结果生成统计信息：均值、标准差、s、置信区间等。

》 11.2.2   井筒稳定性的安全泥浆重量窗口

验证和确认作为模型模拟中的一种不确定性解决方案，在钻井行业受到越来越多的关注。地质力学建模包括计算井周应力，并将其与失效模型进行比较。在这一部分中，使用了两种不同的失效准则，并在不确定性条件下进行了井筒稳定性评估。井筒稳定性取决于

多种因素，如地质、井眼轨迹、岩石物理性质和施工状况。对安全泥浆重量窗口（SMWW）
进行评估是重要的判断标准。最后还必须根据不确定性考虑，决定结果是正面还是负面的。
图 11.11 显示了各种类型岩石破坏模型下的泥浆重量、井筒稳定性和地应力大小之间的关
系。当泥浆压力低于孔隙压力时，井筒可能发生破裂或剥落。当泥浆压力小于剪切破坏应
力梯度时，井筒发生剪切破坏或破裂。如果泥浆压力过高，井筒周围会产生钻井诱发的水
力裂缝，这可能会导致泥浆漏失。因此为保持井筒稳定性，在地面钻孔时泥浆重量应在适
当范围内；井壁应力和泥浆压力将平衡地层内的应力和压力。

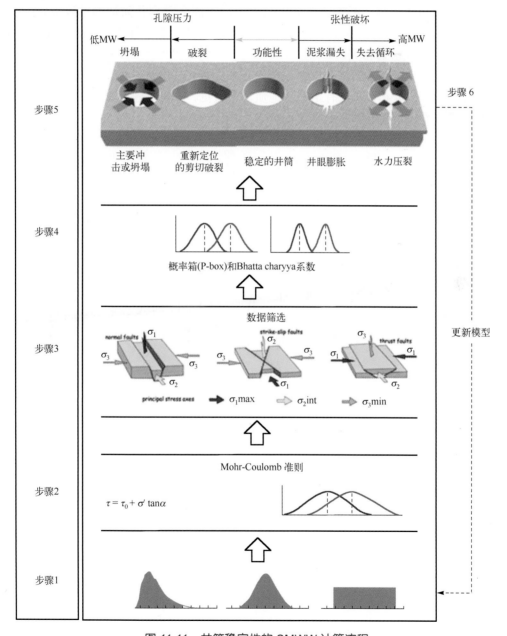

图 11.11　井筒稳定性的 SMWW 计算流程

在高井筒压力下，易发生拉伸破坏，而在低井筒压力下，易发生剪切破坏，导致井筒

坍塌。通常井筒会变成椭圆形，这称为井筒破裂。所使用的基本应力模型称为 Kirsch 方程，该方程假设井筒壁上的压力阶跃由不渗透的泥饼引起。例如，在水力压裂增产作业期间，由于没有泥饼，因此需要采用不同的方程式进行计算。通常，SMWW 的定义以断裂极限为上限，以坍塌压力或孔隙压力为下限。应力的计算存在许多模型，从简单的线性弹性模型到更复杂的非线性模型。然而，通常没有足够的数据来证明复杂模型的准确性。这种数据的缺乏也使得井筒稳定性中的 MCS 成为不确定性分析的最佳选择。重要的是要了解地应力状态可能是最不确定的参数。井筒不稳定问题的后果是泥浆重量过高或井筒坍塌导致的井眼清洁不良造成的循环漏失。在低压条件下，可能会看到井筒坍塌导致卡管、套管柱落地和固井作业不良等问题。钻井过程中可能发生的两个主要意外事件是卡钻和循环漏失，两者都与井筒稳定性密切相关。

随机输入变量可以用不同类型的概率分布建模，如正态分布、均匀分布、三角形分布、对数正态分布和二次分布。如果有足够的地质力学数据，则可以建立真实的分布。如果数据不足，则可以假设一个最能解释数据集的分布。图 11.12 显示了 11 个输入概率分布示例。

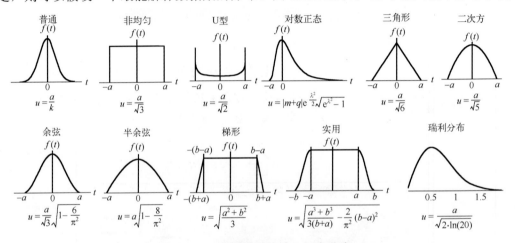

图 11.12   不同类型的输入概率分布

根据数据可用性的不同，分布图的选择可能有所不同。钻探通常使用正态分布。对于具有模式或最可能值的数据集，建议考虑三角形分布和均匀分布。对于通过严格分析去除了不具代表性数据点的小样本，均匀分布是首选。如果已知分布参数，则定义分布。例如，正态分布由其平均值和标准差定义。均匀分布由其最小值和最大值定义，而三角形分布由其最小值、最可能值和最大值定义。离散度、方差、标准差和 P10 到 P90 的度量值显示了给定数据集在平均值周围分布的程度（对称分布为 P50）。此处使用的 MCS 是基于 Williamson 等（2006）定义的工作流程。具体有如下 4 个步骤。

1. 选择失效准则模型：
   - 用于井筒压裂的非穿透 Kirsch 计算方法；
   - Mohr-Coulomb 准则（见 11.3.1 节）；
   - 修改的 Lade 标准，也适用于井筒坍塌（用于问题 1）。

2. 进行数据收集，确定输入变量的下限和上限：假设不确定性的输入参数（现为随机变量）如表 11.2 所示。

表 11.2　首次压裂和坍塌压力的不确定性估计

输入参数	最接近值	预估范围（±%）	数量级范围
σ_H	1.8 s.g.	10	1.62～1.98 s.g.
σ_h	1.5 s.g.	5	1.43～1.58 s.g.
P_o	1.05 s.g.	30	0.74～1.37 s.g.
α	30°	20	24°～36°
τ_o	0.5 s.g.	50	0.25～0.75 s.g.

3．选择输入变量的分布：所有输入都分配有一个随机分布。

4．对生成结果进行输出和解释。

通过使用一系列可能的值，而不是单个假设计算，可以创建真实的跨度。当模型基于估算范围时，模型的输出也将在估算范围内。图 11.13 中说明了使用 Mohr-Coulomb 准则的 MCS 和 SMWW 的工作流程。

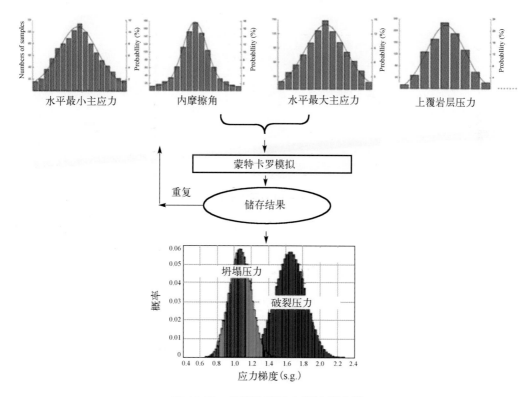

图 11.13　典型的蒙特卡罗计算流程

》 11.2.3　井地质力学模型设计

地质力学模型反应了岩石和井筒的力学行为特征，并可以用于更好地管理钻井程序，如图 11.13 所示。根据地质力学结果，由于支撑材料的损失，钻井会使地层的局部应力场发生重大变化。钻井作业会在井壁上产生径向和切向应力，从而产生剪切应力。在某些位置，诱导应力可能高于岩石强度，岩石将发生破坏，导致钻孔坍塌。这种地质力学行为可以通过了解岩石的特征来解决，从而有可能防止或尽量减少不稳定问题。本节提出了油井的机械地球模型（MEM）。建立了描述岩石弹性和强度特性、地应力和孔隙压力随深度变化的模型。MEM 由以下岩石力学参数在不同地层中的井轨迹的连续剖面组成：

1. 机械地层学综合信息；
2. 地层弹性力学参数，包括动态和静态杨氏模量、泊松比；
3. 岩石强度参数，包括 UCS、摩擦角、抗拉强度；
4. 孔隙压力和泄漏试验（LOT）；
5. 地应力状态，包括最小和最大水平应力、最小水平应力方位角和垂向应力大小。

》 11.2.4 应力转换和计算方程

为了计算钻孔壁上的应力，Aadnøy 和 Looyeh（2011）逐项列出了图 11.14 所示的 4 个计算步骤，这些步骤将按照所示顺序进行。

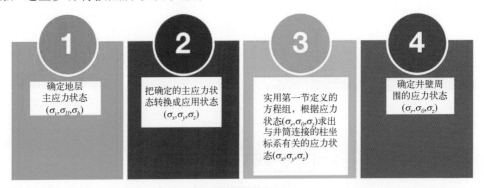

图 11.14 应力转换

地层中的主要地应力需要转换为不同的笛卡儿坐标系，以与钻孔方向对齐。钻井孔的应力和方向由其倾角（γ）确定，倾角是相对于垂直方向的角度、方位角（φ）和钻井孔相对于 x 轴的位置 θ （Aadnøy 和 Looyeh，2011）。应力分量的变换产生以下方程式：

$$\sigma_x = (\sigma_H \cos^2 \varphi + \sigma_h \sin^2 \varphi) \cos^2 \gamma + \sigma_v \sin^2 \gamma$$

$$\sigma_y = \sigma_H \sin^2 \varphi + \sigma_h \cos^2 \varphi$$

$$\sigma_{zz} = (\sigma_H \cos^2 \varphi + \sigma_h \sin^2 \varphi) \sin^2 \gamma + \sigma_v \cos^2 \gamma$$

$$\tau_{xy} = \frac{1}{2}(\sigma_h - \sigma_H) \sin 2\varphi \cos \gamma \qquad (11.19)$$

$$\tau_{xz} = \frac{1}{2}(\sigma_H \cos^2 \varphi + \sigma_h \sin^2 \varphi - \sigma_v) \sin 2\gamma$$

$$\tau_{yz} = \frac{1}{2}(\sigma_h - \sigma_H) \sin 2\varphi \sin \gamma$$

Kirsch 计算公式如下：

$$\sigma_r = P_w$$
$$\sigma_\theta = \sigma_x + \sigma_y - p_w - 2(\sigma_x - \sigma_y)\cos 2\theta - 4\tau_{xy}\sin 2\theta$$
$$\sigma_z = \sigma_{zz} - 2\nu(\sigma_x - \sigma_y)\cos 2\theta - 4\nu\tau_{xy}\sin 2\theta \rightarrow \text{planestrain}$$
$$\sigma_z = \sigma_{zz} \rightarrow \text{planestrain} \tag{11.20}$$
$$\tau_{rz} = 0$$
$$\tau_{\theta z} = 2(-\tau_{xy}\sin\theta + \tau_{yz}\cos\theta)$$

根据式(11.19)成功转换应力方程后，完成步骤 1 和步骤 2。为了实现步骤 3 和步骤 4，设置了控制方程，作出了一些逻辑假设，并假设了边界条件；所得 Kirsch 方程定义如下。

考虑各向同性解，取 $r = a$，则式(11.19)可转化为式(11.20)，如图 11.15 所示。

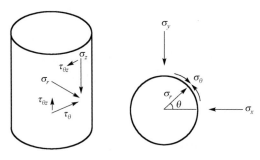

图 11.15　井壁上的应力

径向应力高度可由司钻控制(例如，钻井泥浆压力)，但是其余的两个应力影响较小，因为它们受远场应力控制。

在本章中，使用 Mohr-Coulomb 和改良的 Lade 这两个模型来计算坍塌压力，以防止岩石破坏。在 Kirsch 方程中，假设 $\theta = 90$，这意味着井壁中没有漏失，因为在钻井过程中可以避免漏失，或者可以最小化漏失以实现井筒稳定性。因此，可以按照式(11.21)计算钻孔周围的应力。

岩石破裂受地层主应力的影响，地层主应力计算公式如下(Aadnøy, 1988)：

$$\sigma_\theta = 3\sigma_x - \sigma_y - P_{wc}$$
$$\sigma_a = \sigma_{zz} + 2\nu(\sigma_x - \sigma_y)$$
$$\sigma_r = P_{wc}$$
$$\theta = 90$$

$$\sigma_i = P_{wc}$$
$$\sigma_j = \frac{1}{2}(\sigma_\theta + \sigma_a) + \frac{1}{2}\sqrt{(\sigma_\theta - \sigma_a)^2 + 4\tau_{\theta z}^2}$$
$$\sigma_k = \frac{1}{2}(\sigma_\theta + \sigma_a) - \frac{1}{2}\sqrt{(\sigma_\theta - \sigma_a)^2 + 4\tau_{\theta z}^2}$$

直井

$$\tau_{\theta Z} = 0$$
$$\sigma_1 = \sigma_\theta = 3\sigma_x - \sigma_z - P_{wc}$$
$$\sigma_3 = P_{wc}$$
$$\sigma_1 = 3\sigma_x - \sigma_y - P_{wc} - P_0$$
$$\sigma_3 = P_{wc} - P_0$$

$$(11.21)$$

从 Kirsch 方程可以看出，当超过最小地应力时，就会发生断裂。在钻井作业中，这些方程使用非渗透边界条件，并可转化为下式(Aadnøy 等，2007)。在这里假设 $\sigma_H = \sigma_h$。

$$p_{wf} = 2\sigma_h - P_p$$

非渗透边界条件是当流体在钻井过程中形成滤饼屏障时，假设存在非渗透的泥饼是完善的，因此不会出现过滤损失。渗透边界条件是当流体被泵入地层时(Aadnøy 等，2008)。

➤➤ 11.2.5   井眼破坏

井眼破坏取决于许多相关因素，如方向、地层孔隙压力、岩石抗压强度、井眼方位角和地应力大小。三个正交应力、轴向应力、切向应力和井筒压力会导致剪切破坏，而单个拉伸应力会导致拉伸破坏(Aadnøy 等，2009)。井眼破坏总共有 9 种可能的破坏模式：6 种剪切破坏模式和 3 种拉伸破坏模式。剪切或压缩破坏是指钻孔内的压力低于孔隙压力(欠平衡钻井条件)，并可能最终导致部分井壁坍塌或破裂。拉伸破坏是指当井筒压力超过地层破裂压力(失衡钻井条件)时，可能导致井壁破裂(Aadnøy 和 Looyeh，2011)。不同的破坏模式可能独立、顺序或同时发生。根据轴向应力(σ_a)、径向应力(σ_r)和切向应力(σ_θ)的大小，井眼破坏、剪切破坏的几何形状可分为 6 种模式，如图 11.16 所示。

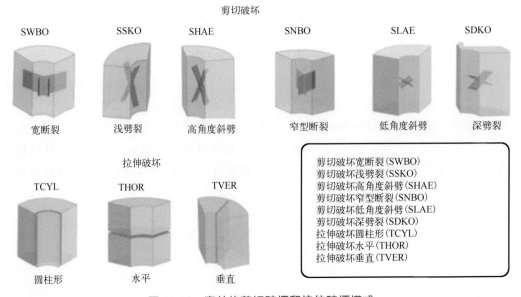

图 11.16   直井的剪切破坏和拉伸破坏模式

➤➤ 11.2.6   概率分布

随机模拟的结果可以保证，如果精确定义了油井设计参数或相关参数的概率分布，则输出变量(例如，坍塌和破裂压力)的概率分布可以以更合适的钻井作业响应方式进行说明。本文提出了一种综合方法，该方法可以进行独立的确定性分析，然后进行随机分析，通过确定性数值模型和概率模型之间的比较得出最佳结论。图 11.17 显示了这种方法如何在钻井作业中确定更好的决策。

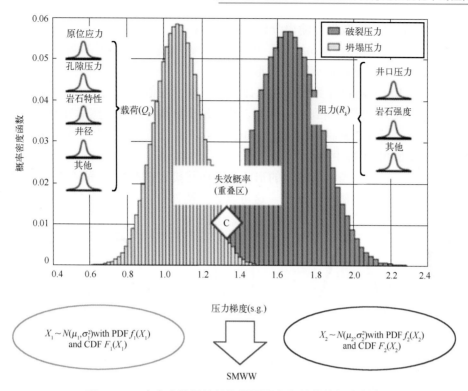

图 11.17　本章中使用的井筒坍塌压力和荷载的概率密度

图 11.17 显示了 Q_k(载荷在 $X_1 \sim N[\mu_1, \sigma^2]$ 范围内的坍塌压力)和 R_k(阻力 R 在 $X_2 \sim N[\mu_2, \sigma_2^2]$ 范围内的井筒破裂压力)对 PDF 的影响。重叠区域表示失效概率。重叠区域越小,井筒越稳定,也就是井筒坍塌的风险越低。相反,重叠区域越大,表明井筒坍塌的风险越高。

假设两个由平均值和标准差定义的正态分布,其中 $\mu_1 < \mu_2$。在图 11.17 中,绿色变量对应 X_1。假设 c 表示 PDF 在绘图重叠区相交的交点,则相交区的面积为:

$$P(X_1 \rangle c) + P(X_2 \langle c) = 1 - F_1(c) + F_2(c) = 1 - \frac{1}{2}\mathrm{erf}\left(\frac{c - \mu_1}{\sqrt{2}\sigma_1}\right) + \frac{1}{2}\mathrm{erf}\left(\frac{c - \mu_2}{\sqrt{2}\sigma_2}\right) \tag{11.22}$$

其中 $\mathrm{erf}(\cdot)$ 是误差函数,点 c 是重叠区域内 $f_1(x) = f_2(x)$ 的解,其计算公式如式(11.23)所示:

$$c = \frac{\mu_2\sigma_1^2 - \sigma_2\left(\mu_1\sigma_2 + \sigma_1\sqrt{(\mu_1 - \mu_2)^2 + 2(\sigma_1^2 - \sigma_2^2)\log\left(\frac{\sigma_1}{\sigma_2}\right)}\right)}{\sigma_1^2 - \sigma_2^2} \tag{11.23}$$

11.3　数值计算案例

泥浆压力是确定和计算的关键因素,因为它在油井稳定性中起着主要作用。SMWW 的测定提供了一个可以低风险应用的泥浆压力安全范围。为了验证 MCS 程序的有效性,提供了一个取自北海现场数据的案例。模拟案例中的数据来自北海油田,代表不同的输入参数,根据破裂压力和坍塌压力的函数关系进行逐行链接。这组计算的输出和直方图可以反映很多参数,这些参数称为测量值,其平均值提供了测量值和数值分布的估计值。现在可以进一步评估输出列中的数据。输出分析示例如下：

- 使用 Excel 图表函数（如 σ_H、σ_h、P_o、α、τ_o 等）绘制输入数据的频率直方图。
- 基于频率图的视觉控制分析分布形状。
- 使用标准 Excel 函数计算有用的统计数据，如平均值、模式、中值和标准差。
- 将输出参数移动或复制到另一列中，并从最小到最大排序，然后在 95% 的压力覆盖区间内排除最低 2.5% 和最高 2.5% 的值。Excel 百分位函数可用于确定所需的覆盖区间边界，如图 11.18 所示。
- 计算偏度和峰度。当考虑输出的形状、评估其接近正态性或确定覆盖区间时，这些统计数据可以提供额外的支持。这可以分为两部分：确定性分析和随机分析。

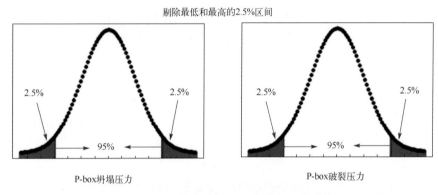

图 11.18   坍塌和破裂压力覆盖区间的计算

安全泥浆重量窗口的 Mohr-coulomb 剪切失效准则

Mohr-coulomb 剪切失效模型仅使用最大和最小主应力。破坏模型可由式（11.24）计算（Aadnøy 和 Hansen，2005）。

$$\tau = \tau_o + \sigma' \tan \alpha$$

其中，

$$\tau = \frac{1}{2}(\sigma_1' - \sigma_3') \cos \alpha$$

$$\sigma' = \frac{1}{2}(\sigma_1' + \sigma_3') - \frac{1}{2}(\sigma_1' - \sigma_3') \sin \alpha \tag{11.24}$$

综合这些方程得出：

$$(\sigma_1' - \sigma_3') - (\sigma_1' + \sigma_3') \sin \alpha = 2\tau_o \cos \alpha \tag{11.25}$$

确定性预测

对于确定性分析，井筒稳定性分析包括破裂和坍塌压力，如图 11.19 所示。在该计算中，地压的单点预测将给出范围过大的 SMWW，这可能会引发一系列钻井问题。然而，不可能基于这些固定输入数据分析相关风险和不确定性。

设定相关输入参数如下：

$$\sigma_h = 1.5 \text{s.g.}, \sigma_H = 1.8 \text{s.g.}; P_o = 1.05 \text{s.g.}; \alpha = 30°; \tau_o = 0.5 \text{s.g.}$$

$$P_{wf} = 3\sigma_h - \sigma_H - P_o = 3*1.5 - 1.8 - 1.05 = 1.65 \text{s.g.} = 13.91 \text{ppg}$$

$$P_{wc} = \frac{1}{2}(3\sigma_H - \sigma_h)(1 - \sin\alpha) + P_0 \sin\alpha - \tau_0 \cos\alpha =$$

$$1/2*(3*1.8 - 1.5)*(1 - \sin 30°) + 1.05*\sin 30° - 0.5*\cos 30° = 1.076 \text{s.g.} = 9 \text{ppg}$$

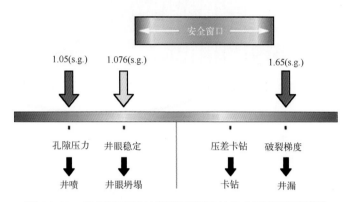

图 11.19　根据确定性计算得出的油井安全泥浆重量范围

随机预测

每个钻井经理都会定期对钻井项目中的 SMWW 进行估计。有时，根据施工经验和知识，做出这些估计很容易。然而，在其他时候，提出和实施估计是个复杂的过程。即使使用岩石强度标准进行了良好的泥浆重量估计，也可能对该估计没有信心。因此当面临泥浆重量的确定性估计时，可以使用 MCS 估计技术。

在本节使用基于 Mohr-Coulomb 准则的统计方法，定义所需的强度特征参数，以及定义摩擦角范围和孔隙压力。首先，将使用 5000 个数据生成运行模拟，每个参数的不确定性取自表 11.2。这些数据来自北海 1700m 深处的油田。

运行 Excel 程序的结果如图 11.20 所示。这些都是不真实的结果，无法将其用于实际储层。在重叠区域内，油井同时发生坍塌和破裂，这是不可能的。需要提供最可靠的结果集，作为当前钻井工程中使用的分析方法的输入参数。模拟中出现的坍塌压力和破裂压力之间存在显著重叠。正态分布下两个统计样本之间的重叠区域与式(11.26)中的 Bhattacharyya 系数有关。Bhattacharyya 系数可用于呈现两个正态直方图的相对接近度。

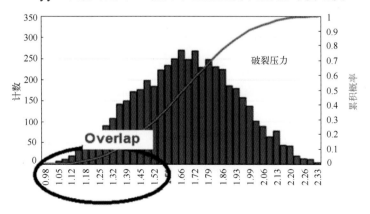

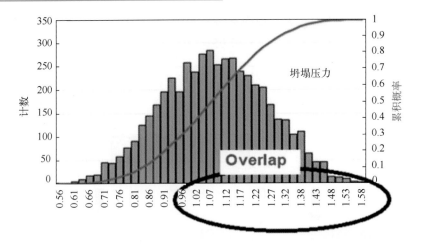

图 11.20   基于表 11.2 的不确性计算的 $N = 5000$ 次试验的不真实的结果

$$D_{\text{Bhattacharyya}} = \frac{1}{4}\ln\left(\frac{1}{4}\left(\frac{\sigma_1^2}{\sigma_2^2} + \frac{\sigma_2^2}{\sigma_1^2} + 2\right)\right) + \frac{1}{4}\left(\frac{(\mu_1 - \mu_2)^2}{\sigma_1^2 + \sigma_2^2}\right) \quad (11.26)$$

为了寻找绿图和蓝图之间的交点，当两个分布相似时，交点更大，图 11.21 显示模拟的结果较弱。因此，有必要找到一个决策界限、标准，以便在案例研究中更好地模拟坍塌压力和破裂压力。通过应用图 11.23 使用 Mohr-Coulomb 准则进行井筒稳定性分析的 SMWW 工作流程，可以识别 SMWW 的实际结果。首先计算由 Excel 生成的 20 000 个蒙特卡罗试验的坍塌压力和破裂压力直方图，所有输入数据的估计不确定性（±%5），如表 11.2 所示。整个输入变量的分布是正态的。20 000 个输入数据的最大和最小坍塌压力和破裂压力如图 11.24 所示。查看新的直方图可以很容易地确定是否存在重叠区域，但与之前的重叠区域相比，这是一个非常小的范围。MCS 的一个可能存在的缺点是第一轮试验本身并不能显示结果的可靠性。然而，MCS 试验的数量越多，输出标准差（即测量的标准不确定度）就越"稳定"。因此，MCS 的这一特征可以作为确定给定案例研究的试验次数的直接方法。图 11.22 显示了寻找稳定 MCS 所需试验次数的典型方案。

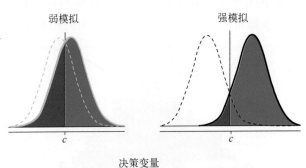

图 11.21   为更好的模拟找到决策界限、标准等

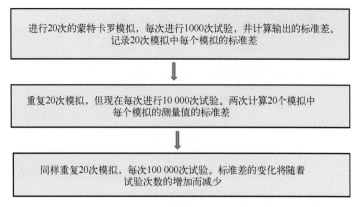

图 11.22　寻找试验次数的典型方案

本节重点关注图 11.23 所示用于筛选输入参数的工作流程，数据筛选应在蒙特卡罗程序之前进行。通常数据筛选过程非常烦琐，以至于被忽略。在分析产生意外结果后，对数据进行仔细筛选。该程序需要应用于整个数据筛选过程。通过观察直方图的重叠区，能够在开始实际分析之前验证大多数数据假设的正确性。

如图 11.23 所示，Excel 文件中记录的一些数据不包括在表 11.3 的公式中，重点研究了三个边界以筛选 Excel 中的数据。之所以假设这种应力状态，是因为北海地区的大部分区域都处于正断层应力状态。基于此筛选，运行了一个示例，以便更详细地描述它。

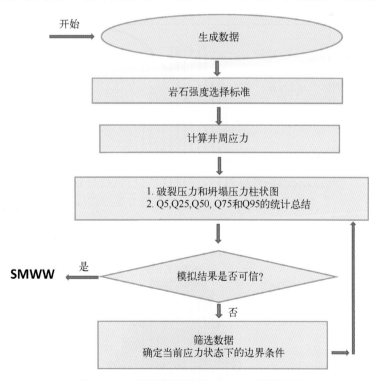

图 11.23　井筒稳定性的 SMWW 工作流程

表 11.3   三个主应力方向上钻孔的地应力边界条件

应力状态	边界条件 1	边界条件 2	边界条件 3
正断层	$\sigma_h A \geqslant \sigma_H B + C$	$\sigma_H A \geqslant \sigma_v B + C$	$\sigma_h A \geqslant \sigma_v B + C$
走滑断层	$\sigma_h A \geqslant \sigma_H B + C$	$\sigma_v A \geqslant \sigma_H B + C$	$\sigma_h A \geqslant \sigma_v B + C$
逆断层	$\sigma_h A \geqslant \sigma_H B + C$	$\sigma_v A \geqslant \sigma_H B + C$	$\sigma_v A \geqslant \sigma_h B + C$

$A = 7 - \sin \alpha$, $B = 5 - 3\sin \alpha$, $C = P_o(1 + \sin \alpha) + 2(\delta - \tau_o \cos \alpha)$。

设定：

$\sigma_v = 2.0$ s.g., $\sigma_H = 1.93$ s.g., $\sigma_h = 1.75$ s.g., $P_o = 1.45$ s.g., $\alpha = 20°$, $\tau_o = 0.25$ s.g.;

$A = 7 - \sin 20°; B = 5 - 3\sin 20°; C = 1.45(1 + \sin 20°) + 2(0.0634 - 0.25\cos 20°)$;

$A = 6.658; B = 3.974; C = 1.603$

设定 $X_1 = \sigma_h A = 11.65$ s.g.; $X_2 = \sigma_H B = 7.67$ s.g.; $X_3 = X_2 + C = 9.273$ s.g. :

对应边界 1： $\sigma_h A \geqslant \sigma_H B + C$; $11.65 > 9.27$

对应边界 2： $\sigma_H A \geqslant \sigma_v B + C$; $12.85 > 9.55$

对应边界 3： $\sigma_h A \geqslant \sigma_v B + C$; $11.65 > 9.55$

对两个案例再次运行该程序。根据图 11.25（案例 1：$\sigma_H = 1.2 * \sigma_h$）和图 11.28（案例 2：$\sigma_H = \sigma_h$）所示案例的统计方法，使用 Excel 编程执行拟定的程序。

如图 11.26 所示，对于案例 1，给出 95%压力覆盖区间的最低 2.5%和最高 2.5%的值（基于行数）在 1.19 s.g. 和 1.37 s.g. 之间。

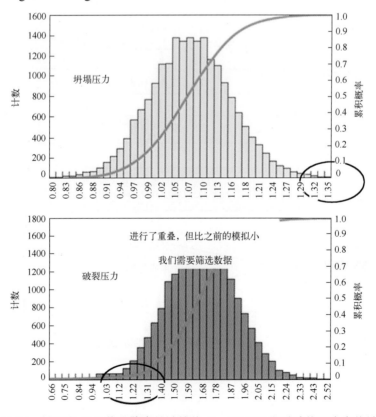

图 11.24   基于表 11.2 的不确定性计算的 $N = 20\ 000$ 次试验的不真实的结果

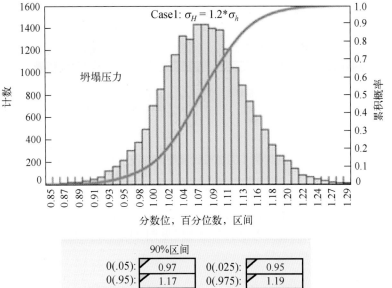

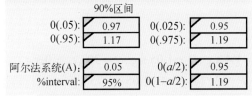

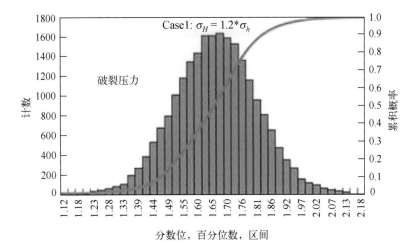

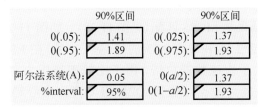

图 11.25　案例 1 的塌陷和破裂压力分布直方图

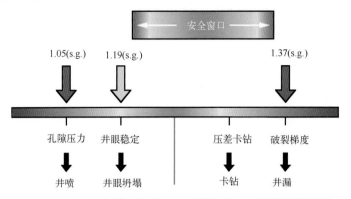

图 11.26   根据案例 1 的随机计算得出的安全泥浆重量范围

对于案例 2 重点是计算 SMWW 的初始间隔。安全泥浆压力窗口受限于设计的特定套管下入深度，这意味着需要对每个井段进行重复计算。此外，如前所述，确定性方法在很大程度上依赖于对近井筒条件地质力学特征参数（见图 11.27），并且不能考虑该假设条件下的不确定性。

设定：

$$\sigma_h = 1.4 \text{ s.g.}, \sigma_H = 1.4 \text{ s.g.}, P_o = 1.05 \text{ s.g.}, \alpha = 30°, \tau_0 = 0 \text{ s.g.}.$$

$$P_{wf} = 3\sigma_h - \sigma_H - P_o = 3*1.4 - 1.4 - 1.05 = 1.75 \text{ s.g.}$$

$$P_{wc} = \frac{1}{2}(3\sigma_H - \sigma_h)(1 - \sin\alpha) + P_o\sin\alpha - \tau_o\cos\alpha =$$

$$1/2*(3*1.4 - 1.4)*(1 - \sin 30°) + 1.05*\sin 30° - 0*\cos 30° = 1.225 \text{ s.g.}$$

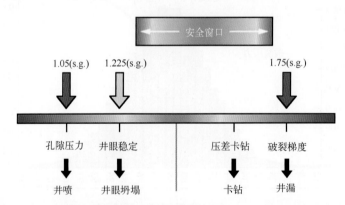

图 11.27   根据确定性计算得出的案例 2 中安全泥浆重量管理值范围

根据表 11.3，该计算结果与 MCSS 匹配（见图 11.28）。如图 11.29 所示，对于案例 2，得出 95%压力覆盖区间的最低 2.5%和最高 2.5%的值（基于行数）在 1.32 s.g. 和 1.44 s.g.之间。

表 11.4 中的数字提供了快速数据总结，用于比较破裂压力和坍塌压力统计数据。本评估中有两种主要的汇总统计数据，包括 Q25 和 Q75。中心趋势度量提供了不同的平均值，包括平均值、中位数和众数。离散度提供了有关数据中有多少变化的信息，包括范围和标准差。

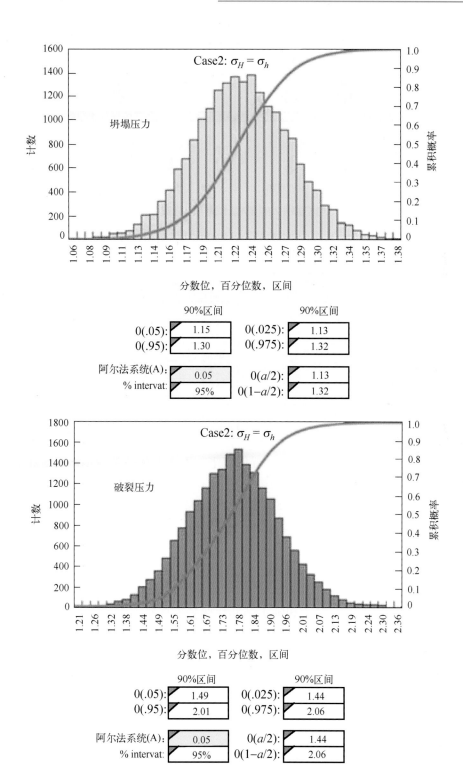

图 11.28　案例 2 的坍塌压力和破裂压力分布直方图

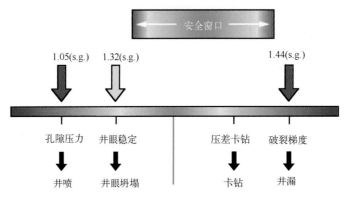

图 11.29　根据案例 2 的随机计算得出的安全泥浆重量范围

表 11.4　使用案例 1 和案例 2 下的筛选数据对破裂压力和坍塌压力的汇总统计表

Case 1:坍塌压力			Case 1:破裂压力			Case 2:坍塌压力			Case 2:破裂压力		
Central Tendency(Location)			Central Tendency(Location)			Central Tendency(Location)			Central Tendency(Location)		
Mean: 1.07		Median: 1.07	Mean: 1.65		Median: 1.65	Mean: 1.23		Median: 1.23	Mean: 1.75		Median: 1.75
StErr: 0.00			StErr: 0.00			StErr: 0.00			StErr: 0.00		
Spread			Spread			Spread			Spread		
stDev: 0.06			stDev: 0.14			stDev: 0.05			stDev: 0.16		
Max: 1.31		Q(.75) 1.11	Max: 2.26		Q(.75) 1.75	Max: 1.41		Q(.75) 1.26	Max: 2.67		Q(.75) 1.86
Min: 0.83		Q(.25) 1.03	Min: 1.10		Q(.25) 1.55	Min: 1.03		Q(.25) 1.20	Min: 1.17		Q(.25) 1.64
Range: 0.49		IQ Range: 0.08	Range: 1.16		IQ Range: 0.19	Range: 0.37		IQ Range: 0.06	Range: 1.50		IQ Range: 0.22
Shape			Shape			Shape			Shape		
Skewness: 0.0241142			Skewness: −0.004995			Skewness: 0.0015477			Skewness: 0.0171996		
Kartosis: 0.021529			Kartosis: 0.0430231			Kartosis: −0.033519			Kartosis: 0.0309427		

根据图 11.25，对于案例 1，在 95%置信度下，不会发生破裂或塌陷的 SMWW 范围在 1.19 s.g. 和 1.37 s.g. 之间。

根据图 11.28，对于案例 2，在 95%置信度下，不会发生破裂或塌陷的 SMWW 范围在 1.32 s.g. 和 1.44 s.g. 之间。

11.4　小　　结

选择合适的 SMWW 对于海上和陆上钻井作业至关重要，SMWW 可以确保安全经济地交付高质量的井筒。在替代油井设计方面可以提高油井稳定性，降低资本成本和缩短钻井时间。然而，通常情况下，这些收益是要权衡的，从长远来看，一方面某些设计可以降低成本，另一方面设计可以提高生产率和增加钻井作业风险。

- 井筒稳定性研究需要大量的现场数据，但这些数据并不总是可用的，尤其是在勘探钻井中。蒙特卡罗方法广泛用于工程中的敏感性分析，当用于分析井筒稳定性的不确定性时，其有助于量化风险评估。
- 研究结果表明可以在计算(确定性)和蒙特卡罗方法中计算 SMWW。通过这种方法可以满足钻井工程应用的需要。
- Bhattacharyya 系数作为不确定性量化(UQ)指标的一方面是根据 SMWW 输出的不确定性区间，通过量化输入参数的重要性来运行随机敏感性分析。其需要一个准确的 UQ 度量值来显示当输入参数的不确定性区域减少时，SMWW 的不确定性区间可以调整多少。坍塌压力和破裂压力的概率分布图以 P-box 格式显示。如图 11.30 所示，图中红色圆圈部分表示 Bhattacharyya 系数，该系数可以评估井筒稳定性计算中不同 PDF 函数下的坍塌压力和破裂压力。

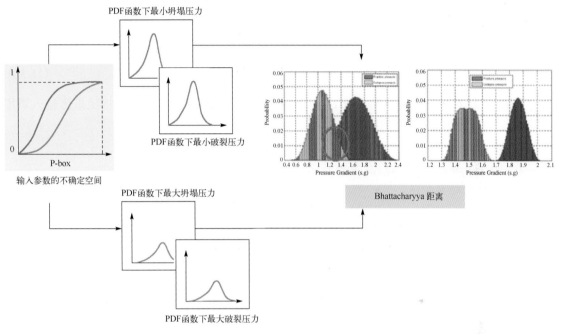

图 11.30　通过 P-box 和 Bhattacharyya 距离确定坍塌压力与破裂压力的关系

11.5　习　　题

习题 1：使用改进的 Lade 准则确定泥浆重量

Lade 准则中摩擦材料失效计算由式(11.27)给出(Ewy，1999)：

$$(I_1'')^3/I_3'' = 27 + \eta，其中：$$
$$I_1'' = (\sigma_1 + S_1 - P_0) + (\sigma_2 + S_1 - P_0) + (\sigma_3 + S_1 - P_0) \quad (11.27)$$
$$I_3'' = (\sigma_1 + S_1 - P_0)(\sigma_2 + S_1 - P_0)(\sigma_3 + S_1 - P_0)$$

深度为 1700 m 的直井的不确定性输入参数如表 11.5 所示。

表 11.5　输入变量的上下限

输入参数	最接近值	预估范围(±%)
σ_H	1.7 s.g.	10
σ_h	1.4 s.g.	5
P_o	1.01 s.g.	20
α	45°	25
τ_o	0.5 s.g.	30

习题 2：概率分布拟合

坍塌压力和破裂压力的计算模型如下（Guan 和 Shang，2017）：

$$\rho_c = \frac{\eta(3\sigma_H - \sigma_h)}{(K^2 + \eta)} + \frac{\text{esc} \times \rho_p (K^2 - 1)}{(K^2 + \eta)} - \frac{2CK}{0.00981 \times H(K^2 + \eta)} \tag{11.28}$$

$$K = \cot\left(45° - \frac{\alpha}{2}\right) \tag{11.29}$$

$$\rho_f = 3\sigma_h - \sigma_H - \text{esc} \times \rho_p + S_t / 0.00981 \times H \tag{11.30}$$

根据表 11.6 中参数的概率分布，基于 MCS 生成了 4000 个随机值。将随机值输入坍塌压力和破裂压力的计算模型中。

1. 确定筛选或调整前后地层坍塌压力和破裂压力的概率分布拟合。
2. 确定可靠度为 50% 的安全钻井液密度窗口。
3. 确定绝对安全区。

表 11.6 地质力学参数的概率分布

参　　数	分布形式	特征参数（1250 m）	特征参数（1750 m）
垂向主应力 σ_v (g/cm³)	$N(\mu, \sigma^2)$	$\mu = 2.133$, $\sigma = 0.08$	$\mu = 2.15$, $\sigma = 0.02$
最大水平主应力 σ_H (g/cm³)	$N(\mu, \sigma^2)$	$\mu = 1.91$, $\sigma = 0.06$	$\mu = 1.99$, $\sigma = 0.01$
最小水平主应力 σ_h (g/cm³)	$N(\mu, \sigma^2)$	$\mu = 1.648$, $\sigma = 0.013$	$\mu = 1.817$, $\sigma = 0.02$
岩石抗拉强度 S_t (MPa)	$N(\mu, \sigma^2)$	$\mu = 2.28$, $\sigma = 0.156$	$\mu = 1.84$, $\sigma = 0.302$
地层孔隙压力 ρ_p (g/cm³)	$N(\mu, \sigma^2)$	$\mu = 1.08$, $\sigma = 0.093$	$\mu = 1.39$, $\sigma = 0.099$
内摩擦角 α (°)	$N(\mu, \sigma^2)$	$\mu = 32.7$, $\sigma = 0.02$	$\mu = 32.6$, $\sigma = 0.04$
内聚力 C (MPa)	$N(\mu, \sigma^2)$	$\mu = 4.5$, $\sigma = 0.03$	$\mu = 3.6$, $\sigma = 0.06$

习题 3：斜井的 SMWW 计算

使用习题 1 的数据确定斜井中的 SMWW。可以假设有关倾角和方位角的信息。

习题 4：两个对数正态分布的重叠面积

定义 $X_1 \sim \text{Lognormal}(\ln(\mu_1)，\sigma_2)$ 和 $X_2 \sim \text{Lognormal}(\ln(\mu_2)，\sigma_2)$，其中 $\mu_2 > \mu_1 > 0$，并且有一个确定的比例，$\eta \in (0, 1)$，在 X_1 和 X_2 之间有如下计算公式：

$$\begin{cases} f_1(x) = \frac{\eta}{x\sigma\sqrt{2\pi}} e^{-\frac{(\ln(x) - \ln(\mu_1))^2}{2\sigma^2}} \end{cases} \tag{11.31}$$

$$\begin{cases} f_2(x) = \frac{1-\eta}{x\sigma\sqrt{2\pi}} e^{-\frac{(\ln(x) - \ln(\mu_2))^2}{2\sigma^2}} \end{cases} \tag{11.32}$$

式中 f_1 和 f_2 分别表示 X_1 和 X_2 的 η 标度 PDF。

1. 给定 μ_1、μ_2、σ 和 η，两条概率分布曲线 $\text{OVL} = f(\mu_1, \mu_2, \sigma, \eta)$ 的重叠面积是如何公式化的？

2．计算重叠面积。如下图所示，其中 OVL $= f\,(\mu_1 = 5,\ \mu_2 = 10,\ \sigma = 20\%,\ \eta = 50\%)$ 是图中的黄色阴影面积。

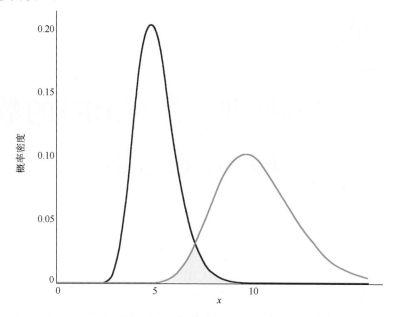

习题 5：两种正态分布下失效概率的计算和 Bhattacharyya 系数的确定

给定一个平均值 μ_x 为 1500、标准差 σ_x 为 20 的应力分布，以及一个平均值 μ_y 为 1600、标准差 σ_y 为 30 的强度分布：

1．确定失效概率。

2．确定交点数量。

3．找到应力和强度正态分布的重叠区域，并确定 Bhattacharyya 系数。

第12章

基于案例推理方法(CBR)的数字油井规划与建设

本章要点

1. 本章提出了一种基于案例推理方法(CBR)的模型,该模型由一般案例知识(已知规则和理论)和特定案例知识(存储在案例中)组成。

2. 油井设计是降低钻井成本和风险的关键。工程师的实例经验是优秀钻井设计的重要因素。然而个体的经验可能会因人员变动而丢失,这可能会导致本可避免的问题和成本。本章介绍了基于案例推理的油井设计建议。

3. 在多裂缝发育的地质带进行钻井时,井漏是一个非常昂贵并且耗时的挑战,井漏很难准确预测和管理。这些问题可以通过使用CBR创建一个系统来实现,该系统可以审查过去事件的数据库,确定最相似的事件,并根据以前的成功和失败提供方案建议。

12.1 基 本 概 念

12.1.1 知识库系统

知识库系统的概念源自人工智能(AI)领域。AI领域旨在理解人类智能,以构建能够模拟一种或多种智能行为的计算机程序。智能行为包括认知技能,如思考、解决问题、学习、理解、阅读情感、意识、直觉、创造力和语言能力。如今,一些智能行为,如解决问题、学习和理解知识,可以通过计算机程序处理(Eshete,2009;Champandard,2008)。

通过使用有关应用领域的知识和解决问题的技术,尝试以与人类专家类似的方式解决问题的计算机程序称为知识库系统。人类专家应用解决问题的技术,使用他们的领域知识来解决问题。知识库系统以同样的方式处理问题。它们表示关于应用领域的知识,并应用一种或多种技术来处理问题。每个知识库系统都有两个构建块,即知识库和推理机(Eshete,2009)。

知识库包含处理问题所需的有关领域的所有知识。这些知识可以从专家、文件、图书和/或其他来源获得。它通过一种称为知识表示的技术进行有形化和组织。有几种方法可以在知识库中表述知识,包括案例和规则。

知识库系统的第二个组件是推理机。在系统获得所需的知识后，需要指导其如何使用这些知识来解决问题。推理机会处理、使用和控制知识以解决问题，例如 CBR 和基于规则的推理。

在下面几节中，将简要讨论两个知识库系统：一个是基于案例分析的知识库系统，其使用案例进行知识表述，并利用 CBR 进行技术推理；另一个是基于规则分析的知识库系统，其使用规则进行知识表述，并使用规则进行技术推理。

12.1.2　基于案例分析的知识库系统

人类通过总结他们在类似情况下的经历来处理问题。如果是首次遇到的问题，人们就试图通过将其与不同经历情况的某些方面联系起来进行处理。人们通常从成功和失败中学习如何成功或不重复犯错地处理未来类似问题。记住和再利用以前问题的解决方案，并从经验中学习以应用于未来的问题，这是自然而有用的(Aamodt 和 Plaza，1994；Kolodner，1993；Leake，1996)。基于案例分析的知识库系统被设计成以同样的方式进行工作，其基本工作思路是以相似的问题建立相似的解决方案。基于案例分析的知识库系统是基于知识库系统，通过记住过去的类似问题，并从其解决方案的经验来解决问题。基于案例分析的知识库系统将解决问题和学习新经验结合起来，以备将来使用(Aamodt 和 Plaza，1994；Kolodner，1993)。基于案例分析的知识库系统以案例的形式表述问题和领域知识，其推理机使用 CBR 方法解决新问题或处理新情况。

CBR 系统的一般结构如图 12.1 所示，结构图显示一般知识库是许多已解决案例的经验存储，这些案例共同构建了 CBR 系统的模型。当模型中引入新的未解决案例时，将检索到新的解决方案。CBR 系统能够读取未解决案例(作为输入数据)，并检索最佳相似已解决案例(作为输出数据)。对于未解决案例，将建议并批准该已解决案例的解决方案，并将导出一个新的解决方案。新的解决方案可以直接应用于新问题，也可以根据输入和输出情况之间的差异进行修改。

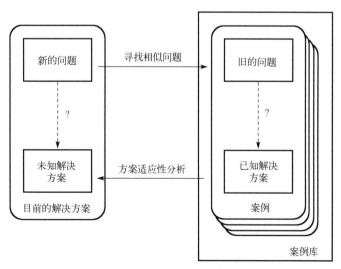

图 12.1　基于案例推理系统的简单示意图

CBR 不应被视为一个数据库，它更像是一个知识库。数据库通常包含数字、符号和字符。数据需要被传输到信息片段中。经过处理或学习的信息称为知识库（Aamodt，2004）。为了阐述这一概念，表12.1中给出了一些示例。

在CBR分析过程中，从案例（特定知识）中获取和捕获知识，并与一般知识合并。在系统内存中保留并组合获取的知识，以便在需要时将其重新用于新问题。当解决一个新案例后，它将添加到案例库中。通过这种方式，知识体系在一个通用框架中自我扩展，并且可以用于领域具有不确定性和不完整信息的不同应用。CBR的核心是处理问题域的结构模型。

表 12.1　数据转化为信息和信息转化为知识的典型示例

数　据	信　息	知　识
1.1 s.g.	低泥浆密度	低泥浆密度引起孔眼坍塌
100 bar	低孔隙压力	低孔隙压力引起泥浆漏失
$61	高油价	高油价刺激更多的钻井施工数量

基于案例的推理过程

CBR可以被视为一台机器，它读取新的未解决案例，将其与机器内存中存储的许多已解决案例相匹配，并检索最相似的已解决案例。因此，机器输出的是新的未解决案例的推荐解决方案。CBR过程的简单示意图如图12.2所示。

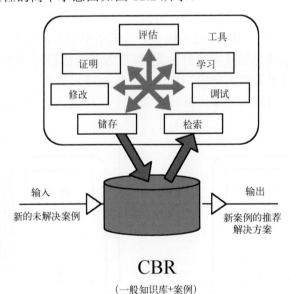

图 12.2　基于案例推理的简单示意图

案例可以用于表示基于案例分析的知识库的领域知识。案例指的是特定经验或与特定情况相关的知识，值得储存以备将来使用。因此，知识库中的案例代表了应用领域的特定经验、捕获和学习情况的集合（Aamodt 和 Plaza，1994；Kolodner，1993）。每个案例包括以下三个主要部分（Leake，1996）。

● 情况/问题描述：描述记录特定案例时的具体情况、情况条件和环境状态。

● 解决方案：提供描述中的问题在特定情况下如何解决或处理的知识。
● 结果：描述最终结果或后果，以及从遵循推荐解决方案中获得的反馈。

基于案例的推理循环

CBR 使用案例对给定问题进行推理。在问题解决过程中，它再利用以前类似的案例来理解当前问题，并根据以前案例的成功结果提出解决方案，或否定导致以前案例失败的解决方案。CBR 技术遵循以下 4 个过程来完成其推理任务。

1．检索：检索以前解决的最相似的案例。
2．再利用：通过复制或组合提议的解决方案来再利用检索到的案例。
3．修改：修改或调整建议的解决方案。
4．保留：保留新生成的解决方案供将来使用。

图 12.3 描述了这些过程的顺序(Aamodt 和 Plaza，1994；Lopez 等，2006；Kolodner，1993；Leake，1996)。

构建 CBR 模型的第一步是"案例陈述"和知识。这意味着定义和描述模型中的案例，以召回和再利用它们进行推理。案例陈述的主要挑战如下：

1．案例的检索和匹配过程。
2．在现有案例(模型)中整合新案例。
3．定性和定量地选择存储在案例中的数据类型。
4．组织和索引案例，以实现有效的检索和再利用。
5．将案例与一般领域知识相结合。

在检索步骤(第一步)中，匹配并检索最相似已解决案例。该步骤有三个子步骤，按以下顺序执行：(1)识别特征；(2)进行初始匹配；(3)搜索并选择。CBR 模型将已解决和未解决的案例定义为一组描述符(特征)；CBR 系统应通过语法相似性(表面)或语义相似性来识别案例的特征。例如，CYRUS 和 ARC 系统表现出语法相似性，而 PROTOS 和 CREEK 表现出语义相似性(Aamodt 和 Plaza，1994)。在 CREEK 中，CBR 过程由解释引擎支持，以向用户解释推理(通过 CBR 过程)，或报告 CBR 系统在达到推理任务目标时可能创建的内部解释。该引擎有以下三个子任务(Aamodt，1994)。

1．激活：激活网络知识结构(本体)中案例的相关特征或概念。
2．解释：创建并解释激活知识内的衍生信息(从上一步开始)。
3．聚焦：聚焦并选择满足目标的结论。

这些子任务如图 12.4 所示。它们具有初始状态描述(输入)和最终状态描述(输出)。

在再利用步骤中，重点是根据两个案例(输入和输出)属性的相似性和差异，为新案例提供检索到的案例的解决方案，系统会尝试选择检索到的案例的一部分并将其转移到新案例中去。通过这种方式，将导出建议的解决方案。在修改步骤中，将评估和验证建议的解决方案。修改步骤的结果可以是直接使用检索到的解决方案，也可以使用领域知识库调整的解决方案。在保留步骤中，将评估新案例以存储在现有模型中。

CBR 过程的一个重要输出参数是输入案例(新的未解决案例)和检索案例(以前的已解决案例)之间的相似性匹配百分比(最大 100%)。检索到的案例将根据相似性百分比进行排序。总相似性百分比包括两个匹配：直接匹配(语法相似性)和间接匹配(语义相似性)。在直接匹配部分,未解决案例的输入结果和已解决案例的输出结果之间的相似性是精确的,这是一一相似的。然而,在间接匹配部分,两个案例之间的结果不一定像直接匹配中那样完全相似,但它们之间有不同的关系(例如因果关系、关联关系和结构关系)。

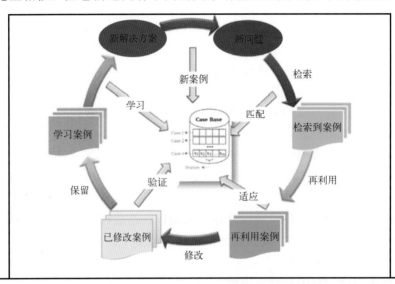

修改
在基于案例分析的知识库系统中,提出解决方案并不是唯一的目标,该系统还旨在从应用建议的解决方案中学习。该过程评估所提出的解决方案对给定问题的效果。评估是通过使用模拟器、从应用领域的专家获得反馈或在现实世界中应用解决方案并看到结果来执行。这个过程可能需要数小时、数天或数月才能实现结果。系统从结果中学习,无论是成功还是失败。如果出现故障,则需要修复推理中的故障,并解释故障发生的原因,以防止将来出现类似问题的此类故障。

再利用
可以使用检索过程中选择的案例:在新案例本身不清楚时理解新案例;根据所选案例中采取的解决方案提出解决方案;或防止基于所选情况下推荐解决方案的失败而对问题提出错误的解决方案。提出解决方案可以通过两种方式执行:按原样再利用解决方案或通过调整解决方案。当所选案例和新案例没有显著差异时,将针对新问题提出所选案例中的解决方案。然而,如果两者之间存在显著差异,则根据新案例的独特特征调整所选案例中的解决方案,这一过程称为适应过程。

检索
当新问题发生时,该过程尝试识别新问题的描述性特征,并根据识别的特征搜索与新情况匹配的以前案例。识别描述性特征涉及识别描述新问题的属性,忽略与描述属性不相关的内容,并以案例格式表示描述性特征。有一些算法能够完成这项任务。通过将新案例与知识库中保存的旧案例匹配程度来搜索类似的先前案例。通过检索会筛选出一系列类似的案例。检索过程的最后一步是从相似案例集合中选择最匹配的一个或一组案例。通过使用相似性评估方法来测量相似度。检索过程的质量取决于其描述特征识别算法、搜索算法和相似性评估方法。

保留
基于案例分析的知识库系统在解决问题的同时,还会通过学习新的经验来升级其领域知识。在修改过程中评估给定问题的推荐解决方案后,保留过程中确定有用且值得记住的新经验,并决定如何将这些经验与现有知识合并。这种类型的学习被称为增量学习,因为它总是在现有知识的基础上添加新的有用知识。

图 12.3　基于案例推理的循环过程

图 12.4　基于案例的推理过程和解释引擎

相似性评估

稳定的检索过程需要有效的相似性评估。本小节使用两种不同的机制来计算新问题的案例和案例库中案例之间的相似性值。其中线性相似性依赖于具有数值的特征，语义相似性依赖于概念抽象，用于符号特征值的直接或间接匹配。当使用基于模型的模块时，使用间接匹配。

在 CREEK 中，匹配相似性是许多相关发现、预测强度(充分程度)和重要性(必要程度)的函数。输入和输出案例之间的相似性函数如下(Lippe，2001)：

$$\text{sim}(C_m, C_{re}) = \frac{\sum_{i=1}^{n}\sum_{j=1}^{m} \text{sim}(f_i, f_j) * \text{relevance factor} f_j}{\sum_{j=1}^{m} \text{relevance factore} f_j} \tag{12.1}$$

相关因子是一个数值，其值表示案例发现的组合预测强度和重要性，$\text{sim}(f_1, f_2)$ 由以下公式得出：

符号概念	线性概念
$\text{sim}(f_1, f_2) = \begin{cases} 1, & f_1 = f_2 \\ 0, & f_1 \neq f_2 \end{cases}$	$\text{sim}(f_1, f_2) = 1 - \left\| \dfrac{f_1 - f_2}{\text{Max} - \text{Min}} \right\|$
式(12.2)	式(12.3)

线性方法根据每个概念的最小值和最大值显式计算其相似性值。每个特征的最大值和最小值都给出了一个区间，在这个区间内比较这两种情况的值，如果值之间的差值与最小值和最大值之间的差值相同，则为 0；如果两个数值相同，则为 1。

案例

在 CBR 语言中，案例通常由问题情况或事件表述。对于经常发生的事件，问题的解决方案可能适用于另一种情况。案例是对包含有价值知识的情况或事件的描述。当一个案例可以被认为是一种特殊的经验时，其具有保存在内存(案例库)中的价值以备将来应用。在 CBR 语言中，这种知识称为"特定知识"(Reategui 等，1997；Aamodt，1994)。特定知识可能被定义为知识的一部分，与一般知识(称为基于模型的知识)不同，这些知识不容易建模。

案例可以有不同的形状和大小，例如，它们可以涵盖随时间变化的情况(例如设计油井)，或者是瞬时事件(例如钻井阶段的泥浆漏失事件)。

任何案例的常见要素包括：

1．案例的概况；

2．案例的任务(要实现/完成什么)；

3．问题描述(发现的问题)；

4．对反映任务的解决方案描述；

5．解决方案的最终结果(已实施解决方案的成功程度)。

在 CREEK 系统中,案例和一般领域知识之间有很强的集成(Aamodt,2004)。图 12.5(a)说明了通用 CREEK 概念,其中案例与一般领域知识相关联。由此可见,常识在 CREEK 系统中起着重要作用。

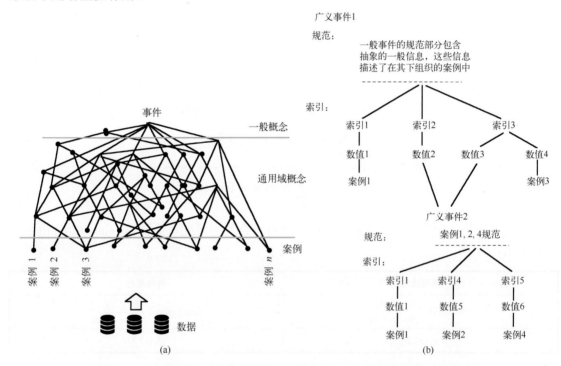

图 12.5　(a)案例和一般领域知识之间的集成；(b)案例结构和一般事件

图 12.5(b)解释了这种结构。该图说明了一个复杂的广义事件(GE),包括其潜在案例和更具体的 GE。整个案例记忆是一个判别网络,其中一个节点是 GE(包含范数)、索引名、索引值或案例。每个索引值对应从一个 GE 指向另一个 GE 或一个案例。索引值只能指向单个案例或单个 GE。索引方案是冗余的,因为有多条路径指向特定案例或 GE。图 12.5(b)通过案例 1 的索引说明了这一点。

12.1.3　基于规则分析的知识库系统

基于规则分析的知识库系统是基于知识库的系统,它用一组规则表示领域知识,并使用基于规则的推理方法提出问题的解决方案或结论。基于规则分析的知识库系统除了知识库和推理机之外还有一个组件,即工作记忆。如图 12.6 所示,推理机从工作记忆中接收问题,并将推理结果提供给工作记忆。工作记忆包含问题的描述,并根据从推理机收到的推理结果更新其内容。本小节下文讨论了知识库中的规则和推理机使用的推理方法。

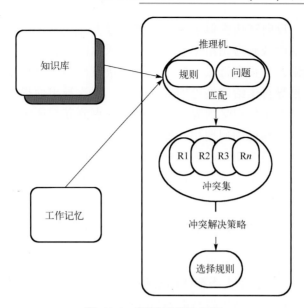

图 12.6　基于规则的推理

规则

通常情况下,规则表示在满足某些情况下应该做什么或不应该做什么。类似地,可以用一组规则表示对某一领域知识的应用,这些规则表示在满足某些条件时为真的事实。典型规则的格式为 If<conditions>Then<conclusion>,其中条件表示前提或事实,结论表示前提的相关动作。该条件可能是一个前提或一组与逻辑运算符 AND 和 OR 相连的前提。结论可以是要采取的行动或从给定前提推断的事实(Luger,2002;Prentzas 和 Hatzilygeroudis,2007)。

获取规则的一种常用方法是采访领域专家。规则代表应用领域的一般知识。由于规则是直接从专家获得的方法,因此它们保留了自然性、模块性和易于解释的特点。这种方法的缺点是很难获得复杂领域的完整和完善的知识,因为专家可能无法传达他们的知识,或者难以找到合适的专家。此外,仅用一般知识不能完全表述一个领域(Luger,2002;Prentzas 和 Hatzilygeroudis,2003,2007;Leake,1996)。

基于规则的推理技术

基于规则的推理技术是系统通过使用规则表述的领域知识来解决问题。有两种基于规则的推理方法:正向链接和反向链接(Luger,2002)。

在正向链接中,系统从工作记忆中接收问题描述作为一组条件,并尝试得出结论作为解决方案。一旦接收到条件,它就会在工作记忆中搜索部分或全部条件匹配的所有规则。搜索结果生成一组规则,可用于提供有关问题的结论,该集合称为冲突集。基于规则的推理技术使用冲突解决策略从集合中一次选择一个规则。然后应用所选规则得出关于该问题的结论。工作记忆的内容根据导出的结论进行更新。根据更新的工作记忆内容继续搜索适用规则,并根据新的匹配规则继续推理过程。这个过程一直持续到获得所需的解决方案,或者在工作记忆中没有规则与当前描述的问题相匹配。

在大多数过程中，反向链接类似于正向链接，最大的区别在于它将问题描述作为一组结论而不是条件，并试图找到得出结论的前提条件或原因。它搜索工作记忆中与结论部分或全部结论匹配的规则。与正向链接一样，冲突解决策略用于从适用规则中集中选择一个规则。所选规则用于推导得出给定结论的前提条件。每次导出前提条件时，工作记忆都会更新，推理过程在更新的工作记忆内容上继续进行，直到获得所需的解决方案，或者在工作记忆中没有规则与当前描述的问题相匹配。

由于难以获取此类系统的知识，基于规则分析的知识库系统更适用于完整、狭窄、有限且易于理解的应用领域。基于规则分析的知识库系统中会从头开始解决问题，因此即使之前已通过相同的推理过程解决了同一问题，也会再次执行问题的推理过程。

》》12.1.4　基于案例推理和基于规则推理的集成

AI 领域的最终目标是开发能够展示类人智能甚至更好智能的系统（Eshete，2009）。当前大多数基于知识库的系统代表了人类智能的某些方面。与一种技术相比，集成两种或两种以上基于知识库的技术可以更好地模拟智能（Marling 等，2005；Prentzas 和 Hatzilygeroudis，2002，2003）。

另一方面，基于知识库系统的推理能力取决于有关领域的各种知识的显式表述和使用。没有一种知识的表述方法可以像实际情况那样表述领域知识。基于知识库的技术集成越多，表述领域的知识就越多，这就产生了更高效的知识库系统（Díaz-Agudo 和 Gonzalez-Calero，2000）。

CBR 和基于规则的推理技术是智能系统中解决问题的两种可选方法。它们的知识表述和推理方法自然是可供选择的（Prentzas 和 Hatzilygeroudis，2003）。对两种技术的知识表述和解决问题的能力进行了比较。

案例代表从特定情况中积累的知识，而规则代表关于该领域的一般知识。获取规则比获取案例要困难得多。因此，维护或更新规则也比更新和维护案例更难（Luger，2002；Prentzas 和 Hatzilygeroudis，2002，2003，2007）。

在求解问题过程中，CBR 使用过去类似问题的解决方案，而基于规则的推理从零开始解决问题，即使以前已经解决过类似问题。在处理问题描述中缺失或意外的特征以及问题描述和规则中的选定案例方面，CBR 方法比基于规则的推理发挥了更大的作用。基于案例的系统试图找到问题和案例之间的相似性，即使它们之间存在不匹配的特征。然而，基于规则的系统试图找到部分或全部问题描述完全匹配的规则。基于规则的推理方法与 CBR 相比可以更好地解释给定解（Luger，2002；Prentzas 和 Hatzilygeroudis，2002，2007；Leake，1996）。由于其可互换性，集成基于案例和基于规则的系统提供了有效的知识表述和有效的问题解决能力，这些技术相互弥补了各自的不足（Marling 等，2005；Prentzas 和 Hatzilygeroudis，2002，2003）。

》》12.1.5　基于案例分析的知识密集型系统

在基于案例分析的系统中，案例代表了与应用领域的特定情况下的相关经验。新情况是根据过去类似的情况处理的。相似性是通过检查新案例和过去案例中是否存在相似的描述特征来实现的，计算相似性的一个因素是相似特征的数量。这更多的是句法上的相似性；其不考虑描述问题的特征的上下文含义。解决这一局限性的方法是通过将具体案例与一般领域知识模型相结合。一般领域知识通过基于上下文或给定情况解释特征来丰富案例(Aamodt，2004，1994；Díaz-Agudo 和 Gonzalez-Calero，2000)。

一般领域知识库通过提供概念以及它们之间的不同关系来表示现实世界中应用领域的模型。该模型是由相互关联的概念组成的网络，称为语义网络。概念之间的关系表示概念在不同情况下的含义。因此每个概念都与其他概念有许多关系。应用于语义网络的推理方法称为基于模型的推理方法(Aamodt，2004)。

基于案例分析的知识密集型系统是基于案例的技术与基于模型的技术结合在一起的系统。在这种情况下，领域知识库表述为特定案例和一般领域知识库，这也同时增加了系统的知识密集度。领域知识表示得越多，系统对问题的推理能力就越强(Aamodt，2004，1994；Díaz Agudo 和 Gonzalez-Calero，2000)。

》》 12.1.6　本体工程

在哲学中，本体论是对存在或曾经存在的研究。它通过描述存在和曾经存在的基本类别和关系来定义特定领域内的实体。本体论是领域知识的组织和分类。近年来，本体论问题被广泛用于共享和再利用知识等领域(Perez 和 Benjamins，1999)。本体已被许多商业和科学社区采用，作为共享、再利用和处理领域知识的一种方式。本体现在是许多应用程序的核心，例如科学知识门户、信息管理和集成系统、电子商务和语义 web 服务。Noy 和 McGuiness(2000)指出，本体需要做到如下：

1．分享对信息结构的共同理解；

2．再利用领域知识；

3．明确领域假设；

4．分析领域知识。

作为 CBR 系统的核心，本体称为表示油井工程模式模型结构的层次结构(实体和关系)。为了阐明如何构建本体的概念，提供了 2002 年 8 月北海平台上的一个示例。在使用 $8\frac{1}{2}''$ 钻头时，司钻发现钻速(ROP)明显下降。假设由于 ROP 较低，需要采取措施来提高钻速。理论上，有一些参数会导致低 POP，例如低钻头重量、低钻头转速、高岩石抗压强度等。根据式(12.4)，

$$\text{ROP} = \frac{K}{S^2}\left[\frac{W}{d_b} - \left(\frac{W_o}{d_b}\right)\right]^2 N \tag{12.4}$$

因此，可以得出一些一般的因果关系：

● 低转速总是导致低 ROP。

● 高岩石抗压强度可能导致低 ROP。

例如，一些实体在本体中定义如下：

● 位参数有子类旋转速度。

● 转速有子类低转速。

● 位参数有子类 ROP。

● ROP 有子类低 ROP。

因此，司钻检查了所有相关参数，但未发现任何与正常条件下的参数偏差。他还与地质学家检查了岩石强度，岩石参数也相同。司钻记得前一口井也记录了同样的低 ROP。在这种情况下，低泥浆黏度是导致低 ROP 的原因。由于在低泥浆循环速率下提升钻速困难，因此钻屑在钻头周围积聚。在这种情况下，钻屑会被钻头重新钻孔，并且可能会发生钻头卡死。在前一口井中，增加泥浆循环速率会提高 ROP。本案例提供了可以作为特定知识添加到本体中的其他信息如下：

- 低 ROP 有时是由低泥浆循环速率引起的。
- 低泥浆循环速率导致泥浆提升能力差。
- 泥浆提升能力差导致钻屑在钻头处积聚，从而导致钻头卡死。

然后，将获取的特定知识转换为实体/关系，最后与一般知识集成到构建本体的模型中。

因此，本体可用 CBR 的目的格式表示知识库。在任何本体设计中，目标都是将信息(例如文本和图形)中的知识转换为符号元素(类似于书籍中的索引)，并将其构建在层次结构中。图 12.7 说明了本体的内容，表明本体包括以下 3 个元素：

1. 理论和规则(表示一般知识)；
2. 案例或事件(表示特定知识)；
3. 基于人的思想和理解的人类推理。

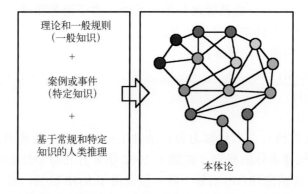

图 12.7 在层次结构(称为本体)背后转换一般知识、案例和人类推理

根据 Uschold 和 Gruninger(1996)，开发本体有以下 3 种可能的过程：

1. 自上而下的开发过程；
2. 自下而上的开发过程；
3. 组合开发过程。

开发本体的这 3 种过程选项如图 12.8 所示。在自上而下的过程中，无论何种情况，本体都仅由一般领域知识开发。例如，钻井可细分为两个子类：垂直钻井和定向钻井。可以进一步将定向钻井分为水平井钻井和斜井钻井等。在自下而上的过程中(与自上而下的过程相反)，本体仅基于案例中出现的特定领域知识进行开发。从案例中提取最具体的实体，并通过随后将这些实体分组为更一般的概念来扩展层次结构。在组合过程中，使用一般知识和案例(特定知识)来构建本体。

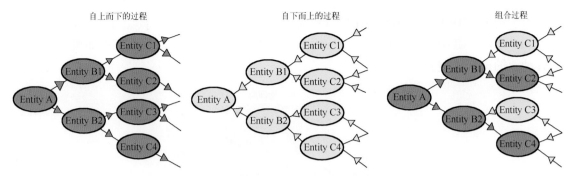

图 12.8　构建本体的 3 种不同过程选项：自上而下过程仅基于一般知识；自下而上的过程仅基于案例知识；组合过程基于一般知识和案例知识

12.2　基于案例推理方法在数字油井建设规划中的应用

本节总结了数字油井建设规划解决方案，并提供了跨领域专家如何在单个通用系统中同时规划的研究案例。这种方法允许团队在单个工程解决方案中能够更快、更好地规划油井。案例研究表明，油井规划团队能够改善工程和地球科学之间的跨学科间合作，以及与服务公司的互动。总的来说，通过这种方法能够显著缩短规划时间，并且通过验证每个任务的工程确保了油井设计的可靠性。事实证明，集成数字油井规划解决方案是一种更具成本效益的规划解决方案，同时能够确保高质量的钻井项目交付。

》》 12.2.1　基于案例的油井设计体系结构

一般来说，油井设计可以定义为一个涉及专家和信息的交互过程，通过制定一个具有足够细节的方案计划，从而可以安全、经济地钻井。该过程的特点是设定一系列活动，这些活动之间呈现出强烈的相互依存关系。由于这种相互依存关系，活动不一定按顺序进行。在大多数情况下，它们是同时交互进行的。图 12.9 显示了油井施工过程中涉及的几个工程对象。根据所需的详细程度，其中一些活动可以细分为较小的活动。油井设计很少由一个人单独开发。一般来说，在公司中活动是由专业团队分工的。这种活动分工取决于公司的工作流程和专业劳动力的可用性。

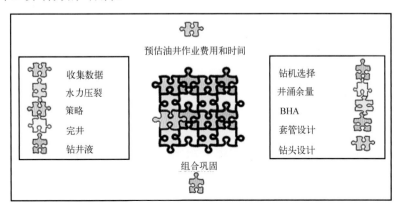

图 12.9　石油钻井开发设计过程中涉及的几个工程对象

　　为了利用 CBR 在油井设计中的优势，需要定义以案例系统为主要组件的体系结构。如图 12.10 所示，其中一些组件适用于应用程序的领域。接下来通过描述这些组件，提出具有行动流的架构。

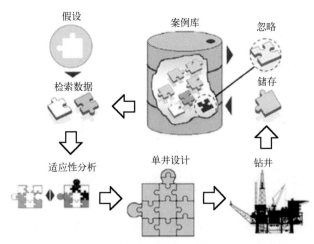

图 12.10　帮助油井设计的基于案例系统的架构

索引属性

　　索引属性负责识别检索过程中的案例。为了帮助索引过程，应该对案例进行充分描述。一般来说，它们不能非常具体，否则很难再利用案例。另一方面，如果它们太笼统，检索过程将无法为给定情况选择最相关的案例。如果一个案例不包括任何过于具体或过于笼统的属性，将使用以下索引属性：

1. 区域
2. 水深
3. 平均地层倾角
4. 真实垂直深度
5. 位移
6. 方位角

　　在实际情况中，可以采用非量化表述方法来描述水深、平均地层倾角、真实垂直深度、位移和方位角，例如工程师在日常工作中使用的单词或句子。结果表明，这些属性可以被视为语言术语，而不是被视为严格的量化数值。下一节将介绍如何使用模糊集理论处理这些属性参数。

　　以上介绍的索引属性，对于具有数值属性的参数(如水深、平均地层倾角、真实垂直深度、位移和方位角)将被视为语言变量。与这些索引属性相关的语言术语由图 12.11 中的模糊集定义。

　　为了建立这个空间，首先，一般考虑一组索引属性，这些属性具有数值 $\{\text{Attribute}_1, \text{Attribute}_2, \cdots, \text{Attribute}_N\}$。$u_i$ 作为属性 i 的数值，u_i 属于 U_i 集合。在传统方法中，$S = U_1 \times U_2 \times \cdots \times U_N$，集合用 $(u_1, u_2, \cdots, u_n)$ 矢量表示，检索过程将在该集合中执行。然而，为了更好地将属性参数描述为语言变量，定义具有以下语言术语作为属性值：

$$T(\text{Attribute}_1) = \{T_{11}, T_{12}, \cdots, T_{1m(1)}\}$$
$$T(\text{Attribute}_2) = \{T_{21}, T_{22}, \cdots, T_{2m(2)}\}$$
$$\vdots \tag{12.5}$$
$$T(\text{Attribute}_N) = \{T_{N1}, T_{N2}, \cdots, T_{Nm(N)}\}$$

式中，T_{ij} 是由隶属函数 $u_{ij}(u_i)$ 描述的模糊集的名称，i 表示语言变量 Attribute_i，j 表示可变语言项 i，$m(i)$ 是语言变量 i 的个数。

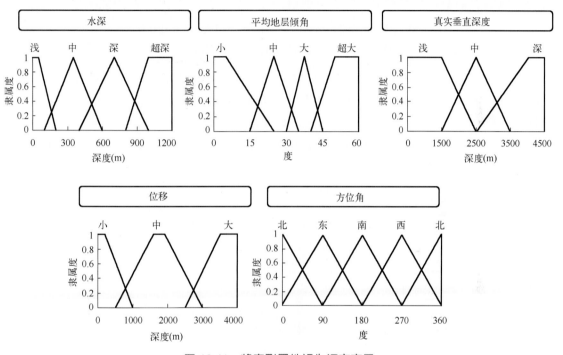

图 12.11　将索引属性视为语言变量

类似地，另一个函数 $F: U_1 \times U_2 \times \cdots \times U_n [0,1]^n$ 可以定义为：

$$F(\mu_1, \mu_2, \cdots, \mu_N) = (F_1(\mu_1), F_2(\mu_2), \cdots, F_N(\mu_N)) \tag{12.6}$$

如果将 F_i 函数引入函数 F [见式(12.5)]，则其将转化为：

$$\begin{aligned}
F(\mu_1, \mu_2, \cdots, \mu_N) = (&\mu_{11}(\mu_1), \mu_{12}(\mu_1), \cdots, \mu_{1m(1)}(\mu_1), \mu_{21}(\mu_2), \\
&\mu_{22}(\mu_2), \cdots, \mu_{2m(2)}(\mu_2), \cdots, \mu_{N1}(\mu_N), \mu_{N2}(\mu_N), \cdots, \mu_{Nm(N)}(\mu_N))
\end{aligned} \tag{12.7}$$

该 F 函数允许将索引属性具有数值的 S 空间中的情况映射为模糊 n 维单位超立方体，即情况的模糊空间（Ω空间）。

引入前几节中定义的索引属性除字段属性，字段属性不作为模糊集理论处理，得到以下 F 函数：

$$\begin{aligned}
F(\mu_1, \mu_2, \mu_3, \mu_4, \mu_5) = (&\mu_{11}(\mu_1), \mu_{12}(\mu_1), \mu_{13}(\mu_1), \mu_{14}(\mu_1), \mu_{21}(\mu_2), \\
&\mu_{22}(\mu_2), \mu_{23}(\mu_2), \mu_{24}(\mu_2), \mu_{31}(\mu_3), \mu_{32}(\mu_3), \\
&\mu_{33}(\mu_3), \mu_{41}(\mu_4), \mu_{42}(\mu_4), \mu_{43}(\mu_4), \mu_{51}(\mu_5), \\
&\mu_{52}(\mu_5), \mu_{53}(\mu_5), \mu_{54}(\mu_5))
\end{aligned} \tag{12.8}$$

其中，u_1、u_2、u_3、u_4 和 u_5 分别指水深、平均地层倾角、真实垂直深度、位移和方位角的数值。关于 $u_{ij}(u_i)$ 函数，它们是与图 12.11 中定义的语言变量相关联的模糊集隶属函数。在 Ω 空间中，案例由有序的 18 元组成员值表示。可以注意到，在一般的情况下，一些属性可能不由成员值描述。在此开发过程中，插入了字段属性案例。这种情况表明了与每个字段相关的 Ω 空间的定义。为了帮助理解，考虑图 12.12 中所示的数值示例。在本例中，这种情况可以在 S 空间中由有序的 5 元组（130、49.5、3060、2521、24.8）表示。基于前面的讨论，应用 F 函数，找到 Ω 空间的以下映射：

$$(130, 49.5, 3060, 2521, 24.8) \xrightarrow{\;F\;} (0.47, 0.12, 0, 0, 0, 0, 0, 0.95, \\ 0, 0.44, 0.37, 0, 0.44, 0.02, 0.72, 0.28, 0, 0) \tag{12.9}$$

几何上，这个有序的 18 元组对应于 Mars 定义的 Ω 空间中的一个点。然而，属性字段在检索过程中起着重要作用；因此，定义一个更通用的函数是方便的，其中包括这样一个属性：

$$G(\nu, \mu_1, \mu_2, \mu_3, \mu_4, \mu_5) = (\nu, F(\mu_1, \mu_2, \mu_3, \mu_4, \mu_5)) \tag{12.10}$$

其中 ν 指字段属性值。因此，案例由有序的 19 元组值索引（见图 12.12）。

图 12.12　案例库中案例索引过程的数值示例

检索过程负责为新油井设计确定最合适的案例。为此，该过程必须能够"识别"案例与新设计的相似程度。这种"识别"可以通过在 Ω 空间中测量距离的概念来实现。在本节中，将借助距离概念建立相似性度量。这将允许检索过程识别可能被再利用的案例。

案例间的相似性

通常属于同一个空间的两个模糊集 $A = (a_1, \cdots, a_n)$ 和 $B = (b_1, \cdots, b_n)$ 之间的距离可由闵可夫斯基距离定义：

$$d(A, B) = \left(\sum_{i=1}^{n} |a_i - b_i|^p \right)^{1/p}, \quad \text{其中} p \geqslant 1 \tag{12.11}$$

给定两个模糊集 A 和 B，它们之间的相似性可以通过其距离的计算来表示：相似性$(A, B) = 1 - d(A, B)$。为了简化这个问题，采用了 Hamming 距离（$p = 1$）和分母中的归一化因子：

$$\text{Similarity}(A, B) = 1 - \frac{d(A, B)}{d(A \bigcup B, \varnothing)} \tag{12.12}$$

归一化因子 $d(A \cup B, \varnothing)$ 使用模糊集概念的并集。考虑到集合的最大对应隶属度，可以方便地表示此运算：

$$\text{Similarity}(A, B) = 1 - \frac{d(A, B)}{d(A \cup B, \varnothing)} \tag{12.13}$$

$$A \cup B = (\max(a_1, b_1), \cdots, \max(a_n, b_n)) \tag{12.14}$$

式(12.13)认为所有维度具有相同的重要性。但实际上并非如此。众所周知，某些维度比其他维度更重要，或者更确切地说，某些属性在检索过程中具有更大的相关性。因此，为了使相似度计算更真实，有必要根据每个属性的重要性分析超立方体的维数。在几何解释中，每个属性都与超立方体中的一个子空间相关联，其中每个子空间都有用于相似性计算的权重。从数学上讲，两个模糊集 $A = (a_1, \cdots, a_n)$ 和 $B = (b_1, \cdots, b_n)$ 之间的相似性计算表达式为：

$$\text{Similarity}(A, B) = \frac{\sum_{i=1}^{n} w_i \times \min(a_i, b_i)}{\sum_{i=1}^{n} w_i \times \max(a_i, b_i)} \tag{12.15}$$

其中 w_i 是与维数度 i 相关的权重。

考虑相似性计算中涉及字段属性的值，建议对式(12.15)进行以下修改：

$$\text{Similarity}(A, B) = \frac{w_1 \times \Gamma(a_1, b_1) + \sum_{i=2}^{19} w_i \times \min(a_i, b_i)}{w_1 \times \Gamma(a_1, b_1) + \sum_{i=2}^{19} w_i \times \max(a_i, b_i)} \tag{12.16}$$

其中 a_1 和 b_1 分别是属于案例 A 和案例 B 的字段名称，函数 $\Gamma(a_1, b_1)$ 定义为：

$$\Gamma(a_1, b_1) = \begin{cases} 1, & \text{若} a_1 = b_1 \\ 0, & \text{若} a_1 \neq b_1 \end{cases} \tag{12.17}$$

因此，为了能够确定新油井的最有希望的设计案例，检索过程在如下两个层面上进行。

第一级：选择与设计情况相似的 Ω 空间区域作为相似球。该区域包含的案例被视为候选案例。

第二级：更详细地分析候选案例，以选择最有希望的案例或案例集。

为了能够确定相似球内的哪些案例是最有希望的，需要更精确的知识。在选择索引属性时，会考虑更具有普遍的特征，因为案例呈现了大量表示它的方面。由于花费的时间太长，检索过程无法分析所有方面。当为给定设计创建相似球，并因此定义较小的搜索空间时，需要更具体的关系来定义最有希望的情况。为了分析相似球内的案例，使用了更详细的相似性，即特定相似性，例如水深相似性、平均地层倾角相似性、真实垂直深度相似性、位移相似性、距离相似性、地层相似性、顶部地层相似性、地层厚度相似性和方位角相似性。图 12.13 显示了其中一些相似性的隶属函数。

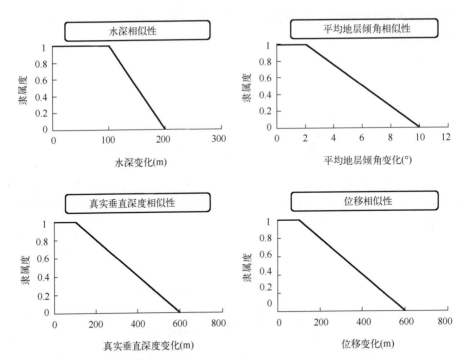

图 12.13　案例研究中使用的相似球内部相似属性的一些隶属函数示例

遗传算法在油井中的应用

初始总体案例是检索过程中检索到的案例。可以通过调整设计所需的最小相似性来控制这些案例的数量。对于遗传描述，建议将初始种群中的每个井划分为操作区间，命名为井段。这样对于一个从零散设计到最终开始钻井的过程，类似于另一口井的一个或多个井工件，可以继承有关如何钻井的信息。每个井段将与一个基因相关联，因此每口井将与一个染色体相关联。根据真实垂直深度，每个基因包含三条信息：案例名称、顶部深度和底部深度。显然，染色体的长度将取决于井被分割的井段的数量。图 12.14 说明了这种遗传描述。每个个体的适应性测量将是个体与油井的相关性。

图 12.14　案例 A 井分为 n 个井段的遗传描述

在定向井的情况下，通常惩罚那些轨迹发生异常变化的个体。该惩罚适用于个体的相似性值。在惩罚函数演算中使用的一个好参数是狗腿角。其目的是惩罚狗腿角大于或等于最大值的个体。这些角度是在两个后续井段之间进行计算的。

CBR 的本质是使用学习。最初这种学习仅限于存储新案例。因此，有必要对存储新案例的能力进行性能评估。在下一节中，将讨论在该评估过程中使用学习曲线作为辅助工具。还将处理案例库中案例数量增长的问题。

学习曲线在油井评价中的应用

在石油钻井中，新油田或地区的第一口井通常比其他井花费更多的时间，因此成本更高。在后续钻井中，钻井时间逐渐缩短，直到不再需要进行任何改进。Brett 和 Millheim（1986）观察到，学习曲线理论可以应用于这些情况。通过这种方式，可以评估确定区域内一组井的钻井性能。因此，他们提出了石油钻井应用的具体表达式［见式(12.18)］。图 12.15 说明了该表达式，显示了在新区域开始钻井时的典型行为。

$$t = C_1 e^{C_2(1-n)} + C_3 \tag{12.18}$$

在 Brett 和 Millheim 提出的表达式中，C_1 值表示在新区域钻第一口井相对于最后一口井的额外时间。该值表示公司为该领域可能出现的困难做好准备的能力，其中包括钻井问题和技术适用性。C_2 值代表组织适应新钻井环境的速度和效率。换言之，是指从之前的油井中获得经验并将其应用于下一口油井的能力。C_3 表示保持一定性能水平或有时提高性能水平的能力。

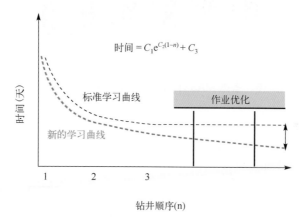

图 12.15　Brett 和 Millheim 提出的学习曲线

在存储过程中，学习曲线可以帮助评估新井。为此，首先必须选择一组与储层候选类似的井，并按照井序进行组织。这项任务至关重要；然而这并不简单，尤其是在分析大量油井数据的情况下。因此，检索过程是一个重要且必要的工具。随后，通过适当分组的足够的井组，可以建立学习曲线。曲线也可以分解为各种子活动，例如，钻井、起下钻、故障和套管。因此，可以单独评估每个活动，并确定可以发现问题的地方。

以现实的原型系统作为案例研究，以便可以进行测试并研究过程中的主要特征。在这些测试中，使用浅水深度钻取的七口海上井作为样本：MA1、MA2、MA3、MA4、MA5、MA6 和 MA7。这些是定向井，其中生产区深度约为 3000 m。所有钻井均在 1 年内完成。

选择 MA3 代表测试中的新设计，因为该井的完整数据不可用，只有其属性已知。在这种情况下，检索过程将在第一级检索中识别 MA1、MA2、MA4、MA5、MA6 和 MA7，相似值分别为：0.52、0.80、0.68、0.66、0.55 和 0.70。为了便于可视化，这些值在图 12.16 中以图形形式表示。如果定义了最小相似性 $d = 0.6$，则所有这些井都将是新设计的候选案例，但 MA1 井和 MA6 井除外，它们与 MA3 井的属性分别只有 0.52 和 0.55 的相似性。在第二个层次中，如图 12.16 所示，检索过程将把 MA2 井和 MA7 井确定为最有希望的井，因为它们与 MA3 井的属性总相似性为 0.82。接下来是 MA4 井和 MA5 井，总相似性分别为 0.74 和 0.72。关于适应过程，应用了遗传算法，将 MA3 井作为新设计，其他井作为初始种群。对遗传算法进行了调整，使交叉算子可以应用于群体中 90% 的个体。使用该算法获得的性能如图 12.17 所示。该图显示了每一代群体中最佳个体的相关性值以及该群体中所有个体的平均相关性值。可以观察到，该算法收敛于第 21 代。在初始生成中，最佳个体是 MA2 井，相关值为 0.89。然而，在上一代，即第 21 代中，最佳个体有显著改善，其相关值为 0.98。

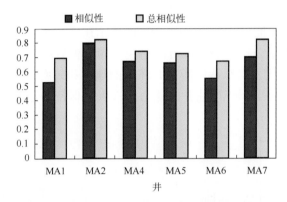

图 12.16　考虑 MA3 作为新设计的相似性值和总相似性

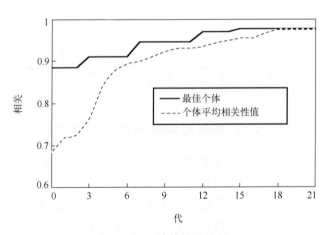

图 12.17　遗传算法性能

　　为了更好地说明这一点，通过遗传算法创建的个体如图 12.18 所示。需要注意的是，尽管该图仅代表轨迹方面，但每个井段都提供了钻井的所有相关信息，如钻头、钻井液、故障、孔隙压力和破裂压力。下一步是从遗传算法创建的井中开始设计新井。在这种设计中，用户可以应用商业上可用的计算机程序和操作模拟器，甚至是用户自己开发的算法。这些都是石油行业中众所周知且广为发布的技术，可以在第 2 章中找到优化简介。学习曲线用于存储过程。这些曲线有助于进行宏观评估，从而可以识别储层候选井中的问题点。通过识别这些问题点，可以在第二阶段进行更深入的分析。因此，为了说明这一过程，选择 MA7 井作为存储候选井。

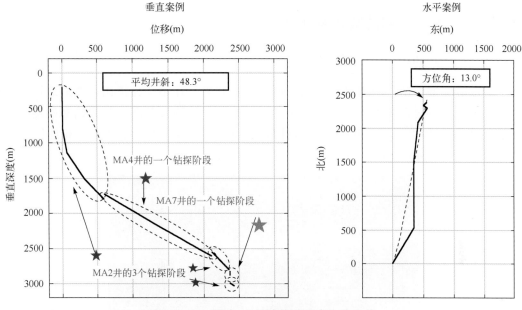

图 12.18　经过 21 代遗传算法产生的个体

　　图 12.19 显示了钻井所需总时间的学习曲线。该图还显示了 4 个子活动的曲线，其中一个子活动包括其余活动，即故障、钻井、下套管、使用防喷器和其他活动。图 12.19 表明 MA7 井在所处理的活动中不提供学习。这可以指出两个关键活动：下套管和处理 BOP。这些活动值得进行更详细的研究，以确定"学习"缺失的原因，就钻井施工而言该井具有令人满意的性能；然而，与 MA6 井之前的油井相比，它并没有带来显著的改善。

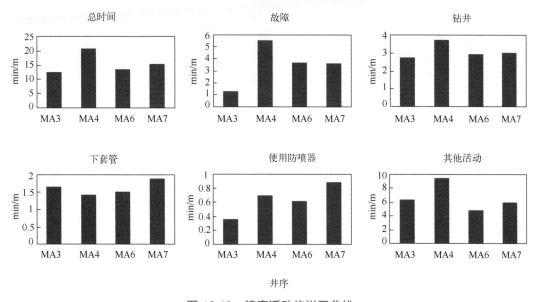

图 12.19　特定活动的学习曲线

　　在故障和其他活动中也可以观察到相同的行为。即使进行了这种表面评估，也可以得出结论，即不应储存油井。这个例子很好地说明了对该工具的建议。学习曲线允许通过快速分析识别问题点。一旦确定了这些要点，就应该为指出的问题提供另一个具体的调查过程。

>> 12.2.2　基于案例的钻井液推理

井漏问题

在正常情况下，钻井液通过管道向下循环进入井筒，在钻头处流出，然后通过环空返回地面。然而，有时钻井液流入地层而不是返回地面，这称为井漏。如果钻穿的地层破裂或液柱的静水压力过大，就可能发生这种情况，因此，这取决于钻井参数和地层性质。图 12.20 为井漏的简化描述。

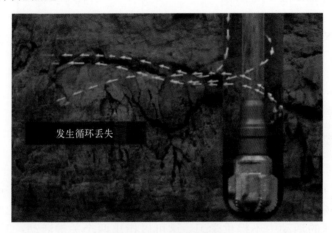

发生循环丢失

图 12.20　井漏示意图

当通过管道向下循环流体开始流入地层而不是通过环空返回地面时，地面的液面将开始显著下降。这通常是钻台上发现的第一个井漏迹象，也称为"回流损失"，井漏迹象固有一定的延迟，这增加了研究问题以及快速补救问题的难度。由于钻井液对安全高效的作业至关重要，因此，井漏是必须解决的一个重大问题。当面临井漏问题时，司钻可以采取以下 3 种行动。将以 Kern River 油田为例进行研究。

1. Kern River 油田解决井漏的第一种方法是堵漏剂（LCM）。制造堵漏剂的材料种类繁多，因此这种修复方法代表了一个广泛的类别，新型堵漏剂类型正在定期开发。

2. 第二种方法是用水泥封堵地层，然后重新钻该段井筒。这样做非常耗时和昂贵，所以并不常用。

3. 第三种方法是盲钻，但这不是一种补救方法。盲钻是指在没有泥浆的认识和安全价值的情况下进行钻井的过程，必须以较慢的速度进行，以弥补这一额外风险。

数据收集和处理

开发 CBR 系统的第一步是设计一个以往案例的数据库，可以调用和再使用该数据库，以帮助做出未来的决策。在案例研究中，该系统需要两个领域的信息：以往每次井漏事件的钻井数据和 Kern River 油田的储层模型。虽然后者是从先前开发的建模工具中直接进行数据采集，但钻井数据记录格式的不一致需要为过去的井漏案例创建一个全新的数据库。创建数据库是一个手动、耗时的过程，这意味着在最终提交到基于案例的推理器之前，需要对每个井漏事件的钻井报告进行审查，并将信息标准化。除了标准化信息记录外，许多更复杂的信息被压缩成速记代码，以使 CBR 能够更快、更顺畅地处理文本信息。

　　数据收集的第一步是广泛审查 Kern River 钻井报告，重点是查询所有发生井漏的井。审查钻井报告是确定哪些信息记录得足够好以供利用，并且需要开始开发数据库的第一步。在这个初始阶段，记录了尽可能多的信息，因为没有进行敏感性研究来确定最重要的变量，也不知道哪些信息将是最一致的记录。数据库最初填充了所有标记为井漏事件的查询，但这只记录了简要事件描述中记录的信息。为了获得剩余数据、井漏前和井漏后作业的钻井参数、损失信息以及采取的补救措施，需要阅读钻井报告并手动将数据输入数据库。虽然这一过程很耗时，但就一致性和复杂性而言，这一过程对于理解数据的局限性至关重要。虽然报告哪些信息以及如何报告这些信息的不一致性带来了许多挑战，但了解推理器需要哪些信息才能做出与工程师类似的决策，因此需要开发一种速记代码，以打破钻井作业的复杂描述。这种速记对于描述所使用的补救方法特别重要。

　　一旦将所有井漏事件及其伴随的修复数据记录在数据库中，仍需对数据进行处理，以便在研究中使用。与数据收集相反，数据处理由几个宏自动完成。这些宏用于清除由于从数据库导入信息而导致的重复事件和数据片段的数据，以及删除井筒横向部分中的事件。由于横向钻井期间的井漏修复程序不同，因此这样做的目的是避免在这部分作业中发生的事件。数据记录的一些不一致性也在过程中得到了解决。若案例并没有 CBR 所需的全套变量，该案例将不可用。由于大多数井漏事件对收集的一些钻井参数的记录不完整，因此必须使用参数评估。从具有全套相似程度最高的变量的情况中选择评估参数，假设大多数钻井参数相似，则缺失的参数也会相似。如果无法识别足够数量的相似变量，则在推理器中使用的工作数据集中删除案例。通过删除无效事件，最终案例大小保留为 112 个事件。

　　下一部分数据来自储层模型和测井数据。从模型中提取每英尺下的电阻率和孔隙度信息以及饱和度水平，使用记录的事件测量深度将该信息与井漏事件信息进行匹配。其目的是将测井数据添加到推理器用于比较相似性的变量列表中，但钻井数据中的不确定性使得这一操作不切实际。即使是几英尺的不确定性也可能极大地改变储层性质，例如该事件与砂岩或页岩的形成是否匹配。然而，通过考虑这种不确定性，可以证明地层和井漏之间存在相关性。

　　图 12.21 展示了大多数井漏事件是如何发生在地层的非饱和区域内的，这是传统逻辑所规定的情况。此外，还表明了另外两个关键点，即某些砂子比其他砂子更容易发生井漏，数据的不确定性随着深度的增加而增加。与模拟页岩和液体地层匹配的事件百分比增加表明了这一点，考虑到回报损失变得明显之前的延迟将随深度增加，这是合乎逻辑的。通过将地表位置信息添加到深度和频率数据中，如图 12.22 所示，类似聚类事件变得更加明显。然而，这并不是完全一成不变，这就是为什么需要添加额外的变量。因此，虽然地层性质不能用于表示两次井漏事件之间的相似性，但可以使用井的表面位置和事件的深度来近似表示这一点。这些因素被认为是确定相似性的最关键因素，影响了相似性函数的发展。

　　在包含 12 个变量的 112 个事件的最终数据库中：8 个变量与井漏事件周围记录的钻井参数有关，4 个变量与井漏发生的位置有关。此外，案例由井名、API 和事件 ID 定义，推理器均未使用这些数据进行计算。样本数据集详见表 12.2。

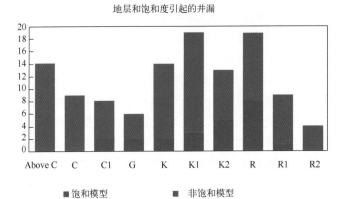

图 12.21 在 Kern River 现场研究中，从左到右增加深度，形成井漏直方图。
蓝色表示与建模的非饱和区匹配的事件，粉红色表示未匹配的事件

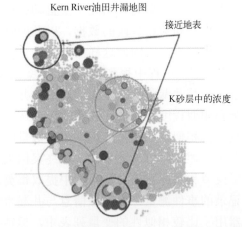

图 12.22 Kern River 油田生产井地图。颜色表示井漏事件的深
度，深色更接近表面。气泡大小是井漏事件的数量

表 12.2 Kern River 油田研究的样本案例数据集

事件 ID	123	148	327	373	449
深度-前	273	64	107	1173	795
深度-后	273	80	107	1517	1577
ROP-前	71	80	71	95	63
ROP-后	71	80	71	86	24
泥浆体积-前	350	250	294	349	183
泥浆体积-后	350	250	294	320	150
WOB-前	10 000	10 000	10 000	15 000	10 000
WOB-后	10 000	10 000	10 000	10 000	1200
SPP-前	380	200	450	1123	600
SPP-后	380	200	450	850	250
X 坐标	1 712 860	1 711 532	1 706 689	1 703 765	1 697 723
Y 坐标	701 149	703 098	699 986	711 122	723 961

剩余的钻井参数包括 ROP、泥浆体积、钻压(WOB)和立管压力(SPP)(前后)。位置参数为测量深度和油井地面位置的 X 和 Y 网格坐标。

基于案例的回流损失方法

基于案例的推理器的创建分为三个不同的步骤：(1)信息收集；(2)数据分析；(3)对最终产物进行加工和编程。

上一节重点讨论了如何收集、分析和处理数据，以便用于决策；本节解释如何利用这些信息并与定制工具相结合以创建基于案例的推理器。

这项研究的最终结果受到其两个主要目标的限制：它需要是一种可以加以扩展和改进的功能性概念证明，并且是一个用户友好的工具，可以立即在油田使用，开始扩大案例数据库以提高准确性。这就是选择 Excel 作为编写 CBR 媒介的原因。用 Excel 宏编写研究报告的每个部分，可以独立于其他部分进行划分、分析和改进。此外，Excel 在行业内的普及意味着它比大多数其他软件更容易被理解，使其成为油田快速部署的最佳选择。最初收集的数据可以使用内置的应用程序从外部源链接到工作簿，并保存供以后使用，只需要向数据库添加新案例进行更新。案例推理器的核心代码对应于 CBR 逻辑的检索和再次调用部分。另外两个步骤为修改和保存，由用户来完成，即工程师接受、修改或拒绝推理器对最终行动计划的建议，并将最终结果作为新案例保存在数据库中。检索以前的案例需要定义相似性并识别相似的案例。相似性定义为两种情况之间的 Euclidean 距离，所有变量归一化方程分别为式(12.19)、式(12.20)：

$$x_i = \frac{x - x_{\min}}{x_{\max} - x_{\min}} \tag{12.19}$$

$$\mathrm{Dis}(X,Y) = \left(\sum_{i=1}^{n} W_i * D(X_i, Y_i)^r \right)^{1/r}$$

$$D(X_i, Y_i) = \begin{cases} |X_i - Y_i|, & D_i \text{ 是连续的} \\ 0, & D_i \text{ 是离散的}, X_i = Y_i \\ 1, & D_i \text{ 是离散的}, X_i \neq Y_i \end{cases} \tag{12.20}$$

若 $r = 2$，则 $\mathrm{Dis}(X, Y)$ 为 Euler 距离。该模型中目标情况与源情况的相似函数采用 Euler 距离表示：

$$\mathrm{Sim}(X,Y) = 1 - \mathrm{Dis}(X,Y) = 1 - \sqrt{\sum_{i=1}^{n} W_i D(X_i, Y_i)^2} \ \& \ (\mathrm{Dis}(X,Y) \in [0,1])$$

$$\mathrm{Sim}(X,Y) = \frac{1}{1 + \mathrm{Dis}(X,Y)} = \frac{1}{1 + \sqrt{\sum_{i=1}^{n} W_i D(X_i, Y_i)^2}} \ \& \ (\mathrm{Dis}(X,Y) \in [0,\infty]) \tag{12.21}$$

由于发生井漏地层的地质构造是决定最佳补救方案的主要因素，因此深度和地表位置被赋予了最大的权重，"地表 X" 和 "地表 Y" 两个变量的影响较小，因此不会出现二次倾斜。所有其他损失前循环变量的权重值相似，但低于位置，泥浆体积和 SPP 的值最低，因为这两者也是相关的。最后，在加权过程中去掉了损失后循环变量，因为它们的记录方式没有明确的规定，但所有的权重都是可变的，以便未来调整以提高准确性。

对于每个运行的新问题，推理器确定案例数据库中所有案例的相似性。然后运行一个单独的函数，将新情况与最类似的情况进行匹配。要获得准确的结果，必须使用足够大的样本量，但只有选择足够相似的案例才能保证推理器正常工作。

鉴于 112 个案例的小数据库，这是一个挑战。数据匹配函数选择最类似的情况，最小取 10，最大取 20。因为两个相同的案例之间的距离为 0，而两个截然不同的案例之间的最大距离为 1，所以设置了 0.45 的临界值来决定在 10 到 20 之间选择了多少个案例。一旦选择了类似的案例列表，第二个宏将用于再次调用它们的成功和失败，以确定有利的解决方案。系统规则通过这个宏来实现。这些规则不仅用于定义什么是井漏事件中的成功或失败，还用于确定如何利用这些成功和失败来预测未来的成功。程序首先收集之前为匹配的事件解析的中介数据，并确定在每种情况下使用的最终成功的方法。

使用一组简单的规则来做出这个决定。

- 如果三种补救方法中只使用一种，这就是成功的方法。
- 如果有且只有一个方法满足"无损失循环"，这就是成功的方法。
- 如果前两个条件都不满足，并且采用"盲钻法"，则为成功的方法。
- 其他所有结果都标记为"暂不明确"。

将这些决定过去案件成功结果的初始规则有意简单化。尽管单个案例的结果可以用更复杂的方式描述，包括列出部分钻井液到达井底后通过循环返回地面的情况，以及哪些重量或体积的堵漏剂成功堵漏，哪些没有，但报告的不一致性意味着在没有任何准确性保证的情况下，试图提高推理器描述结果的能力是很复杂的。因此，成功/失败的标记是简单的，但其背后的所有数据和逻辑都在流程的修订阶段提供给用户。但是，推荐的过程比上一步多了一些规则。由于成功和失败的划分过于简单，因此在决定给出建议的时候必须更多地考虑，以确保准确性。为了确保在推荐中优先考虑最相似的案例，每个案例根据其与新案例的相似度给予权重，并将这些加权分数相加以确定最终结果。

$$W_n = W_{n-1} - \left(\frac{D_n - 1}{\sum D} \right) \tag{12.22}$$
$$W_1 = 1$$

每个单独案例的权重随着其与被测试的新案例之间的距离增加而成比例地减少，而最近的案例的权重设置为 1。除了加权比例之外，还增加了如下规则，以提高预测的准确性。

- 如果成功只带来部分返出，那么这个成功的权重就减半。
- 如果固井成功是套管固井，而不是水泥塞，则成功分配给盲钻。
- 如果在盲钻发生之前，一种堵漏剂带来了部分返出，那么成功将分配一半的权重给堵漏剂。
- 如果在盲钻发生前，水泥带来了部分返出，那么成功将分配一半的权重给水泥，除非是水泥套管而不是塞子。
- 只有在尝试了另一种补救措施，或者发生了部分或全部返出的情况下，钻井盲法的成功仅分配给钻井盲法。

● 如果一种补救方法造成漏失，将从最终分数中减去权重。这是在已经分配了最终的成功之后发生的。

● 在一个成功的堵漏剂案例中平均使用的堵漏剂数量被记录下来。如果大于 1.5，建议最多为 2；否则，只推荐 1。

最后，把所有的分数加起来。得分最高的方法就是推荐的方法，所有三个分数都记录在推荐下方以提高透明度。由于堵漏剂的使用非常普遍，数据集会略微偏向它，所以在使用堵漏剂的情况下，推理器会推荐最大数量的堵漏剂以及得分第二高的选项。

案例推理系统的准确性

在将 CBR 系统部署到油田之前，可以通过程序将数据库中的案例当作新事件来运行，从而检查 CBR 系统的准确性。虽然这不是对系统的完美检查，但它确实提供了一种快速的方法来确定推理器是否有能力从过去的案例中学习，并根据模式提出正确的建议。

当前面描述的系统在所有案例下运行时，机器的输出与实际事件中使用的最成功的方法之间的匹配率为 81%。下面列出了五起井漏事件，详细介绍了实际案例中使用的补救措施，推理器的预测，以及每个案例中使用的补救措施的一些额外数据。表 12.3 以与类似案例匹配并用于预测新测试案例的解决方案时相同的方式呈现了每个案例，给出了这些数据，以及加权相似性匹配和总体建议，以帮助工程师根据过去的案例做出明智的决策。

表 12.3　基于案例推理器示例结果

事件 ID	堵漏剂数量	是否成功	水泥塞数量	是否成功	盲钻进尺	最终方案	实际成功方案	推　荐
148	1	全部上返	0	不适用	不适用	堵漏剂	堵漏剂	尝试 CMT 前堵漏剂*1
123	1	全部上返	0	不适用	0	堵漏剂	堵漏剂	盲钻前堵漏剂*1
373	2	无上返	1	无上返	344	盲钻	盲钻	盲钻
327	4	无上返	2	全部上返	101	水泥	CMT	尝试 CMT 前堵漏剂*1
449	4+	无上返	0	不适用	782	盲钻	盲钻	尝试 CMT 前堵漏剂*1

事件 148 表示推理器选择的结果与现场用于该事件的结果相同的情况。这是一个相对简单的井漏事件，井漏发生在测量深度 64～80 ft 之间。立即尝试使用堵漏剂，导致完全上返地面。当对过去的案例进行推理时，最相似的案例也使用 LCM 堵漏剂取得了成功。这导致该系统推荐使用堵漏剂作为最佳处理方案。然而，推理器还注意到，在过去，当第一次堵漏剂没有成功时，有相当数量的类似事件需要水泥塞，系统建议将其作为后续计划。由于事件 148 发生在 64 ft 的深度，这与标准做法一致，因为盲钻其余部分井是不可行或不安全。

另一个相对简单的井漏案例是事件 123，在 273 ft 深处发生井漏，但用 1 份堵漏剂后很快恢复。当这个案例在推理器中运行时，大多数匹配的案例在多次堵漏剂和水泥塞尝试失败后都需要盲钻，但三个最相似的案例都成功地使用了 1 份堵漏剂。推理器不仅解释了这三种情况的相似性，并建议使用 1 份堵漏剂，而且还解释了其余的大多数不太相似的情况，即在直接改用钻盲之前，将推荐的堵漏剂数量限制为一种。虽然额外的推荐在这种情况下是不必要的，但有了额外的信息，用户既可以在推荐失败的情况下选择一个替代选项，也可以进一步了解首先提出额外建议的原因。

然而，在事件 373 中，推理器可以为钻井作业节省时间和金钱。该井在测量深度 1173 ft 处漏失，直至水平井段。在此情况下，2 份堵漏剂和水泥塞都失败了，最后决定对剩余的井进行盲钻。推理器正确地确定了其他类似的案例在使用堵漏剂和水泥的成功率较低，建议使用盲钻。这也与传统观点一致，即当井筒偏离垂直方向时，堵漏剂和固井的效果会降低。

事件 327 是推理器未能正确预测最佳方法的情况。这种情况下，在决定盲钻之前，尝试了四种不同的堵漏剂。然而，造成了更多的漏失，因此有必要尝试使用水泥塞。第二次尝试时取得成功。尽管与事件 327 最相似的案例也需要使用水泥塞，但成功使用堵漏剂的不相似案例的数量远远超过了这些案例。这就是为什么二级建议是有必要的，以减轻堵漏剂数量的影响，而并不偏离它们。虽然推理器无法完美预测这种情况，但通过限制尝试堵漏剂数量并建议在盲钻之前使用水泥塞，该系统的建议将是对实际操作的改进。

类似地，对于事件 449，推理器建议在进行水泥塞作业之前，先尝试 1 份堵漏剂，而实际作业中，盲钻了 782 ft。在测量到 795 ft 深度失去循环后，在最后进行盲钻作业之前，尝试了四次以上的堵漏剂。虽然这一结果与基于案例的推理器的建议不一致，但利用系统的数据库可能会节省钻井作业的时间和金钱。尽管附近一口井在几乎相同的深度发生了井漏，但通过水泥作业成功地修复了井，而这口井甚至没有尝试进行水泥塞作业。事实上，唯一需要盲板钻孔的类似事件也放弃了水泥，转而在 1000 ft 以上盲板钻孔。在这种情况下，遵循系统的建议可能是有益的。

尽管在数据采集和分析过程中面临挑战，但这种基于案例的推理器可以成功地预测出最佳的补救方法，以减轻循环漏失。这种概念验证设计为继续使用基于案例的推理器和其他未来机器学习解决循环漏失问题打开了大门。改进钻井作业中数据收集和管理的方式，能提高分析系统的准确性，甚至引导该系统的进一步开发。通过访问改进的数据库，该系统能够对修复过程的更详细信息提出建议，如堵漏剂重量、体积或堵塞深度。即使只是在现场使用它也会随着时间的推移而改进，因为工程师会修改建议并保留新的案例，实现 CBR 过程的最后两个步骤。

12.3　小　　结

本章的主要目的是通过 CBR 方法来论证和分析油井工程领域中的一些复杂问题。

本章指出，CBR 尤其是与其他推理方法相结合时，极大地改善了人类解决问题和决策的能力。

本章试图将相关的主要概念形式化，并说明 CBR 在油井设计领域的应用潜力。可以说，所提出的架构可以帮助石油井的设计，因为它不仅允许重复使用以前的设计，而且还可以预防新设计中的潜在故障。除此之外，由于体系结构是基于实际发生的情况进行设计的，这使得设计尽可能地满足井的实际需求。

尽管在数据获取和分析过程中面临挑战，但基于案例的推理器可以成功预测出最佳的补救方法，以减轻循环漏失。通过访问改进的数据库，基于案例的推理器能够就修复过程的更多细节提出建议，如堵漏剂重量、体积或堵塞深度。即使只是在现场使用推理器也会随着时间的推移而改进，因为工程师会修改建议并保留新的案例，实现 CBR 过程的最后两个步骤。

12.4 习　　题

习题 1：学习方法

给定表 12.4 中有两个数值属性 A、B 和一个类属性 class 的训练数据集。

表 12.4　训练数据集

A	B	类	A	B	类
9	6	否	6	3	是
2	5	是	6	2	否
3	4	否	7	2	是
3	3	否	8	1	否
3	2	是			

1. 使用 $k=3$ 的基本 k-NN 方法。一个未知实例的值为 $A=5$ 和 $B=3$。它的类是什么？并证明答案。

2. 使用与(1)相同的数据集和学习方法，但是现在用距离平方的倒数来衡量三个最近的项的贡献。同一个未知实例的类是什么？再次证明答案。

习题 2：基于案例的泥浆设计和最佳泥浆密度选择系统

假设 CBR 系统的数据库包含表 12.5 中的 4 种情况。

表 12.5　泥浆设计和最佳泥浆重量选择数据库

案例 ID	测深(mt)	倾角(°)	孔隙压力	泥浆重量(s.g.)
案例 1	3152	25	1.38	1.68
案例 2	3244.5	30	1.43	1.78
案例 3	3474	35	1.58	1.8
案例 4	3600	45	1.68	1.9

系统采用最近邻检索算法，相似度函数如下：

$$d(T,S) = \sum_{i=1}^{m} |T_i - S_i| w_i$$

其中 T 为目标案例，S 为源案例，i 为特征个数，w_i 为权重。$d(T,S)$ 值越小的案例被认为越相似。

考虑表 12.6 中的目标案例。

表 12.6　目标案例

案例 ID	测深(mt)	倾角(°)	孔隙压力	泥浆重量(s.g.)
案例 5	3552	49	1.7	?

回答以下问题：

1．如果所有权重都是 $w_i = 1$，那么 CBR 系统将在哪种情况下检索到"最佳匹配"？

2．CBR 系统应该提出的解决方案是泥浆重量（s.g.）等级。检索到的案例的解决方案应该如何适应目标案例？

3．如何改变相似性函数，使特征"孔隙压力"比任何其他特征重要三倍？

4．这个更改会影响解决方案吗？

习题 3：基于案例的钻井成本估算系统

本章根据某钻井工程（案例）的特点，建立了用于钻井成本估算的案例推理模型。假设案例推理系统的数据库包含表 12.7 中的 4 种情况。

表 12.7 钻井成本估算

案　　例	深度（m）	平均倾角（°）	作业时长（h）	非生产时长（h）	钻孔深度（m）	费用（million dollars）
井 1	67	57	1900	130	4100	50
井 2	75	45	1950	200	3900	45
井 3	90	55	2000	50	3800	39
井 4	55	30	1870	40	3800	35

考虑表 12.8 中的目标案例。

表 12.8 井 5

案　　例	深度（m）	平均倾角（°）	作业时长（h）	非生产时长（h）	钻孔深度（m）	费用（million dollars）
井 5	80	45	2000	150	4000	？

回答以下问题：

1．如果所有权重都是 $w_i = 1$，那么 CBR 系统将在哪种情况下检索到"最佳匹配"？

2．CBR 系统应该提出的解决方案是"井成本（百万美元）"评级。检索到的案例的解决方案应该如何适应目标案例？

3．如何改变相似性函数，使特征"钻孔深度"（m）比任何其他特征都重要两倍？

4．这个更改会影响解决方案吗？

习题 4：全生命周期井完整性模型的数字化经验

回答以下问题：

1．描述使用基于规则的专家系统更好的问题的特征，以及基于案例的系统更合适的问题的特征。

2．在故障发生之前预测故障是钻井工程中一个非常重要的问题。自 2010 年以来，已经发表了多少篇关于使用基于案例的系统或本体工程进行井涌检测或井下故障检测的论文？

3．描述当流程接近故障状态时导致警告的事件流，如图 12.23 所示。

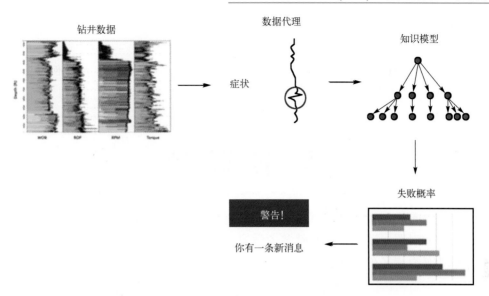

图 12.23　当流程接近故障状态时导致警告的事件流

　　数字体验是"操纵"全生命周期井完整性模型(LCWIM)运行工程流程和制定数字计划的关键(见图 12.24)。

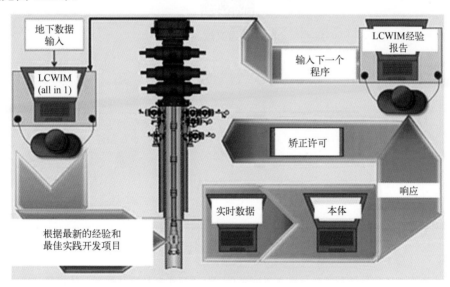

图 12.24　数字化井规划与作业

　　4. 提出 CBR 系统在 LCWIM 中的三个应用。

　　5. 哪些软件可以帮助钻井工程师在问题升级之前重用知识来诊断和避免代价高昂的问题?

　　6. 如何帮助作业者轻松地回忆经验,并利用这些对情况做出正确的决定,以降低风险,增加钻井作业,并将钻井过程中的非生产时间最小化?

本 书 资 源

登录华信教育资源网并免费下载本书配套资源。

注：为方便对照原著与相关文献参考学习，本书中部分符号与原著保持一致。对于原著部分内容明显有误之处，译者已做修正处理。

参考文献